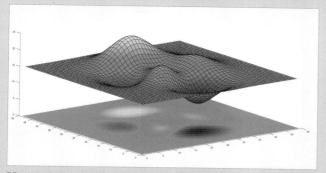

在三维坐标区中添加图像

绘制半径变化的柱面

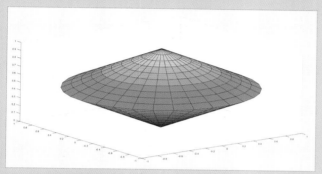

绘制三维陀螺锥面

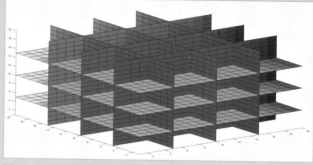

创建沿轴正交的切片平面

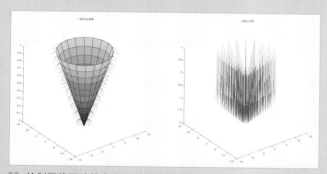

绘制圆锥面法线方向向量和箭头图

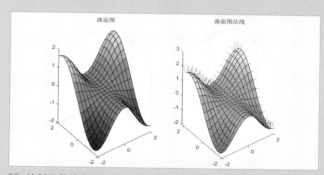

绘制函数的曲面图形

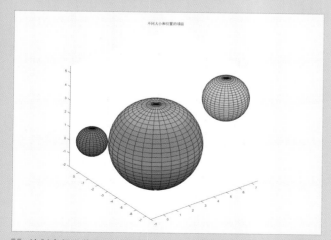

绘制半径和位置不同的球面

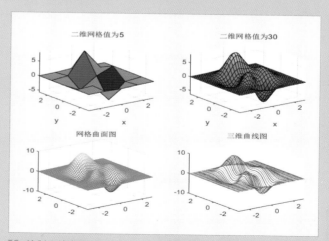

绘制山峰曲面

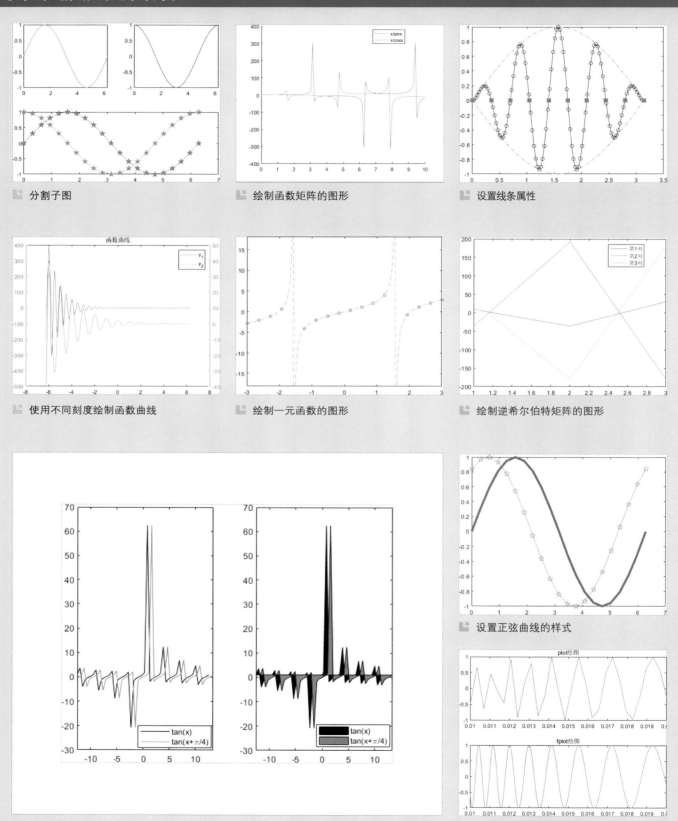

分割子图

绘制函数矩阵的图形

设置线条属性

使用不同刻度绘制函数曲线

绘制一元函数的图形

绘制逆希尔伯特矩阵的图形

绘制填充图形

设置正弦曲线的样式

fplot与plot绘图比较

创建分块图

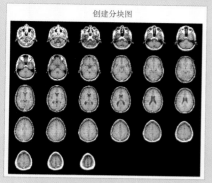

前4帧图像2×2排列

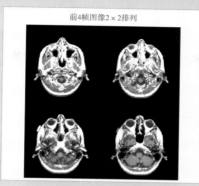

分块图2×2排列

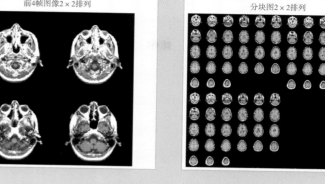

从数据集创建分块图

原图

spur删除杂散像素

thicken加粗物体轮廓

remove删除内部像素

hbreak删除具在H连通像素

fill填充孤立的内部像素

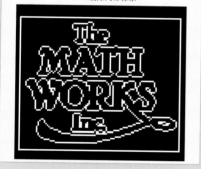

二值图像的轮廓样式

原始图像

空间阵列

垂直错切

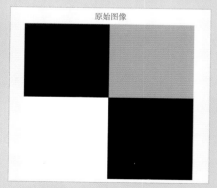
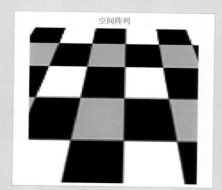

棋盘图像空间变换

原图

旋转图

合成图

合成旋转图像

原始图像

垂直错切图像

旋转图像

图像错切与旋转

原始图像

椒盐声图像

高斯低通滤波图像

对图像进行高斯低通滤波

RGB图像

BW图像

Label图像

标记二值图像中4连通分量

CAD/CAM/CAE/EDA 微视频讲解大系

中文版 MATLAB

图形与图像处理从入门到精通

（实战案例版）

584 分钟同步微视频讲解　378 个实例案例分析

☑统计分析图形　☑图形修饰处理　☑图像处理　☑颜色转换　☑图像基本运算　☑图像配准　☑图像变换
☑图像增强　☑图像特征提取　☑形态学图像处理　☑图像测量　☑动画演示　☑流场可视化后处理　☑医学图像处理

天工在线　编著

中国水利水电出版社
www.waterpub.com.cn

·北京·

内 容 提 要

《中文版 MATLAB 图形与图像处理从入门到精通（实战案例版）》以 MATLAB 2023 版本为基础，结合高校教师的教学经验和计算科学知识的应用，详细讲解了 MATLAB 在图形与图像处理方面的知识和技术，是一本 MATLAB 图形与图像处理方面的基础+案例+视频教程，也是一本完全自学教程。本书力争让零基础读者最终脱离书本，将所学知识应用于工程实践中。

本书内容包括 MATLAB 基础知识、基本绘图命令、统计分析图形、图形修饰处理、图像处理基础、图像的基本操作、图像的颜色转换、图像的基本运算、图像配准、图像变换、图像增强、图像特征提取、形态学图像处理、图像测量、动画演示、流场可视化后处理和医学图像处理基础等。在讲解过程中，重要知识点均配有实例讲解和视频讲解，既能提高读者的动手能力，又能加深读者对知识点的理解，基础和实练相结合，知识掌握更容易，学习更有目的性。

本书内容覆盖图形与图像处理的各方面知识，既有 MATLAB 基本命令的介绍，也有图形与图像处理各种方法的应用。它既可作为初学者的入门用书，也可作为工程技术人员、硕士生、博士生的工具用书，还可作为理工科院校相关专业的教材。

图书在版编目（ＣＩＰ）数据

中文版MATLAB图形与图像处理从入门到精通 ： 实战案例版 / 天工在线编著. -- 北京 ： 中国水利水电出版社，2024.9

（CAD/CAM/CAE/EDA微视频讲解大系）

ISBN 978-7-5226-2477-8

Ⅰ．①中… Ⅱ．①天… Ⅲ．①数字图像处理—Matlab软件 Ⅳ．①TN911.73

中国国家版本馆 CIP 数据核字(2024)第 111325 号

丛 书 名	CAD/CAM/CAE/EDA 微视频讲解大系
书 名	中文版 MATLAB 图形与图像处理从入门到精通（实战案例版） ZHONGWENBAN MATLAB TUXING YU TUXIANG CHULI CONG RUMEN DAO JINGTONG
作 者	天工在线 编著
出版发行	中国水利水电出版社 （北京市海淀区玉渊潭南路 1 号 D 座 100038） 网址：www.waterpub.com.cn E-mail：zhiboshangshu@163.com 电话：（010）62572966-2205/2266/2201（营销中心）
经 售	北京科水图书销售有限公司 电话：（010）68545874、63202643 全国各地新华书店和相关出版物销售网点
排 版	北京智博尚书文化传媒有限公司
印 刷	北京富博印刷有限公司
规 格	203mm×260mm 16 开本 26.75 印张 716 千字 2 插页
版 次	2024 年 9 月第 1 版 2024 年 9 月第 1 次印刷
印 数	0001—3000 册
定 价	99.80 元

凡购买我社图书，如有缺页、倒页、脱页的，本社营销中心负责调换

前　言
Preface

MATLAB 是美国 MathWorks 公司出品的一款优秀的数学计算软件，其强大的数值计算能力和数据可视化能力广受好评。经过多年的发展，MATLAB 已经发展到了 2023 版本，功能日趋完善。MATLAB 已经发展成为多种学科必不可少的计算工具，成为自动控制、应用数学、信息与计算科学等专业的学生需要掌握的基本技能。

目前，MATLAB 已经得到了很大程度的普及，它不仅成为各大公司和科研机构的专用软件，在各高校中同样也得到了普及。越来越多的学生借助 MATLAB 学习数学分析、图像处理、仿真分析等。

为了帮助零基础读者快速掌握 MATLAB 在图形与图像处理方面的使用方法，本书从基础知识着手，详细地对 MATLAB 的基本函数功能进行介绍，同时根据读者的需求，专门针对图形与图像处理的各种方法与技巧进行了详细介绍，让读者"入宝山而满载归"。

本书特点

➘ 内容适度，适合自学

本书定位以初学者为主，旨在帮助初学者快速掌握 MATLAB 图形与图像处理的使用方法和应用技巧。本书从基础着手，对 MATLAB 的基本功能进行了介绍，同时根据不同读者的需求，详细介绍了图形与图像处理领域的知识，让读者快速入门。

➘ 视频讲解，通俗易懂

为了提高学习效率，书中的大部分实例都录制了教学视频，并在各知识点的关键处给出了解释、提醒和需注意事项。专业知识和经验的提炼，让读者在高效学习的同时，更能体会 MATLAB 功能的强大，以及图形与图像处理的魅力与乐趣。

➘ 内容全面，实例丰富

本书在有限的篇幅内，介绍了 MATLAB 图形与图像处理的常用功能，包括 MATLAB 基础知识、基本绘图命令、统计分析图形、图形修饰处理、图像处理基础、图像的基本操作、图像的颜色转换、图像的基本运算、图像配准、图像变换、图像增强、图像特征提取、形态学图像处理、图像测量、动画演示、流场可视化后处理和医学图像处理基础等内容，知识点全面、够用。在介绍知识点时，辅以大量中小型实例（共 378 个），并提供具体的分析和设计过程，以帮助读者快速理解并掌握 MATLAB 图形与图像处理的知识要点和使用技巧。

本书显著特色

➘ 体验好，随时随地学习

二维码扫一扫，随时随地看视频。书中大部分实例都提供了二维码，读者可以通过手机扫一扫，随时随地观看相关的教学视频（若个别手机不能播放，请参考下面的"本书资源获取方式"，下载后在计算机上观看）。

↘ 实例多，用实例学习更高效

实例多，覆盖范围广泛，用实例学习更高效。为方便读者学习，针对本书实例专门制作了 584 分钟同步微视频讲解，读者可以先看视频，像看电影一样轻松、愉悦地学习本书内容，然后对照书中内容加以实践和练习，可以大大提高学习效率。

↘ 入门易，全力为初学者着想

遵循学习规律，入门实战相结合。本书采用"基础知识+中小实例+综合实例+大型案例"的编写模式，内容由浅入深、循序渐进，入门与实战相结合。

↘ 服务快，学习无后顾之忧

提供 QQ 群在线服务，可随时随地交流。提供微信公众号、QQ 群等多渠道贴心服务。

本书资源及下载方式

本书资源

（1）本书提供实例配套的教学视频，读者可以使用手机微信的"扫一扫"功能扫描书中的二维码观看视频教学，也可以按照下述"资源下载方式"将视频下载到电脑中进行学习。

（2）本书提供全书实例的源文件和结果文件，读者可以按照书中的实例讲解进行练习，提高动手能力和实战技能。

（3）本书提供 7 套拓展学习的大型工程应用综合实例（包括电子书、视频和源文件），帮助读者拓展实战技能。

资源下载方式

请使用手机微信的"扫一扫"功能扫描下面的二维码，或者在微信公众号中搜索"设计指北"公众号，关注后输入 MT2477 至公众号后台，获取本书的资源下载链接。将该链接复制到计算机浏览器的地址栏中，根据提示进行下载。

读者可加入本书的读者交流群 561063943，与老师和广大读者在线交流学习。

设计指北公众号

📢 注意：

在学习本书或按照本书中的实例进行操作之前，请先在计算机中安装 MATLAB 操作软件（本书在 MATLAB 2023 版本基础上编写，建议读者安装同版本软件），您可以在 MathWorks 中文官网下载 MATLAB 软件试用版本（或购买正版），也可在当地电脑城、软件经销商处购买安装软件。

关于作者

本书由天工在线组织编写。天工在线是一个 CAD/CAM/CAE/EDA 技术研讨、工程开发、培训咨询和图书创作的工程技术人员协作联盟，包含 40 多位专职和众多兼职 CAD/CAM/CAE/EDA 工程技术专家。其创作的很多教材成为国内具有引导性的旗帜作品，在国内相关专业方向图书创作领域具有举足轻重的地位。

声明

本书为计算机类图书，其软件及程序中的字母均使用正体，为保持一致对本书的变量作以下声明：①程序中的变量一律使用正体表示；②表格中对命令或函数的说明中所涉及的字母均与其调用格式的正斜体保持一致；③正文中的变量一律按出版要求书写。

致谢

MATLAB 功能强大，本书虽内容全面，但也仅涉及 MATLAB 在各方面应用的一小部分，就是这一小部分内容为读者使用 MATLAB 的无限延伸提供了各种可能。本书在写作过程中虽然几经求证、求解、求教，但仍难免存在个别错误。在此，本书作者恳切期望得到各方面专家和广大读者的指教。

本书所有实例均由作者在计算机上验证通过。

本书能够顺利出版，是作者、编辑和所有审校人员共同努力的结果，在此表示深深的感谢。同时，祝福所有读者在学习过程中一帆风顺。

编　者
2024 年 8 月

目 录

Contents

第 1 章　MATLAB 基础知识

内容指南

MATLAB 是 Matrix Laboratory（矩阵实验室）的缩写。它是以线性代数软件包 LINPACK 和特征值计算软件包 EISPACK 中的子程序为基础发展起来的一种开放式程序设计语言，其基本的数据单位是没有维数限制的矩阵，主要面对科学计算、可视化以及交互式程序设计的高科技计算环境。本章主要介绍 MATLAB 的发展历程及 MATLAB 的基础操作。

知识重点

- ➢ MATLAB 概述
- ➢ MATLAB 2023 用户界面
- ➢ 搜索路径
- ➢ 帮助系统

1.1　MATLAB 概述

MATLAB 是美国 MathWorks 公司出品的一款商业数学软件，它将数值分析、矩阵计算、科学数据可视化以及非线性动态系统的建模和仿真等诸多强大功能集成在一个易于使用的视窗环境中，为科学研究、工程设计以及必须进行有效数值计算的众多科学领域提供了一种全面的解决方案，并在很大程度上摆脱了传统非交互式程序设计语言（如 C、FORTRAN）的编辑模式，在数据分析、无线通信、深度学习、图像处理与计算机视觉、信号处理、量化金融与风险管理、机器人、控制系统等领域有着广泛应用。

1.1.1　MATLAB 的发展历程

20 世纪 70 年代后期，当时担任美国新墨西哥大学计算机科学系主任的 Cleve Moler 教授，为了减轻学生的编程负担，利用 FORTRAN 设计了一组调用 LINPACK 和 EISPACK 库程序的接口，这就是萌芽状态的 MATLAB。虽然此时的 MATLAB 还不是编程语言，而只是一个简单的交互式矩阵计算器，没有程序、工具箱、图形化，当然也没有 ODE 或 FFT，但仍然迅速得到了学生的追捧。

历经几年的校际流传，1983 年，Cleve Moler 教授、John Little 工程师和 Steve Bangert 等人合作，用 C 语言编写了 MATLAB 新的扩展版本，对初版 MATLAB 做了许多重要的修改。

1984 年，Cleve Moler 和 John Little 成立了 MathWorks 公司，正式将 MATLAB 推向市场，从此版本开始，MATLAB 的内核编程语言固定为 C 语言，除了原有的数值计算功能，又新增了函数和工具箱，以及数据可视化功能。MATLAB 以商品形式出现后的短短几年，就以其良好的开放性和运行的可靠性，使原先控制领域里的封闭式软件包纷纷淘汰，而改在 MATLAB 平台上重建。20 世纪 90 年代初，MATLAB 已经成为国际控制界公认的标准计算软件。

1993 年，MathWorks 公司推出了基于 Windows 平台的 MATLAB 4.0 版本。4.x 版在继承和发展其原有的数值计算和图形可视化功能的同时，还推出了新的重要功能：交互式操作的动态系统建模、仿真、分析集成环境 SIMULINK、外部数据交换的接口、实时数据分析、硬件交互程序开发、符号计算工具包、Notebook 等。

1997 年发布 MATLAB 5.0，后历经 5.1、5.2、5.3、6.0、6.1 等多个版本的不断改进，MATLAB "面向对象"的特点愈加突出，数据类型愈加丰富，操作界面愈加友善。2002 年推出的 MATLAB 6.5 版本采用了 JIT 加速器，从而使 MATLAB 朝运算速度与 C 程序相比肩的方向前进了一大步。

自 2006 年开始，MATLAB 版本发布形成了固定规则：分别在每年的 3 月和 9 月进行两次产品发布，3 月发布的版本被称为 a，9 月发布的版本被称为 b，并以年份为版本号。每次发布都涵盖产品家族中的所有模块，包含已有产品的新特性和 Bug 修订，以及新产品的发布。

基于矩阵数学运算的根基，MATLAB 一直在不断发展完善以满足工程师和科学家们日益更新的需求。2023 年 3 月，MATLAB 推出最新版本 MATLAB R2023a。与以往的版本相比，MATLAB R2023a 拥有更丰富的数据类型和结构，如 table 和 timetable，支持直接在表和时间表中执行计算而无须提取数据；更友善的面向对象的开发环境，使用代码分析器和 fix 函数以交互方式和编程方式查找并修复代码问题，支持在实时脚本中导入数据，以交互方式在数据中查找并去除周期性趋势和多项式趋势；更广博的数学和数据分析资源，支持 Python 和 NumPy 数据类型的转换、使用 Python 对象作为 MATLAB 字典中的键、使用透视表总结表格数据；更多的应用开发工具，如使用 Unreal Engine 和 Cesium ion 可视化飞机与旋翼机、为雷达系统和无线通信系统设计与仿真大规模 MIMO 阵列及波束成形算法等。

1.1.2 MATLAB 系统结构

一个完整的 MATLAB 系统，通常由以下 5 大部分组成。

（1）开发环境。MATLAB 系统最基本的组成部分是由一系列 MATLAB 函数和工具组成的 MATLAB 图形用户界面。它是一个集成的工作空间，包括命令行窗口、编辑器和调试器、代码分析器、工作空间、文件浏览器和在线帮助文件等最基本的界面和工具。其中许多工具是图形化用户接口。

（2）数学函数库。数学函数库相当于一个个设计好的工具箱，里面汇集了大量的计算算法，从初等函数（如加法、正弦、余弦等）到复杂的高等函数（如矩阵求逆、矩阵特征值、贝塞尔函数和快速傅里叶变换等）。在使用时只需调用这些数学函数库，就可以进行快速、准确的计算。

（3）语言。MATLAB 语言是一种高级的基于矩阵/数组的语言，具有程序流控制、函数、数据结构、输入/输出和面向对象编程等特征。用户可以在命令行窗口中编写即时执行程序，也可以将一个较大较复杂的程序编写成一个或多个 M 文件，然后调用运行，组合成完整的大型应用程序。

（4）图形绘制。MATLAB 具有强大的数据可视化功能，通过图形表达向量和矩阵，并且具备标注和打印功能。从低层次作图（包括完全定制图形的外观，以及建立基于用户的 MATLAB 应用程序的完整的图形用户界面）到高层次作图（包括二维和三维的可视化、图像处理、动画和表达式作图），MATLAB 无所不能。

（5）应用程序接口。这是一个 MATLAB 语言与 C、FORTRAN 等其他高级编程语言进行交互的函数库，包括从 MATLAB 中调用程序（动态链接）、调用 MATLAB 为计算引擎和读写 MAT 文件的设备。

1.2　MATLAB 2023 用户界面

"工欲善其事，必先利其器。"要学好 MATLAB，必须先熟悉 MATLAB，掌握其操作界面及最基础的相关操作。

双击桌面上的 MATLAB 快捷方式图标，或打开"开始"菜单，在程序列表中单击 MATLAB R2023a，即可启动 MATLAB。第一次使用 MATLAB 2023，启动后将进入其默认设置的工作界面，如图 1.1 所示。

图 1.1　MATLAB 工作界面

在图 1.1 中可以看到，MATLAB 2023 的工作界面形式简洁，主要由标题栏、功能区、工具栏、当前文件夹窗口、命令行窗口和工作区组成。

标题栏位于工作界面顶部，右上方的 3 个图标用于控制窗口的显示与大小。单击 — 按钮，可最小化工作界面；单击 □ 按钮，可最大化工作界面；单击 ⊠ 按钮，可关闭工作界面。

◆》 提示：

在命令行窗口中执行 exit 或 quit 命令，或按快捷键 Alt+F4，也可以关闭 MATLAB 工作界面。

标题栏下方是功能区，使用的 3 个选项卡几乎汇集了 MATLAB 所有的功能命令。

（1）"主页"选项卡主要显示基本的文件和工作区操作，以及搜索路径设置等命令，如图 1.2 所示。

（2）"绘图"选项卡主要显示有关图形绘制的操作命令，如图 1.3 所示。

图 1.2 "主页"选项卡

图 1.3 "绘图"选项卡

（3）App①选项卡主要包含应用程序设计、发布的相关命令，如图 1.4 所示。

图 1.4 APP 选项卡

功能区右上方和下方是工具栏，以图标的形式汇集了常用的操作命令。下面简要介绍工具栏中常用按钮的功能。

功能区右上方的工具栏主要包含对窗口和命令内容的常用操作。

➢ ：保存当前打开的 M 文件。

➢ 、 、 ：剪切、复制、粘贴命令行窗口或 M 文件中选中的内容。

➢ 、 ：撤销或恢复上一次操作。

➢ ：将焦点切换到指定的窗口。

➢ ：打开 MATLAB 帮助系统。

功能区下方的工具栏主要用于设置当前工作路径。

➢ ：在当前工作路径的基础上后退、前进、向上一级、浏览路径文件夹。

➢ C: ▶ Users ▶ QHTF ▶ Documents ▶ MATLAB ▶ ：当前路径设置栏。选择并显示当前工作路径。

接下来，详细介绍执行 MATLAB 程序常用的几个窗口。

1.2.1 命令行窗口

命令行窗口（图 1.5）是执行 MATLAB 命令最便捷、最常用的工具。在命令行窗口中可以运行单独的命令，也可以调用程序，并显示除图形以外的所有执行结果，是 MATLAB 主要的交互窗口。通过在命令行窗口中执行命令，还可以打开各种 MATLAB 工具、查看命令的帮助说明等。

1. 设置命令行窗口

单击命令行窗口右上角的 按钮，利用如图 1.6 所示的下拉菜单可以对命令行窗口进行相关的操作。下面介绍几个常用的操作。

---

① 因汉化问题，图中的 APP 选项卡的"APP"为大写形式，书中的"App"为小写形式，此两种形式同一含义，不影响读者阅读。

（1）选择"最小化" ➡ 命令，可将命令行窗口最小化到主窗口左侧，以页签形式存在，当鼠标指针移到上面时，显示窗口内容。此时下拉菜单中的"最小化"命令变为"还原"命令 ⊞，选择该命令可恢复窗口大小。

图 1.5　命令行窗口

图 1.6　下拉菜单

（2）选择"页面设置"命令，弹出"页面设置：命令行窗口"对话框，用于对打印前命令行窗口中的文字布局、标题、字体进行设置，如图 1.7～图 1.9 所示。

图 1.7　"布局"选项卡

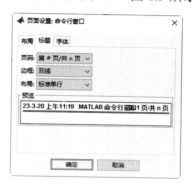

图 1.8　"标题"选项卡

图 1.9　"字体"选项卡

2．输入指令

MATLAB 语言基于 C 语言，因此其语法特征与 C 语言极为相似且更加简单，符合科技人员对数学表达式的书写格式。同时，这种语言可移植性好、可拓展性极强。

在 MATLAB 中，不同的数字、字符、符号代表不同的含义，能组合成极为丰富的表达式，满足用户的各种应用需求。下面简要介绍在 MATLAB 命令行窗口中输入命令时常用的几种符号。

（1）命令提示符。命令行以命令提示符">>"开头，它是系统自动生成的，表示 MATLAB 处于准备就绪状态。在命令提示符后输入一条命令或一段程序后，按 Enter 键，MATLAB 将给出相应的结果，并将结果保存在工作区窗口中，然后再次显示一个命令提示符，为下一段程序的输入做准备，如图 1.10所示。

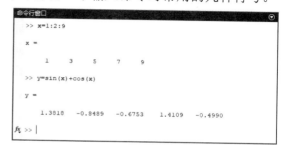

图 1.10　输入并执行指令

◀ 注意：

在 MATLAB 命令行窗口中输入命令时，应使用英文输入法，在中文状态下输入的括号、符号和标点等不被认为是命令的一部分，会导致出现错误。

下面介绍命令输入过程中几种常见的错误及显示的警告与错误信息。

➤ 输入的符号为中文格式。

```
>> y＝sin(x)+cos(x)；        %等号和分号为中文字符
  y＝sin(x)+cos(x)；
  ↑
错误：文本字符无效。请检查不受支持的符号、不可见的字符或非 ASCII 字符的粘贴。
```

➤ 函数使用格式错误。

```
>> y=diag()
错误使用 diag
输入参数的数目不足。
```

➤ 引用未定义变量。

```
>> y=diag(A)
函数或变量 'A' 无法识别。
```

（2）功能符号。如果要输入的命令过于烦琐、复杂，MATLAB 提供了分号、续行符等功能符号以解决这种问题。

➤ 分号。

一般情况下，在 MATLAB 命令行窗口中输入命令，系统随即给出计算结果，如下所示：

```
>> x=0:pi/5:pi
x =
    0    0.6283    1.2566    1.8850    2.5133    3.1416
>> y=cos(x)
y =
    1.0000    0.8090    0.3090    -0.3090    -0.8090    -1.0000
```

如果不希望 MATLAB 显示每一步运算的结果，可以在不显示结果的运算式末尾添加分号(;)。例如：

```
>> x=0:pi/5:pi;
>> y=cos(x)
y =
    1.0000    0.8090    0.3090    -0.3090    -0.8090    -1.0000
```

➤ 续行符。

如果要输入的命令较长，或为增强程序的可读性，要将命令行多行书写，可以使用续行符。MATLAB 用 3 个或 3 个以上的连续黑点表示"续行"，即表示下一行是上一行的继续。例如：

```
>> y=1-1/2+1/3-1/4+...
1/5-1/6+1/7-1/8+...
1/9-1/10
y =
    0.6456
```

（3）常用快捷键。在输入命令时，还可以按快捷键移动光标，修改输入的命令，常用快捷键见表 1.1。

表 1.1　常用快捷键

键盘按键	说　明	键盘按键	说　明
←	向前移一个字符	Esc	清除一行
→	向后移一个字符	Delete	删除光标处字符
Ctrl+ ←	左移一个字	Backspace	删除光标前的一个字符
Ctrl+ →	右移一个字	Alt+Backspace	删除光标所在行的所有字符

3．命令的快捷操作

在命令行窗口中输入、执行命令后，还可以对命令进行一些便捷操作，如再次执行某条命令、定位命令所在的文件、查看命令相关的帮助等。

在命令行窗口中选中命令，右击，弹出图 1.11 所示的快捷菜单，选择其中的命令，即可进行相应的操作。下面介绍几种常用命令。

（1）执行所选内容：对选中的命令进行操作。

（2）打开所选内容：执行该命令，即可在编辑器窗口中打开命令对应的 M 文件。

（3）关于所选内容的帮助：执行该命令，弹出所选内容的帮助窗口，如图 1.12 所示。

图 1.11　快捷菜单

图 1.12　帮助窗口

（4）函数浏览器：执行该命令，弹出图 1.13 所示的函数窗口。在该窗口中可以选择与选定命令或字符串匹配的函数，进行安装或查看说明。

（5）全选：执行该命令，选中命令行窗口中的所有内容。

（6）查找：执行该命令，弹出图 1.14 所示的"查找"对话框。在"查找内容"文本框中输入要查找的文本关键词，即可在庞大的命令历史记录中迅速定位搜索对象所在的位置。

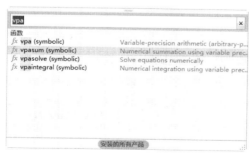

图 1.13　函数窗口

图 1.14　"查找"对话框

（7）清空命令行窗口：执行该命令，删除命令行窗口中的所有内容。

实例——计算正切函数并查看函数说明

源文件：yuanwenjian\ch01\ex_101.m

本实例使用命令行窗口计算正切函数在区间$[0, \pi]$的函数值，并查看正切函数的说明。

扫一扫，看视频

操作步骤

（1）在命令行窗口中执行以下命令：

```
>> x=[0 pi/4 pi/2 3*pi/4 pi];
>> y=tan(x)
y =
   1.0e+16 *
        0    0.0000    1.6331   -0.0000   -0.0000
```

（2）在命令行窗口中选中命令 tan，右击，在弹出的快捷菜单中选择"函数浏览器"命令，即可打开图 1.15 所示的函数浏览器窗口，显示与关键词 tan 相关的函数列表。

（3）将鼠标指针移到第一条记录上，或单击第一条记录，即可显示对应函数的相关说明，如图 1.16 所示。

图 1.15　函数浏览器

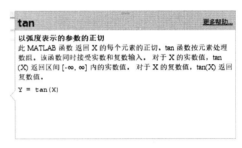

图 1.16　函数说明

1.2.2　命令历史记录窗口

命令历史记录窗口用于保存自安装以来，所有在 MATLAB 命令行窗口中执行的命令，并记录运行时间，以方便查询。在命令历史记录窗口中双击某一命令，可在命令行窗口中执行该命令。

在默认情况下，MATLAB 2023 并不在工作界面中显示命令历史记录窗口。在"主页"选项卡中利用"布局"→"命令历史记录"级联菜单（图 1.17），用户可以根据需要，选择显示或隐藏命令历史记录窗口。

命令历史记录窗口停靠在工作界面中的效果如图 1.18 所示。

图 1.17　"命令历史记录"级联菜单

图 1.18　命令历史记录窗口停靠效果图

动手练一练——停靠、关闭命令历史记录窗口

📝 **思路点拨：**

> 源文件：yuanwenjian\ch01\prac_101.m
> （1）启动 MATLAB 2023。
> （2）在"主页"选项卡选择"布局"→"命令历史记录"→"停靠"命令，显示命令历史记录窗口。
> （3）在"主页"选项卡选择"布局"→"命令历史记录"→"关闭"命令，隐藏命令历史记录窗口。

1.2.3　当前文件夹窗口

当前文件夹窗口默认位于命令行窗口左侧，如图 1.19 所示，用于显示当前工作路径下的文件，也可以用于修改当前工作路径。

单击右上角的 ⊙ 按钮，在弹出的下拉菜单中可以执行常用的操作。例如，在当前目录下新建文件或文件夹、显示/隐藏文件信息、查找文件、将当前目录按某种指定方式排序和分组等。

动手练一练——修改当前工作路径

本实例在当前文件夹窗口中新建一个文件夹，作为当前工作路径。

图 1.19　当前文件夹窗口

📝 **思路点拨：**

> 源文件：yuanwenjian\ch01\prac_102.m
> （1）在当前文件夹窗口中新建一个文件夹。
> （2）双击进入文件夹。
> （3）在命令行窗口中运行程序。

1.2.4　工作区窗口

工作区窗口是 MATLAB 中一个非常重要的数据分析与管理窗口，存储当前内存中所有的 MATLAB 变量名、数据结构、字节数与类型，如图 1.20 所示。不同的变量类型有不同的变量名图标。

单击右上角的 ⊙ 按钮，在图 1.21 所示的下拉菜单中可以执行与变量相关的常用操作。

下面简要介绍几个常用的命令功能。

➤ 新建：新建一个数据变量。输入变量名称后，双击变量，进入图 1.22 所示的变量编辑窗口，在这里可以很方便地输入向量或矩阵。

➤ 保存：将工作区中的所有变量保存在一个.mat 文件中。

➤ 清空工作区：清除工作区中的所有变量。在命令行窗口中执行 clear 命令，也可以清除工作区的变量，避免上一次的运行结果对下一次的运行过程产生干扰。

➤ 选择列：设置要在工作区中显示的变量属性。选择该命令，在图 1.23 所示的级联菜单中选择要显示的属性。

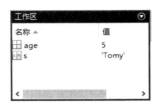

图 1.20　工作区窗口

图 1.21　工作区窗口的下拉菜单

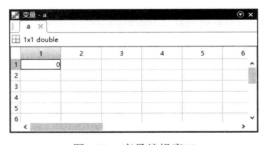

图 1.22　变量编辑窗口

图 1.23　"选择列"级联菜单

扫一扫，看视频

> 排序依据：按某种排序依据，对工作区中的变量进行排序。

实例——定义变量

源文件：yuanwenjian\ch01\ex_102.m

本实例分别在命令行窗口和工作区窗口中定义变量，帮助用户熟悉工作区窗口的功能和用法。

操作步骤

（1）在命令行窗口中执行以下命令：

```
>> s="Hello";
>> v=pi;
```

此时打开工作区窗口，可以看到定义的两个变量名称及对应的值，如图 1.24 所示。

（2）单击工作区窗口右上角的 ⊙ 按钮，在弹出的下拉菜单中选择"新建"命令新建一个变量。输入变量名称 matrix，按 Enter 键确认。

（3）双击变量 matrix，打开变量编辑窗口，输入变量的值，如图 1.25 所示。输入完成后，关闭变量编辑窗口。

（4）再次打开工作区窗口，可以看到定义的 3 个变量，如图 1.26 所示。

图 1.24　工作区窗口

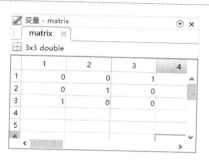

图 1.25　输入变量的值

图 1.26　定义的变量

1.2.5　M 文件编辑器

如果要完成的运算比较复杂，需要几十行甚至几百行指令来完成，命令行窗口就不太适用了，如果中间有一行出错了，不能修改，只能重新输入。如果要在不同场景中反复运行该运算，就要反复输入。这种情况下，可以采用 M 文件编辑器。

M 文本编辑器用来创建 M 文件，文件的扩展名为.m，是一种可以在 MATLAB 环境下运行的文本文件。一个 M 文件可以包含许多连续的 MATLAB 指令，这些指令完成的操作可以是引用其他的 M 文件，也可以是引用自身文件，还可以进行循环和递归等。

根据命令编写的规则不同，M 文件可以分为命令式文件和函数式文件两种。顾名思义，一种是像命令行窗口一样，由连续的多行命令组成；另一种是将多行命令定义为一个函数。

在"主页"选项卡单击"新建脚本"按钮，或在命令行窗口中执行 edit 命令，即可启动 M 文件编辑器，如图 1.27 所示。

图 1.27　M 文件编辑器

📢》注意：

> M 文件中的变量名与文件名不能相同，否则会造成变量名和函数名的混乱。运行 M 文件时，需要先将 M 文件复制到当前目录文件夹下，或保存在搜索路径下，否则运行时无法调用。

在命令行窗口中调用 M 文件时，只需要输入 M 文件的名称，按 Enter 键，即可运行 M 文件。

实例——计算三角函数

源文件： yuanwenjian\ch01\MfileDemo.m、ex_103.m
本实例利用 M 文件计算输出三角函数的值。

扫一扫，看视频

操作步骤

（1）在命令行窗口中执行 edit 命令启动 M 文件编辑器，新建一个 M 文件。在 M 文件中输入如下命令，计算三角函数的值。

```
%MfileDemo.m
%计算三角函数在区间[0 pi]的值
x=0:pi/5:pi;
y=sin(x)-cos(x)
```

（2）将 M 文件保存在搜索路径下，文件名称为 MfileDemo.m。

（3）运行 M 文件。在 MATLAB 命令行窗口中输入文件名并执行，即可得到计算结果，如下所示：

```
>> MfileDemo
y =
   -1.0000   -0.2212    0.6420    1.2601    1.3968    1.0000
```

1.2.6 图形窗口

图形窗口（简称"图窗"）是程序运行结果的一种展示窗口，与命令行窗口相互独立，主要用于显示数据的图形或图像，可以是数据的二维或三维坐标图、图片或用户图形接口等。

在 MATLAB 中执行绘图命令或图像显示命令，即可自动打开一个图窗，显示图形或图像，如图 1.28 所示。如果执行 figure 命令，则打开一个空白的图窗。

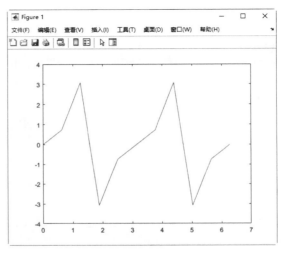

图 1.28　图形窗口

图窗中提供了丰富的功能命令，可以便捷地编辑图形图像。下面简要介绍图窗工具栏中各个功能按钮的用途。

> ：新建一个图窗，该窗口不会覆盖当前的图窗，编号紧接着当前打开的图窗编号的最后一个顺排。
> ：打开已有的图窗文件（扩展名为.fig）。
> ：将当前的图形图像保存为.fig 文件。如果程序中需要使用该图形，不需要再次输入绘图程序，只需要双击图形文件，或将图形文件拖放到命令行窗口中，即可执行文件。
> ：打印图形。
> ：链接/取消链接绘图。单击该按钮，弹出图 1.29 所示的对话框，用于指定数据源属性。一旦在变量与图形之间建立了实时链接，对变量的修改将即时反映到图形上。
> ：插入颜色栏。单击此按钮，会在图形的右侧显示一个色轴，如图 1.30 所示，在编辑图像色彩时很实用。
> ：单击此按钮，会在图形的右上角显示图例，双击框内数据名称所在的区域，可以修改图例。

图 1.29　"链接的绘图数据源"对话框

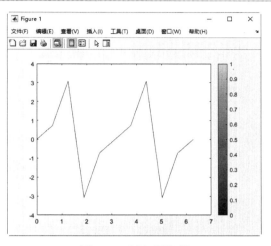

图 1.30　插入颜色栏

> ➤ ：单击此按钮，双击图形区域，打开图 1.31 所示的"属性检查器"对话框，可以修改
> 　图形属性。
> ➤ ：单击此按钮，可打开"属性检查器"对话框。

将鼠标指针移到绘图区，绘图区右上角会显示一个工具条，如图 1.32 所示。

图 1.31　"属性检查器"对话框

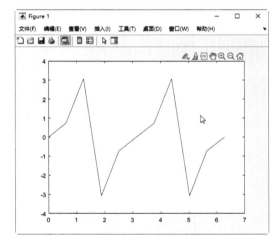

图 1.32　显示编辑工具

> ➤ ：将图形另存为图片，或者复制为图像或向量图。
> ➤ ：高亮数据。单击此按钮，在图形上按住鼠标左键拖动，所选区域的数据点将默认以红
> 　色高亮显示，如图 1.33 所示。
> ➤ ：数据提示。单击此按钮，光标会变为空心十字形状 ✛，单击图形的某一点，显示该点
> 　的坐标值，如图 1.34 所示。
> ➤ ：按住鼠标左键平移图形。
> ➤ ：单击或框选图形，可以放大图窗中的整个图形或图形的一部分。
> ➤ ：缩小图窗中的图形。

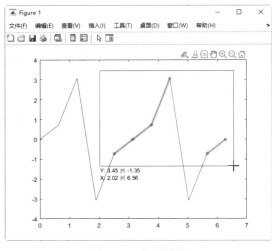

图 1.33 高亮数据

图 1.34 数据提示

➤ ：将视图还原到缩放、平移之前的状态。

实例——绘制函数曲线

源文件：yuanwenjian\ch01\ex_104.m

操作步骤

（1）在命令行窗口执行以下程序：

```
>> x=0:pi/20:4*pi;
>> y=cos(2*x).^3;
>> plot(x,y)
```

弹出图 1.35 所示的图形窗口，显示函数在指定区间的曲线图。

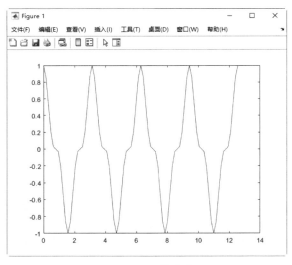

图 1.35 函数曲线

（2）在工具栏单击"链接/取消链接绘图"按钮 🔲，在弹出的对话框中互换 X、Y 的数据源，如图 1.36 所示，即可在图形窗口中看到交换数据源后的图形，如图 1.37 所示。

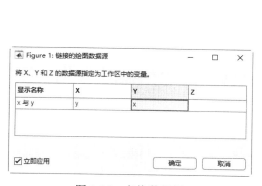

图 1.36 交换数据源

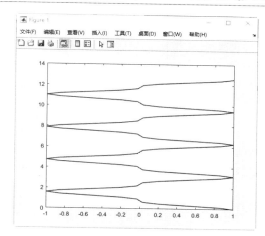

图 1.37 交换数据源后的图形

1.3 搜 索 路 径

MATLAB 的功能是通过命令来实现的，MATLAB 包括数千条命令，对大多数用户来说，全部掌握这些命令是不太现实的，但在特殊情况下，需要用到某个命令时，可以对命令进行查找。在此之前，首先需要设置的是搜索路径，以方便查找。

1.3.1 查看搜索路径

在 MATLAB 中，查看搜索路径最简便的方法就是在命令行窗口中执行 path 命令，即可输出 MATLAB 的所有搜索路径，如下所示：

```
>> path

        MATLABPATH
C:\Users\QHTF\Documents\MATLAB
C:\Users\QHTF\Documents\MATLAB\yuanwenjian
C:\Users\QHTF\Documents\MATLAB\yuanwenjian\images
C:\Program Files\MATLAB\R2023a\examples\matlab\main
C:\Users\QHTF\Documents\MATLAB\Examples
C:\Users\QHTF\Documents\MATLAB\Examples\R2023a
C:\Users\QHTF\Documents\MATLAB\Examples\R2023a\matlab
C:\Users\QHTF\Documents\MATLAB\Examples\R2023a\matlab\GS2DAnd3DPlotsExample
C:\Users\QHTF\Documents\MATLAB\Examples\R2023a\matlab\
SaveAndRestoreDisplayFormatExample
C:\Program Files\MATLAB\R2023a\bin
C:\Program Files\MATLAB\R2023a\toolbox\matlab\addon_enable_disable_
management\matlab
C:\Program Files\MATLAB\R2023a\toolbox\matlab\addon_updates\matlab
C:\Program Files\MATLAB\R2023a\toolbox\matlab\addons
......
```

其中，"……"表示由于版面限制而省略的多行内容。

如果不希望在命令行窗口中查看搜索路径，可以在 MATLAB 命令行窗口中执行 editpath 或 pathtool 命令，或直接在 MATLAB 工作界面的"主页"选项卡选择"设置路径"选项，打开图 1.38 所示的"设置路径"对话框进行查看。

列表框中列出的目录就是 MATLAB 当前的所有搜索路径，拖动列表框右侧的滚动条即可浏览搜索路径。

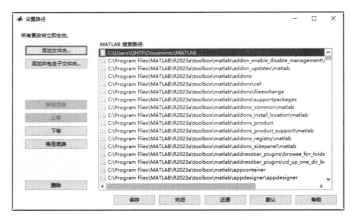

图 1.38 "设置路径"对话框

1.3.2 扩展搜索路径

MATLAB 的一切操作都是在它的搜索路径（包括当前路径）中进行的，如果调用的函数在搜索路径之外，MATLAB 则认为此函数并不存在。这是初学者常犯的一个错误，明明看到自己编写的程序在某个路径下，但是 MATLAB 就是找不到，并报告此函数不存在。这个问题很容易解决，只需要把程序所在的目录扩展成 MATLAB 的搜索路径即可。

下面简要介绍扩展 MATLAB 搜索路径的 3 种常用方法。

1. 使用"设置路径"对话框

扩展搜索路径最直观的方法就是在"设置路径"对话框中将需要的路径文件夹直接添加到搜索路径列表中。

扫一扫，看视频

实例——利用"设置路径"对话框添加搜索路径

本实例将当前工作路径下的文件夹 yuanwenjian 及其子文件夹添加到搜索路径中。

操作步骤

（1）在 MATLAB"主页"选项卡选择"设置路径"选项，或在 MATLAB 命令行窗口中执行 editpath 或 pathtool 命令，打开图 1.38 所示的"设置路径"对话框。

为帮助读者进一步了解使用"设置路径"对话框添加搜索路径的方法，下面简要介绍对话框中各个按钮的作用。

> 添加文件夹：忽略文件夹包含的子文件夹，仅将选中的文件夹添加到搜索路径中。
> 添加并包含子文件夹：将选中的文件夹及其包含的子文件夹一并添加到搜索路径中。
> 移至顶端：将选中的路径移动到搜索路径的顶端。
> 上移：在搜索路径中将选中的路径向上移动一位。
> 下移：在搜索路径中将选中的路径向下移动一位。
> 移至底端：将选中的路径移动到搜索路径的底部。

➢ 删除：在搜索路径中删除选中的路径。

➢ 还原：恢复到改变路径之前的搜索路径列表。

➢ 默认：恢复到 MATLAB 的默认搜索路径列表。

（2）单击"添加并包含子文件夹"按钮，在弹出的文件夹浏览对话框中，选中要添加的文件夹，单击"确定"按钮，新路径即可显示在搜索路径列表中。

（3）单击"保存"按钮保存新的搜索路径，然后单击"关闭"按钮关闭对话框。至此，新的搜索路径设置完毕。

2. 使用 path 命令

path 命令除了可以查看搜索路径，还可以更改或扩展搜索路径，其使用格式见表 1.2。

表 1.2　path 命令使用格式

使 用 格 式	说　明
path	显示 MATLAB 搜索路径，该路径存储在 pathdef.m 中
path(newpath)	将搜索路径更改为 newpath 指定的路径
path(oldpath,newfolder)	将 newfolder 文件夹添加到搜索路径的末尾。如果 newfolder 已位于搜索路径中，则将 newfolder 移至搜索路径的底部
path(newfolder,oldpath)	将 newfolder 文件夹添加到搜索路径的开头。如果 newfolder 已经位于搜索路径中，则将 newfolder 移到搜索路径的开头
p = path(…)	在以上任一种语法格式的基础上，以字符向量的形式返回 MATLAB 搜索路径

实例——使用 path 命令扩展搜索路径

源文件： yuanwenjian\ch01\ex_105.m

本实例使用 path 命令将指定的目录扩展为 MATLAB 的搜索路径，添加到搜索路径列表的开头。

扫一扫，看视频

操作步骤

（1）在当前文件夹窗口中右击，利用快捷菜单新建一个名为 New Folder 的文件夹。

（2）在 MATLAB 命令行窗口中执行以下命令：

```
>> oldpath = path;              %将当前的搜索路径存储到变量 oldpath 中
>> newfolder = 'New Folder';    %将当前工作路径下的路径赋值给变量 newfolder
>> path(newfolder, oldpath)     %将指定路径添加到搜索路径开头
```

（3）打开"设置路径"对话框，可以看到指定的路径已添加到搜索路径的开头，如图 1.39 所示。

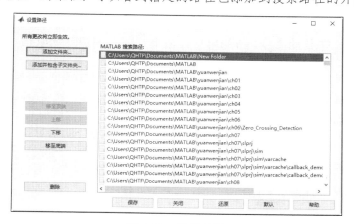

图 1.39　运行结果

3. 使用 addpath 命令

在早期的 MATLAB 版本中，向搜索路径中添加文件夹用得最多的命令是 addpath，该命令的使用格式见表 1.3。

表 1.3　addpath 命令使用格式

使 用 格 式	说　明
addpath(folderName1,...,folderNameN)	将指定的文件夹添加到当前 MATLAB 会话的搜索路径的顶层
addpath(folderName1,...,folderNameN,position)	将指定的文件夹添加到 position（取值为'-begin'或'-end'）指定的搜索路径的最前面或最后面
addpath(...,'-frozen')	在以上任一种语法格式的基础上，为所添加的文件夹禁用文件夹更改检测，也就是 MATLAB 不检测从 MATLAB 以外的地方对文件夹所做的更改
oldpath = addpath(...)	在以上任一种语法格式的基础上，返回在添加指定文件夹之前的路径

扫一扫，看视频

实例——使用 addpath 命令扩展搜索路径

源文件：yuanwenjian\ch01\ex_106.m
本实例使用 addpath 命令将两个目录分别添加到搜索路径的开头和末尾。

操作步骤

（1）在当前文件夹窗口中右击，利用快捷菜单新建两个名称分别为 folder1 和 folder2 的文件夹。
（2）在 MATLAB 命令行窗口中执行以下命令：

```
>> addpath('folder1', '-begin')      %添加到搜索路径的开头
>> addpath('folder2','-end')         %添加到搜索路径的末尾
```

（3）打开"设置路径"对话框，拖动滚动条，可以看到指定的路径已分别添加到搜索路径的开头和末尾。

1.4　帮　助　系　统

MATLAB 的帮助系统非常强大，不仅提供了一系列帮助命令，还具备了完善的联机帮助文档和演示系统。熟练掌握 MATLAB 的帮助系统，可以帮助用户快速掌握 MATLAB 的应用。

1.4.1　帮助命令

MATLAB 提供了一些帮助命令，帮助用户在命令行窗口中快速获取指定命令的帮助信息，如 help、lookfor、who、whos、exist 等。

1. help 命令

help 命令是最常用的帮助命令，根据用户在命令行窗口中是否已运行过其他命令，在命令行窗口中执行 help 命令可显示帮助向导，或上一步执行的命令的帮助信息。

扫一扫，看视频

实例——help 命令示例

源文件：yuanwenjian\ch01\ex_107.m
本实例演示 help 命令的用法。

操作步骤

（1）启动 MATLAB 2023。

（2）在命令行窗口中输入并执行 help 命令：

```
>> help
不熟悉 MATLAB?请参阅有关快速入门的资源。
要查看文档,请打开帮助浏览器。
```

单击"快速入门",可打开帮助文档,并定位到"MATLAB 快速入门"的相关页面,如图 1.40 所示。

图 1.40　帮助文档

单击"打开帮助浏览器",可进入图 1.41 所示的帮助中心。

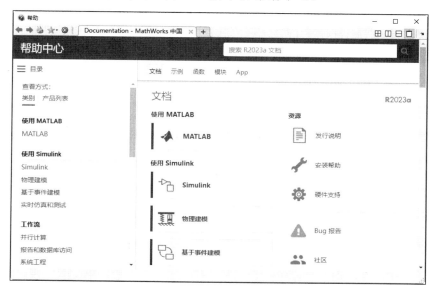

图 1.41　帮助中心

如果在输入 help 命令之前已在命令行窗口中执行了其他命令（如 clear），则执行 help 命令会显示上一行命令的相关帮助信息，完整的程序如下所示。

```
>> help
不熟悉 MATLAB?请参阅有关快速入门的资源。
要查看文档，请打开帮助浏览器。
>> clear
>> help
--- clear 的帮助 ---

clear - 从工作区中删除项目、释放系统内存
    此 MATLAB 函数从当前工作区中删除所有变量，并将它们从系统内存中释放。

    clear
    clear name1 ... nameN
    clear -regexp expr1 ... exprN
    clear ItemType

输入参数
    name1 ... nameN - 要清除的变量、脚本、函数或 MEX 函数的名称。
        字符向量 | 字符串标量
    expr1 ... exprN - 用于匹配要清除的变量名称的正则表达式
        字符向量 | 字符串标量
    ItemType - 要清除的项目的类型
        all | classes | functions | global | import | java | mex |
        variables

示例
    清除单个变量
    按名称清除特定的变量
    清除变量集
    清除所有已编译的脚本、函数和 MEX 函数

另请参阅 clc, clearvars, delete, import, inmem, load, mlock, whos

已在 R2006a 之前的 MATLAB 中引入
clear 的文档
clear 的其他用法
```

2. help+函数（类）名

如果知道要求助的命令名称，使用 help 命令还可以获得指定命令的帮助信息。调用格式如下：

```
help 命令（类）名
```

扫一扫，看视频

实例——查询 close 命令

源文件：yuanwenjian\ch01\ex_108.m
本实例使用 help 命令查询 close 命令的使用格式、参数说明和示例文档等帮助信息。

操作步骤

在命令行窗口中执行以下命令：

```
>> help close
close - 关闭一个或多个图窗
此 MATLAB 函数关闭当前图窗。调用 close 等效于调用 close(gcf)。

close
close(fig)
close all
close all hidden
close all force
status = close(___)

输入参数
    fig - 要关闭的图窗
        一个或多个 Figure 对象、图窗编号或图窗名称

示例
    关闭单个图窗
    关闭多个图窗
    关闭具有指定编号的图窗
    使用指定名称关闭图窗
    验证图窗是否关闭
    使用可见句柄关闭所有图窗
    关闭所有具有可见或隐藏句柄的图窗
    强制图窗关闭

另请参阅 delete, figure, gcf, Figure

已在 R2006a 之前的 MATLAB 中引入
close 的文档
close 的其他用法
```

3. lookfor 命令

有时，用户并不能清楚地记住某个命令的确切名称，这种情况下可以使用 lookfor 命令，根据用户提供的关键字搜索相关的命令。调用格式如下：

```
lookfor 命令（类）名
```

实例——搜索 diag 关键字

源文件：yuanwenjian\ch01\ex_109.m
本实例使用 lookfor 命令搜索关键字 diag 的相关信息。

操作步骤

在命令行窗口中执行以下命令：

```
>> lookfor diag
blkdiag                    - Block diagonal concatenation of matrix input
arguments.
diag                       - Diagonal matrices and diagonals of a matrix.
lesp                       - Tridiagonal matrix with real, sensitive eigenvalues.
...
```

执行 lookfor 命令后，系统将对 MATLAB 搜索路径中的每个 M 文件的第一个注释行（H1 行）

进行扫描，如果此行中包含查询的字符串，则输出对应的函数名和第一个注释行。因此，用户在编写 M 文件时，最好在第一个注释行添加函数的功能说明等信息，以便查找。

4．查验变量命令

除了查询命令的用法，MATLAB 还提供了几个用于查看变量信息、检查变量存在情况的命令，帮助用户了解变量的信息和类型。

（1）who 命令。该命令可以列出工作区中的所有变量名称，其使用格式见表 1.4。

表 1.4　who 命令的使用格式

使 用 格 式	说　明
who	按字母顺序列出当前活动工作区中的所有变量的名称
who -file filename	列出指定的 MAT 文件中的变量名称
who global	列出工作区中的全局变量名称
who … var1 … varN	在以上任一种语法格式的基础上，只列出指定的变量
who … -regexp expr1 … exprN	在以上任一种语法格式的基础上，只列出与指定的正则表达式匹配的变量
C = who(…)	在以上任一种语法格式的基础上，将变量的名称保存在元胞数组 C 中

（2）whos 命令。该命令的使用格式与 who 类似，不同的是，whos 命令不仅会列出工作区中的变量名称，还会列出变量的大小和类型，最后一种语法格式会将变量的信息存储在结构体数组中。

（3）exist 命令。该命令用于检查变量、脚本、函数、文件夹或类的存在情况，其使用格式见表 1.5。

表 1.5　exist 命令的使用格式

使 用 格 式	说　明
exist name	以数字形式返回 name 的类型。 0：不存在或找不到。 1：工作区中的变量。 2：是扩展名为.m、.mlx 或.mlapp 的文件。 3：是 MATLAB 搜索路径上的 MEX 文件。 4：是已加载的 Simulink 模型或者位于 MATLAB 搜索路径上的 Simulink 模型或库文件。 5：是内置 MATLAB 函数，不包括类。 6：是 MATLAB 搜索路径上的 P 代码文件。 7：文件夹。 8：类
exist name searchType	按 searchType 指定的类型搜索 name，并以数字返回 name 的类型。如果 searchType 类型的 name 不存在，则 MATLAB 返回 0
A = exist(…)	将 name 的类型以数字的形式返回变量 A

实例——查看变量信息

源文件：yuanwenjian\ch01\ex_110.m
本实例查询工作区中的变量信息，并查验指定变量的存在情况。
MATLAB 程序如下：

```
>> name ='Tomy';          %字符串
>> age = 5;               %数值
>> who
您的变量为:
age   name
```

```
>> whos
  Name    Size          Bytes  Class       Attributes
  age     1x1               8  double
  name    1x4               8  char
>> exist name
ans =
     1                          %结果为1，表明该变量是工作区中的变量
```

1.4.2 联机帮助系统

启动联机帮助系统的方法有很多，下面简要介绍常用的两种。

1. helpwin 和 doc 命令

在命令行窗口中执行 helpwin 命令或 doc 命令，可以打开 MATLAB 联机帮助窗口，进入图 1.42 所示的帮助中心。

图 1.42 帮助中心

2. 菜单命令

在 MATLAB 的"主页"选项卡"资源"选项组中单击"帮助"下拉按钮，在弹出的下拉菜单中选择"帮助"下拉菜单中的"文档"或"示例"命令，都可以打开图 1.42 所示的帮助中心。不同的是，一个默认显示的是帮助文档列表，另一个默认显示的是示例列表。选择"支持网站"命令，可在浏览器中打开 MATLAB 的帮助中心，如图 1.43 所示。

在帮助中心顶部的搜索文本框中输入要查询的内容，按 Enter 键，即可显示相应的搜索结果列表。单击要查看的文档，即可看到相应的帮助内容。

动手练一练——查看 clear 命令的帮助文档

本实例在帮助中心中查找 clear 命令的帮助文档。

扫一扫，看视频

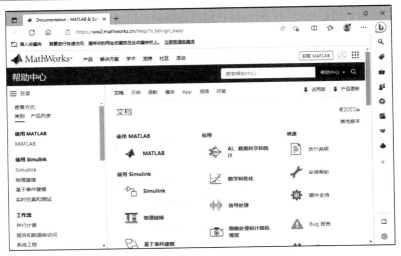

图 1.43　在浏览器中打开帮助中心

思路点拨：

> 源文件：yuanwenjian\ch01\prac_103.m
> （1）在命令行窗口中执行 helpwin 或 doc 命令，打开帮助中心。
> （2）在搜索文本框中输入关键词 clear，按 Enter 键。
> （3）在搜索结果中单击要查看的文档。

1.4.3　联机演示系统

除了查询命令的使用方法，对 MATLAB 或某个工具箱的初学者来说，更高效的学习办法是查看 MATLAB 的联机演示系统，可以了解命令或工具箱的具体使用方法和应用。

在 MATLAB 的"主页"选项卡选择"资源"→"帮助"→"示例"命令，或者直接在命令行窗口中执行 demos 命令，即可进入 MATLAB 帮助系统的主演示页面，如图 1.44 所示。

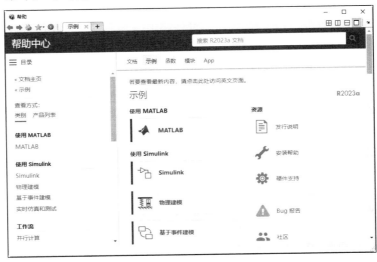

图 1.44　主演示页面

单击示例类别（如 MATLAB），即可进入相应类别的示例列表，如图 1.45 所示。

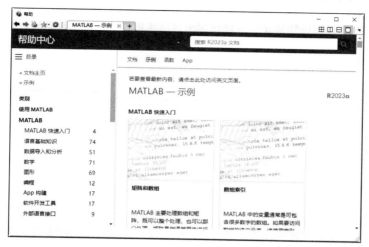

图 1.45　示例列表

单击某个示例，即可进入具体的演示界面，如图 1.46 所示。

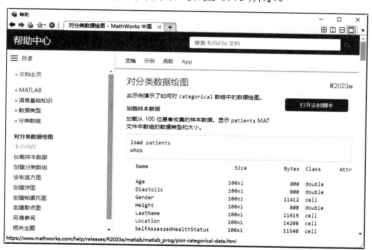

图 1.46　具体的演示界面

单击"打开实时脚本"按钮，可在实时编辑器中打开该示例，在"实时编辑器"选项卡中单击"运行"按钮，也可以运行该示例。

动手练一练——查看"基本矩阵运算"演示程序

本实例通过观看随机自带的演示程序，掌握联机演示系统的使用方法。

 思路点拨：

源文件：yuanwenjian\ch01\prac_104.m

（1）启动 MATLAB，进入帮助中心的示例列表。

（2）找到需要的示例，单击"打开实时脚本"按钮，查看示例程序。

（3）单击"运行"按钮，运行示例程序。

扫一扫，看视频

第 2 章　基本二维绘图命令

MATLAB 不仅擅长与矩阵相关的数值运算，同时还具有强大的数据可视化功能，这是其他科学计算的编程语言所无法比拟的。MATLAB 提供了大量的绘图命令，本章主要介绍 MATLAB 常用的二维绘图命令。

知识重点

- ➢ 绘制二维曲线
- ➢ 绘制填充图形
- ➢ 绘制颜色图
- ➢ 常用坐标系绘图

2.1　绘制二维曲线

二维绘图命令是 MATLAB 制图最常用的部分，在本节中介绍绘图命令时，还会详细地介绍一些常用的控制参数。

2.1.1　绘制二维点或线图

plot 命令是二维绘图中最基本的绘图命令，执行该命令时，系统会自动创建一个新的图形窗口用于显示图形。如果已存在打开的图形窗口，则系统会将图形绘制在最近打开的图形窗口中，默认情况下，原有图形也将被覆盖。

plot 命令的使用格式有多种，下面配合实例介绍其中常用的几种。

1. plot(x)

- ➢ x 是实向量，则以向量元素的下标为横坐标，元素的值为纵坐标绘制一条连续曲线。
- ➢ x 是实矩阵，则绘制每一列元素值的曲线，曲线数等于 x 的列数。
- ➢ x 是复矩阵，则绘制以每一列元素实部为横坐标，虚部为纵坐标的多条曲线。
- ➢ x 是复数，则绘制 x 的虚部对 x 的实部的图形，等效于 plot(real(x),imag(x))。

实例——绘制逆希尔伯特矩阵的图形

源文件：yuanwenjian\ch02\ex_201.m

操作步骤

在 MATLAB 命令行窗口中输入如下命令：

扫一扫，看视频

```
>> A=invhilb(3)                       %3 阶逆希尔伯特矩阵
>> plot(A)                            %绘制矩阵 A 每一列的图形
>> legend('第 1 列','第 2 列','第 3 列')   %添加图例
```

运行结果如图 2.1 所示。

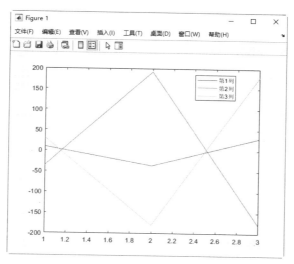

图 2.1　绘制矩阵图形

动手练一练——绘制复数向量的图形

本实例绘制复数向量的二维图形，帮助读者进一步了解 plot 命令绘制复数向量的原理。

思路点拨：

源文件：yuanwenjian\ch02\prac_201.m

（1）定义复数向量。

（2）在命令行窗口中执行绘图命令。

（3）观察图形的横纵坐标点。

2．plot(x,y)

➢ x、y 是同维向量时，绘制以 x 为横坐标、y 为纵坐标的曲线。

➢ x 是向量，y 是有一维与 x 等维的矩阵时，绘制多条不同颜色的曲线，曲线数等于矩阵 y 的另一维数，x 作为这些曲线的横坐标。

➢ x 是矩阵，y 是向量时，以 y 为横坐标，绘制多条不同颜色的曲线。

➢ x、y 是同维矩阵时，以 x 对应的列元素为横坐标，以 y 对应的列元素为纵坐标分别绘制曲线，曲线数等于矩阵的列数。

实例——绘制参数函数的图像

源文件：yuanwenjian\ch02\ex_202.m

本实例使用 plot 命令绘制参数函数 $\begin{cases} x = \cos(2t)\cos^2(t) \\ y = \sin(2t)\sin^2(t) \end{cases}$ ，$t \in (0, 2\pi)$ 的图像。

扫一扫，看视频

操作步骤

在 MATLAB 命令行窗口中输入如下命令：

```
>> t = 0:.01:2*pi;                  %定义参数 t 的取值范围和取值点
>> x = cos(2*t).*(cos(t).^2);
>> y = sin(2*t).*(sin(t).^2);       %定义参数化函数的 x 坐标和 y 坐标
>> plot(x,y);                       %绘制以 x 为横坐标、y 为纵坐标的二维曲线
```

运行结果如图 2.2 所示。

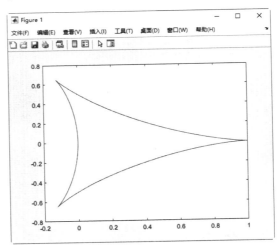

图 2.2　绘制函数曲线

3. plot(x1,y1,x2,y2,...)

这种使用格式的功能是在同一图窗中叠加绘制多条曲线，(xi,yi)必须成对出现，等价于依次执行 plot(xi,yi)命令，其中 i=1,2,...。

扫一扫，看视频

实例——多图叠加

源文件：yuanwenjian\ch02\ex_203.m

本实例在同一个图窗中绘制 $y = \sin x$、$y = 2\sin\left(x + \dfrac{\pi}{4}\right)$、$y = 0.5\sin\left(x - \dfrac{\pi}{4}\right)$ 的图形。

操作步骤

在 MATLAB 命令行窗口中输入如下命令：

```
>> x1=linspace(0,2*pi,100);    %在区间[0,2π]中创建 100 个等分点
>> x2=x1+pi/4;                 %定义自变量表达式 x2
>> x3=x1-pi/4;                 %定义自变量表达式 x3
>> y1=sin(x1);                 %定义函数表达式 y1
>> y2=2*sin(x2);              %定义函数表达式 y2
>> y3=0.5*sin(x3);           %定义函数表达式 y3
>> plot(x1,y1,x2,y2,x3,y3)   %绘制多条曲线
```

运行结果如图 2.3 所示。

这种调用格式也可以通过使用 hold on 命令和 plot(x,y)命令来实现。hold on 命令用于使当前坐标轴及图形保持不变，然后在同一坐标系下叠加绘制的新的曲线。hold off 命令则用于关闭图形保持命令。因此，上面的程序也可以写成如下形式：

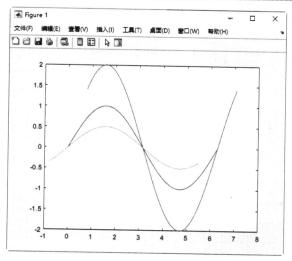

图 2.3　多图叠加

```
>> x1=linspace(0,2*pi,100);
>> x2=x1+pi/4;
>> x3=x1-pi/4;
>> y1=sin(x1);
>> y2=2*sin(x2);
>> y3=0.5*sin(x3);
>> plot(x1,y1)          %绘制第一条曲线
>> hold on              %保留当前图窗中的绘图
>> plot(x2,y2)          %绘制第二条曲线
>> hold on
>> plot(x3,y3)          %绘制第三条曲线
>> hold off             %关闭保持命令
```

4．plot(x,y, s)

这种调用格式中，x、y 为向量或矩阵，s 为用单引号标记的字符串，用于设置曲线的样式。曲线样式 s 包括 3 类属性：颜色、线型、标记，合法设置分别参见表 2.1～表 2.3。如果省略参数 s，将采用 MATLAB 的默认设置，曲线一律采用"实线"线型，无标记，不同曲线按表 2.1 给出的前 7 种颜色（蓝色、绿色、红色、青色、品红、黄色、黑色）顺序着色。

表 2.1　颜色控制字符表

字符	色彩	RGB 值
b(blue)	蓝色	001
g(green)	绿色	010
r(red)	红色	100
c(cyan)	青色	011
m(magenta)	品红	101
y(yellow)	黄色	110
k(black)	黑色	000
w(white)	白色	111

表 2.2 线型符号及说明

线型符号	符号含义	线型符号	符号含义
-	实线（默认值）	:	点线
--	虚线	-.	点画线

表 2.3 线型标记控制字符表

字符	数据点	字符	数据点
+	加号	>	向右三角形
o	小圆圈	<	向左三角形
*	星号	s	正方形
.	实点	h	正六角形
x	交叉号	p	正五角形
d	菱形	v	向下三角形
^	向上三角形		

实例——绘制心形线并设置线条样式

源文件：yuanwenjian\ch02\ex_204.m

本实例在同一个图窗中使用两种不同的线型绘制如下参数函数的图形：

$$\begin{cases} x = 16\sin^3(t) \\ y = 13\cos(t) - 5\cos(2t) - 2\cos(3t) - \cos(4t) \end{cases}, \ t \in [0, 2\pi]$$

操作步骤

在 MATLAB 命令行窗口中输入如下命令：

```
>> t=linspace(0,2*pi,800);                      %参数取值点
>> x=16*sin(t).^3;
>> y=13*cos(t)-5*cos(2*t)-2*cos(3*t)-cos(4*t);  %定义函数表达式
>> plot(x,y,'r*')                               %使用红色*号绘制函数数据点
```

运行结果如图 2.4 所示。

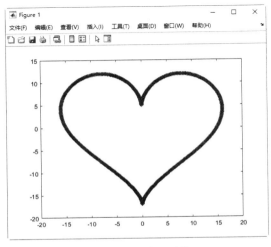

图 2.4 绘制心形线

5．plot(x1,y1,s1,x2,y2,s2,…)

这种格式的用法与用法 3 类似，不同之处在于这种格式有线型参数，等价于依次执行 plot(xi,yi,si)，其中 i=1,2,…。

实例——同一坐标系下多图叠加

源文件：yuanwenjian\ch02\ex_205.m

本实例在同一坐标系下绘制如下 3 个函数在[−2,2]上的图形：

$$y_1 = x^2, y_2 = x^3, y_3 = x^2 + x^3$$

操作步骤

在 MATLAB 命令行窗口中输入如下命令：

```
>> x=-2:0.1:2;                                        %取值点
>> y1=x.^2;
>> y2=x.^3;
>> y3=x.^2+x.^3;                                      %函数表达式
>> plot(x,y1,'b^',x,y2,'kd -.',x,y3,'rh-')    %绘制 3 条曲线，设置曲线颜色与曲线样式。
其中，曲线 1 为蓝色，样式为向上三角形；曲线 2 为带菱形标记的黑色点画线；曲线 3 为带五角星标记的红色
实线
>> legend('y_1=x^{2}','y_2=x^{3}','y_3=x^{2}+x^{3}')           %添加图例
```

运行结果如图 2.5 所示。

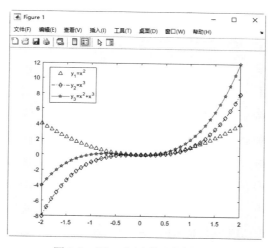

图 2.5　同一坐标系下多图叠加

6．plot(x,s)

这种格式的用法与用法 1 类似，不同之处在于这种格式使用参数控制线型，而不是使用默认线型。

实例——绘制复数函数的图形

源文件：yuanwenjian\ch02\ex_206.m

操作步骤

在 MATLAB 命令行窗口中输入如下命令：

```
>> close all              %关闭所有打开的文件
>> clear                  %清除工作区的变量
>> r=2;                   %将变量 r 赋值为 2
>> t=0:pi/100:2*pi;       %创建 0 到 2π 的向量 x，元素间隔为 π/100
>> x=r*exp(i*t);          %函数表达式 x
>> plot(x,'r^');          %使用红色向上三角形绘制数据点
>> axis equal             %沿每个坐标轴使用相同的数据长度单位
```

运行结果如图 2.6 所示。

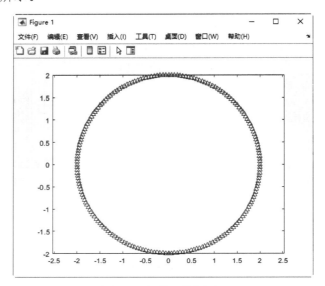

图 2.6　复数函数图形

7．plot(…,Name,Value)

这种调用格式是在以上任一种格式的基础上，使用一个或多个名称-值对参数指定线条属性，线条的设置属性见表 2.4。

表 2.4　线条的设置属性

字　符	说　明	参　数　值
color	线条颜色	指定为 RGB 三元组、十六进制颜色代码、颜色名称或短名称
LineWidth	指定线宽	默认为 0.5
Marker	标记符号	'+'、'o'、'*'、'.'、'x'、'square'或's'、'diamond'或'd'、'v'、'^'、'>'、'<'、'pentagram' 或'p'、'hexagram'或'h'、'none'
MarkerIndices	要显示标记的数据点的索引	[a,b,c] 在第 a、第 b 和第 c 个数据点处显示标记
MarkerEdgeColor	指定标识符的边缘颜色	'auto'（默认）、RGB 三元组、十六进制颜色代码、'r'、'g'、'b'
MarkerFaceColor	指定标识符的填充颜色	'none'（默认）、'auto'、RGB 三元组、十六进制颜色代码、'r'、'g'、'b'
MarkerSize	指定标识符的大小	默认为 6
DatetimeTickFormat	刻度标签的格式	'yyyy-MM-dd'、'dd/MM/yyyy'、'dd.MM.yyyy'、'yyyy 年 MM 月 dd 日'、'MMMM d, yyyy'、'eeee, MMMM d, yyyy HH:mm:ss'　、'MMMM d, yyyy HH:mm:ss Z'
DurationTickFormat	刻度标签的格式	'dd:hh:mm:ss' 'hh:mm:ss' 'mm:ss' 'hh:mm'

实例——设置线条属性

源文件： yuanwenjian\ch02\ex_207.m

本实例在同一个坐标系下绘制函数 $y = \sin x$、 $y = \sin x \sin 9x$ 的图形，并统一设置曲线的线型与颜色。

操作步骤

在 MATLAB 命令行窗口中输入如下命令：

```
>> close all              %关闭所有打开的文件
>> clear                  %清除工作区的变量
>> t=(0:pi/100:pi)';      %创建 0 到 π 的列向量 x，元素间隔为 π/100
>> y1=sin(t)*[1,-1];      %定义函数表达式 y1
>> y2=sin(t).*sin(9*t);   %定义函数表达式 y2
>> t3=pi*(0:9)/9;         %定义自变量 t3
>> y3=sin(t3).*sin(9*t3); %定义函数表达式 y3
>> plot(t,y1,'r-.',t,y2,'-bo')  %绘制曲线 1、曲线 2，其中，曲线 1 为红色点线，曲线 2 为带圆圈
                                 标记的蓝色实线
>> hold on                %打开图形保持命令
>> plot(t3,y3,'s',...
MarkerSize=10,MarkerEdgeColor=[0,1,1],...
MarkerFaceColor=[1,0,0])  %绘制曲线 3，设置标记为正方形，标记大小为 10，利用 RGB 向量
                           设置标记轮廓颜色与背景颜色
>> hold off               %关闭图形保持命令
>> figure                 %新建图形窗口
>> plot(t,y1,'r-.',t,y2,'-bo',t3,y3,...
'p',MarkerSize=10,MarkerEdgeColor=[0,1,0],...
MarkerFaceColor=[1,0,1])  %直接绘制三条曲线，使用名称-值对参数指定线宽、标记类型、标
                           记大小、标记轮廓颜色和标记背景颜色
```

运行结果如图 2.7 所示。

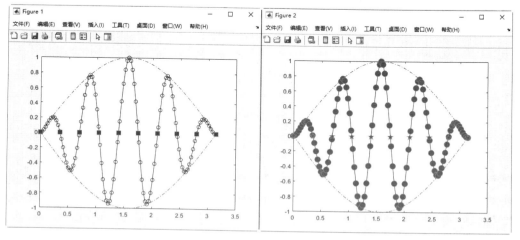

图 2.7 绘图结果

8．plot(ax,…)

这种格式的用法将在由 ax 指定的坐标区中，而不是在当前坐标区（gca）中创建线条。其中，ax 是指定坐标区，指定为 Axes 对象、PolarAxes 对象或 GeographicAxes 对象。如果不指定坐标区

或当前坐标区是笛卡儿坐标系，该命令将使用当前坐标区。

若要在极坐标系上绘图，则指定 PolarAxes 对象作为第一个输入参数，或者使用 polarplot 函数。若要在地理坐标系上绘图，可以指定 GeographicAxes 对象作为第一个输入参数，或者使用 geoplot 函数。

扫一扫，看视频

实例——在指定的坐标系中绘制函数曲线

源文件：yuanwenjian\ch02\ex_208.m

本实例分割图窗视图，在指定的视图中绘制函数 $y_1 = \cos(x) - \sin(x)$，$y_2 = \sin(x)\cos(x)$ 的图形。

操作步骤

在 MATLAB 命令行窗口中输入如下命令：

```
>> close all             %关闭所有打开的文件
>> clear                 %清除工作区的变量
>> ax1 = subplot(2,1,1); %分割图像窗口为两行一列两个视图，ax1 为第一个视图的坐标系
>> ax2 = subplot(2,1,2); %ax2 为第二个视图的坐标系
>> x=0:pi/10:2*pi;       %创建 0 到 2π 的向量 x，元素间隔为 π/10
>> y1=cos(x)-sin(x);     %定义函数表达式 y1
>> y2=sin(x).*cos(x);    %定义函数表达式 y2
>> plot(ax1,x,y1);       %在坐标系 ax1 中绘制函数图形
>> plot(ax2,x,y2);       %在坐标系 ax2 中绘制函数图形
```

运行结果如图 2.8 所示。

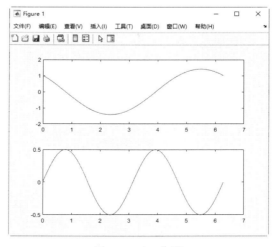

图 2.8　plot 作图

9．h=plot(…)

这种格式的用法返回由图形线条对象组成的列向量 h。在创建特定的图形线条后，可以使用 h 修改其属性。

扫一扫，看视频

实例——设置正弦曲线的样式

源文件：yuanwenjian\ch02\ex_209.m

本实例在同一个坐标系中绘制两个正弦函数 $y_1 = \sin x$，$y_2 = \sin(x+1)$ 的图形，然后分别设置曲线样式。

操作步骤

在 MATLAB 命令行窗口中输入如下命令：

```
>> close all                     %关闭所有打开的文件
>> clear                         %清除工作区的变量
>> x=0:pi/10:2*pi;               %在区间 0 到 2π 中定义函数取值点向量
>> y1=sin(x);
>> y2=sin(x+1);                  %定义函数表达式
>> p=plot(x,y1,x,y2);            %在 p 中返回两个图形线条对象
>> p(1).LineWidth = 4;           %利用 "." 引用属性设置线宽为 4
>> p(2).Marker = 'pentagram';    %设置曲线标记为五角星
>> p(2).MarkerSize = 10;         %设置标记大小为 10
```

运行结果如图 2.9 所示。

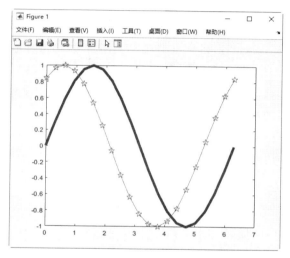

图 2.9　设置正弦曲线的样式

2.1.2　分割图窗绘图

如果要在同一个图形窗口中分割出多个子视图，可以使用 subplot 命令。该命令的使用格式见表 2.5。

表 2.5　subplot 命令的使用格式

使 用 格 式	说　　　明
subplot(m,n,p)	将当前窗口分割成 m×n 个视图区域，并指定第 p 个视图为当前视图
subplot(m,n,p,'replace')	删除位置 p 处的现有坐标区并创建新坐标区
subplot(m,n,p,'align')	创建新坐标区，以便对齐图框。此选项为默认行为
subplot(m,n,p,ax)	将现有坐标区 ax 转换为同一图窗中的子图
subplot('Position',pos)	在 pos 指定的自定义位置创建坐标区。指定 pos 作为[left, bottom, width, height] 形式的四元素向量。如果新坐标区与现有坐标区重叠，则新坐标区将替换现有坐标区
subplot(…,Name,Value)	使用一个或多个名称-值对参数修改坐标区属性
ax = subplot(…)	返回创建的 Axes 对象，可以使用 ax 修改坐标区
subplot(ax)	将 ax 指定的坐标区设为父图窗的当前坐标区。如果父图窗不是当前图窗，此选项不会使父图窗成为当前图窗

使用 subplot 命令分割出的子图编号按行从左至右、从上到下排列。如果在执行此命令之前并没有打开的图形窗口，则系统将自动创建一个图形窗口进行分割。

实例——分割子图

源文件：yuanwenjian\ch02\ex_210.m

本实例将图窗分割为大小不同的 3 个子视图，然后在子图中绘制函数 $y_1 = \sin x$，$y_2 = \cos x$ 的图形。

操作步骤

在 MATLAB 命令行窗口中输入如下命令：

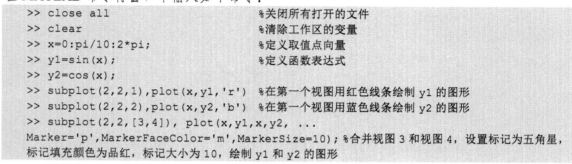

```
>> close all              %关闭所有打开的文件
>> clear                  %清除工作区的变量
>> x=0:pi/10:2*pi;        %定义取值点向量
>> y1=sin(x);             %定义函数表达式
>> y2=cos(x);
>> subplot(2,2,1),plot(x,y1,'r')   %在第一个视图用红色线条绘制 y1 的图形
>> subplot(2,2,2),plot(x,y2,'b')   %在第一个视图用蓝色线条绘制 y2 的图形
>> subplot(2,2,[3,4]), plot(x,y1,x,y2, ...
Marker='p',MarkerFaceColor='m',MarkerSize=10); %合并视图 3 和视图 4，设置标记为五角星，
标记填充颜色为品红，标记大小为 10，绘制 y1 和 y2 的图形
```

运行结果如图 2.10 所示。

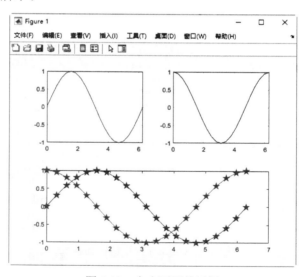

图 2.10　大小不同的子图

2.1.3　绘制表达式或函数

　　fplot 命令是一个专门用于绘制一元函数图像的命令。可能有些读者会有这样的疑问：plot 命令也可以绘制一元函数图像，为什么还要引入 fplot 命令呢？

　　这是因为 plot 命令是依据给定的数据点绘图的，而在实际情况中，一般并不清楚函数的具体情况，因此依据选取的数据点作图可能会忽略真实函数的某些重要特性。而 fplot 命令通过其内部自适应算法自动选取数据点，在函数变化比较平稳处选取的数据点相对稀疏，在函数变化明显处选取的数据点自动稠密，因此绘制的图形比用 plot 命令绘制的图形更光滑、精确。

fplot 命令的主要使用格式见表 2.6。

表 2.6　fplot 命令的主要使用格式

使 用 格 式	说　　明
fplot(f,lim)	在指定的范围 lim 内绘制一元函数 f 的图形
fplot(f,lim,s)	用指定的线型 s 绘制一元函数 f 的图形
fplot(f,lim,n)	至少用 n+1 个点绘制一元函数 f 的图形
fplot(funx,funy)	在 t 的默认区间[−5, 5]绘制由 x=funx(t)和 y=funy(t)定义的曲线
fplot(funx,funy,tinterval)	在指定的区间内绘制由 funx、funy 定义的曲线。区间使用二元素向量 [tmin, tmax]指定
fplot(...,LineSpec)	在以上任一种语法格式的基础上，指定线条样式、标记符号和线条颜色
fplot(...,Name,Value)	在以上任一种语法格式的基础上，使用一个或多个名称-值对参数指定曲线属性
fplot(ax,...)	在 ax 指定的坐标系，而不是当前坐标系（gca）中绘制图形。这种格式必须将 ax 作为第一个输入参数
fp = fplot(...)	在以上任一种语法格式的基础上，返回图形线条对象 fp，可以查询和修改特定线条的属性
[X,Y] = fplot(f,lim,...)	返回图形对象的横坐标 X 与纵坐标 Y

实例——绘制一元函数的图形

源文件：yuanwenjian\ch02\ex_211.m

本实例使用 fplot 命令绘制一元函数 y=x+tan(x)在区间[−3, 3]的图形。

操作步骤

在 MATLAB 命令行窗口中输入如下命令：

```
>> close all                          %关闭所有打开的文件
>> clear                              %清除工作区的变量
>> p= fplot(@(x) x+tan(x),[-3 3]);    %绘制函数曲线
>> p.LineStyle='-.';                  %设置线型
>> p.Marker='h';                      %指定标记为正六角形
>> p.MarkerEdgeColor='r';             %将标记轮廓颜色设置为红色
```

运行结果如图 2.11 所示。

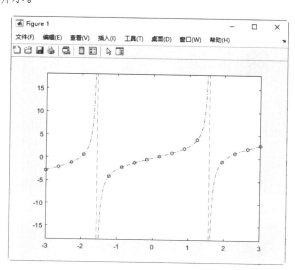

图 2.11　一元函数的图形

实例——plot 与 fplot 绘图比较

源文件：yuanwenjian\ch02\ex_212.m

本实例分别用 plot 命令与 fplot 命令绘制函数 $y = \sin\dfrac{1}{x}, x \in [0.01, 0.02]$ 的图形，比较这两个命令绘图的精确性。

操作步骤

（1）以 M 文件的形式创建函数 f_compare，具体程序如下：

```
function y=f_compare(x)              %创建函数
y=sin(1./x);                         %输入函数表达式
```

（2）在 MATLAB 命令行窗口中输入如下命令：

```
>> close all                         %关闭所有打开的文件
>> clear                             %清除工作区的变量
>> x=linspace(0.01,0.02,30);         %在区间[0.01 0.02]创建 30 个等分点，作为函数的取值点
>> y=f_compare(x);                   %调用 M 文件，计算函数值
>> subplot(2,1,1)
>> plot(x,y), title('plot 绘图')     %利用 plot 命令绘制曲线
>> subplot(2,1,2)
>> fplot(@(x)f_compare(x),[0.01,0.02]),title('fplot 绘图')  %利用 fplot 命令绘制曲线，
绘图区间为[0.01,0.02]
```

运行结果如图 2.12 所示。

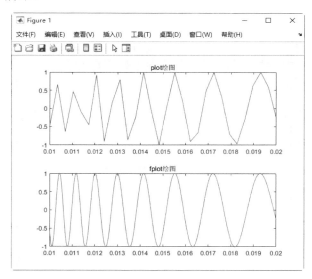

图 2.12　plot 与 fplot 绘图比较

从图 2.12 中可以很明显地看出用 fplot 命令绘制的图形比用 plot 命令绘制的图形更光滑、精确。这主要是因为分点取得太少（本实例为 30 个），也就是说对区间的划分还不够细。

2.1.4　创建基本线条

在绘图时，MATLAB 自动把坐标轴绘制在坐标区边框上，如果需要从坐标原点显示坐标轴，可以使用 line 命令。该命令可以在图形窗口的任意位置绘制直线或折线，其使用格式见表 2.7。

表 2.7 line 命令的使用格式

使 用 格 式	说 明
line(x,y)	使用向量 x 和 y 中的数据在当前坐标区中绘制线条
line(x,y,z)	在三维坐标系中绘制线条
line	使用默认属性设置绘制一条从点(0,0)到(1,1)的线条
line(…,Name,Value)	使用一个或多个名称-值对参数修改线条的外观
line(ax,…)	在由 ax 指定的坐标区中，而不是在当前坐标区（gca）中创建线条
pl = line(…)	返回创建的所有基元 Line 对象

实例——绘制函数矩阵的图形

源文件：yuanwenjian\ch02\ex_213.m

本实例利用 line 命令在同一个坐标系下绘制函数 $\dfrac{x}{\sin x}$ 和 $\dfrac{x}{\cos x}$ 的图形。

操作步骤

在 MATLAB 命令行窗口中输入如下命令：

```
>> close all          %关闭所有打开的文件
>> clear              %清除工作区的变量
>> x = linspace(0,10)';   %定义函数取值点
>> y = [x./sin(x)  x./cos(x)];  %定义函数表达式
>> line(x,y)          %绘制函数曲线
>> legend('x/sinx','x/cosx')   %添加图例
```

运行结果如图 2.13 所示。

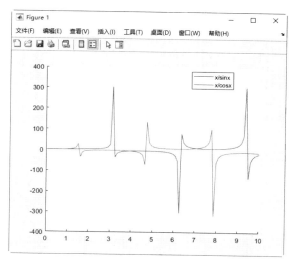

图 2.13 绘制函数矩阵的图形

2.2 绘制填充图形

2.1 节介绍的命令绘制的是点或线图，在 MATLAB 中，还提供了两个绘制二维填充图形的命令，下面分别进行介绍。

2.2.1 填充二维多边形

fill 命令用于填充二维封闭多边形，创建彩色多边形，该命令的主要使用格式见表 2.8。

表 2.8 fill 命令的主要使用格式

使 用 格 式	说 明
fill(X,Y,C)	根据 X 和 Y 中的数据创建填充的多边形（顶点颜色由 C 指定）。C 是一个用作颜色图索引的向量或矩阵。如果 C 为行向量，length(C)必须等于 size(X,2)和 size(Y,2)；如果 C 为列向量，length(C)必须等于 size(X,1)和 size(Y,1)。必要时，fill 可将最后一个顶点与第一个顶点相连以闭合多边形。X 和 Y 的值可以是数字、日期和时间、持续时间或分类值
fill(X,Y,ColorSpec)	填充 X 和 Y 指定的二维多边形，ColorSpec 指定填充颜色
fill(X1,Y1,C1,X2,Y2,C2,...)	创建多个二维填充区
fill(...,'PropertyName',PropertyValue)	在以上任一种语法格式的基础上，使用名称-值对参数设置图形对象的属性
fill(ax,...)	在 ax 指定的坐标区而不是当前坐标区（gca）中创建多边形
h=fill(...)	在以上任一种语法格式的基础上，返回由图形对象构成的向量

实例——绘制填充图形

源文件： yuanwenjian\ch02\ex_214.m

操作步骤

在 MATLAB 命令行窗口中输入如下命令：

```
>> close all                          %关闭当前已打开的文件
>> clear                              %清除工作区的变量
>> x1=linspace(-4*pi,4*pi,50);        %创建-4π 到 4π 的向量 x1，元素个数为 50
>> x2=x1+pi/4;                        %定义自变量 x2
>> y2=tan(x2);                        %定义函数表达式 y2
>> subplot(121),plot(x1,y2,'k',x2,y2,'r') %将视图分割为 1×2 的窗口，在第一个视图中利用
plot 命令分别以 x1 和 x2 为横坐标，绘制函数曲线，曲线颜色分别为黑色和红色
>> legend('tan(x)','tan(x+\pi/4)')    %添加图例
>> subplot(122),fill(x1,y2,'k',x2,y2,'r') %在第二个视图中利用 fill 命令分别以 x1 和 x2
为横坐标，绘制填充的函数曲线，填充颜色分别为黑色和红色
>> legend('tan(x)','tan(x+\pi/4)')
```

运行结果如图 2.14 所示。

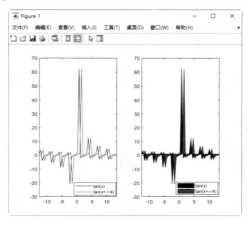

图 2.14 填充图形

2.2.2 创建补片

patch 命令通过定义多边形的顶点和多边形的填充颜色创建补片,补片是包含所有已创建多边形的数据的对象。该命令的主要使用格式见表 2.9。

表 2.9 patch 命令的主要使用格式

使 用 格 式	说 明
patch(X,Y,C)	使用 X 和 Y 的元素作为每个顶点的坐标,创建一个或多个填充多边形。C 决定多边形的颜色
patch('XData',X,'YData',Y)	类似于 patch(X,Y,C),不同之处在于不需要为二维坐标指定颜色数据
patch('Faces',F,'Vertices',V)	创建一个或多个多边形,其中 V 指定顶点的值,F 定义要连接的顶点。当有多个多边形时,仅指定唯一顶点及其连接矩阵可以减小数据大小
patch(S)	使用结构体 S 创建一个或多个多边形。S 可以包含字段 Faces 和 Vertices
patch(...,Name,Value)	创建多边形,并使用名称-值对参数指定一个或多个属性
patch(ax,...)	在 ax 指定的坐标区而不是当前坐标区 (gca) 中创建多边形
p = patch(...)	返回包含所有多边形的数据的补片对象,便于查询并修改其属性

patch 命令还可以在三维坐标系中创建多边形,具体格式在三维绘图章节中进行介绍。

实例——创建多边形

源文件:yuanwenjian\ch02\ex_215.m

操作步骤

在 MATLAB 命令行窗口中输入如下命令:

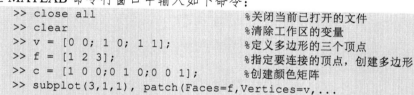

```
>> close all                    %关闭当前已打开的文件
>> clear                        %清除工作区的变量
>> v = [0 0; 1 0; 1 1];         %定义多边形的三个顶点
>> f = [1 2 3];                 %指定要连接的顶点,创建多边形
>> c = [1 0 0;0 1 0;0 0 1];     %创建颜色矩阵
>> subplot(3,1,1), patch(Faces=f,Vertices=v,...
   EdgeColor='red',FaceColor='none',LineWidth=4);  %创建一个具有红色边的多边形,且不显示面
>> subplot(3,1,2),patch(Faces=f,Vertices=v,FaceVertexCData=c,...
   EdgeColor='flat',FaceColor='none',LineWidth=4); %将 EdgeColor 属性设置为'flat',使
用顶点颜色设置该顶点之后的边的颜色
>> subplot(3,1,3),patch(Faces=f,Vertices=v,FaceColor='blue',FaceAlpha=.2); %设置
面填充为蓝色,透明度为 0.2,创建半透明的多边形
```

运行结果如图 2.15 所示。

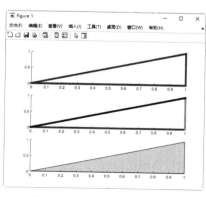

图 2.15 多种样式的多边形

实例——创建填充多边形

源文件：yuanwenjian\ch02\ex_216.m

操作步骤

在 MATLAB 命令行窗口中输入如下命令：

```
>> close all                          %关闭当前已打开的文件
>> clear                              %清除工作区的变量
>> x = [2 5; 2 5; 8 8];              %定义两个多边形顶点的 x 坐标，每一列对应于一个多边形
>> y = [4 0; 8 2; 4 0];              %定义两个多边形顶点的 y 坐标，每一列对应于一个多边形
>> c1 = [0;1];                        %创建颜色矩阵 c1
>> c2 = [0 4; 5 3; 4 6];            %创建颜色矩阵 c2
>> subplot(2,1,1),patch(x,y,c1)      %使用 x 和 y 的元素作为每个顶点的坐标，创建填充多边形
>> subplot(2,1,2), patch(x,y,c2)
```

运行结果如图 2.16 所示。

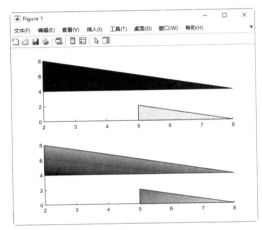

图 2.16　创建填充多边形

patch 命令还可在封装子系统图标上绘制指定形状的颜色补片，该命令的主要使用格式见表 2.10。

表 2.10　patch 命令的主要使用格式

使 用 格 式	说　明
patch(x, y)	创建具有由坐标向量 x 和 y 指定的形状的实心补片。补片的颜色是当前前景颜色
patch(x, y, [r g b])	创建由向量[r,g,b]指定颜色的实心补片，其中 r 为红色分量，g 为绿色分量，b 为蓝色分量

实例——创建指定形状的颜色补片

源文件：yuanwenjian\ch02\ex_217.m

操作步骤

在 MATLAB 命令行窗口中输入如下命令：

```
>> close all                          %关闭当前已打开的文件
>> clear                              %清除工作区的变量
>> x=linspace(-4*pi,4*pi,50);        %创建-4π到4π的向量 x，元素个数为50
>> y=tan(x+pi/2);                     %定义曲线函数表达式 y
```

```
>> patch(x,y,[1 0.5 0])          %在曲线多边形上补色，颜色为 RGB 三颜色向量
>> hold on                       %打开保持命令
>> plot(x,y,'bp-.',MarkerSize=10) %绘制函数曲线
>> legend('颜色补片','函数曲线')    %图例
```

运行结果如图 2.17 所示。

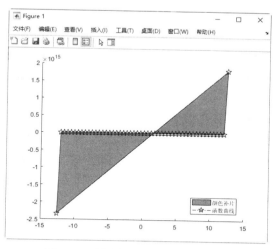

图 2.17　创建指定形状的颜色补片

2.3　绘制颜色图

在 MATLAB 中，利用 rgbplot 命令可以绘制颜色图，该命令的使用格式见表 2.11。

表 2.11　rgbplot 命令的使用格式

使 用 格 式	说　明
rgbplot(map)	绘制指定颜色图的红色、绿色和蓝色强度

要绘制的颜色图，由 RGB 三元组组成的三列矩阵指定。RGB 三元组是包含 3 个元素的行向量，其元素分别指定颜色的红、绿、蓝分量的强度。强度必须在[0,1]范围内。

实例——绘制 parula 颜色图

源文件：yuanwenjian\ch02\ex_218.m

在 R2014b 之前的 MATLAB 版本中，MATLAB 默认的颜色映射是 jet；在 R2014b 之后的版本中，MATLAB 新增了一种颜色映射 parula，并且将这种颜色映射设置为默认颜色映射。

parula 的意思为森莺，是一种生活在北美洲的鸟类，parula 颜色映射因为与森莺的身体颜色基本一样而得名。

操作步骤

在 MATLAB 命令行窗口中输入如下命令：

```
>> close all                %关闭所有打开的文件
>> clear                    %清除工作区的变量
>> rgbplot(parula)          %绘制内置的 parula 颜色图
```

扫一扫，看视频

运行结果如图 2.18 所示。

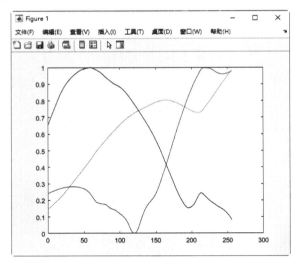

图 2.18　rgbplot 命令作图

2.4　常用坐标系绘图

前面几节介绍的绘图命令使用的都是笛卡儿坐标系，在工程实际中，往往会涉及在其他坐标系下绘图的问题。本节简要介绍几个工程计算中常用的其他坐标系中的绘图命令。

2.4.1　极坐标系

1. polarplot

在 MATLAB 中，polarplot 命令用于在极坐标系中绘制线条，其使用格式见表 2.12。

表 2.12　polarplot 命令的使用格式

使 用 格 式	说　　明
polarplot(theta,rho)	在极坐标中绘制由弧度角 theta 和每个点的半径值 rho 定义的线条。如果输入为矩阵，则绘制 rho 的列对 theta 的列的图
polarplot(theta,rho,LineSpec)	在上一语法格式的基础上，使用参数 LineSpec 指定线条的线型、标记符号和颜色
polarplot(theta1,rho1,...,thetaN,rhoN)	绘制多个 (rho,theta)对组
polarplot(theta1,rho1,LineSpec1,...,thetaN, rhoN,LineSpecN)	在上一语法格式的基础上，使用参数 LineSpecN 指定线条的线型、标记符号和颜色
polarplot(rho)	按等间距角度（介于 0 和 2π 之间）绘制 rho 中的半径值
polarplot(rho,LineSpec)	在上一语法格式的基础上，使用参数 LineSpec 指定线条的线型、标记符号和颜色
polarplot(Z)	绘制 Z 中的复数值
polarplot(Z,LineSpec)	在上一语法格式的基础上，使用参数 LineSpec 指定线条的线型、标记符号和颜色
polarplot(...,Name,Value)	在以上任一种语法格式的基础上，使用一个或多个名称-值对参数指定图形线条的属性
polarplot(pax,...)	在 pax 指定的极坐标系中绘制图形
p = polarplot(...)	在以上任一种语法格式的基础上，返回一个或多个图形线条对象

实例——在极坐标系下绘制函数图形

源文件：yuanwenjian\ch02\ex_219.m

本实例在极坐标系下绘制函数 $r = (2\cos 4t)^3 + \left(\sin\dfrac{t}{12}\right)^5$ 的图形。

操作步骤

在 MATLAB 命令行窗口中输入如下命令：

```
>> close all                                %关闭当前已打开的文件
>> clear                                    %清除工作区的变量
>> t=linspace(0,24*pi,1000);                %创建 0 到 24π 的向量 t，定义弧度角
>> r=(2*cos(4.*t)).^3+(sin(t./12)).^5;      %定义半径值 r
>> p=polar(t,r);                            %在极坐标系下绘制函数 r(t)
>> p.Marker='h';                            %设置标记为圆圈
>> p.MarkerEdgeColor='r';                   %设置标记轮廓线为红色
```

运行结果如图 2.19 所示。

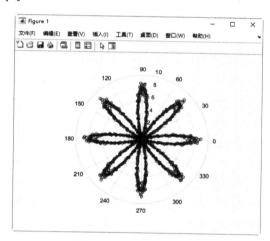

图 2.19　极坐标系绘图

2．pol2cart

在 MATLAB 中，使用 pol2cart 命令可以将极坐标系下的数据点转化成笛卡儿坐标系下的数据点。该命令的使用格式见表 2.13。

表 2.13　pol2cart 命令的使用格式

使 用 格 式	说　　明
[x,y] = pol2cart(theta,rho)	将极坐标数组 theta 和 rho 的对应元素转换为二维笛卡儿坐标或 xy 坐标
[x,y,z] = pol2cart(theta,rho,z)	将柱坐标数组 theta、rho 和 z 的对应元素转换为三维笛卡儿坐标或 xyz 坐标

实例——极坐标转换为二维笛卡儿坐标

源文件：yuanwenjian\ch02\ex_220.m

本实例分别绘制函数 $r = \cos 4t + \sin 4t$ 在极坐标系和二维笛卡儿坐标系下的图形。

操作步骤

在 MATLAB 命令行窗口中输入如下命令：

```
>> close all            %关闭当前已打开的文件
>> clear                %清除工作区的变量
>> t=linspace(0,24*pi,1000); %创建 0 到 24π 的向量 t，元素个数为 1000
>> r=cos(4.*t)+sin(4.*t);   %输入函数表达式 r
>> subplot(3,1,1),plot(t,r); %将视图分割为 3×1 的窗口，在第一个窗口中绘制函数 r(t)在直角
坐标系中的图形
>> title('笛卡儿坐标系中绘图')
>> subplot(3,1,2),polarplot(t,r); %在第二个窗口中绘制函数 r(t)在极坐标系中的图形
>> title('极坐标系中绘图')
>> [x,y]=pol2cart(t,r);      %将极坐标数据对组(t,r)转换为二维笛卡儿坐标或 xy 坐标
>> subplot(3,1,3),plot(x,y);  %在直角坐标系中绘制函数 y(x)的图形
>> title('极坐标转换为笛卡儿坐标后绘图')
```

运行结果如图 2.20 所示。

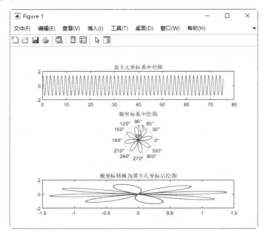

图 2.20　极坐标与二维笛卡儿坐标转换绘图

3．cart2pol

在 MATLAB 中，使用 cart2pol 命令可以将笛卡儿坐标转换为极坐标或柱坐标。该命令的使用格式见表 2.14。

表 2.14　cart2pol 命令的使用格式

使 用 格 式	说　　明
[theta,rho] = cart2pol(x,y)	将二维笛卡儿坐标数组 x 和 y 的对应元素转换为极坐标 theta 和 rho
[theta,rho,z] = cart2pol(x,y,z)	将三维笛卡儿坐标数组 x、y 和 z 的对应元素转换为柱坐标 theta、rho 和 z

扫一扫，看视频

实例——二维笛卡儿坐标转换为极坐标绘图

源文件：yuanwenjian\ch02\ex_221.m

本实例将二维笛卡儿坐标系下的数据对(*x*, *y*)转换为极坐标系下的数据点，绘制数据点的图形。

操作步骤

在 MATLAB 命令行窗口中输入如下命令：

```
>> close all              %关闭当前已打开的文件
>> clear                  %清除工作区的变量
>> x=linspace(0,2*pi,5);  %创建 0 到 2π 的向量 x，元素个数为 5
>> y=magic(5);            %定义矩阵 y
>> subplot(2,1,1),plot(x,y);  %将视图分割为 2×1 的窗口，在第一个窗口中的直角坐标系中绘制线条
>> title('二维笛卡儿坐标系中绘图')
>> [t,r] = cart2pol(x,y);%将直角坐标系下的数据 x 和 y 的对应元素转换为极坐标系下的角坐标 t
和半径值 r
>> subplot(2,1,2),polarplot(t,r);        %在极坐标系中绘制线条
>> title('极坐标系中绘图')
```

运行结果如图 2.21 所示。

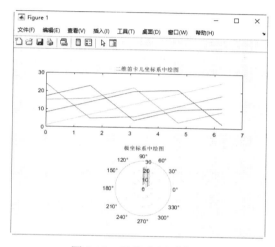

图 2.21　转换坐标系绘图

2.4.2　半对数坐标系

MATLAB 提供了 semilogx 与 semilogy 命令用于实现在半对数坐标系中绘图。其中，semilogx 命令用于绘制 x 轴为对数刻度的曲线，semilogy 命令用于绘制 y 轴为对数刻度的曲线。它们的使用格式相同，本小节以 semilogx 命令为例，介绍这两个命令的使用格式，见表 2.15。

表 2.15　semilogx 命令的使用格式

使 用 格 式	说　明
semilogx(X,Y)	在 x 轴上使用以 10 为底的对数刻度、在 y 轴上使用线性刻度绘制 x 和 y 坐标。如果 X 或 Y 中至少有一个为矩阵，则绘制多组坐标
semilogx(X,Y,LineSpec)	在上一种语法格式的基础上，使用参数 LineSpec 指定线型、标记和颜色
semilogx(Y)	在 x 轴为以 10 为底的对数刻度、y 轴为线性刻度的坐标系中，绘制 Y 对一组隐式 x 坐标的曲线。如果 Y 是向量，则 x 坐标范围为 1～length(Y)；如果 Y 是矩阵，则绘制 Y 中的每一列，x 坐标范围为 1～Y 的行数。如果 Y 为复矩阵，则绘制 Y 的虚部对 Y 的实部的图
semilogx(Y,LineSpec)	在上一种语法格式的基础上，使用参数 LineSpec 指定线型、标记和颜色
semilogx(X1,Y1,…)	在同一组坐标轴上绘制多对 x 和 y 坐标。此语法可替代将坐标指定为矩阵的形式
semilogx(X1,Y1, LineSpec,…)	在上一种语法格式的基础上，使用参数 LineSpec 指定线型、标记和颜色
semilogx(…, Name, Value,…)	在以上任一种语法格式的基础上，使用一个或多个名称-值对参数指定所有线条的属性
semilogx(ax,…)	在 ax 指定的坐标区中绘制线条
h = semilogx(…)	在以上任一种语法格式的基础上，返回线条对象

实例——在半对数坐标系与直角坐标系中绘图

源文件：yuanwenjian\ch02\ex_222.m0

本实例分别在半对数坐标系与直角坐标系中绘制函数 $y_1 = x$, $y_2 = \log x$ 的图形。

操作步骤

在 MATLAB 命令行窗口中输入如下命令：

```
>> close all                             %关闭当前已打开的文件
>> clear                                 %清除工作区的变量
>> x=logspace(0,2);                      %创建 1～100 的对数间隔值向量 x
>> y=[x;log(x)];                         %定义函数表达式 y
>> ax(1)=subplot(1,3,1);semilogx(x,y)    %x 轴为对数刻度绘制图形
>> title('x 轴为对数刻度')
>> ax(2)=subplot(1,3,2);semilogy(x,y)    %y 轴为对数刻度绘制图形
>> title('y 轴为对数刻度')
>> ax(3)=subplot(1,3,3);plot(x,y)        %在直角坐标系下绘制图形
>> title('直角坐标系绘图')
>> for i=1:3
legend(ax(i),'y_1=x','y_2=log(x)')       %添加图例
end
```

运行结果如图 2.22 所示。

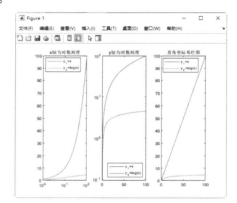

图 2.22 半对数坐标系与直角坐标系绘图比较

2.4.3 双对数坐标系

除了半对数坐标系绘图，MATLAB 还提供了双对数坐标系下的绘图命令 loglog，它的使用格式与 semilogx 相同，这里不再赘述。

实例——在双对数坐标系与直角坐标系中绘图

源文件：yuanwenjian\ch02\ex_223.m

本实例分别在双对数坐标系与直角坐标系中绘制函数 $y = |\sin x|$ 的图形。

操作步骤

在 MATLAB 命令行窗口中输入如下命令：

```
>> close all                    %关闭当前已打开的文件
>> clear                        %清除工作区的变量
>> x=0:0.01*pi:4*pi;            %创建 0 到 4π 的向量 x，元素间隔为 π/100
```

```
>> y=abs(sin(x));               %定义函数表达式 y
>> subplot(1,2,1),loglog(x,y)   %在双对数坐标系下绘图
>> title('双对数坐标系绘图')
>> subplot(1,2,2),plot(x,y)     %在直角坐标系下绘图
>> title('直角坐标系绘图')
```

运行结果如图 2.23 所示。

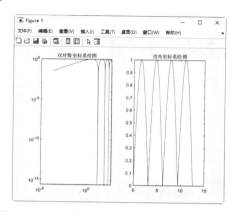

图 2.23 双对数坐标系与直角坐标系绘图比较

2.4.4 双 y 轴坐标系

这种坐标系在实际应用中常用来在同一个坐标系中比较两个函数的图形。在 MATLAB 中，使用 yyaxis 命令在双 y 轴坐标系中绘制线条，其使用格式见表 2.16。

表 2.16 yyaxis 命令的使用格式

使 用 格 式	说 明
yyaxis left	激活当前坐标区中与左侧 y 轴关联的一侧，作为后续绘图的目标。如果当前坐标区中没有两个 y 轴，此命令将添加第二个 y 轴。如果没有坐标区，则首先创建坐标区
yyaxis right	激活当前坐标区中与右侧 y 轴关联的一侧，作为后续绘图的目标
yyaxis(ax,...)	指定 ax 坐标区（而不是当前坐标区）的活动侧。如果坐标区中没有两个 y 轴，则此命令将添加第二个 y 轴

实例——使用不同刻度绘制函数曲线

源文件：yuanwenjian\ch02\ex_224.m

本实例在同一坐标系内，使用不同的坐标轴刻度绘制如下函数和曲线。

$$\begin{cases} y_1 = \mathrm{e}^{-x}\cos 4\pi x \\ y_2 = 2\mathrm{e}^{-0.5x}\cos 2\pi x \end{cases}$$

扫一扫，看视频

操作步骤

在 MATLAB 命令行窗口中输入如下命令：

```
>> close all                          %关闭当前已打开的文件
>> clear                              %清除工作区的变量
>> x=linspace(-2*pi,2*pi,200);        %创建-2π 到 2π 的向量 x，元素个数为 200
>> y1=exp(-x).*cos(4*pi*x);           %定义函数表达式 y1
>> y2=2*exp(-0.5*x).*cos(2*pi*x);     %定义函数表达式 y2
>> yyaxis left                        %创建左右两侧都有 y 轴的坐标区。基于左侧 y 轴绘制 y1 的曲线
```

```
>> plot(x,y1)
>> yyaxis right                    %基于右侧 y 轴绘制 y2 的曲线
>> plot(x,y2)
>> legend('y_1','y_2')             %添加图例
>> title('函数曲线')
```

运行结果如图 2.24 所示。

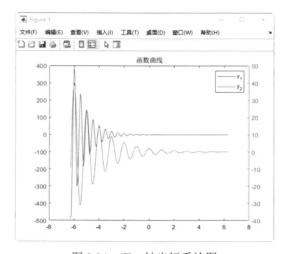

图 2.24   双 y 轴坐标系绘图

第 3 章　基本三维绘图命令

内容指南

MATLAB 提供了丰富的函数用于绘制三维图形。常见的三维图形包含三维线图、网格图、曲面图等几种。在绘制三维图形时，还可以将颜色作为第四维。本章介绍几种常用的三维图形的绘图命令及使用方法。

知识重点

➤ 绘制三维曲线
➤ 绘制三维网格
➤ 绘制三维曲面
➤ 特殊曲面

3.1　绘制三维曲线

3.1.1　三维点或线图

plot3 命令是二维绘图命令 plot 的扩展，因此它们的使用格式也基本相同，只是在参数中多了一个第三维的信息。例如，plot(x,y,s)与 plot3(x,y,z,s)的意义是一样的，不同的是前者绘制的是二维图，后者绘制的是三维图。因此，这里不再给出它的具体使用格式，读者可以参照 plot 命令的格式进行学习。

实例——绘制圆锥螺线

源文件：yuanwenjian\ch03\ex_301.m

本实例绘制函数 $\begin{cases} x = t\cos t \\ y = t\sin t \\ z = t^2 \end{cases}$ ，$t \in [0, 2\pi]$ 的图形。

操作步骤

在 MATLAB 命令行窗口中输入如下命令：

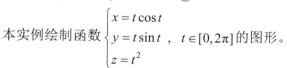

```
>> close all          %关闭当前已打开的文件
>> clear              %清除工作区的变量
>> t=linspace(0,20*pi,1000);   %参数取值范围和取值点
>> x=t.*cos(t);       %x 坐标
>> y=t.*sin(t);       %y 坐标
```

```
>> z=t.^2;                              %z 坐标
>> plot3(x,y,z,'*r')                    %绘制 x、y、z 坐标定义的三维曲线，颜色为红色，标记为*号
```

运行结果如图 3.1 所示。

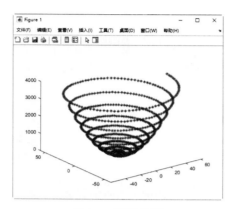

图 3.1　圆锥螺线

扫一扫，看视频

实例——绘制轮胎线

源文件：yuanwenjian\ch03\ex_302.m

本实例绘制函数 $\begin{cases} x = (3 + \cos(3.1t))\cos t \\ y = \sin(3.1t) \\ z = (3 + \cos(3.1t))\sin t \end{cases}, t \in [0, 40\pi]$ 的图形。

操作步骤

在 MATLAB 命令行窗口中输入如下命令：

```
>> close all                        %关闭当前已打开的文件
>> clear                            %清除工作区的变量
>> t=0:0.002*pi:40*pi;              %创建 0～40π 的向量 t，元素间隔为 0.002π
>> x= (3+cos(3.1*t)).*cos(t);       %输入参数化表达式 x
>> y= sin(3.1*t);                   %输入参数化表达式 y
>> z= (3+cos(3.1*t)).*sin(t);       %输入参数化表达式 z
>> plot3(x,y,z,'r')                 %绘制 x、y、z 坐标定义的三维曲线，颜色为红色
>> axis equal                       %沿每个坐标轴使用相同长度的数据单位长度
```

运行结果如图 3.2 所示。

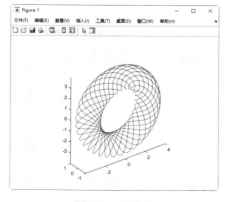

图 3.2　轮胎线

3.1.2 三维参数化曲线

与二维绘图情况相同，三维绘图中也有一个专门绘制三维参数化曲线的绘图命令 fplot3，该命令的使用格式见表 3.1。

表 3.1 fplot3 命令的使用格式

使 用 格 式	说 明
fplot3(x,y,z)	在参数 t 的默认区间[−5,5]绘制空间曲线 $x = x(t)$，$y = y(t)$，$z = z(t)$ 的图形
fplot3(x,y,z,[a,b])	指定参数 t 的取值区间为[a, b]，绘制三维参数化曲线
fplot3(…,LineSpec)	在以上任一种语法格式的基础上，设置三维曲线的线型、标记符号和线条颜色
fplot3(…,Name,Value)	在以上任一种语法格式的基础上，使用一个或多个名称-值对参数指定线条属性
fplot3(ax,…)	在 ax 指定的坐标区中，而不是当前坐标区中绘制三维参数化曲线
fp = fplot3(…)	在以上任一种语法格式的基础上，返回图形线条对象 fp，使用此对象可查询和修改特定线条的属性

实例——绘制三维螺旋线

源文件：yuanwenjian\ch03\ex_303.m

本实例使用 fplot3 命令绘制参数化函数 $\begin{cases} x = \mathrm{e}^{-0.1t}\sin 5t \\ y = \mathrm{e}^{-0.1t}\cos 5t, \quad t \in [-10,10] \\ z = t \end{cases}$ 的图形。

操作步骤

在 MATLAB 命令行窗口中输入如下命令：

```
>> close all                                        %关闭当前已打开的文件
>> clear                                            %清除工作区的变量
>> x=@(t)exp(-t*0.1).*sin(5*t);
>> y=@(t)exp(-t*0.1).*cos(5*t);
>> z=@(t)t;                                         %参数化函数表达式
>> fplot3(x,y,z,[-10,10],'-pr',MarkerSize=10)       %在区间[-10,10]中绘制三维参数化曲线，
```
曲线为带五角星标记的红色实线，标记大小为 10

运行结果如图 3.3 所示。

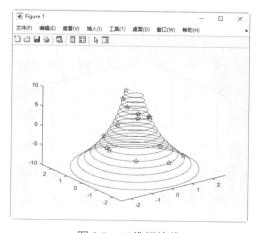

图 3.3 三维螺旋线

3.1.3 填充多边形区域

patch命令除了可以创建二维填充多边形，还可创建三维填充多边形。创建三维填充多边形命令的使用格式见表3.2。

表3.2 patch命令的使用格式

使 用 格 式	说　　明
patch(X,Y,Z,C)	使用 X、Y 和 Z 在三维坐标中创建三维多边形
patch('XData',X,'YData',Y,'ZData',Z)	类似于 patch(X,Y,Z,C)，但不需要为三维坐标指定颜色数据

扫一扫，看视频

实例——绘制填充的弹簧线

源文件：yuanwenjian\ch03\ex_304.m

本实例绘制参数化函数 $\begin{cases} x = \sin t \\ y = \cos t, \quad t \in [0,2\pi] \\ z = t \end{cases}$ 的填充多边形区域。

操作步骤

在 MATLAB 命令行窗口中输入如下命令：

```
>> close all                              %关闭当前已打开的文件
>> clear                                  %清除工作区的变量
>> t=linspace(0,10*pi,200);               %在区间[0,10π]中定义参数取值点
>> x= sin(t);
>> y= cos(t);
>> z= t;                                  %参数化函数表达式
>> subplot(131),plot3(x,y,z)              %将视图分割为1×3的窗口，在第一个子图中绘制三维曲线
>> subplot(132),patch(x,y,z,[0 0.5 0.5])  %在二维视图中创建三维填充颜色的多边形
>> axis equal                             %每条坐标轴使用相同的数据单位长度
>> subplot(133),patch(x,y,z,[0 0.5 0.5])
>> view(3)                                %切换到三维视图
```

运行结果如图3.4所示。

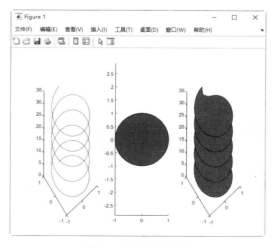

图 3.4　填充的弹簧线

3.1.4 填充的三维多边形

fill3 命令用于创建单一着色多边形和 gouraud 着色多边形，该命令的主要使用格式见表 3.3。

表 3.3 fill3 命令的使用格式

使 用 格 式	说 明
fill3(X,Y,Z,C)	填充由 X、Y 和 Z 三元组指定顶点的三维多边形，填充颜色由 C 指定。C 是当前颜色图索引的向量或矩阵
fill3(X,Y,Z,ColorSpec)	使用 ColorSpec 指定三维多边形的填充颜色
fill3(X1,Y1,Z1,C1,X2,Y2,Z2,C2,...)	创建多个三维填充区
fill3(...,'PropertyName',PropertyValue)	使用名称-值对参数设置补片属性
fill3(ax,...)	在 ax 指定的坐标区中创建填充的三维多边形
h = fill3(...)	在以上任一种语法格式的基础上，返回由补片对象构成的向量

实例——创建填充的三维多边形

源文件： yuanwenjian\ch03\ex_305.m

操作步骤

在 MATLAB 命令行窗口中输入如下命令：

```
>> close all                          %关闭当前已打开的文件
>> clear                              %清除工作区的变量
>> X = [0 1 1 2; 1 1 2 2; 0 0 1 1];   %定义 4 个多边形顶点的 x 坐标，每一列对应一个多边形
>> Y = [1 1 1 1; 1 0 1 0; 0 0 0 0];   %定义 4 个多边形顶点的 y 坐标，每一列对应一个多边形
>> Z = [1 1 1 1; 1 0 1 0; 0 0 0 0];   %定义 4 个多边形顶点的 z 坐标，每一列对应一个多边形
>> C = [0.5000 1.0000 1.0000 0.5000;
    1.0000 0.5000 0.5000 0.1667;
    0.3330 0.3330 0.5000 0.5000];     %定义多边形的颜色矩阵 C，为每个顶点指定一种颜色，
对面进行插补着色
>> subplot(131),plot3(X,Y,Z), title('三维线图')      %将视图分割为 1×3 的窗口，在第一个
子图中绘制三维曲线
>> subplot(132),patch(X,Y,Z,C), title('二维填充多边形')  %利用 patch 命令在二维视图中创
建填充颜色的多边形
>> subplot(133),fill3(X,Y,Z,C), title('三维填充多边形')  %利用 fill3 命令创建三维填充颜
色的多边形
```

运行结果如图 3.5 所示。

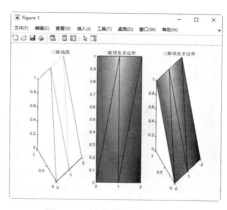

图 3.5 填充的三维多边形

3.2 绘制三维网格

3.2.1 生成二维和三维网格

在 MATLAB 中，meshgrid 命令用于生成 xy 平面上的矩形定义域中的数据点矩阵 X 和 Y，或者是立方体定义域中的数据点矩阵 X、Y 和 Z，该命令的使用格式见表 3.4。

表 3.4 meshgrid 命令的使用格式

使 用 格 式	说 明
[X,Y] = meshgrid(x,y)	基于向量 x 和 y 中包含的坐标返回二维网格坐标矩阵 X 和 Y。X 的每一行是 x 的一个副本，行数为 y 的长度；Y 的每一列是 y 的一个副本，列数为 x 的长度
[X,Y] = meshgrid(x)	这种格式等价于[X,Y] = meshgrid(x,x)
[X,Y,Z] = meshgrid(x,y,z)	返回由向量 x、y 和 z 定义的三维网格坐标 X、Y 和 Z
[X,Y,Z] = meshgrid(x)	等价于[X,Y,Z]=meshgrid(x,x,x)

实例——绘制平方和函数的三维曲线图

源文件：yuanwenjian\ch03\ex_306.m

本实例利用 meshgrid 命令生成函数 $z = x^2 + y^2, x \in [-4,4]$ 的取值点坐标，利用生成的坐标绘制三维曲线。

操作步骤

在 MATLAB 命令行窗口中输入如下命令：

```
>> close all          %关闭当前已打开的文件
>> clear              %清除工作区的变量
>> x=-4:0.05:4;       %在区间[-4，4]中定义线性间隔值向量
>> y=x;               %创建与向量 x 相同的向量 y
>> [X,Y]=meshgrid(x,y);  %通过向量 x、y 定义二维网格坐标矩阵 X、Y
>> Z=X.^2+Y.^2;       %计算函数值 Z
>> plot3(X,Y,Z)       %绘制函数的三维曲线
```

运行结果如图 3.6 所示。

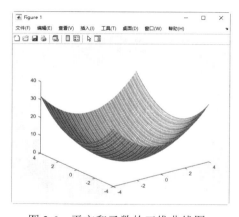

图 3.6 平方和函数的三维曲线图

3.2.2　网格曲面图

mesh 命令用于生成由 X、Y 和 Z 指定坐标的网格曲面，而不是单根曲线，主要使用格式见表 3.5。

表 3.5　mesh 命令的使用格式

使 用 格 式	说　　明
mesh(X,Y,Z)	将矩阵 Z 中的值绘制为由 X 和 Y 定义的 xy 平面中的网格上方的高度，创建一个有实色边颜色、无面颜色的三维网格曲面图。网格线的颜色根据 Z 指定的高度的不同而不同
mesh(X,Y,Z,c)	在上一种语法格式的基础上，使用颜色数组 c 指定网格线的颜色
mesh(Z)	将 Z 中元素的列索引和行索引用作 x 坐标和 y 坐标，绘制三维网格曲面
mesh(..., PropertyName, PropertyValue, ...)	在上述任一种语法格式的基础上，使用名称-值对参数指定网格曲面的属性
mesh(ax,...)	在 ax 指定的坐标区，而不是当前坐标区（gca）中绘制网格图
h = mesh(...)	在上述任一种语法格式的基础上，返回网格面对象

实例——绘制轮胎网格曲面图

源文件：yuanwenjian\ch03\ex_307.m

操作步骤

在 MATLAB 命令行窗口中输入如下命令：

```
>> close all              %关闭当前已打开的文件
>> clear                  %清除工作区的变量
>> t=linspace(0,20*pi,10000);   %创建 0 到 20π 的向量 t，元素个数为 10000
>> t=reshape(t,100,100);   %将向量转换为 100×100 的矩阵
>> x=(3+cos(30*t)).*cos(t);  %x 坐标
>> y=sin(30*t);            %y 坐标
>> z=(3+cos(30*t)).*sin(t);  %z 坐标
>> mesh(x,y,z)            %绘制函数网格面
>> title('轮胎网格曲面')   %添加标题
>> axis equal            %设置坐标轴的纵横比
```

运行结果如图 3.7 所示。

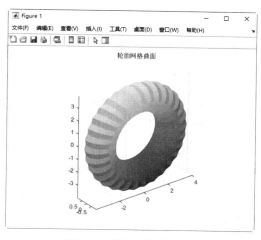

图 3.7　轮胎网格曲面图

MATLAB 中还有两个与 mesh 同类的命令：meshc 与 meshz。其中，meshc 用于绘制网格曲面以及 xy 平面的等高线图，meshz 用于绘制带帷幕的网格曲面图。

实例——绘制三维线图与三维网格曲面图

源文件：yuanwenjian\ch03\ex_308.m

本实例分别用 plot3、mesh、meshc 和 meshz 命令绘制函数 $\begin{cases} x = e^{0.1t} \sin 5t \\ y = e^{0.1t} \cos 5t, \ t \in [-5\pi, 5\pi] \\ z = t \end{cases}$ 的三维图形。

操作步骤

在 MATLAB 命令行窗口中输入如下命令：

```
>> close all                        %关闭当前已打开的文件
>> clear                            %清除工作区的变量
>> t=linspace(-5*pi,5*pi,6400);     %创建-5π～5π 的向量 t
>> t=reshape(t,80,80);              %将向量转换为 80×80 的矩阵
>> X=exp(t*0.1).*sin(5*t);
>> Y=exp(t*0.1).*cos(5*t);
>> Z=t;                             %参数化函数表达式
>> subplot(2,2,1)                   %将视图分割为 2×2 的窗口，显示第一个视图
>> plot3(X,Y,Z)                     %绘制三维曲线
>> title('plot3 绘图')             %添加标题
>> subplot(2,2,2)
>> mesh(X,Y,Z)                      %绘制三维网格面
>> title('mesh 绘图')
>> subplot(2,2,3)
>> meshc(X,Y,Z)                     %绘制网格图及基本的等高线图
>> title('meshc 绘图')
>> subplot(2,2,4)
>> meshz(X,Y,Z)                     %绘制带帷幕的网格曲面图
>> title('meshz 绘图')
```

运行结果如图 3.8 所示。

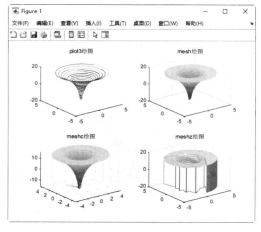

图 3.8　图形比较

3.2.3　瀑布图

MATLAB 中使用 waterfall 命令绘制瀑布图。瀑布图是一种沿 y 维度有部分帷幕的网格图，与 meshz 命令绘制的网格图有些类似，但不会从矩阵的列生成行。该命令的使用格式见表 3.6。

表 3.6　waterfall 命令的使用格式

使 用 格 式	说　　　明
waterfall(Z)	将 Z 中元素的列索引和行索引用作 x 坐标和 y 坐标，Z 的元素值绘制为 xy 平面中的网格上方的高度，创建一个瀑布图
waterfall(X,Y,Z)	将矩阵 Z 中的值绘制为由 X 和 Y 定义的 xy 平面中的网格上方的高度。边颜色因 Z 指定的高度而异
waterfall(...,C)	在上述任一种语法格式的基础上，使用颜色索引数组指定边的颜色。C 的大小必须与 Z 的大小相同
waterfall(ax,...)	在由 ax 指定的坐标区中，而不是当前坐标区（gca）中绘制瀑布图
h = waterfall(...)	在上述任一种语法格式的基础上返回补片对象

实例——绘制函数曲面的瀑布图

源文件：yuanwenjian\ch03\ex_309.m

本实例利用函数 $z = x\sin y$ 绘制瀑布图。

操作步骤

在 MATLAB 命令行窗口中输入如下命令：

```
>> close all                          %关闭当前已打开的文件
>> clear                              %清除工作区的变量
>> [X,Y] = meshgrid(-5:.2:5);         %通过向量 x、y 定义网格数据 X、Y
>> Z = X.*sin(Y);                     %定义函数表达式 Z
>> subplot(121), mesh(X,Y,Z)          %在第一个视图绘制网格图
>> subplot(122), waterfall(X,Y,Z)     %在第二个视图绘制瀑布图
```

运行结果如图 3.9 所示。

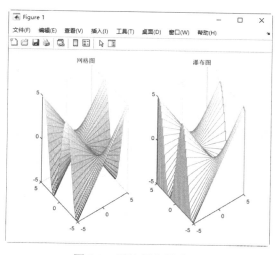

图 3.9　网格图与瀑布图

3.2.4 参数化网格图

fmesh 命令专门用于绘制符号函数 $f(x,y)$（即 f 是关于 x、y 的数学函数的字符串表示）的三维网格图，其使用格式见表 3.7。

表 3.7 fmesh 命令的使用格式

使 用 格 式	说　　明
fmesh(f)	绘制 $f(x,y)$ 在系统默认区域 $x\in[-5,5],y\in[-5,5]$ 内的三维网格图
fmesh (f,[a,b])	绘制 $f(x,y)$ 在区域 $x\in[a,b],y\in[a,b]$ 内的三维网格图
fmesh (f,[a,b,c,d])	绘制 $f(x,y)$ 在区域 $x\in[a,b],y\in[c,d]$ 内的三维网格图
fmesh (x,y,z)	绘制参数曲面 $x=x(s,t),y=y(s,t),z=z(s,t)$ 在系统默认区域 $s\in[-5,5],t\in[-5,5]$ 内的三维网格图
fmesh (x,y,z,[a,b])	绘制上述参数曲面在 $s\in[a,b],t\in[a,b]$ 内的三维网格图
fmesh (x,y,z,[a,b,c,d])	绘制上述参数曲面在 $s\in[a,b],t\in[c,d]$ 内的三维网格图
fmesh(...,LineSpec)	在上述任一种语法格式的基础上，设置网格的线型、标记符号和颜色
fmesh(...,Name,Value)	在上述任一种语法格式的基础上，使用一个或多个名称-值对参数指定网格的属性
fmesh(ax,...)	在 ax 指定的坐标区，而不是当前坐标区（gca）中绘制图形
fs = fmesh(...)	返回图形对象 fs，用于查询和修改特定网格的属性

扫一扫，看视频

实例——绘制函数的三维网格曲面图

源文件：yuanwenjian\ch03\ex_310.m

本实例使用 fmesh 命令绘制函数 $f = e^y \sin x, f = e^x \cos y$ $(-\pi \leqslant x,y \leqslant \pi)$ 的三维网格曲面图。

操作步骤

在 MATLAB 命令行窗口中输入如下命令：

```
>> close all                   %关闭当前已打开的文件
>> clear                       %清除工作区的变量
>> subplot(121),fmesh(@(x,y) sin(x).*exp(y),[-pi pi]) %将视图分割为1×2的窗口，在第
一个窗口中绘制符号函数1的三维网格面
>> title('y=e^{y}sinx')        %标题
>> subplot(122),fmesh(@(x,y) cos(y).*exp(x),[-pi pi]) %绘制符号函数2的三维网格面
>> title('y=e^{x}cosy')
```

运行结果如图 3.10 所示。

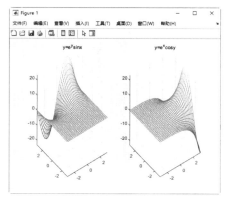

图 3.10　三维网格曲面图

动手练一练——绘制指数函数的三维网格图

本实例绘制指数函数 $y = \mathrm{e}^{-(x/3)^2-(y/3)^2} + \mathrm{e}^{-(x+2)^2-(y+2)^2}$ 的三维网格图。

思路点拨：

源文件：yuanwenjian\ch03\prac_301.m
（1）定义符号变量 x 和 y。
（2）定义符号表达式 f。
（3）绘制符号函数的三维网格面。
（4）设置网格面标记为五角星，标记大小为 10。

3.3　绘制三维曲面

曲面图与网格图在外观上有些相似，不同的是，网格图有实色边且网格之间没有颜色；而曲面图的线条默认是黑色的，线条之间的网格有填充颜色。本节介绍几个常用的三维曲面图绘制命令。

3.3.1　基本曲面图

在 MATLAB 中，surface 命令将给定数据每个元素的行和列索引用作 x 和 y 坐标、元素的值用作 z 坐标，创建基本曲面图，其使用格式见表 3.8。

表 3.8　surface 命令的使用格式

使 用 格 式	说　　明
surface(Z)	将 Z 中元素的列索引和行索引用作 x 坐标和 y 坐标创建一个基本曲面图
surface(Z,C)	在上一种语法格式的基础上，使用颜色数组 C 指定曲面的颜色
surface(X,Y,Z)	将矩阵 Z 中的值绘制为由 X 和 Y 定义的 xy 平面中的网格上方的高度，创建一个基本三维曲面图。曲面的颜色因 Z 的值而变化
surface(X,Y,Z,C)	在上一种语法格式的基础上，使用颜色数组 C 指定曲面的颜色
surface(...,PropertyName,PropertyValue,...)	在上述任一种语法格式的基础上，使用名称-值对参数设置曲面的属性
surface(ax,...)	在 ax 指定的坐标区，而不是在当前坐标区（gca）中创建曲面
h = surface(...)	在上述任一种语法格式的基础上返回一个基本曲面对象

这里要提醒读者注意的是，与其他绘图命令不同，surface 命令在绘制之前不会调用 newplot，也不使用图窗或坐标区的 NextPlot 属性值。也就是说，该命令会向当前坐标区添加曲面图，而不删除其他图形对象或重置坐标区属性。

实例——绘制函数的曲面图和网格图

源文件：yuanwenjian\ch03\ex_311.m
本实例分别绘制函数 $z = \sin x \sin y$ 的曲面图和网格图。

操作步骤

在 MATLAB 命令行窗口中输入如下命令：

```
>> close all                        %关闭当前已打开的文件
```

```
>> clear                              %清除工作区的变量
>> x = linspace(0,2*pi,30);           %创建 0 到 2π 的向量 x，元素个数为 30
>> y = linspace(-pi,pi,30);           %创建-π 到 π 的向量 y，元素个数为 30
>> [X,Y] = meshgrid(x,y);             %通过向量 x、y 定义网格坐标矩阵 X、Y
>> Z = sin(X).*sin(Y);                %通过函数表达式定义 Z
>> subplot(121),surface(X,Y,Z);       %将视图分割为 1×2 的窗口，在第一个窗口中绘制三维曲面图
>> view(-45,45)                       %更改视图角度
>> title('三维曲面图')                  %添加标题
>> subplot(122),mesh(X,Y,Z);          %在第二个窗口中绘制三维网格图
>> title('三维网格图')
```

运行结果如图 3.11 所示。

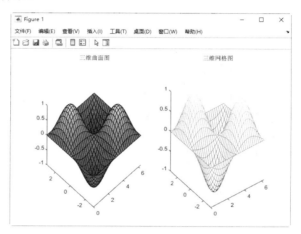

图 3.11　曲面图和网格图

3.3.2　三维曲面图

在 MATLAB 中，surf 命令用于创建三维曲面，其使用格式见表 3.9。

表 3.9　surf 命令的使用格式

使 用 格 式	说　　明
surf(X,Y,Z)	将矩阵 Z 中的值绘制为由 X 和 Y 定义的 *xy* 平面中的网格上方的高度，创建一个具有实色边和实色面的三维曲面图。曲面的颜色根据 Z 指定的高度而变化
surf(X,Y,Z,C)	在上一种语法格式的基础上，使用颜色数组 C 定义曲面颜色
surf(Z)	将 Z 中元素的列索引和行索引用作 *x* 坐标和 *y* 坐标，绘制曲面图
surf(Z,C)	在上一种语法格式的基础上，使用颜色数组 C 定义曲面颜色
surf(..., Name, Value, ...)	在上述任一种语法格式的基础上，使用名称-值对参数设置曲面的属性
surf(ax,...)	在 ax 指定的坐标区，而不是当前坐标区（gca）中绘制曲面
h = surf(...)	绘制曲面，并返回曲面对象 h

扫一扫，看视频

实例——绘制函数的三维曲面图

源文件：yuanwenjian\ch03\ex_312.m

本实例使用 surf 命令绘制函数 $Z = \sin x \cos y$ 的三维曲面图。

操作步骤

在 MATLAB 命令行窗口中输入如下命令：

```
>> close all                %关闭当前已打开的文件
>> clear                    %清除工作区的变量
>> x = linspace(-pi, pi,50);
>> y = x;                   %创建一个-π到π的向量y，元素个数为50
>> [X,Y] = meshgrid(x,y);   %通过向量x、y定义网格坐标矩阵X、Y
>> Z = sin(X).*cos(Y);      %通过函数表达式定义Z
>> subplot(121),surf(X,Y,Z); %将视图分割为1×2的窗口，在第一个视图中绘制三维曲面
>> subplot(122)             %显示第二个视图
>> Z(30:40,10:20) = NaN;    %设置Z中指定行列元素为空
>> surf(X,Y,Z);             %绘制三维曲面
```

运行结果如图 3.12 所示。

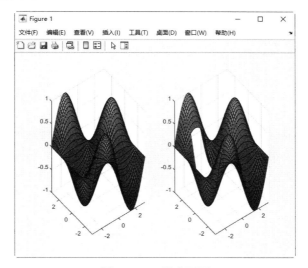

图 3.12　三维曲面图

扫一扫，看视频

动手练一练——绘制函数的曲面图

本实例绘制函数 $Z = y\sin x - x\sin y$ 在区间[–5, 5]的三维曲面图。

思路点拨：

源文件：yuanwenjian\ch03\prac_302.m

（1）定义区间[–5, 5]的向量。

（2）基于向量定义二维网格坐标矩阵。

（3）计算函数在二维网格坐标处的函数值。

（4）绘制函数的三维曲面。

3.3.3　曲面图法线

surfnorm 命令用于绘制三维曲面图法线，曲面图法线是在非平面曲面上的某个点垂直于平面曲面或正切面的虚线。该命令的使用格式见表 3.10。

表 3.10　surfnorm 命令的使用格式

使 用 格 式	说　明
surfnorm(Z)	将 Z 中元素的列索引和行索引分别用作 x 坐标和 y 坐标，创建带法线的曲面
surfnorm(X,Y,Z)	将矩阵 Z 中的值绘制为由 X 和 Y 定义的 xy 平面中的网格上方的高度，创建一个三维曲面图并显示其曲面图法线。X、Y 和 Z 的大小必须相同
surfnorm(ax,...)	在 ax 指定的坐标区，而不是当前坐标区（gca）中绘制图形
surfnorm(...,Name,Value)	在上述任一种语法格式的基础上，使用名称-值对参数设置曲面属性
[Nx,Ny,Nz] = surfnorm(...)	三维曲面图法线的 x、y 和 z 分量，不绘制曲面和曲面法向量

扫一扫，看视频

实例——绘制函数的曲面图和曲面图法线

源文件：yuanwenjian\ch03\ex_313.m

本实例分别使用 surf 命令和 surfnorm 命令绘制函数 $z = x\sin x\sin y$ 的曲面图和曲面图法线。

操作步骤

在 MATLAB 命令行窗口中输入如下命令：

```
>> close all                            %关闭当前已打开的文件
>> clear                                %清除工作区的变量
>> x=-2:0.25:2;                         %创建-2 到 2 的向量 x，元素间隔为 0.25
>> y=x;                                 %创建与 x 相同的向量 y
>> [X,Y]=meshgrid(x,y);                 %通过向量 x、y 定义网格数据 X、Y
>> Z=X.*sin(X).*sin(Y);                 %输入符号 X、Y 定义的表达式 Z
>> subplot(121)                         %将视图分割为 1×2 的窗口，显示第一个窗口
>> surf(X,Y,Z)                          %绘制函数三维曲面图
>> title('曲面图')
>> subplot(122)                         %将视图分割为 1×2 的窗口，显示第二个窗口
>> surfnorm(X,Y,Z,FaceAlpha=0.6)        %绘制函数三维曲面及曲面法向量，面透明度为 0.6
>> title('曲面图法线')
```

运行结果如图 3.13 所示。

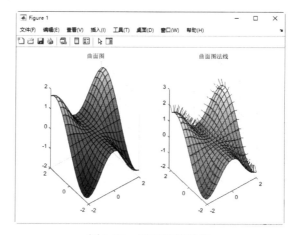

图 3.13　图形比较结果

3.3.4　参数化曲面

fsurf 命令专门用于绘制符号函数 $f(x,y)$（即 f 是关于 x、y 的数学函数的字符串表示）的曲面

图形，其使用格式见表 3.11。

表 3.11　fsurf 命令的使用格式

使 用 格 式	说　明
fsurf(f)	绘制 $f(x,y)$ 在系统默认区域 $x \in [-5,5]$, $y \in [-5,5]$ 内的三维曲面图
fsurf(f,[a b])	绘制 $f(x,y)$ 在区域 $x \in [a,b]$, $y \in [a,b]$ 内的三维曲面图
fsurf(f,[a b c d])	绘制 $f(x,y)$ 在区域 $x \in [a,b]$, $y \in [c,d]$ 内的三维曲面图
fsurf(x,y,z)	绘制参数化曲面 $x=x(s,t), y=y(s,t), z=z(s,t)$ 在系统默认区域 $s \in [-5,5]$, $t \in [-5,5]$ 内的三维曲面图
fsurf(x,y,z,[a b])	绘制上述参数曲面在 $x \in [a,b]$, $y \in [a,b]$ 内的三维曲面图
fsurf(x,y,z,[a b c d])	绘制上述参数曲面在 $x \in [a,b]$, $y \in [c,d]$ 内的三维曲面图
fsurf(...,LineSpec)	在上述任一种语法格式的基础上，设置线型、标记符号和曲面颜色
fsurf(...,Name,Value)	在上述任一种语法格式的基础上，使用一个或多个名称-值对参数设置曲面属性
fsurf(ax,...)	在 ax 指定的坐标区中绘制图形
fs = fsurf(...)	返回函数曲面图对象或参数化函数曲面图对象 fs，用于查询和修改特定曲面的属性

实例——绘制参数化曲面

源文件：yuanwenjian\ch03\ex_314.m

扫一扫，看视频

本实例使用 fsurf 命令绘制参数化函数 $\begin{cases} x = \sin(s+t) \\ y = \cos(s+t) \\ z = \sin s + \cos t \end{cases}$ ，$-\pi \leqslant s,t \leqslant 0$ 的曲面图。

操作步骤

在 MATLAB 命令行窗口中输入如下命令：

```
>> close all              %关闭当前已打开的文件
>> clear                  %清除工作区的变量
>> syms s t               %定义符号变量 s 和 t
>> x=sin(s+t);            %定义符号表达式 x
>> y=cos(s+t);            %定义符号表达式 y
>> z=sin(s)+cos(t);       %定义符号表达式 z
>> subplot(221),fsurf(x,y,z,[-pi,0])    %将视图分割为 2×2 的窗口，在第一个窗口中绘制符号
函数的三维曲面
>> title('曲面图')
>> subplot(222),fsurf(x,y,z,[-pi,0],FaceAlpha=0)    %绘制符号函数的三维曲面，设置曲面
完全透明
>> title('面透明的曲面图')
>> subplot(223),fsurf(x,y,z,[-pi,0],EdgeColor='none')    %符号函数的三维曲面，不显示曲
面轮廓颜色
>> title('隐藏网格线的曲面图')
>> subplot(224),fsurf(x,y,z,[-pi,0],ShowContours='on')    %绘制符号函数的三维曲面，
将 ShowContours 选项设置为 on，在曲面图下显示等高线
>> title('带等高线的曲面图')
```

运行结果如图 3.14 所示。

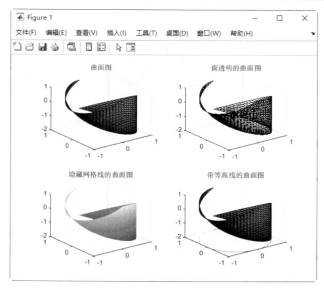

图 3.14 参数化曲面

3.3.5 条带图

ribbon 命令用于绘制条带图，其使用格式见表 3.12。

表 3.12 ribbon 命令的使用格式

使 用 格 式	说 明
ribbon(Y)	使用 X = 1:size(Y,1)将 Y 列绘制为宽度均匀的三维条带。条带以单位间隔沿 x 轴分布，在刻度线上居中显示，宽度为 3/4 单位。条带以线性方式将 X 中的值映射到颜色图中的颜色，可以使用 colormap 命令更改图形中的条带颜色
ribbon(X,Y)	为 Y 中的数据绘制三维条带，在 X 中指定的位置居中显示。X 和 Y 是大小相同的向量或矩阵。另外，X 可以是行或列向量，Y 是包含 length(X)行的矩阵。当 Y 为矩阵时，该命令将 Y 中的每列绘制为位于对应 X 位置的条带
ribbon(X,Y,width)	在上一种语法格式的基础上，使用参数 width 指定条带的宽度，默认值为 0.75。如果 width=1，则各条带相互接触，沿 z 轴向下查看时它们紧挨在一起。如果 width > 1，则条带相互重叠并可能相交
ribbon(ax,...)	在 ax 指定的坐标区，而不是当前坐标区（gca）中绘制条带图
h = ribbon(...)	为每个条带返回一个句柄

扫一扫，看视频

实例——绘制花朵曲面的三维条带图

本实例利用 ribbon 命令绘制花朵曲面的三维条带图。

源文件：yuanwenjian\ch03\ex_315.m

操作步骤

在 MATLAB 命令行窗口中输入如下命令：

```
>> close all              %关闭当前已打开的文件
>> clear                  %清除工作区的变量
>> [X,Y] = meshgrid(-8:.5:8);   %定义网格坐标
>> R = sqrt(X.^2 + Y.^2) + eps;  %加一个极小值 eps 以避免分母为 0
>> Z = sin(R)./R;         %定义函数表达式
```

```
>> subplot(131),ribbon(Z)              %将视图分割为 1×3 的窗口，在第一个窗口中绘制三维条带图
>> X1 = 1:size(Z,1);                   %定义行向量，将 Z 列绘制为宽度均匀的三维条带
>> subplot(132),ribbon(X1,Z,2)         %绘制三维条带图，条带宽度为 2
>> subplot(133),ribbon(X1,Z,0.1)       %绘制三维条带图，条带宽度为 0.1
```

运行结果如图 3.15 所示。

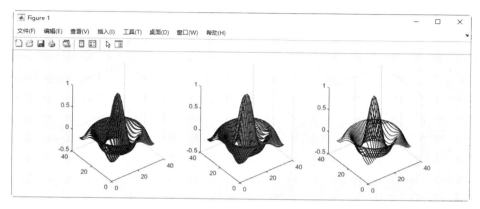

图 3.15　花朵曲面的三维条带图

3.4　特殊曲面

除了各种函数曲面外，MATLAB 还提供了专门绘制山峰曲面、柱面与球面等特殊曲面的函数或命令。

3.4.1　绘制山峰曲面

MATLAB 提供了一个演示函数 peaks，该函数是从高斯分布转换和缩放得来的，包含两个变量，用于产生一个山峰曲面，其主要使用格式见表 3.13。

表 3.13　peaks 的使用格式

使 用 格 式	说　　明
Z = peaks	在一个 49×49 的网格上计算 peaks 函数，返回函数的 Z 坐标
Z = peaks(n)	在一个 n×n 网格上计算 peaks 函数，返回函数的 Z 坐标。如果 n 是长度为 k 的向量，则在一个 k×k 网格上计算该函数
Z = peaks(X,Y)	在给定的 X 和 Y（必须大小相同或兼容）处计算 peaks，并返回函数的 Z 坐标
peaks(...)	使用 surf 命令将 peaks 函数绘制为一个三维曲面图
[X,Y,Z] = peaks(...)	返回 peaks 函数的 X、Y 和 Z 坐标，用于参数化绘图

实例——绘制山峰曲面

源文件：yuanwenjian\ch03\ex_316.m

操作步骤

在 MATLAB 命令行窗口中输入如下命令：

```
>> close all        %关闭当前已打开的文件
>> clear            %清除工作区的变量
```

```
>> subplot(2,2,1)                          %显示图窗分割后的第一个视图
>> peaks(5);                               %创建一个由峰值组成的 5×5 矩阵并绘制曲面
z =  3*(1-x).^2.*exp(-(x.^2) - (y+1).^2) ...
  - 10*(x/5 - x.^3 - y.^5).*exp(-x.^2-y.^2) ...
  - 1/3*exp(-(x+1).^2 - y.^2)              %包含两个变量的山峰函数
>> title('二维网格值为5')                   %添加图形标题
>> subplot(2,2,2)
>> peaks(30);                              %创建一个由峰值组成的 30×30 矩阵并绘制曲面
z =  3*(1-x).^2.*exp(-(x.^2) - (y+1).^2) ...
  - 10*(x/5 - x.^3 - y.^5).*exp(-x.^2-y.^2) ...
  - 1/3*exp(-(x+1).^2 - y.^2)              %山峰函数
>> title('二维网格值为30')
>> subplot(2,2,3)
>> [X,Y,Z]=peaks(50);                      %创建 3 个 50×50 矩阵 X、Y、Z
>> mesh (X,Y,Z)                            %绘制三维网格曲面
>> title('网格曲面图')                      %添加图形标题
>> subplot(2,2,4)
>> [X,Y,Z]=peaks(50);                      %创建 3 个 50×50 矩阵 X、Y、Z
>> plot3(X,Y,Z)                            %绘制三维线图
>> title('三维曲线图')                      %添加图形标题
```

运行结果如图 3.16 所示。

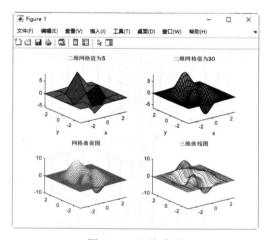

图 3.16　山峰曲面

3.4.2　绘制柱面

在 MATLAB 中，cylinder 命令用于绘制三维柱面，其使用格式见表 3.14。

表 3.14　cylinder 命令的使用格式

使 用 格 式	说　　明
[X,Y,Z] = cylinder	返回半径为 1、高度为 1 的圆柱的坐标，圆柱的圆周上有 20 个等距点
[X,Y,Z] = cylinder(r,n)	返回半径为 r、高度为 1 的圆柱的坐标，圆柱的圆周上有 n 个等距点
[X,Y,Z] = cylinder(r)	与[X,Y,Z] = cylinder(r,20)等价
cylinder(ax,...)	在 ax 指定的坐标区，而不是当前坐标区（gca）中绘制柱面
cylinder(...)	不返回坐标，直接绘制柱面

实例——绘制半径变化的柱面

源文件：yuanwenjian\ch03\ex_317.m

本实例绘制剖面半径为函数 $y = x + e^x$ 的柱面。

操作步骤

在 MATLAB 命令行窗口中输入如下命令：

```
>> close all                        %关闭当前已打开的文件
>> clear                            %清除工作区的变量
>> t=0:pi/10:2*pi;                  %创建 0 到 2π 的向量 x，元素间隔为 π/10
>> [X,Y,Z]=cylinder(t+exp(t),30);   %柱面的剖面半径为符号表达式 r(t)、高度默认为 1，柱面的
圆周上有 30 个等距点，返回柱面的 X、Y、Z 坐标
>> surf(X,Y,Z)                      %根据圆柱体的坐标值 X、Y、Z 绘制三维曲面
```

运行结果如图 3.17 所示。

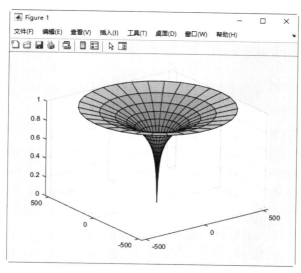

图 3.17　半径变化的柱面

实例——绘制三维陀螺锥面

源文件：yuanwenjian\ch03\ex_318.m

操作步骤

在 MATLAB 命令行窗口中输入如下命令：

```
>> close all                %关闭当前已打开的文件
>> clear                    %清除工作区的变量
>> t1=[0:0.1:0.9];
>> t2=[1:0.1:2];
>> r=[t1,-t2+2];            %水平合并向量 t1、t2，定义柱面的剖面半径 r
>> [X,Y,Z]=cylinder(r,30); %获取柱面坐标 X、Y、Z
>> surf(X,Y,Z)             %根据坐标绘制柱面
```

运行结果如图 3.18 所示。

扫一扫，看视频

扫一扫，看视频

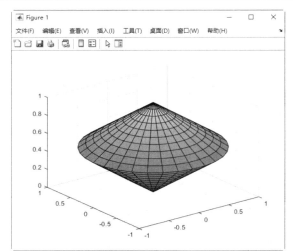

图 3.18 三维陀螺锥面

动手练一练——绘制圆锥曲面

本实例使用 cylinder 命令绘制一个图 3.19 所示的圆锥曲面。

思路点拨：

> 源文件：yuanwenjian\ch03\prac_303.m
> （1）使用线性间隔值向量作为剖面半径。
> （2）使用 cylinder 命令返回柱面坐标 x、y、z。
> （3）将 z 坐标取反，使用 surf 命令绘制圆锥曲面。

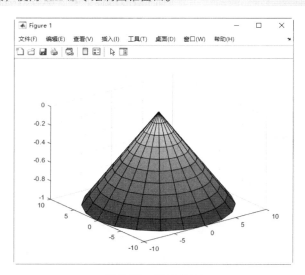

图 3.19 圆锥曲面

3.4.3 绘制球面

sphere 命令用于生成三维直角坐标系中的球面，其使用格式见表 3.15。

表 3.15　sphere 命令的使用格式

使 用 格 式	说 明
sphere	绘制由 20×20 个面组成的半径为 1 的球面
sphere(n)	在当前坐标系中绘制由 n×n 个面组成的球面，球面半径为 1
[X,Y,Z]=sphere(n)	返回三个(n+1)×(n+1)的直角坐标系中的球面坐标矩阵，不绘制球面
sphere(ax,...)	在 ax 指定的坐标区，而不是在当前坐标区中创建球面

动手练一练——绘制不同面数的球面

本实例分别绘制由 100 个面组成的球面和由 400 个面组成的球面。

扫一扫，看视频

思路点拨：

源文件：yuanwenjian\ch03\prac_304.m

（1）计算由 10×10 个面组成的单位球面的 X、Y、Z 轴坐标值 X1、Y1、Z1。

（2）计算由 20×20 个面组成的单位球面的 X、Y、Z 轴坐标值 X2、Y2、Z2。

（3）将图窗分割为两个视图，在第一个视图中绘制由 100 个面组成的球面，调整坐标轴，添加标题。

（4）在第二个视图中绘制由 400 个面组成的球面，调整坐标轴，添加标题。

使用 sphere 命令生成的球面默认半径为 1，以原点为中心。如果要绘制其他指定半径大小的球面，可以将单位球面的坐标乘以一个数值；要指定球面的中心，可以使用 surf 命令绘制。

实例——绘制半径和位置不同的球面

源文件：yuanwenjian\ch03\ex_319.m

本实例使用 sphere 和 surf 命令绘制半径和位置不同的多个球面。

扫一扫，看视频

操作步骤

在 MATLAB 命令行窗口中输入如下命令：

```
>> close all              %关闭当前已打开的文件
>> clear                  %清除工作区的变量
>> sphere(25)             %以原点为中心，绘制由 25×25 个面组成的球面
>> [X,Y,Z]=sphere(30);    %返回由 30×30 个面组成的球面坐标
>> hold on                %打开图形保持命令
>> r=3;                   %第一个球面的半径
>> X1 = X * r;
>> Y1 = Y * r;
>> Z1 = Z * r;            %第二个球面的坐标
>> surf(X1+2,Y1-4,Z1+1)   %以(2,-4,1)为中心，绘制半径为 3 的球面
>> r2=1.5;                %第三个球面的半径
>> X2 = X * r2;
>> Y2 = Y * r2;
>> Z2 = Z * r2;          %第三个球面的坐标
>> surf(X2+6,Y2-6,Z2+4)   %以(6,-6,4)为中心，绘制半径为 1.5 的球面
>> axis equal             %每条坐标轴使用相同的数据单位长度
>> title('不同大小和位置的球面') %标题
```

运行结果如图 3.20 所示。

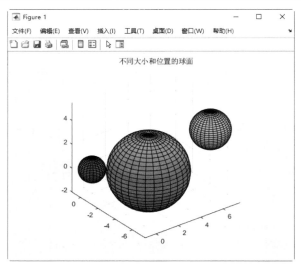

图 3.20　运行结果

第 4 章　统计分析图形

内容指南

数理统计是信息处理、科学决策的重要理论与方法，其内容丰富，逻辑严谨，实践性强。MATLAB 提供了一类高级绘图命令，用于可视化分析数据，解决数据统计分析问题。本章将常用的数据统计分析绘图命令分门别类，简要介绍这些命令的使用方法。

知识重点

➢ 离散数据图
➢ 数据分布图
➢ 向量图
➢ 等高线图

4.1　离散数据图

MATLAB 提供了工程计算中常用的离散数据图形，如条形图、针状图、阶梯图与误差棒图等的绘图命令。本节将介绍这些命令的具体用法。

4.1.1　条形图

条形图可分为二维条形图和三维条形图，其中绘制二维条形图的命令为 bar（竖直条形图）与 barh（水平条形图）。由于它们的使用格式相同，因此这里只介绍 bar 命令的使用格式，见表 4.1。

表 4.1　bar 命令的使用格式

使 用 格 式	说　　明
bar(y)	创建一个竖直条形图。如果 y 为向量，则使用条形显示每个元素的高度，横坐标为 1～length(y)；如果 y 为矩阵，则把 y 分解成多个行向量，每行为一组，分别绘制每行中的元素高度
bar(x,y)	在指定的横坐标 x 位置绘制 y，其中 x 为严格单调递增的向量。如果 y 为矩阵，则把 y 分解成多个行向量，在指定的横坐标处分别绘制
bar(…,width)	在以上任一种语法格式的基础上，指定条形的相对宽度以控制一组内条形的间距，默认值为 0.8
bar(…,'style')	在以上任一种语法格式的基础上，指定条形的排列样式：grouped（默认）、stacked、histc、hist。 ➢ grouped：将每组显示为以对应的 x 值为中心的相邻条形。 ➢ stacked：将每组显示为一个多色条形，条形的长度是组中各元素之和。如果 y 是向量，则结果与 grouped 相同。 ➢ histc：以直方图格式显示条形，同一组中的条形紧挨在一起，每组的尾部边缘与对应的 x 值对齐。 ➢ hist：以直方图格式显示条形，每组以对应的 x 值为中心
bar(…,color)	在以上任一种语法格式的基础上，用指定的颜色 color 显示所有的条形
bar(ax,…)	在 ax 指定的坐标区中绘制条形图
b = bar(…)	在以上任一种语法格式的基础上，返回一个或多个 Bar 对象

实例——绘制矩阵不同样式的二维条形图

源文件：yuanwenjian\ch04\ex_401.m

操作步骤

MATLAB 程序如下：

```
>> close all                        %关闭当前已打开的文件
>> clear                            %清除工作区的变量
>> Y=[sin(pi/3),cos(pi/4);log(3),tanh(6)];      %创建矩阵
>> subplot(2,2,1)                   %将视图分割为 2×2 的窗口，显示视图 1
>> bar(Y)                           %绘制矩阵 Y 的二维条形图
>> title('以 x 值为中心的垂直条形图')      %添加标题
>> subplot(2,2,2)                   %将视图分割为 2×2 的窗口，显示视图 2
>> bar(Y,'histc'),title('x 值对齐边缘的直方图格式')   %显示条形紧挨在一起的直方图，然后
添加标题
>> subplot(2,2,3)                   %将视图分割为 2×2 窗口，显示视图 3
>> bar(Y,'hist');                   %显示将每个条形居中置于 x 刻度上的直方图
>> title('以 x 值为中心的直方图格式')      %添加标题
>> subplot(2,2,4)                   %将视图分割为 2×2 的窗口，显示视图 4
>> b=barh(Y);                       %绘制矩阵 Y 的二维水平条形图
>> title('水平条形图')               %添加标题
```

运行结果如图 4.1 所示。

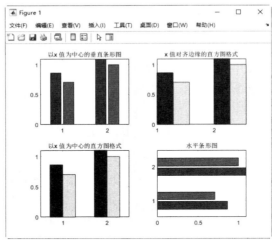
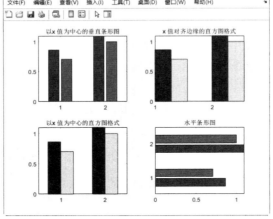

图 4.1 条形图

动手练一练——绘制随机向量 4 种颜色不同的条形图

本实例创建一个随机数向量，使用 bar 命令绘制向量不同颜色的条形图。

思路点拨：

源文件：yuanwenjian\ch04\prac_401.m

（1）创建随机向量，分割图窗视图。

（2）使用默认设置绘制二维条形图。

（3）通过名称-值对参数指定条形轮廓颜色。

（4）通过名称-值对参数指定条形填充颜色。

（5）使用圆点表示法引用属性，设置指定条形的颜色。

绘制三维条形图的命令为 bar3（竖直条形图）与 bar3h（水平条形图），这两个命令的使用格式与二维条形图绘制命令基本相同，这里不再赘述。

实例——绘制矩阵不同样式的三维条形图

源文件：yuanwenjian\ch04\ex_402.m

操作步骤

MATLAB 程序如下：

```
>> close all              %关闭当前已打开的文件
>> clear                  %清除工作区的变量
>> Y=[2 5 8;3 4 6;4 9 7]; %创建矩阵 Y
>> subplot(2,2,1)         %将视图分割为 2 行 2 列 4 个子图
>> bar3(Y)                %绘制三维条形图
>> title('width=0.8')     %添加标题
>> subplot(2,2,2)
>> width = 0.2;           %条形宽度
>> bar3(Y,width),title('width=0.2')  %绘制指定条形宽度的条形图
>> subplot(2,2,3)
>> bar3(Y,'stacked');     %绘制堆积条形图
>> title('堆积条形图')     %添加标题
>> subplot(2,2,4)
>> b=bar3h(Y,'r');        %绘制水平条形图
>> title('水平条形图')     %添加标题
```

运行结果如图 4.2 所示。

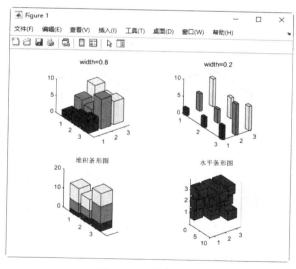

图 4.2　三维条形图

4.1.2　针状图

针状图也称为火柴杆图，默认用一个小圆圈标记表示数据点，用线条表示数据点与 x 轴的距

离，常用于绘制离散序列数据。在 MATLAB 中，提供了绘制二维针状图和三维针状图的命令，其中，二维针状图绘制命令为 stem，其使用格式见表 4.2。

表 4.2　stem 命令的使用格式

使 用 格 式	说　　明
stem(Y)	将数据序列 Y 绘制为从沿 x 轴的基线延伸的针状图。如果 Y 是矩阵，则将 Y 分解为多个行，分别绘制每一行元素的针状图
stem(X,Y)	在 X 指定的值的位置绘制数据序列 Y 的针状图。X 和 Y 必须是大小相同的向量或矩阵。如果 X 是向量，则 Y 必须是包含 length(X) 行的矩阵。如果 X 和 Y 都是矩阵，则根据 X 的对应列绘制 Y 的列
stem(...,'filled')	在上述任一种语法格式的基础上，使用参数指定填充针状图顶端的数据标记
stem(...,LineSpec)	在上述任一种语法格式的基础上，指定线型、标记符号和颜色
stem(...,Name,Value)	使用一个或多个名称-值对组参数设置针状图的属性
stem(ax,...)	在 ax 指定的坐标区中，而不是当前坐标区（gca）中绘制针状图
h = stem(...)	在上述任一种语法格式的基础上，返回针状图对象构成的向量

扫一扫，看视频

实例——绘制函数的二维针状图

源文件：yuanwenjian\ch04\ex_403.m

本实例绘制函数 $y_1 = \sin x, y_2 = \cos x$ 的针状图。

操作步骤

MATLAB 程序如下：

```
>> close all                                    %关闭当前已打开的文件
>> clear                                        %清除工作区的变量
>> X = linspace(0,2*pi,50)';                    %创建 0 到 2π 的列向量 X，元素个数为 50
>> Y1 = sin(X);
>> Y2 = cos(X);                                 %定义函数表达式 Y1、Y2
>> subplot(131),stem(Y1)                        %绘制 Y1 的针状图
>> subplot(132),stem(X,Y1, 'r-.^','filled')     %设置线型和数据标记样式，填充数据标记
>> subplot(133),stem(X,Y2,':p')                 %创建余弦函数针状图，设置线型与数据标记
```

运行结果如图 4.3 所示。

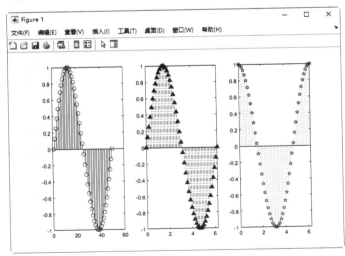

图 4.3　二维针状图

绘制三维针状图的命令为 stem3，它的使用格式与 stem 类似，不同的是，stem3 绘制的针状图从 xy 平面开始延伸并在各项值处以数据标记终止。使用 stem3(Z) 格式时，xy 平面中的针状线条位置是自动生成的；使用 stem3(X,Y,Z) 格式时，xy 平面中的针状图位置由 X 和 Y 指定。

实例——绘制参数化函数的三维针状图

源文件：yuanwenjian\ch04\ex_404.m

本实例绘制参数化函数 $\begin{cases} x = \sin 2t \\ y = \cos 2t \\ z = \sin 2t \cos 2t \end{cases}$，$t \in (-20\pi, 20\pi)$ 的三维针状图。

扫一扫，看视频

操作步骤

MATLAB 程序如下：

```
>> close all            %关闭当前已打开的文件
>> clear                %清除工作区的变量
>> t=-20*pi:pi/100:20*pi;   %创建-20π 到 20π 的向量 x，元素间隔为 π/100
>> x=sin(2*t);
>> y=cos(2*t);
>> z=sin(2*t).*cos(2*t);    %利用参数 t 定义 x、y、z 坐标
>> stem3(x,y,z,'fill','r')  %绘制三维针状图，填充颜色为红色
>> title('三维针状图')      %添加标题
```

运行结果如图 4.4 所示。

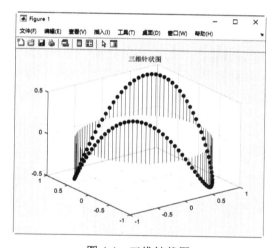

图 4.4　三维针状图

4.1.3　阶梯图

阶梯图在电子信息工程以及控制理论中用得非常多，在 MATLAB 中，实现这种作图的命令是 stairs，其使用格式见表 4.3。

表 4.3　stairs 命令的使用格式

使 用 格 式	说　　明
stairs(Y)	使用参数 Y 的元素绘制阶梯图，如果 Y 是向量，则横坐标的范围为 1～length(Y)；如果 Y 为矩阵，则绘制 Y 中每一列元素的阶梯图

使 用 格 式	说　　明
stairs(X,Y)	在 X 指定的位置绘制 Y 的阶梯图，要求 X 与 Y 为同型的向量或矩阵。此外，X 可以为向量，此时 Y 必须是包含 length(X)行的矩阵
stairs(…,LineSpec)	在上述任一种语法格式的基础上，用参数 LineSpec 指定的线型、标记符号和颜色绘制阶梯图
stairs(…,Name,Value)	在上述任一种语法格式的基础上，使用一个或多个名称-值对参数设置阶梯图的属性
stairs(ax,…)	在 ax 指定的坐标区，而不是当前坐标区（gca）中绘制阶梯图
h = stairs(…)	在上述任一种语法格式的基础上，返回一个或多个阶梯图对象
[xb,yb] = stairs(…)	这种使用格式不绘制图形，而是返回可以用 plot 命令绘制阶梯图的坐标向量或矩阵 xb 与 yb

实例——绘制正切波的阶梯图和线图

源文件： yuanwenjian\ch04\ex_405.m

本实例在同一坐标系下绘制正切波在区间[-4, 4]的阶梯图和线图。

操作步骤

MATLAB 程序如下。

```
>> close all                          %关闭当前已打开的文件
>> clear                              %清除工作区的变量
>> x=-4:0.5:4;                        %创建-4 到 4 的行向量 x，元素间隔为 0.5
>> y=tan(x);                          %定义函数 y
>> stairs(x,y ,'b',LineWidth=2)       %绘制阶梯图
>> hold on                            %打开图形保持命令
>> plot(x,y,'r--p')                   %绘制二维曲线，线型为虚线，标记为五角星
>> hold off                           %关闭图形保持命令
>> text(1,-8,'正切波的阶梯图',...
FontWeight='bold',FontSize=12)        %在指定的位置添加文本标注，字形加粗，字号为 12
 >> legend('阶梯图','线图')            %添加图例
```

运行结果如图 4.5 所示。

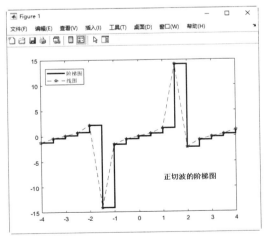

图 4.5　阶梯图和线图

动手练一练——绘制函数矩阵的阶梯图

本实例在同一坐标系下绘制函数的阶梯图，在指定的坐标位置添加文本标注，并添加图例。

思路点拨：

> 源文件：yuanwenjian\ch04\prac_402.m
> （1）定义函数取值点序列。
> （2）计算函数在取值点处的值。
> （3）绘制函数阶梯图。
> （4）在图形中添加文本标注"叠加的阶梯图"。
> （5）添加图例。

4.1.4 误差棒图

在科学实验中，测量误差或试验误差是无法控制的客观存在，因此在可视化这类数据时，通常会给实验结果增加观测结果的误差以表示客观存在的测量偏差，误差棒图就是用于这一场景的一种很理想的统计图形。

误差棒图是包含误差条的一种线图，在 MATLAB 中绘制误差棒图的命令为 errorbar，其使用格式见表 4.4。

表 4.4　errorbar 命令的使用格式

使 用 格 式	说　　明
errorbar(y,err)	创建 y 中数据的线图，并在每个数据点处绘制一个垂直误差条。err 确定数据点上方和下方的每个误差条的长度，因此，总误差条长度是 err 值的两倍
errorbar(x,y,err)	绘制 y 对 x 的图，并在每个数据点处绘制一个垂直误差条
errorbar(…,ornt)	设置误差条的方向。ornt 的默认值为'vertical'，绘制垂直误差条；为'horizontal'时绘制水平误差条；为'both'时绘制水平误差条和垂直误差条
errorbar(x,y,neg,pos)	在每个数据点处绘制一个垂直误差条，其中 neg 用于确定数据点下方的长度，pos 用于确定数据点上方的长度
errorbar(x,y,yneg,ypos, xneg,xpos)	绘制 y 对 x 的图，并同时绘制水平误差条和垂直误差条。yneg 和 ypos 分别设置垂直误差条下部和上部的长度；xneg 和 xpos 分别设置水平误差条左侧和右侧的长度
errorbar(…,LineSpec)	在上述任一种语法格式的基础上，使用 LineSpec 指定的线型、标记符号、颜色等样式绘制误差棒图
errorbar(…,Name,Value)	在上述任一种语法格式的基础上，使用一个或多个名称-值对参数设置线和误差条的外观
errorbar(ax,…)	在 ax 指定的坐标区，而不是当前坐标区（gca）中绘图
e=errorbar(ax,…)	在上述任一种语法格式的基础上，返回一个 ErrorBar 对象（y 为向量时）或 ErrorBar 对象组成的向量（y 为矩阵时）

实例——绘制不同样式的误差棒图

源文件：yuanwenjian\ch04\ex_406.m

操作步骤

MATLAB 程序如下：

```
>> close all              %关闭当前已打开的文件
>> clear                  %清除工作区的变量
>> x = 1:10:100;          %创建区间为[1,100]的向量 x，元素间隔为 10
>> y=sin(x);              %定义函数表达式 y
>> err = [2 0.5 1 0.5 1 0.5 1 2 0.5 0.5];    %定义每个数据点上（下）方的误差条长度
>> ax(1)=subplot(221);errorbar(x,y,err)      %绘制带垂直误差条的线图
>> title('默认样式')
```

扫一扫，看视频

```
>> ax(2)=subplot(222);errorbar(x,y,err, 'horizontal',...
'-s',MarkerSize=10,MarkerEdgeColor='red', ...
MarkerFaceColor='red')          %绘制带垂直误差条的线图，在每个数据点处显示标记
>> title('数据点处显示标记')
>> ax(3)=subplot(223);errorbar(x,y,err,'both')      %绘制带垂直和水平误差条的线图
>> title('垂直和水平误差条')
>> ax(4)=subplot(224);errorbar(x,y,err,'both','o')      %绘制带垂直和水平误差条的线
图，不显示连接数据点的线
>> title('仅显示误差条')
>> axis(ax,[-10 100 -3 4])
```

运行结果如图 4.6 所示。

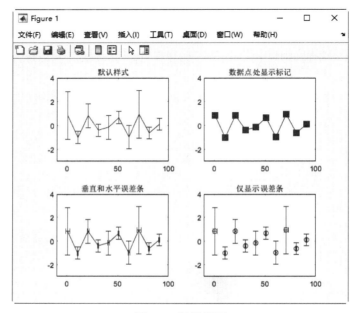

图 4.6　误差样图

4.2　数据分布图

数据分布图主要用于展示数据的分布情况，MATLAB 提供的数据分布图主要包括直方图、饼图、面积图和散点图等，本节简要介绍这几种图形的绘制命令和使用方法。

4.2.1　直方图

直方图是数据分析中用得较多的一种图形，属于数值数据的条形图类型。在 MATLAB 中，绘制直方图的命令有两个：histogram 命令和 polarhistogram 命令，分别用于绘制直角坐标系和极坐标系下的直方图。

1．histogram 命令

histogram 命令用于绘制数据在直角坐标系下的直方图，其使用格式见表 4.5。

表 4.5 histogram 命令的使用格式

使 用 格 式	说 明
histogram(x)	使用自动分箱算法，使用均匀宽度的箱（bin）涵盖 X 中的元素范围并显示分布的基本形状。箱显示为矩形，矩形的高度表示箱中的元素数量
histogram(X,nbins)	在上一语法格式的基础上，使用标量 nbins 指定箱的数量
histogram(X,edges)	将 X 划分到由向量 edges 指定箱边界的箱内。除了最后一个箱同时包含两个边界外，其他每个箱都只包含左边界，不包含右边界
histogram('BinEdges',edges,'BinCounts',counts)	不执行任何数据分箱操作，根据指定的箱边界绘制关联的箱数
histogram(C)	通过为分类数组 C 中的每个类别绘制一个条形来绘制直方图
histogram(C,Categories)	在上一语法格式的基础上，仅绘制 Categories 指定的类别的子集
histogram('Categories',Categories,'BinCounts',counts)	不执行任何数据分箱操作，根据指定的类别绘制关联的箱数
histogram(…,Name,Value)	在上述任一种语法格式的基础上，使用一个或多个名称-值对参数设置直方图的属性
histogram(ax,…)	将图形绘制到 ax 指定的坐标区中，而不是当前坐标区（gca）中
h = histogram(…)	在上述任一种语法格式的基础上，返回 Histogram 对象，用于检查并调整直方图的属性

实例——绘制正态分布的直方图

源文件：yuanwenjian\ch04\ex_407.m

本实例基于正态分布的数据向量绘制不同样式的直方图。

扫一扫，看视频

操作步骤

MATLAB 程序如下：

```
>> close all                                %关闭当前已打开的文件
>> clear                                    %清除工作区的变量
>> x = randn(10000,1);                      %定义正态分布的随机数据 x，该向量有 10000 行 1 列
>> subplot(221),histogram(x);               %绘制随机数据 x 的直方图
>> title('自动分 bin')
>> subplot(222), histogram(x,BinLimits=[-1,1]);    %仅使用 x 中介于-1 和 1（含二者）之
间的值绘制直方图
>> title('指定 bin 范围')
>> subplot(223), histogram(x,25);
>> title('指定 bin 数量')
>> edges = [-3 -2:0.25:2 3];   %定义 bin 边界，第一个 bin 的左边界为-3，最后一个 bin 的右边
界为 3，其他 bin 及最后一个 bin 的左边界由向量-2:0.25:2 指定
>> subplot(224), h=histogram(x,edges);      %指定直方图边界
>> h.FaceColor='#7E2F8E';                    %紫色
>> title('指定 bin 边界和颜色')
```

运行结果如图 4.7 所示。

2. polarhistogram 命令

polarhistogram 命令用于绘制极坐标系下的直方图，不会将 NaN、Inf 和-Inf 值划分到任何 bin。其使用格式见表 4.6。

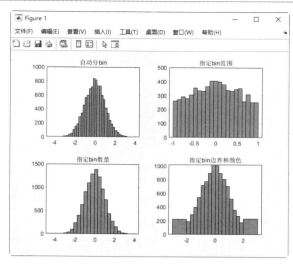

图 4.7　正态分布的直方图

表 4.6　polarhistogram 命令的使用格式

使 用 格 式	说　　　明
polarhistogram(theta)	将 theta 中的值分为等间距的 bin，在极坐标系中创建一个直方图。theta 中的角度单位为弧度（rad），用于确定每一区间与原点的角度，每一区间的长度反映出输入参数的元素落入该区间的个数
polarhistogram(theta,nbins)	在上一种语法格式的基础上，用正整数参数 nbins 指定 bin 数目
polarhistogram('BinEdges',edges, 'BinCounts',counts)	不执行任何数据分箱操作，使用指定的箱边界和关联的箱数绘制直方图
polarhistogram(…,Name,Value)	在上述任一种语法格式的基础上，使用一个或多个名称-值对参数设置图形属性
polarhistogram(pax,…)	在 pax 指定的极坐标区（而不是当前坐标区）中绘制图形
h = polarhistogram(…)	在上述任一种语法格式的基础上，返回 Histogram 对象，用于检查并调整直方图的属性

实例——绘制极坐标系下的直方图

源文件：yuanwenjian\ch04\ex_408.m

扫一扫，看视频

操作步骤

MATLAB 程序如下。

```
>> close all          %关闭当前已打开的文件
>> clear              %清除工作区的变量
>> x=-10:.01:10;      %线性间隔值向量定义要分配到各个bin的数据x，单位为度
>> subplot(2,2,1)     %将视图分割为2行2列4个窗口，显示第一个视图
>> polarhistogram(x); %极坐标系下的直方图
>> title('默认样式')
>> subplot(2,2,2)
>> theta=x*pi;        %定义要分配到各个bin的数据，指定为弧度值
>> polarhistogram(theta,FaceColor='red',FaceAlpha=.3); %指定bin的填充颜色和透明度
>> title('指定颜色和透明度')%添加标题
>> subplot(2,2,3)
>> edges = linspace(0,2*pi,10);  %定义bin边界，最小和最大边缘值之差必须小于或等于2π。
第一个bin的左边界为0，最后一个bin的右边界为2π，其他bin及最后一个bin的左边界由向量指定
>> polarhistogram(theta, edges);  %指定bin边界的直方图
```

```
>> title('指定边界')
>> subplot(2,2,4)
>> h=polarhistogram(x);          %返回直方图对象
>> h.DisplayStyle = 'stairs';    %仅显示直方图的轮廓
>> title('设置显示样式')
```

运行结果如图 4.8 所示。

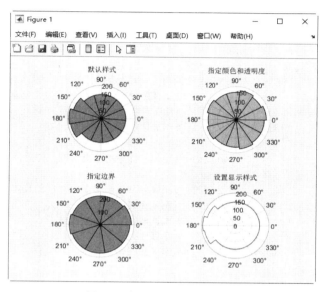

图 4.8　极坐标系下的直方图

4.2.2　饼图

饼图用于显示向量或矩阵中各元素所占的比例，它可以用在一些统计数据可视化中。二维情况下，创建二维饼图的命令是 pie；三维情况下，创建三维饼图的命令是 pie3，二者的使用格式也非常相似，因此本小节只介绍 pie 命令的使用格式，见表 4.7。

表 4.7　pie 命令的使用格式

使 用 格 式	说　　明
pie(X)	用 X 中的数据绘制饼图，X 中的每一个元素代表饼图中的一部分，元素 X(i) 所代表的扇形大小通过 X(i)/sum(X) 的大小来决定。若 sum(X)=1，则 X 中的元素就直接指定了所在部分的大小；若 sum(X)<1，则绘制不完整的饼图
pie(X,explode)	将扇区从饼图偏移一定的位置。explode 是一个与 X 同维的矩阵，当所有元素为 0 时，饼图的各个部分将连在一起组成一个圆；而当其中存在非零元素时，X 中相对应的元素在饼图中对应的扇形将向外移出一些来加以突出
pie(X,labels)	指定扇区的文本标签。X 必须是数值数据类型，标签数必须等于 X 中的元素数
pie(X,explode, labels)	偏移扇区并指定文本标签。X 可以是数值或分类数据类型，为数值数据类型时，标签数必须等于 X 中的元素数；为分类数据类型时，标签数必须等于分类数
pie(ax,...)	将图形绘制到 ax 指定的坐标区，而不是当前坐标区（gca）中
p = pie(...)	返回一个由补片和文本图形对象组成的向量

实例——绘制投票结果的饼图

源文件：yuanwenjian\ch04\ex_409.m

已知某项投票不同选项的票数，本实例将使用不同样式的饼图展示投票结果。

扫一扫，看视频

操作步骤

MATLAB 程序如下：

```
>> close all                          %关闭当前已打开的文件
>> clear                              %清除工作区的变量
>> Y=[45 7 6 7 9 2];                  %绘图数据
>> subplot(2,2,1), pie(Y)             %将视图分割为 2×2 的窗口，在视图 1 绘制完整饼图
>> title('默认样式的完整饼图')           %添加标题
>> explode=[0 1 1 1 1 0];             %指定要偏移的扇区
>> subplot(222), pie(Y, explode)      %偏移对应的扇区
>> title('分离饼图')
>> labels = {'A','B','C','D','E','F'};        %扇区标签
>> subplot(2,2,3)                     %将视图分割为 2×2 的窗口，显示视图 3
>> pie(Y,labels);                     %绘制带指定标签的饼图
>> title('带标签的完整饼图')            %添加标题
>> subplot(2,2,4)
>> p=pie(Y,[1 1 0 1 0 0],labels);     %绘制带标签的分离饼图，并返回由补片和文本图形对象组成
的向量 p
>> t = p(2);                          %获取分割饼图第 1 个扇区的文本标签对象
>> t.BackgroundColor = 'cyan';        %设置标签背景底色
>> t.EdgeColor = 'red';               %设置标签的轮廓颜色
>> t.FontSize = 14;                   %设置标签的字体大小
>> title('设置标签样式的分离饼图')       %添加标题
```

运行结果如图 4.9 所示。

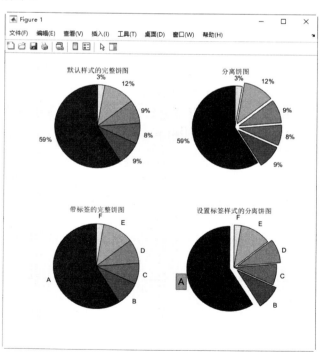

图 4.9　饼图

动手练一练——绘制向量的饼图

创建一个向量，绘制向量所有元素和部分元素的饼图。

📔 **思路点拨：**

> 源文件：yuanwenjian\ch04\prac_403.m
>
> （1）创建向量，定义扇区标签。
>
> （2）分割图窗视图，绘制带标签的饼图。
>
> （3）抽取向量元素，定义饼图的扇区标签。
>
> （4）基于提取的元素，绘制带标签的饼图。

实例——绘制各个季度盈利额的占比

源文件： yuanwenjian\ch04\ex_410.m

某企业四个季度的盈利额分别为 528 万元、701 万元、658 万元和 780 万元，本实例利用三维饼图展示各个季度的盈利额占比。

操作步骤

MATLAB 程序如下：

```
>> close all                    %关闭当前已打开的文件
>> clear                        %清除工作区的变量
>> X=[528 701 658 780];         %直接输入矩阵 X
>> labels = {'第1季度','第2季度','第3季度','第4季度'};   %每个扇区的文本标签
>> ax=subplot(1,2,1)            %将视图分割为 1×2 的窗口，显示视图 1
>> pie3(X)                      %绘制三维饼图
>> legend(ax,labels)            %扇区图例
>> title('各季度盈利额占比图')    %添加标题
>> subplot(1,2,2)              %显示视图 2
>> explode=[0 1 0 1];           %定义饼图间隔矩阵
>> p=pie3(X,explode,labels)     %指定扇区偏移的三维饼图，返回由各个扇区的补片、曲面和
文本图形对象组成的句柄向量
p =
  1×16 graphics 数组:
   列 1 至 8
    Patch    Surface   Patch    Text    Patch   Surface   Patch    Text
   列 9 至 16
    Patch    Surface   Patch    Text    Patch   Surface   Patch    Text
>> title('盈利额占比分离饼图')    %添加标题
>> t = p(8);                    %获取饼图第 2 个扇区的文本标签对象
>> t.BackgroundColor = 'cyan';  %设置标签背景底色
>> t.EdgeColor = 'red';         %设置标签的轮廓颜色
>> t.FontSize = 12;
>> for i=1:3
s=p(i);                         %获取饼图第 1 个扇区的补片和曲面对象
s.FaceColor = 'm';              %设置填充色
end
```

运行结果如图 4.10 所示。

动手练一练——绘制数据的三维饼图

创建一个向量，使用 pie3 命令绘制向量元素的三维饼图。

扫一扫，看视频

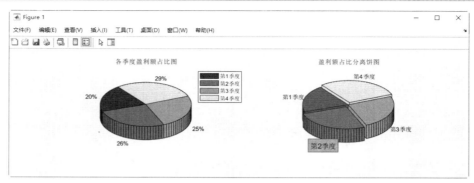

图 4.10　盈利总额的占比图

📋 **思路点拨：**

> 源文件：yuanwenjian\ch04\ex_404.m
> （1）创建向量，定义扇区标签。
> （2）分割图窗视图，绘制带标签的三维饼图。
> （3）定义各个扇区偏移中心的位置。
> （4）绘制分离的三维饼图。

4.2.3　面积图

面积图可以表现部分对整体的影响。在 MATLAB 中，绘制面积图的命令是 area，其使用格式见表 4.8。

表 4.8　area 命令的使用格式

使 用 格 式	说　　明
area(Y)	绘制向量 Y 或将矩阵 Y 中每一列作为单独曲线绘制并堆叠显示
area(X,Y)	绘制 Y 对 X 的图，并填充 0 和 Y 之间的区域。如果 Y 是向量，则将 X 指定为由递增值组成的向量，其长度等于 Y；如果 Y 是矩阵，则将 X 指定为由递增值组成的向量，其长度等于 Y 的行数
area(…,basevalue)	在以上任一种语法格式的基础上，指定区域填充的基准值 basevalue，填充曲线和这条水平基线之间的区域。默认为 0
area(…,Name,Value)	在以上任一种语法格式的基础上，使用一个或多个名称-值对参数修改区域图
area(ax,…)	将图形绘制到 ax 坐标区，而不是当前坐标区中
ar=area(…)	在以上任一种语法格式的基础上，返回一个或多个 Area 对象。为向量输入参数创建一个 Area 对象；为矩阵输入参数的每一列创建一个 Area 对象

扫一扫，看视频

实例——绘制魔方矩阵的面积图

源文件：yuanwenjian\ch04\ex_411.m

操作步骤

MATLAB 程序如下：

```
>> close all                    %关闭当前已打开的文件
>> clear                        %清除工作区的变量
>> Y= magic(5);                 %创建 5×5 的魔方矩阵
>> subplot(2,2,1)               %将视图分割为 2×2 的窗口，显示视图 1
>> area(Y)                      %绘制魔方矩阵 Y 的二维面积图
```

```
>> title('默认样式')                                    %添加标题
>> subplot(2,2,2)                                      %将视图分割为 2×2 的窗口，显示视图 2
>> area(Y,10),title('基线为10')                         %设置水平基线为 y=10，绘制面积图，然后添加标题
>> subplot(2,2,3)                                      %将视图分割为 2×2 的窗口，显示视图 3
>> area (Y,10,FaceColor=[.5 0 .3] ,FaceAlpha=0.6);      %设置面积图填充颜色和透明度
>> title('设置填充颜色和透明度')                          %添加标题
>> subplot(2,2,4)                                      %将视图分割为 2×2 的窗口，显示视图 4
>> b=area(Y,LineStyle=':', LineWidth=4);               %绘制魔方矩阵 Y 的面积图，线型为点线，线宽为 4
>> title('设置轮廓线样式')                               %添加标题
```

运行结果如图 4.11 所示。

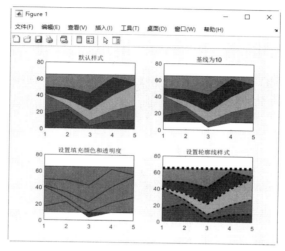

图 4.11　面积图

4.2.4　散点图

散点图是指数据点在直角坐标系平面上的分布图，在回归分析中，常用于表示因变量随着自变量变化的趋势。MATLAB 提供了二维散点图绘制命令 scatter 和三维散点图绘制命令 scatter3，两者的使用格式大体相同。下面以 scatter 命令为例，简要介绍这两个命令的使用格式，见表 4.9。

表 4.9　scatter 命令的使用格式

使 用 格 式	说　　明
scatter(X,Y)	在 X 和 Y 指定的位置创建一个包含圆形标记的散点图
scatter(X,Y,S)	在上一种语法格式的基础上，使用参数 S 指定散点的大小
scatter(X,Y,S,C)	在上一种语法格式的基础上，使用参数 C 指定散点的颜色
scatter(...,'filled')	在以上任一种语法格式的基础上，填充散点
scatter(...,markertype)	在以上任一种语法格式的基础上，使用参数 markertype 指定标记类型
scatter(tbl,xvar,yvar)	根据表 tbl 中的变量 xvar 和 yvar 绘制散点图
scatter(tbl,xvar,yvar,'filled')	用实心圆绘制表 tbl 中的变量 xvar 和 yvar
scatter(...,Name,Value)	在以上任一种语法格式的基础上，使用名称-值对参数设置散点图属性
scatter(ax,...)	在 ax 指定的坐标区中绘制散点图
h = scatter(...)	在以上任一种语法格式的基础上，返回散点图对象

N

实例——绘制二维散点图

源文件：yuanwenjian\ch04\ex_412.m

操作步骤

MATLAB 程序如下：

```
>> theta = linspace(0,1,500);       %参数取值点序列
>> x = exp(theta).*sin(100*theta);
>> y = exp(theta).*cos(100*theta);  %数据点坐标
>> ax(1)=subplot(121);
>> scatter(x,y,'b');                %蓝色散点图
>> title('设置散点颜色')
>> ax(2)=subplot(122);
>> s=scatter(x,y,'rp','filled');    %指定散点颜色和标记，绘制填充的散点图，返回图形对象
>> s.MarkerEdgeColor = 'k';         %轮廓线颜色
>> s.MarkerEdgeAlpha =0.6;          %轮廓线透明度
>> title('设置标记和颜色样式')
>> axis(ax,'equal')                 %坐标轴线的数据单位长度相同
```

运行结果如图 4.12 所示。

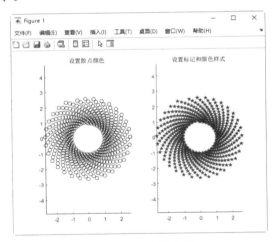

图 4.12　二维散点图

实例——绘制三维散点图

源文件：yuanwenjian\ch04\ex_413.m

操作步骤

MATLAB 程序如下：

```
>> close all                        %关闭当前已打开的文件
>> clear                            %清除工作区的变量
>> [X,Y] = meshgrid(-8:.5:8);       %定义二维网格坐标矩阵 X、Y
>> R = sqrt(X.^2 + Y.^2) + eps;     %定义表达式 R，加一个极小值 eps 以避免分母为 0
>> Z = sin(R)./R;                   %定义矩阵 Z
>> scatter3(X,Y,Z,'b*')             %在指定坐标位置绘制三维散点图，散点样式为*
>> hold on                          %打开图形保持命令
>> [X2,Y2] = meshgrid(-2:.5:2);
>> R = sqrt(X2.^2 + Y2.^2) + eps;
```

```
>> Z2 = sin(R)./R;                    %重新定义一组坐标
>> scatter3(X2,Y2,Z2,'r*')            %使用红色*在指定坐标位置绘制散点
>> title('三维散点图')
```

运行结果如图 4.13 所示。

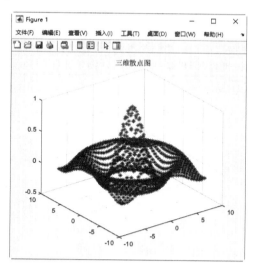

图 4.13 三维散点图

扫一扫，看视频

动手练一练——绘制散点球体

创建一组球面坐标，设置大小矩阵和颜色矩阵，绘制指定大小和颜色的散点球体。

思路点拨：

源文件：yuanwenjian\ch04\ex_405.m

（1）利用 sphere 命令生成球面坐标 X、Y、Z。

（2）通过缩放 X、Y、Z 坐标并串联矩阵，得到一组新的坐标 x、y、z。

（3）重复向量副本，变维为向量，定义散点的大小。

（4）重复向量副本，变维为向量，定义散点的颜色。

（5）绘制 x、y、z 指定坐标的散点，使用参数设置散点的大小和颜色。

（6）调整坐标轴线的数据单位长度。

4.3 向 量 图

在物理等学科的实际应用中，有时需要绘制一些带方向的图形，即向量图。对于这种图形的绘制，MATLAB 提供了相关的命令，本节简要介绍几个常用的命令。

4.3.1 罗盘图

罗盘图是在圆形网络上用从坐标原点发射出的箭头表示数据大小和方向的图形。在 MATLAB 中，使用 compass 命令绘制罗盘图，其使用格式见表 4.10。

表 4.10 compass 命令的使用格式

使 用 格 式	说 明
compass(X,Y)	使用笛卡儿坐标 X 和 Y 指定箭头方向，绘制从点(0, 0)发射出的箭头，箭头的位置为[X(i),Y(i)]
compass(Z)	参量 Z 为 n 维复数向量，命令显示 n 个箭头，箭头起点为原点，箭头的位置为[real(Z),imag(Z)]
compass(...,LineSpec)	在以上任一种语法格式的基础上，使用参数 LineSpec 指定箭头的线型、标记符号和颜色
compass(axes_handle,...)	将图形绘制在句柄 axes_handle 指定的坐标区中
h = compass(...)	在以上任一种语法格式的基础上，返回由线条对象组成的向量 h

实例——绘制随机矩阵的罗盘图

源文件：yuanwenjian\ch04\ex_414.m

操作步骤

在 MATLAB 命令行窗口中输入如下命令：

```
>> close all                    %关闭当前已打开的文件
>> clear                        %清除工作区的变量
>> M = randn(20,20);            %创建 20×20 正态分布的随机矩阵 M
>> Z = eig(M);                  %求矩阵 M 的特征向量
>> h=compass(Z);                %绘制特征向量的罗盘图，并返回线条对象的句柄
>> h(1).LineStyle='-.';         %设置罗盘图第一个线条对象的线条样式为点画线
>> h(1).Marker='h';             %设置罗盘图第一个线条对象的标记样式
>> h(1).Color='r';              %设置罗盘图第一个线条对象的颜色
>> title('罗盘图')              %添加标题
```

运行结果如图 4.14 所示。

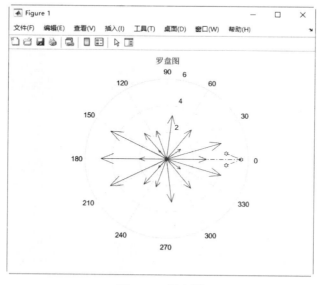

图 4.14 罗盘图

4.3.2 羽毛图

羽毛图是在横坐标上等距地显示向量的图形，看起来就像鸟的羽毛一样。在 MATLAB 中的绘制命令是 feather，其使用格式见表 4.11。

表4.11 feather命令的使用格式

使 用 格 式	说 明
feather(U,V)	显示由参数向量 U 与 V 确定的向量，其中 U 包含作为相对坐标系中的 x 成分，V 包含作为相对坐标系中的 y 成分。第 n 个箭头的起始点位于 x 轴上的 n
feather(Z)	显示复数参数向量 Z 确定的向量，等价于 feather(real(Z),imag(Z))
feather(…,LineSpec)	使用参数 LineSpec 指定的线型、标记符号、颜色等属性绘制羽毛图
feather(axes_handle,…)	将图形绘制在句柄 axes_handle 指定的坐标区中
f = feather(…)	在以上任一种语法格式的基础上，返回由线条对象组成的向量 f。前 length(U) 个元素表示各个箭头，最后一个元素表示沿 x 轴的水平线

实例——绘制魔方矩阵和心形线的羽毛图

源文件：yuanwenjian\ch04\ex_415.m

操作步骤

在 MATLAB 命令行窗口中输入如下命令：

```
>> close all                    %关闭当前已打开的文件
>> clear                        %清除工作区的变量
>> M= magic(10);                %创建10阶魔方矩阵M
>> subplot(1,2,1)               %将视图分割为1×2的窗口，显示视图1
>> feather(M)                   %M中的元素虚部为0，在水平轴上绘制一组箭头
>> title('魔方矩阵的羽毛图')
>> subplot(1,2,2)
>> t=linspace(0,2*pi,100);
>> u=16*sin(t).^3;
>> v= 13*cos(t)-5*cos(2*t)-2*cos(3*t)-cos(4*t);    %定义心形线表达式
>> f=feather(u,v);              %绘制由u和v指定箭头方向的羽毛图
>> for i=30:70
f1=f(i);
f1.Color='r';
f1.LineStyle='--';
end
>> title('心形线的羽毛图')
```

运行结果如图 4.15 所示。

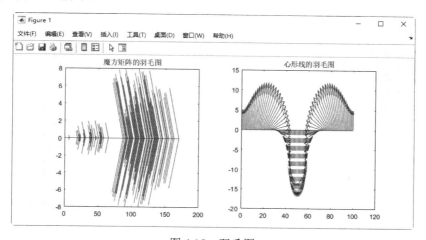

图 4.15 羽毛图

4.3.3 箭头图

罗盘图和羽毛图也可以称为箭头图，但本小节介绍的箭头图更像数学中的向量，箭头方向为向量方向，箭头的长短表示向量的大小。

MATLAB 分别提供了绘制二维箭头图和三维箭头图的命令 quiver 和 quiver3，这两个命令的使用格式大体相同，不同的是 quiver3 多了一个坐标参数。本小节以 quiver 命令为例，介绍这两个命令的使用方法。二维箭头图绘制命令 quiver 的使用格式见表 4.12。

表 4.12 quiver 命令的使用格式

使 用 格 式	说 明
quiver(U,V)	在等距点上绘制由 U 和 V 指定方向的箭头。 如果 U 和 V 均为向量，则箭头的 x 坐标范围是从 1 到 U 和 V 中的元素数，并且 y 坐标均为 1。 如果 U 和 V 均为矩阵，则箭头的 x 坐标范围是从 1 到 U 和 V 中的列数，箭头的 y 坐标范围是从 1 到 U 和 V 中的行数
quiver(X,Y,U,V)	在由 X 和 Y 指定的笛卡儿坐标系上绘制 U 和 V 指定方向的箭头
quiver(…,scale)	在以上任一种语法格式的基础上，使用参数 scale 调整箭头的长度。如果 scale 为正数，则将箭头长度拉伸 scale 倍，避免重叠。如果 scale 为'off'或 0，则禁用缩放
quiver(…,LineSpec)	在以上任一种语法格式的基础上，使用参数 LineSpec 指定箭头的线型、标记、颜色等属性
quiver(…,LineSpec,'filled')	在上一种语法格式的基础上，填充参数 LineSpec 指定的标记
quiver(…,Name, Value,…)	在以上任一种语法格式的基础上，使用名称-值对参数设置箭头图的属性
quiver(ax,…)	在 ax 指定的坐标区，而不是当前坐标区（gca）中绘制图形
h = quiver(…)	在以上任一种语法格式的基础上，返回箭头图对象

扫一扫，看视频

实例——绘制二维箭头图

源文件：yuanwenjian\ch04\ex_416.m

操作步骤

在 MATLAB 命令行窗口中输入如下命令：

```
>> close all              %关闭当前已打开的文件
>> clear                  %清除工作区的变量
>> x = linspace(0,1,100); %创建 0 到 1 的向量 x，元素个数为 100
>> x = reshape(x,10,10);  %将向量转换为 10×10 的矩阵，定义箭头起始点的 x 坐标
>> y = exp(x.^3+x.^2+x);  %定义箭头起始点的 y 坐标
>> u = cos(x).*y;         %定义箭头的 x 分量 u
>> v = sin(x).*y;         %定义箭头的 y 分量 v
>> quiver (x,y,u,v)       %在 x 和 y 指定的坐标处绘制定向分量 u 和 v 指定方向的箭头
>> title('箭头图')        %添加标题
```

运行结果如图 4.16 所示。

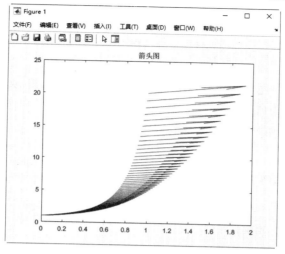

图 4.16　二维箭头图

实例——绘制圆锥面法线方向向量和箭头图

源文件： yuanwenjian\ch04\ex_417.m

本实例分别绘制圆锥面三维曲面法线方向向量和箭头图。

操作步骤

在 MATLAB 命令行窗口中输入如下命令：

```
>> close all                        %关闭当前已打开的文件
>> clear                            %清除工作区的变量
>> [X,Y,Z] = cylinder(0:10);        %不绘图，返回圆锥面的坐标 X、Y、Z
>> [U,V,W]= surfnorm(X,Y,Z);        %不绘图，返回曲面的三维曲面图法线的 U、V 和 W 分量
>> subplot(121),surfnorm (X,Y,Z),title('三维法向量图')        %创建一个三维曲面图并显示
其曲面图法线。曲面图法线是在非平面曲面上的某个点位置垂直于平面曲面或正切面的任何虚线
>> subplot(122),quiver3(X,Y,Z,U,V,W),title('三维箭头图')        %绘制三维箭头图
```

运行结果如图 4.17 所示。

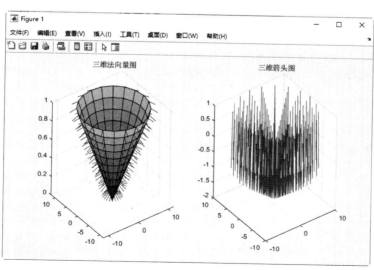

图 4.17　三维法向量图和三维箭头图

4.4 等 高 线 图

在军事、地理等学科中经常会用到等高线图。MATLAB 中有许多绘制等高线图的命令，本节介绍几个常用的等高线绘图命令。

4.4.1 二维等高线图

在 MATLAB 中，二维等高线可以看作是一个三维曲面在 xy 平面上的投影。本节介绍两个绘制二维等高线图的命令。

1. contour 命令

该命令用于绘制矩阵或曲面的二维等高线图，其使用格式见表 4.13。

表 4.13　contour 命令的使用格式

使 用 格 式	说　　明
contour(Z)	以 Z 的列和行索引分别为 xy 平面中的 x 和 y 坐标，Z 的值为 xy 平面上的高度，在 xy 平面上绘制自动选择高度的等高线
contour(X,Y,Z)	在(X,Y)指定的坐标位置，绘制 Z 值的等高线
contour(…,n)	在以上任一种语法格式的基础上，绘制 n 个自动选择层级（高度）的等高线。如果要绘制单个高度 k 处的等高线，可将 levels 指定为二元素行向量[k, k]。如果绘制某些特定高度的等高线，可将 levels 指定为单调递增值的向量
contour(…,LineSpec)	在以上任一种语法格式的基础上，使用参数 LineSpec 指定等高线的线型和颜色
contour(…,Name,Value)	在以上任一种语法格式的基础上，使用名称-值对参数指定等高线的属性
contour(ax,…)	在 ax 指定的坐标区中绘制等高线
M = contour(…)	在以上任一种语法格式的基础上，返回包含每个层级的顶点坐标(x, y)的等高线矩阵 M
[M,C] = contour(…)	在上一语法格式的基础上，返回等高线对象 C

实例——绘制参数化曲面二维等高线图

源文件：yuanwenjian\ch04\ex_418.m

本实例绘制参数化曲面 $\begin{cases} x = u\sin(v) \\ y = -u\cos(v) \\ z = v \end{cases}$ 的二维等高线图。

操作步骤

在 MATLAB 命令行窗口中输入如下命令：

```
>> close all                        %关闭当前已打开的文件
>> clear                            %清除工作区的变量
>> [u,v]=meshgrid(-4:0.25:4);       %在指定区间定义二维网格坐标矩阵 u、v
>> X = u.*sin(v);
>> Y = -u.*cos(v);
>> Z =v;                            %定义参数化函数的 X、Y、Z 坐标
>> subplot(2,2,1);                  %将视图分割为 2×2 的窗口，显示视图 1
>> surf(X,Y,Z);                     %绘制三维参数化曲面
```

```
>> title('参数化曲面');                      %添加标题
>> subplot(2,2,2);
>> contour(X,Y,Z);                          %绘制三维曲面的二维等高线图
>> title('自动选择高度的二维等高线图')         %添加标题
>> subplot(2,2,3);
>> contour(X,Y,Z,4);                        %自动选择 4 个高度绘制二维等高线图
>> title('4 个自动高度的二维等高线图')
>> subplot(2,2,4);
>> [M,C]=contour(X,Y,Z,[-2 -1 0 1]);       %绘制 4 个指定高度的二维等高线图，返回等高线矩阵 M
和等高线对象 C
>> C.LineWidth = 2;                         %设置等高线的线宽
>> title('4 个指定高度的二维等高线图')         %添加标题
```

运行结果如图 4.18 所示。

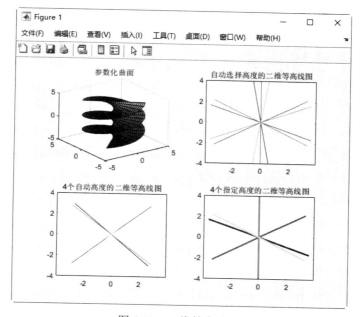

图 4.18　二维等高线图

2. fcontour 命令

该命令专门用于绘制符号函数 $f(x,y)$（即 f 是关于 x、y 的数学函数的字符串表示）在默认区间 $[-5, 5]$ 的等高线图，其使用格式见表 4.14。

表 4.14　fcontour 命令的使用格式

使用格式	说　明
fcontour (f)	绘制 $f(x,y)$ 在 x 和 y 的默认区间$[-5, 5]$的等高线图
fcontour (f,[a,b])	绘制 $f(x,y)$ 在区间 $x\in[a,b]$，$y\in[a,b]$ 的等高线图
fcontour (f,[a,b,c,d])	绘制 $f(x,y)$ 在区间 $x\in[a,b]$，$y\in[c,d]$ 的等高线图
fcontour(…,LineSpec)	在上述任一种语法格式的基础上，使用参数 LineSpec 指定等高线的线型和颜色
fcontour(…,Name,Value)	在上述任一种语法格式的基础上，使用一个或多个名称-值对参数指定线条属性
fcontour(ax,…)	在 ax 指定的坐标区中绘制等高线图
fc =fcontour (…)	在上述任一种语法格式的基础上，返回函数等高线对象 fc，用于查询和修改特定函数等高线对象的属性

扫一扫，看视频

实例——绘制二元函数的等高线图

源文件：yuanwenjian\ch04\ex_419.m

本实例绘制二元函数 $f(x,y)=\sin(x^2-y^2)$，$-\pi<x,y<\pi$ 的等高线图。

操作步骤

在 MATLAB 命令行窗口中输入如下命令：

```
>> close all                              %关闭当前已打开的文件
>> clear                                  %清除工作区的变量
>> syms x y                               %定义符号变量 x 和 y
>> f=sin(x^2-y^2);                        %通过符号变量定义函数表达式 f
>> subplot(121),fcontour(f,[-pi pi])
>> title('默认层级的等高线图')
>> subplot(122),fc=fcontour(f,[-pi pi]);
>> fc.LineStyle='-.';
>> fc.LevelList = [-0.5 -0.1 0.3 0.5 1];  %指定等高线层级
>> title('指定高度的等高线图')            %添加标题
```

运行结果如图 4.19 所示。

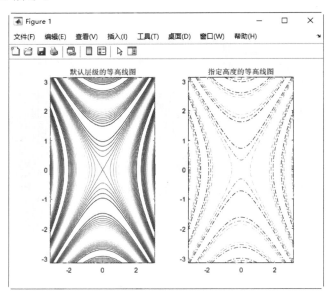

图 4.19　函数等高线图

扫一扫，看视频

动手练一练——设置函数等高线属性

本实例绘制函数 $z=xe^{-x^2-y^2}$（$-\pi<x,y<\pi$）的二维等高线图，并设置等高线的属性。

📋 **思路点拨：**

源文件：yuanwenjian\ch04\ex_406.m

（1）定义符号函数表达式 f，分割图窗视图。

（2）在指定区间使用默认参数绘制函数 f 的等高线。

（3）在第二个视图中绘制函数 f 的等高线图，使用名称-值对参数设置线宽和线型。

4.4.2　填充的二维等高线图

绘制二维等高线后，还可以使用名称-值对参数将 fill 属性设置为'on'，在等高线间进行填充。此外，MATLAB 还提供了专门用于绘制填充的二维等高线图的命令 contourf，此命令可以绘制等高线，并将相邻的等高线之间用同一种颜色进行填充，填充用的颜色取决于当前的颜色图。

contourf 命令的使用格式见表 4.15。

表 4.15　contourf 命令的使用格式

使 用 格 式	说　明
contourf(Z)	以 Z 的列和行索引分别为 xy 平面中的 x 和 y 坐标，Z 的值为 xy 平面上的高度，在 xy 平面上绘制自动选择高度的填充等高线
contourf(X,Y,Z)	在(X,Y)指定的坐标位置，绘制 Z 的填充等高线
contourf(...,n)	自动选择 n 个高度，绘制 Z 的填充等高线图。如果要绘制单个高度 k 处的填充等高线，可将 levels 指定为二元素行向量[k, k]。如果要绘制某些特定高度的填充等高线，可将 levels 指定为单调递增值的向量
contourf(...,LineSpec)	在上述任一种语法格式的基础上，使用参数 LineSpec 指定等高线的线型和颜色
contourf(...,Name,Value)	在上述任一种语法格式的基础上，使用名称-值对参数指定填充等高线的属性
contourf(ax,...)	在 ax 指定的坐标区中绘制填充等高线图
M=contourf(...)	在上述任一种语法格式的基础上，返回包含每个层级的顶点的(x, y)坐标的等高线矩阵 M
[M,C] = contourf(...)	在上一种语法格式的基础上，返回等高线对象 C，用于修改图形属性

实例——绘制函数的二维填充等高线图

源文件：yuanwenjian\ch04\ex_420.m

本实例分别使用 contour 命令和 contourf 命令绘制函数 $Z = e^{-(x/3)^2-(y/3)^2} + e^{-(x+2)^2-(y+2)^2}$ 的二维填充等高线图。

操作步骤

在 MATLAB 命令行窗口中输入如下命令：

```
>> close all                                %关闭当前已打开的文件
>> clear                                    %清除工作区的变量
>> [X,Y] = meshgrid(-5:0.01:5);             %在区间[-5,5]定义二维网格坐标数据 X、Y
>> Z = exp(-(X/3).^2-(Y/3).^2) + exp(-(X+2).^2-(Y+2).^2);    %计算函数表达式 Z
>> ax(1)=subplot(1,2,1);
>> contour(X,Y,Z,'Fill','on')               %绘制等高线，使用名称-值对参数指定在等高线之间填充颜色
>> title('contour 绘制填充等高线')
>> ax(2)=subplot(1,2,2);
>> contourf(X,Y,Z)                          %绘制函数的填充二维等值线图
>> title('contourf 绘制填充等高线')          %添加标题
>> axis(ax, 'equal')                        %坐标轴线的数据单位长度相同
```

运行结果如图 4.20 所示。

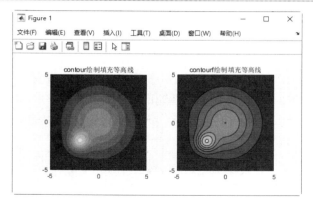

图 4.20　二维填充等高线图

实例——设置填充等高线图的属性

源文件：yuanwenjian\ch04\ex_421.m

本实例绘制函数 $Z = \sin(\sqrt{x^2 + y^2})$ 在三个高度上的二维填充等高线图，并显示高程标签。

操作步骤

在 MATLAB 命令行窗口中输入如下命令：

```
>> close all                          %关闭当前已打开的文件
>> clear                              %清除工作区的变量
>> [X,Y] = meshgrid(-8:.5:8);         %利用向量定义网格数据 X、Y
>> Z=sin(sqrt(X.^2 + Y.^2));          %利用 X、Y 定义函数表达式 Z
>> ax(1)=subplot(1,2,1);
>> contourf(Z,[-0.5 0 0.5],'b--',ShowText='on');   %指定高度、线型，显示高度
>> title('3 个指定高度的等高线图')
>> ax(2)=subplot(1,2,2);
>> [M,C]=contourf(Z,3);
>> C.LineStyle='--';
>> C.ShowText='on';
>> title('3 个自动选择高度的等高线图')
>> axis(ax, 'equal')
```

运行结果如图 4.21 所示。

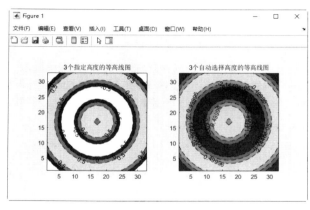

图 4.21　运行结果

在第一个视图中，白色区域对应于小于–0.5 的高度，紫色区域对应于–0.5～0 之间的高度，青色区域对应于 0～0.5 之间的高度，黄色区域对应于大于 0.5 的高度；在第二个视图中，显示自动选择的 3 个高度的填充等高线图，两个不同的高度之间使用同一种颜色进行填充。

实例——绘制不连续的填充等高线图

扫一扫，看视频

源文件：yuanwenjian\ch04\ex_422.m

本实例通过设置部分位置的值为 NaN，绘制不连续的填充等高线图。

操作步骤

在 MATLAB 命令行窗口中输入如下命令：

```
>> close all              %关闭当前已打开的文件
>> clear                  %清除工作区的变量
>> x = linspace(-2*pi,2*pi);   %创建-2π 到 2π 的向量 x，元素个数默认为 100
>> y = linspace(0,4*pi);       %创建 0 到 4π 的向量 y，元素个数默认为 100
>> [X,Y] = meshgrid(x,y);      %通过向量 x、y 定义二维网格坐标矩阵 X、Y
>> Z = sin(X)-cos(Y);          %定义函数表达式 Z
>> ax(1)=subplot(1,2,1);
>> contourf(Z)
>> title('连续的填充等高线图')   %添加标题
>> Z(50,:) = NaN;
>> Z(:,50) = NaN;              %设置矩阵 Z 的第 50 行、第 50 列为 NaN
>> ax(2)=subplot(1,2,2);
>> contourf(Z)                %contourf 命令不会在 NaN 区域绘制等高线
>> title('不连续的填充等高线图')
>> axis(ax, 'equal')
```

运行结果如图 4.22 所示。

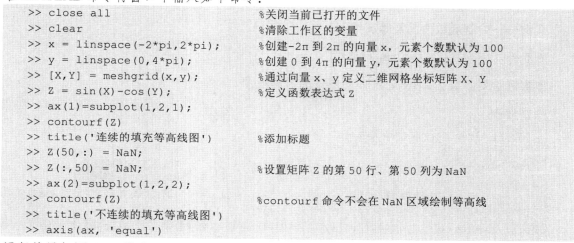

图 4.22 不连续的填充等高线图

4.4.3 曲面图下的等高线图

本小节介绍 MATLAB 提供的在曲面图下方绘制等高线图的 2 个常用命令。

1．surfc 命令

该命令用于绘制有基本等值线的曲面图，其使用格式见表 4.16。

表 4.16   surfc 命令的使用格式

使 用 格 式	说　　明
surfc(Z)	将 Z 中元素的列索引和行索引分别用作 x 坐标和 y 坐标，Z 中元素的值对应位置的高度，绘制有实色边和实色面的三维曲面，其下方有曲面的等高线图
surfc(Z,C)	在上一种语法格式的基础上，使用颜色数组指定曲面的颜色
surfc(X,Y,Z)	将矩阵 Z 中的值绘制为由 X 和 Y 定义的 xy 平面中的网格上方的高度。曲面的颜色根据 Z 指定的高度而变化
surfc(X,Y,Z,C)	在上一种语法格式的基础上，使用颜色数组指定曲面的颜色
surfc(...,Name, Value)	在上述任一种语法格式的基础上，使用名称-值对参数指定曲面属性
surfc(axes_handles,...)	在 axes_handle 指定的坐标区，而不是当前坐标区（gca）中绘制图形
h = surfc(...)	在上述任一种语法格式的基础上，包含图曲面对象和等高线对象的图形数组 h

实例——绘制函数曲面及等高线图

源文件：yuanwenjian\ch04\ex_423.m

本实例绘制函数 $Z = \sqrt{x^2 + y^2}$ 曲面图下的等高线图。

操作步骤

在 MATLAB 命令行窗口中输入如下命令：

```
>> close all                                              %关闭当前已打开的文件
>> clear                                                  %清除工作区的变量
>> [X,Y] = meshgrid(-8:.5:8);                            %定义网格数据
>> Z = sqrt(X.^2 + Y.^2);                                %通过网格数据 X、Y 定义函数表达式 Z
>> subplot(121), surf(X,Y,Z),title('函数曲面')            %绘制三维曲面
>> subplot(122), surfc(X,Y,Z),title('曲面图下显示等高线')   %绘制带等高线图的三维曲面
```

运行结果如图 4.23 所示。

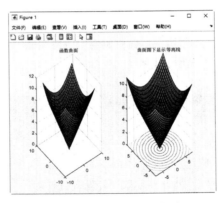

图 4.23   曲面及等高线图

2．fsurf 命令

该命令用于在默认区间[-5, 5]（对于 x 和 y）为二元函数 z = f(x,y)绘制三维曲面，通过设置属性 ShowContours 的值为'on'或 1，可以在曲面下方显示曲面的等高线图。

实例——绘制带等高线的三维曲面图

源文件：yuanwenjian\ch04\ex_424.m

本实例在区间 $x \in [-\pi, \pi], y \in [-\pi, \pi]$ 绘制二元函数 $f(x,y) = -\sin\sqrt{x^2 + y^2}$ 的三维曲面图，通过设

置名称-值对参数，在 xy 平面显示曲面的等高线图。

操作步骤

在 MATLAB 命令行窗口中输入如下命令：

```
>> close all                               %关闭当前已打开的文件
>> clear                                   %清除工作区的变量
>> syms x y                                %定义符号变量 x 和 y
>> f=-sin(sqrt(x^2+y^2));                  %定义以符号变量 x、y 为自变量的二元函数表达式 f
>> subplot(1,2,1);                         %将视图分割为 1×2 的窗口，在视图 1 中绘图
>> fsurf(f,[-pi,pi]);                      %在 x、y 定义的区域内绘制函数 f 的三维曲面图
>> title('三维曲面不显示等高线');             %为图形添加标题
>> subplot(1,2,2);                         %激活视图 2
>> fsurf(f,[-pi,pi],ShowContours='on');    %在 x、y 定义的区域内绘制函数的三维曲面图，并
在曲面图下方显示等高线
>> title('三维曲面显示等高线')               %为图形添加标题
```

运行结果如图 4.24 所示。

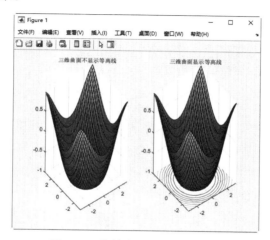

图 4.24　带等高线的三维曲面图

动手练一练——绘制二元函数的等高线图

本实例在区间 $x \in [-2,2], y \in [-2,2]$ 绘制函数 $f(x,y) = x^2 - \sin y$ 的等高线图。

扫一扫，看视频

📝 **思路点拨：**

源文件：yuanwenjian\ch04\ex_407.m

（1）定义符号函数表达式 f，分割图窗视图。

（2）在指定区间使用默认参数绘制函数 f 的等高线。

（3）在第二个视图中绘制函数 f 的等高线图，使用名称-值对参数设置线宽和线型。

4.4.4　三维等高线图

contour3 是三维绘图中最常用的绘制等高线的命令，该命令生成一个定义在矩形格栅上的曲面的三维等高线图，在绘制二维图时等价于 contour 命令。该命令的使用格式与 contour 相同，这里不再赘述。

实例——绘制山峰函数的等高线图

源文件：yuanwenjian\ch04\ex_425.m

操作步骤

在 MATLAB 命令行窗口中输入如下命令：

```
>> close all                          %关闭当前已打开的文件
>> clear                              %清除工作区的变量
>> [x,y,z]=peaks(30);                 %利用山峰函数返回矩阵 x、y、z
>> [M,C]=contour3(x,y,z,6);           %绘制山峰函数 6 个高度的三维等高线图
>> C.LinWidth=2;                      %等高线线宽
>> title('山峰函数等高线图');          %添加标题
>> xlabel('x-axis'),ylabel('y-axis '),zlabel('z-axis')      %标注 x 轴、y 轴、z 轴
```

运行结果如图 4.25 所示。

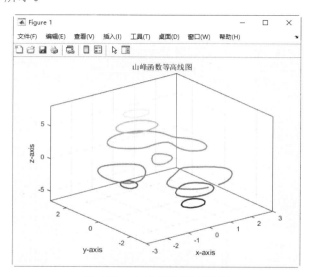

图 4.25　山峰函数等高线图

4.4.5　添加高度标签

绘制等高线时，如果要在图中显示等高线的高度值，可以将等高线绘制命令的 ShowText 属性设置为'on'，也可以使用 clabel 命令在二维等高线图中添加高度标签，该命令的使用格式见表 4.17。

表 4.17　clabel 命令的使用格式

使 用 格 式	说　　明
clabel(C,h)	旋转标签文本到恰当的角度，插入到等高线对象 h 的每条等高线中，只有等高线足够长可以容纳标签时才加入。C 为等高线矩阵，如果将等高线对象 h 传递到 clabel 函数，可以将 C 替换为[]
clabel(C,h,v)	在上一种语法格式的基础上，使用参数 v 指定要绘制的等高线的层级
clabel(C,h,'manual')	在鼠标光标所在的位置单击或按空格键，可在最接近十字准线中心的位置添加高度标签，按 Enter 键结束该操作
t = clabel(C,h,'manual')	在上一种语法格式的基础上，返回为等高线添加的标签文本对象 t
clabel(C)	使用'+'符号和垂直向上的文本为等高线添加标签。此时标签的放置位置是随机的
clabel(C,v)	在给定的等高级层级 v 上，使用'+'符号和垂直向上的文本添加标签

续表

使 用 格 式	说 明
clabel(C,'manual')	在鼠标光标所在的位置单击或按空格键，可在最接近十字准线中心的位置添加垂直向上的高度标签
clabel(…,Name,Value)	使用一个或多个名称-值对参数设置标签外观
tl = clabel(…)	在以上任一种语法格式的基础上，返回创建的文本和线条对象

对上面的使用格式，需要说明的一点是，如果输入参数中包括等高线对象 h，则会对标签进行恰当地旋转，否则标签会垂直放置，且在恰当的位置显示一个"+"号。

实例——在等高线图中添加高度标签

源文件：yuanwenjian\ch04\ex_426.m

本实例选择 4 个高度层级绘制等高线，然后标注各条等高线的高度。

操作步骤

在 MATLAB 命令行窗口中输入如下命令：

```
>> close all                    %关闭当前已打开的文件
>> clear                        %清除工作区的变量
>> Z=peaks;                     %定义山峰函数，返回矩阵 Z
>> subplot(121);
>> [C,h]=contour(Z,4);          %自动选择 4 个高度绘制等高线，并返回等高线矩阵 C 和等高线对象 h
>> clabel(C,h);                 %指定等高线对象 h，自动旋转标签，插入每一条等高线中
>> title('自动旋转高度标签')     %添加标题
>> subplot(122);
>> M=contour(Z,4);              %绘制等高线，返回等高线矩阵 M
>> clabel(M, 'manual');         %不指定等高线对象，手动添加高度标签
    请稍候...

    仔细选择要用于标记的等高线。
    完成后，当图形窗口为活动窗口时，请按 Return 键。
>> title('不旋转高度标签')       %添加标题
```

运行结果如图 4.26 所示。

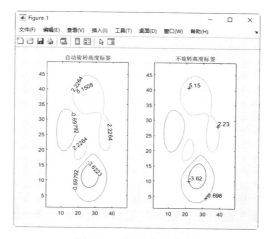

图 4.26 标注等高线值

第 5 章　图形修饰处理

内容指南

MATLAB 提供了强大的数据可视化功能，不仅可以将数据绘制为二维或三维图形，还可以对绘图的坐标系进行调整，对线条与曲面的颜色、视角、光照等方面进行修饰处理，以增强图形的可读性，满足用户对数据可视化的要求。本章将详细介绍在二维绘图和三维绘图中一些常用的图形修饰命令。

知识重点

➢ 调整坐标轴和坐标系
➢ 图形注释
➢ 缩放图形
➢ 调整视角
➢ 颜色处理
➢ 控制光照

5.1　调整坐标轴和坐标系

默认情况下，MATLAB 会根据数据范围自动调整坐标轴的范围和坐标轴刻度。当然，用户也可以使用 MATLAB 提供的命令对坐标轴和坐标系进行设置，以满足数据查看和分析的需要。这些命令不仅适用于二维坐标系，也同样适用于三维坐标系。

5.1.1　控制坐标系

在 MATLAB 中，利用 axis 命令可以指定绘图的目标坐标系，并控制坐标轴的显示、刻度、长度等特征。该命令的使用格式见表 5.1。

表 5.1　axis 命令的使用格式

使 用 格 式	说　　明
axis(limits)	指定当前坐标区的范围。参数 limits 可以是包含 4 个、6 个或 8 个元素的向量。在二维坐标系中，使用四元素向量；在三维坐标系中，使用六元素向量，如果还要指定当前颜色刻度的范围，则使用八元素向量
axis style	使用预定义样式 style 设置坐标轴范围和尺度。参数 style 的可取值如下。 ➢ tickaligned：将坐标区框的边缘与最接近数据的刻度线对齐，但不排除任何数据。 ➢ tight：将坐标轴范围设置为等同于数据范围，使轴框紧密围绕数据。 ➢ padded：坐标区框紧贴数据，只留很窄的填充边距。边距的宽度大约是数据范围的 7%。

续表

使 用 格 式	说 明
axis style	➢ equal：沿每个坐标轴使用相同的数据单位长度。 ➢ image：沿每个坐标区使用相同的数据单位长度，并使坐标区框紧密围绕数据。 ➢ square：使用相同长度的坐标轴线。 ➢ fill：启用"伸展填充"行为（默认值）。每个轴线的长度恰好围成由坐标区的 Position 属性所定义的位置矩形。 ➢ vis3d：冻结纵横比属性，以便进行旋转。 ➢ normal：还原默认行为
axis mode	设置 MATLAB 是否自动选择坐标轴范围。参数 mode 的可取值如下。 ➢ manual：将所有坐标轴范围冻结在它们的当前值。 ➢ auto：自动选择所有坐标轴范围。 ➢ 'auto x'：自动选择 x 轴的范围。类似地，'auto y'和'auto z'分别自动选择 y 轴和 z 轴的范围。 ➢ 'auto xy'：自动选择 x 轴和 y 轴的范围。类似地，'auto xz'和'auto yz'分别自动选择指定的两个坐标轴的范围
axis ydirection	指定坐标值递增的方向。'ij'表示原点位于坐标区的左上角，y 值按从上到下的顺序递增；默认值'xy'表示原点位于坐标区的左下角，y 值按从下到上的顺序递增
axis visibility	设置坐标区背景的可见性。默认值'on'表示显示，'off'表示关闭
lim = axis	返回当前坐标区各条坐标轴的范围
… = axis(ax,…)	调整 ax 指定的坐标区，而不是当前坐标区

动手练一练——绘制正八边形

本实例利用参数函数 $\begin{cases} x = \cos t \\ y = \sin t \end{cases}$，$t \in [\frac{\pi}{8}, \frac{\pi}{8}]$ 绘制线条，然后调整坐标轴，绘制正八边形。

扫一扫，看视频

 思路点拨：

源文件：*yuanwenjian\ch05\prac_501.m*

（1）定义参数 t 的取值点序列。

（2）定义参数函数表达式。

（3）使用红色线条绘制参数化线条。

（4）使用 line 命令连接函数的第 1 个和最后 1 个数据点。

（5）调整坐标轴，使每条坐标轴使用相同长度的轴线。

实例——绘制函数在指定区间的图形

源文件：*yuanwenjian\ch05\ex_501.m*

扫一扫，看视频

本实例绘制函数 $\begin{cases} y_1 = \sin x \\ y_2 = x \\ y_3 = \tan x \end{cases}$，$x \in [0, \frac{\pi}{2}], y \in [0,2]$ 的图形。

操作步骤

在 MATLAB 命令行窗口中输入如下命令：

```
>> close all            %关闭当前已打开的文件
>> clear                %清除工作区的变量
>> fplot(@(x)[sin(x),x,tan(x)])     %绘制符号函数图形
>> legend('sinx','x','tanx')
```

```
>> title('axis xy')
>> axis([0 pi/2 0 2])          %调整 x、y 坐标范围，如图 5.1（a）所示
>> axis ij                     %反转 y 轴方向，值从上到下逐渐增大，如图 5.1（b）所示
>> title('axis ij')
```

运行结果如图 5.1 所示。

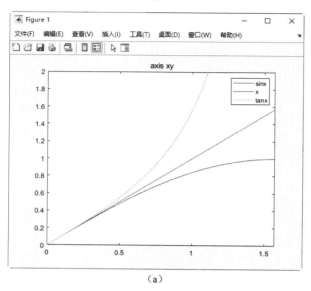

（a）

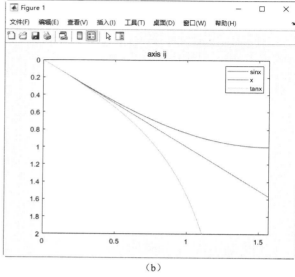

（b）

图 5.1　设置坐标系作图

扫一扫，看视频

实例——绘制多个球体

源文件：yuanwenjian\ch05\ex_502.m

操作步骤

在 MATLAB 命令行窗口中输入如下命令：

```
>> close all                           %关闭当前已打开的文件
>> clear                               %清除工作区的变量
>> k = 5;                              %定义阶次变量 k 为 5
>> n = 2^k-1;                          %定义面的数量 n
>> [x,y,z] = sphere(n);               %通过球面函数创建球面坐标 x、y、z
>> c = hadamard(2^k);                 %返回阶次为 k 的 Hadamard（哈达玛）矩阵作为颜色矩阵 c
>> surf(x,y,z,c);                     %绘制带颜色的三维球面
>> colormap([1 1 0; 0 1 1])          %设置颜色图
>> axis equal                         %沿着每个坐标轴使用相等的数据单位长度
>> hold on                            %打开图形保持命令
>> surf(x+3,y-2,z)                    %绘制坐标变换的球体
>> surf(x,y+1,z-3)                    %绘制坐标变换的球体
>> xlabel('x-axis'),ylabel('y-axis'),zlabel('z-axis')  %添加坐标轴标注，如图 5.2（a）所示
>> axis ij                            %反转 y 轴方向，从而变换球面位置，如图 5.2（b）所示
```

运行结果如图 5.2 所示。

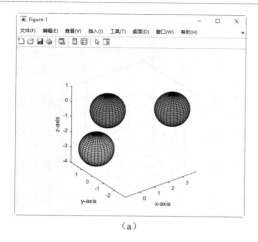

（a）

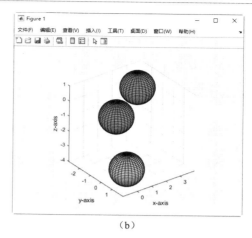

（b）

图 5.2　绘制多个球体

在设置坐标系时，如果要控制坐标区边框的可见性，可以使用 box 命令，其使用格式见表 5.2。

表 5.2　box 命令的使用格式

使 用 格 式	说　　明
box on	显示围绕当前坐标区的边框
box off	不显示围绕当前坐标区的边框。此选项为默认行为
box	切换边框的可见性
box(ax,…)	控制 ax 指定的坐标区的边框可见性

实例——调整坐标系与坐标轴

源文件：yuanwenjian\ch05\ex_503.m

操作步骤

在 MATLAB 命令行窗口中输入如下命令：

```
>> close all                        %关闭当前已打开的文件
>> clear                            %清除工作区的变量
>> t=0:2*pi/99:2*pi;                %创建 0 到 2π 的向量 t，元素间隔为 π/99
>> x=1.15*cos(t);y=3.25*sin(t);     %定义函数表达式 x 和 y
>> subplot(2,3,1),plot(x,y)         %将视图分割为 2×3 的窗口，在第一个窗口中绘制二维曲线
>> axis normal                      %自动设置轴范围和尺度
>> grid on,                         %显示分格线
>> title('Normal and Grid on')      %为图形添加标题
>> subplot(2,3,2),plot(x,y)         %在第二个窗口中绘制二维曲线
>> axis equal                       %设置坐标轴的纵横比，使在每个方向的数据单位都相同
>> grid on                          %显示分格线
>> title('Equal')                   %添加标题
>> subplot(2,3,3),plot(x,y)         %在第三个窗口中绘制二维曲线
>> axis square     %使用相同长度的坐标轴线设置当前图形为正方形，相应调整数据单位之间的增量
>> grid on                          %显示分格线
>> title('Square')                  %添加标题
>> subplot(2,3,4),plot(x,y)         %在第四个窗口中绘制二维曲线
>> axis image                       %图形区域紧贴图像数据
>> box off                          %不显示围绕当前坐标区的框轮廓
```

```
>> title('Image and Box off')        %添加标题
>> subplot(2,3,5),plot(x,y)          %在第五个窗口中绘制二维曲线
>> axis image fill        %图形区域紧贴图像数据，将坐标轴的取值范围分别设置为绘图所用数据在相
应方向上的最大值和最小值
>> box off                           %不显示围绕当前坐标区的框轮廓
>> title('Image and Fill')           %添加标题
>> subplot(2,3,6),plot(x,y)          %在第六个窗口中绘制二维曲线
>> axis tight                        %把坐标轴的范围定为数据的范围
>> box off                           %不显示围绕当前坐标区的框轮廓
>> title('Tight')                    %添加标题
```

运行结果如图 5.3 所示。

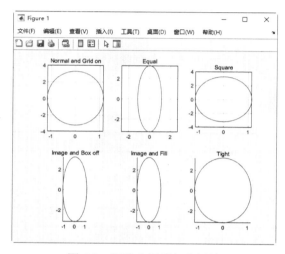

图 5.3　调整坐标系与坐标轴

5.1.2　设置坐标轴范围

在 MATLAB 中还可以对坐标轴刻度范围进行设置或查询，x、y、z 轴相应的命令分别为 xlim、ylim、zlim，它们的调用格式相同。本小节以 ylim 为例进行说明，其使用格式见表 5.3。

表 5.3　ylim 命令的使用格式

使 用 格 式	说　　明
ylim(limits)	以二元素向量[ymin, ymax]形式设置当前坐标区或图的 y 坐标轴范围
yl = ylim	以二元素向量形式返回当前坐标轴的范围
ylim(limitmethod)	指定 MATLAB 自动选择坐标轴范围的方法，可选值有'tickaligned'、'tight'或'padded'
ylim(limitmode)	指定限制坐标轴范围的方法'auto'（自动）或'manual'（手动），将范围冻结在当前值
m = ylim('mode')	返回当前 y 坐标轴范围模式，可选值有'auto'或'manual'
… = ylim(target, …)	使用由 target 指定的坐标区绘图，而不是当前坐标区

扫一扫，看视频

实例——设置坐标轴范围绘制函数曲线

源文件：yuanwenjian\ch05\ex_504.m

本实例在同一个坐标系中绘制函数 $y_1 = \mathrm{e}^x$ 和 $y_2 = 10x(1+x)$ 的图形，并调整坐标轴范围。

操作步骤

在 MATLAB 命令行窗口中输入如下命令：

```
>> close all          %关闭当前已打开的文件
>> clear              %清除工作区的变量
>> x1=-10:0.01:10;
>> x2=x1;             %定义函数的取值点序列
>> y1=exp(x1);
>> y2=10*x2.*(1+x2);  %定义函数表达式
>> subplot(121),plot(x1,y1,x2,y2)%在自动选择的坐标轴范围内绘制两条曲线
>> title('自动选择范围')
>> subplot(122),plot(x1,y1,x2,y2),xlim([-2,2]),ylim([-2,2])   %绘制两条曲线，设置
x、y 坐标轴的范围为[-2,2]
>> title('手动选择范围')
```

运行结果如图 5.4 所示。

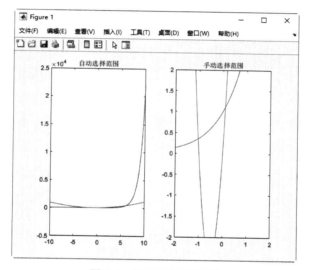

图 5.4　设置坐标轴范围

5.1.3　设置坐标轴属性

在 MATLAB 中还可以对坐标轴刻度样式进行设置或查询，x、y、z 轴相应的命令分别为 xticks、yticks、zticks，它们的调用格式相同，与 ylim 类似，这里不再赘述。

实例——设置坐标轴范围和刻度

源文件：yuanwenjian\ch05\ex_505.m

本实例在指定 y 轴范围和刻度的坐标系中绘制函数 $y_1 = \sin x, y_2 = 10\sin(x), y_3 = \sin(1+x)$ 的曲线。

操作步骤

在 MATLAB 命令行窗口中输入如下命令：

```
>> close all          %关闭当前已打开的文件
>> clear              %清除工作区的变量
>> x=-1:0.01:1;       %在区间[-1,1]定义函数取值点序列
>> y1=sin(x);         %定义函数表达式 y1
```

扫一扫，看视频

```
>> y2=10*sin(x);                    %定义函数表达式 y2
>> y3=sin(1+x);                     %定义函数表达式 y3
>> ax(1)=subplot(131);plot(x,y1,x,y2,x,y3)      %绘制三条曲线
>> title('自动范围和刻度')
>> ax(2)=subplot(132);plot(x,y1,x,y2,x,y3),ylim([-10,2])   %绘制三条曲线，设置左侧 y
坐标轴的范围为[-10,2]
>> title('指定 y 轴显示范围')
>> ax(3)=subplot(133);plot(x,y1,x,y2,x,y3), yticks([-10 -8 -7 -6 -5 10])   %绘制
三条曲线，设置不平均坐标轴刻度
>> title('自定义 y 轴刻度')
>> for i=1:3
legend(ax(i),'sinx','10sinx','sin(1+x)')        %添加图例
end
```

运行结果如图 5.5 所示。

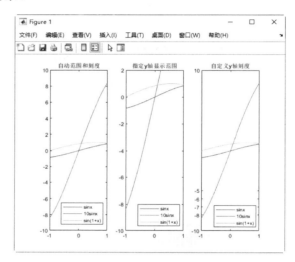

图 5.5　设置坐标轴范围和刻度

在 MATLAB 中，设置坐标轴的属性还可以使用 set 命令，表 5.4 和表 5.5 分别为坐标轴刻度属性和坐标轴标尺属性。

表 5.4　刻度属性列表

属 性 名	含 义	有 效 值
XTick, YTick, ZTick	刻度值	[] （默认）、由递增值组成的向量
XTickMode, YTickMode, ZTickMode	刻度值的选择模式	'auto' （默认）、'manual'
XTickLabel, YTickLabel, ZTickLabel	刻度标签	"（默认）、字符向量元胞数组、字符串数组、分类数组
XTickLabelMode, YTickLabelMode, ZTickLabelMode	刻度标签的选择模式	'auto' （默认）、'manual'
TickLabelInterpreter	刻度标签的解释	'tex' （默认）、'latex'、'none'、x
XTickLabelRotation, YTickLabelRotation, ZTickLabelRotation	刻度标签的旋转	0 （默认）、以度为单位的数值
XMinorTick, YMinorTick, ZMinorTick	次刻度线	'off'、'on'
TickDir	刻度线方向	'in' （默认）、'out'、'both'
TickDirMode	刻度线方向的选择模式	'auto' （默认）、'manual'
TickLength	刻度线长度	[0.01, 0.025] （默认）、二元素向量

表 5.5 标尺属性列表

属 性 名	含 义	有 效 值
XLim, YLim, ZLim	最小和最大坐标轴范围	[0, 1]（默认）、[min, max]形式的二元素向量
XLimMode, YLimMode, ZLimMode	坐标轴范围的选择模式	'auto'（默认）、'manual'
XAxis, YAxis, ZAxis	轴标尺	标尺对象
XAxisLocation	x 轴位置	'bottom'（默认）、'top'、'origin'
YAxisLocation	y 轴位置	'left'（默认）、'right'、'origin'
XColor, YColor, ZColor	轴线、刻度值和标签的颜色	[0.15, 0.15, 0.15]（默认）、RGB 三元组、十六进制颜色代码、'r'、'g'、'b'
XColorMode	用于设置 x 轴网格颜色的属性	'auto'（默认）、'manual'
YColorMode	用于设置 y 轴网格颜色的属性	'auto'（默认）、'manual'
ZColorMode	用于设置 z 轴网格颜色的属性	'auto'（默认）、'manual'
XDir	x 轴方向	'normal'（默认）、'reverse'
YDir	y 轴方向	'normal'（默认）、'reverse'
ZDir	z 轴方向	'normal'（默认）、'reverse'
XScale, YScale, ZScale	值沿坐标轴的标度	'linear'（默认）、'log'

实例——设置坐标轴刻度和标签

源文件：yuanwenjian\ch05\ex_506.m

本实例绘制函数 $y = \sin 2x + \cos^2 x$ 的图形，并自定义坐标轴的刻度和标签。

操作步骤

在 MATLAB 命令行窗口中输入如下命令：

```
>> close all                                    %关闭当前已打开的文件
>> clear                                        %清除工作区的变量
>> x=-pi:0.01*pi:pi;                            %创建-π 到 π 的向量 x，元素间隔为 0.01π
>> y= sin(2.*x)+cos(x).^2;                      %定义函数表达式 y
>> plot(x,y);                                   %绘制曲线
>> set(gca,ytick=[0:0.5:2])                     %设置 y 轴坐标轴刻度间隔与刻度范围
>> set(gca,XtickLabel=x)                        %使用 x 的值设置 x 轴刻度标签
>> set(gca,FontSize=12);                        %设置坐标轴刻度及标注字体大小
>> set(get(gca,'YLabel'),Fontsize=12);          %设置 y 轴坐标轴标注字体大小
>> set(gca,Ydir='reverse')                      %逆转 y 轴，使其顺序为从上到下递增
>> set(gca,XaxisLocation='top')                 %将 x 轴置于顶部
```

运行结果如图 5.6 所示。

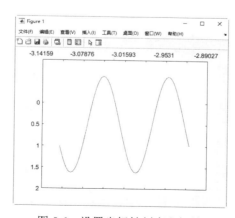

图 5.6 设置坐标轴刻度和标签

坐标轴数据纵横比是沿 x 轴、y 轴和 z 轴的数据单位的相对长度。在 MATLAB 中，使用 daspect 命令可以设置坐标轴的纵横比，该命令的使用格式见表 5.6。

表 5.6　daspect 命令的使用格式

使 用 格 式	说　　明
daspect(ratio)	使用一个由正值组成的三元素向量 ratio 设置当前坐标区的数据纵横比。参数 ratio 的元素值表示沿每个轴的数据单位的相对长度。如果要在所有方向上采用相同的数据单位长度，可以设置为[1, 1, 1]
d = daspect	返回当前坐标区的数据纵横比
daspect auto	自动选择坐标区数据纵横比。只有在这种模式下，才能启用坐标区的"伸展填充"功能
daspect manual	手动模式，使用 Axes 对象的 DataAspectRatio 属性中存储的纵横比。此时，会禁用坐标区的"伸展填充"功能
m = daspect('mode')	返回当前模式，即'auto'或'manual'。默认情况下为自动，除非指定数据纵横比或将模式设置为手动
… = daspect(ax, …)	控制 ax 指定的坐标区每个轴的数据单位长度

实例——设置坐标轴纵横比绘制山峰曲面图

源文件：yuanwenjian\ch05\ex_507.m

操作步骤

在 MATLAB 命令窗口中输入如下命令：

```
>> close all                    %关闭当前已打开的文件
>> clear                        %清除工作区的变量
>> Z = peaks(20);               %定义山峰函数表达式
>> h1=subplot(121);surf(Z);daspect(h1,[1 1 1])      %在第一个视图中绘制山峰曲面图，并
设置视图 1 坐标轴在所有方向上采用相同的数据单位长度
>> title('三维曲面图1:1:1')      %为图形添加标题
>> h2=subplot(122);surf(Z);daspect(h2,[1 2 3])      %在第二个视图中绘制山峰曲面图，并
设置视图 2 坐标轴沿 x 轴从 0 到 1 的长度等于沿 y 轴从 0 到 2 的长度和沿 z 轴从 0 到 3 的长度
>> title('三维曲面图1:2:3')      %为图形添加标题
```

运行结果如图 5.7 所示。

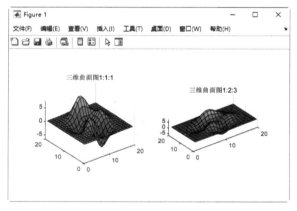

图 5.7　设置坐标轴纵横比

5.1.4　控制网格线的可见性

为了增强图形数据的可读性，可以利用 grid 命令显示或隐藏二维或三维图形坐标区的网格线，该命令的使用格式见表 5.7。

表 5.7 grid 命令的使用格式

使 用 格 式	说 明
grid on	显示 gca 命令返回的当前坐标区的主网格线。主网格线从每个刻度线延伸
grid off	删除当前坐标区或图上的所有网格线
grid	切换改变主网格线的可见性
Grid minor	切换次网格线的可见性。次网格线显示在刻度线之间。并非所有类型的图都支持次网格线
grid(axes_handle,...)	控制 axes_handle 指定的坐标区网格线的可见性

实例——控制曲面图网格线的可见性

源文件： yuanwenjian\ch05\ex_508.m

本实例绘制一个曲面图，并控制不同坐标区的网格线。

操作步骤

在 MATLAB 命令行窗口中输入如下命令：

```
>> close all                    %关闭当前已打开的文件
>> clear                        %清除工作区的变量
>> t=0:0.1:2;                   %定义参数向量
>> [X,Y,Z] = cylinder(log(t),30);   %定义绘图坐标
>> subplot(121),surf(X,Y,Z)     %绘制三维曲面，默认显示网格线
>> title('显示网格线')
>> subplot(122),surf(X,Y,Z)
>> grid                         %切换网格线的可见性
>> title('隐藏网格线')
```

运行结果如图 5.8 所示。

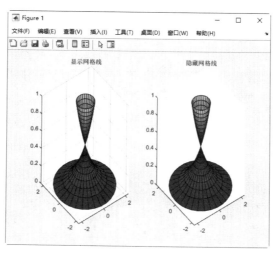

图 5.8 显示和隐藏网格线

5.1.5 隐线消除

在三维网格图，默认启用隐线消除模式，仅绘制未被三维视图中其他对象遮住的线条，网格后面的线条会被网格前面的线条遮挡不可见。如果希望查看被遮挡的网格，可以利用 hidden 命令实现，其使用格式见表 5.8。

表 5.8　hidden 命令的使用格式

使 用 格 式	说　　明
hidden on	对当前网格图启用隐线消除模式，可以看作是将网格面设为不透明状态，不显示其后面的网格
hidden off	对当前网格图禁用隐线消除模式，可以看作是将网格面设为透明状态
hidden	切换隐线消除状态
hidden(ax,…)	控制 ax 指定的坐标区中的网格曲面对象的隐线消除模式

📢 提示：

> hidden 命令只适用于 FaceColor 属性相同的曲面图对象。

实例——消除网格图中的隐线

源文件：yuanwenjian\ch05\ex_509.m

本实例绘制两个网格曲面，一个不显示其背后的网格，另一个显示其背后的网格。

操作步骤

在 MATLAB 命令行窗口中输入如下命令：

```
>> close all                          %关闭当前已打开的文件
>> clear                              %清除工作区的变量
>> t=0:0.1:2;                         %定义函数取值点序列
>> [X,Y,Z] = cylinder(sin(t),30);    %获取绘图数据点
>> subplot(1,2,1)                     %将视图分割为 1×2 的窗口，显示视图 1
>> mesh(X,Y,Z),hidden on             %绘制网格曲面，启用隐线消除模式
>> title('启用隐线消除')
>> subplot(1,2,2)                     %显示视图 2
>> mesh(X,Y,Z),hidden off            %禁用隐线消除模式
>> title('禁用隐线消除')
```

运行结果如图 5.9 所示。

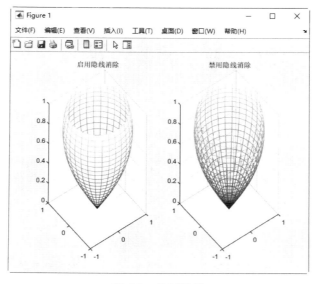

图 5.9　控制隐线

5.2　图形注释

MATLAB 中提供了一些常用的图形标注函数，利用这些函数可以为图形添加标题、标注坐标轴、添加图例，也可以把说明、注释等文本放到图形的任何位置。

5.2.1　添加图形标题

在 MATLAB 绘图命令中，title 命令用于给图形对象添加标题，其使用格式见表 5.9。

表 5.9　title 命令的使用格式

使 用 格 式	说　　明
title(titletext)	在当前坐标轴上方正中央放置字符串 titletext 作为图形标题
title(titletext,subtitletext)	在标题 titletext 下添加副标题 subtitletext
title(…, Name,Value,…)	在以上任一种语法格式的基础上，使用名称-值对参数设置标题的外观
title(target,…)	将标题添加到 target 指定的目标对象
t = title(…)	在以上任一种语法格式的基础上，返回标题对象 h
[t,s] = title(…)	在上一种语法格式的基础上，还返回副标题对象 s

实例——绘制函数的积分曲线

源文件：yuanwenjian\ch05\ex_510.m

扫一扫，看视频

本实例绘制函数 $y=\dfrac{2}{3}\mathrm{e}^{-t/2}\cos\dfrac{\sqrt{3}}{2}t$ 的积分曲线，并添加文本标题。

操作步骤

在 MATLAB 命令行窗口中输入如下命令：

```
>> close all                    %关闭当前已打开的文件
>> clear                        %清除工作区的变量
>> syms t q                     %定义符号变量 t 和 q
>> y=2/3*exp(-t/2)*cos(sqrt(3)/2*t);  %定义符号表达式 y
>> s=subs(int(y,t,0,q),q,t);   %对 y 求 t 的积分，积分区间为[0,q]，然后使用 q 替代结果表达
式中的 t
>> subplot(2,1,1)               %将视图分割为 2×1 的窗口，显示第一个视窗
>> fplot(y,[0,4*pi]),ylim([-0.2,0.7]);   %在指定区间绘制符号函数 y，设置 y 轴取值范围为-0.2~0.7
>> grid on                      %显示分格线
>> title('s = y(t)')
>> subplot(2,1,2)               %显示第二个视窗
>> fplot(s,[0,4*pi])            %在指定区间绘制积分符号函数 s，设置 x 轴取值范围为 0 到 4π
>> grid on                      %显示分格线
>> title('s = \int y(t)dt')     %为图形添加标题。'\int'为 tex 修饰符，表示积分符号
```

运行结果如图 5.10 所示。

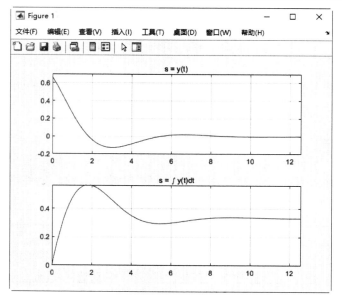

图 5.10　函数积分曲线

5.2.2　标注坐标轴

在 MATLAB 中还可以分别对 x 轴、y 轴、z 轴进行标注，x、y、z 轴相应的命令分别为 xlabel、ylabel、zlabel，它们的调用格式都是一样的。本小节以 xlabel 命令为例进行说明，见表 5.10。

表 5.10　xlabel 命令的使用格式

使 用 格 式	说　　明
xlabel(string)	在当前轴对象中的 x 轴上标注说明 string
xlabel(target,string)	为指定的目标对象 target 添加标签
xlabel(..., Name,Value,...)	在以上任一种语法格式的基础上，使用名称-值对参数设置标签属性
t = xlabel(...)	在以上任一种语法格式的基础上，返回 x 轴标签的文本对象 t

扫一扫，看视频

实例——绘制有坐标标注的图形

源文件：yuanwenjian\ch05\ex_511.m

本实例绘制函数 $y = \mathrm{e}^{a\sin x - b\cos x}$，$x \in [-4\pi, 4\pi]$ 在 $a=4$、$b=2$ 时的图形，并设置坐标轴标签。

操作步骤

在 MATLAB 命令行窗口中输入如下命令：

```
>> close all            %关闭当前已打开的文件
>> clear                %清除工作区的变量
>> x=linspace(0,4*pi,1000);  %在区间[0,4π]定义函数的取值点序列 x，元素个数为 1000
>> a=4;b=2;             %为参数 a、b 赋值
>> y=exp(a*sin(x)-b*cos(x));  %定义函数表达式 y
>> plot(x,y)            %绘制二维曲线
>> title('y=\ite^{asinx-bcosx}',Color='m')   %指定标题文本，设置标题颜色。'\it'为
tex 修饰符，表示斜体；'^{ }'表示上标
>> xlabel('x 值')        %标注 x 轴
```

```
>> ylabel('y 值')                        %标注 y 轴
```

运行结果如图 5.11 所示。

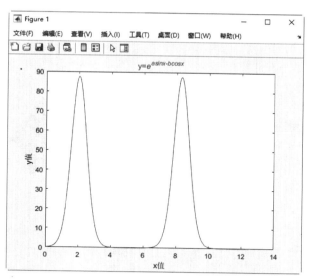

图 5.11　图形标注

实例——标注山峰网格曲面图形

源文件：yuanwenjian\ch05\ex_512.m

本实例在同一图窗中绘制山峰函数的曲线图、网格图和曲面图，并添加图形标题和坐标轴标签。

操作步骤

在 MATLAB 命令行窗口中输入如下命令：

```
>> close all                             %关闭当前已打开的文件
>> clear                                 %清除工作区的变量
>> subplot(131);                         %获取分割后的第一个视图坐标区对象
>> plot(peaks(25));                      %绘制山峰函数的二维曲线图
>> xlabel('x 值')                        %标注 x 轴
>> ylabel('y 值')                        %标注 y 轴
>> title('二维曲线图')                    %添加图形标题
>> ax(1)=subplot(132);                   %获取分割后的第二个视图坐标区对象
>> mesh(peaks(25));                      %绘制山峰函数的网格曲面图
>> title({'peaks(25)';'三维网格图'})      %添加图形标题，分两行显示
>> ax(2)= subplot(133);                  %获取分割后的第三个视图坐标区对象
>> surf(peaks(25))                       %绘制山峰函数的曲面图
>> title('peaks(25)','三维曲面图')        %添加图形标题和副标题
>> xlabel(ax,'x 值')                     %标注 x 轴
>> ylabel(ax,'y 值')                     %标注 y 轴
>> zlabel(ax,'z 值')                     %标注 z 轴
```

运行结果如图 5.12 所示。

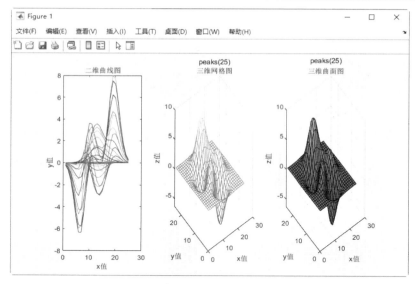

图 5.12　图形标注

5.2.3　添加文本说明

为了增强图形的可读性，有时需要在图形中添加文本说明。在 MATLAB 中，添加文本说明最常用的两个命令是 text 与 gtext。

如果要在具体的坐标点添加文本说明，可以使用 text 命令，其使用格式见表 5.11。

表 5.11　text 命令的使用格式

使　用　格　式	说　　　明
text(x,y,string)	在图形中的指定位置(x,y)显示字符串 string
text(x,y,z,string)	在三维图形空间中的指定位置(x,y,z)显示字符串 string
text(…, Name, Value,…)	在以上任一种语法格式的基础上，使用名称-值对参数设置文本对象的属性，常用的属性名、含义及属性的有效值与默认值见表 5.12
text(ax,…)	在 ax 指定的坐标区中创建文本标注
t = text(…)	在以上任一种语法格式的基础上，返回一个或多个文本对象 t，用于修改文本对象的属性

表 5.12　text 命令的属性列表

属　性　名	含　　义	有　效　值	默　认　值
Editing	能否对文字进行编辑	on、off	off
Interpreter	指定文本解释器	tex、latex、none	tex
Extent	text 对象的位置与大小，只读	[left, bottom, width, height]	随机
HorizontalAlignment	文字水平方向的对齐方式	left、center、right	left
Position	文字位置	二元素向量或三元素向量	[0, 0, 0]
Rotation	文字对象的方位角度	以度（°）为单位的标量值	0
Units	文字范围与位置的单位	'data'、'normalized'、'inches'、'centimeters'、'characters'、'points'、'pixels'	data
VerticalAlignment	文字垂直方向的对齐方式	'middle'、'top'、'bottom'、'baseline'、'cap'	middle
FontAngle	设置斜体文字模式	normal(正常字体)、italic(斜体字)	normal

属 性 名	含 义	有 效 值	默 认 值
FontName	设置字体名称	用户系统支持的字体名或者字符串'FixedWidth'	取决于操作系统和区域设置
FontSize	设置字体大小	大于 0 的标量值（以磅为单位）	取决于操作系统和区域设置
FontUnits	设置属性 FontSize 的单位	'points'、'inches'、'centimeters'、'normalized'、'pixels'	points
FontWeight	设置字体的粗细	'normal'、'bold'	normal
Clipping	以坐标区图框为界裁剪文本的模式	on：当文本超出坐标区图框时，超出的部分不显示 off：当文本超出坐标轴的矩形时，不裁剪文本	off
SelectionHighlight	设置选中文字是否突出显示	'on'、'off'	on
Visible	设置文字是否可见	'on'、'off'	on
Color	设置文字颜色	RGB 三元组、十六进制颜色代码、颜色名称或短名称	[0,0,0]（黑色）
HitTest	响应捕获的鼠标点击行为	'on'、'off'	on
Seleted	设置文字是否显示出"选中"状态	'on'、'off'	off

表 5.12 中的这些属性及相应的值都可以通过 get 命令查看，使用 set 命令设置。

gtext 命令可以通过鼠标在图形的任意位置单击进行标注，其使用格式见表 5.13。

表 5.13　text 命令的使用格式

使 用 格 式	说 明
gtext(string)	在图窗中鼠标单击的位置添加字符串 string
gtext(string,Name,Value)	在上一种语法格式的基础上，使用名称-值对参数设置标注文本的属性
t = gtext(…)	在以上任一种语法格式的基础上，返回创建的文本对象 t，用于修改文本对象的属性

执行 gtext 命令后，将鼠标指针移到图形窗口中时，光标显示为十字准线，移动鼠标可以定位，单击或按键盘上的任意键即可在光标所在位置添加指定的文本。

实例——使用鼠标添加图形标注

源文件：yuanwenjian\ch05\ex_513.m

本实例绘制不同颜色填充的多边形，然后使用鼠标在图形中添加文本说明。

操作步骤

在 MATLAB 命令行窗口中输入如下命令：

```
>> close all                              %关闭当前已打开的文件
>> clear                                  %清除工作区的变量
>> x=linspace(0,2*pi,100);                %创建 0 到 2π 的向量 x，元素个数为 100
>> y=cos(x);                              %输入函数表达式 y
>> c = y;                                 %定义颜色矩阵 c
>> ax(1)=subplot(3,1,1); fill(x,y,'red')  %将视图分割为 3×1 的窗口，在第一个窗口创建填
充多边形，填充颜色为红色
>> gtext('红色')                          %使用鼠标在图形的任意位置单击添加文本标注
>> ax(2)=subplot(3,1,2); patch(x,y,c)     %在第二个窗口创建填充多边形
>> gtext('渐变颜色')                      %使用鼠标在图形的任意位置单击添加文本标注
>> ax(3)=subplot(3,1,3);                  %显示第三个窗口
>> patch(x,y,c,EdgeColor='interp',Marker='o',...
MarkerFaceColor='flat');                  %创建填充区域。在顶点显示标记，并在顶点之间进行颜色插值
```

```
>> gtext('插值颜色')                    %使用鼠标在图形的任意位置单击添加文本标注
>> xlabel(ax,'x Value'),ylabel(ax,'cos(x)')    %标注坐标轴
>> title(ax,'填充颜色的多边形')          %为图形添加标题
```

运行结果如图 5.13 所示。

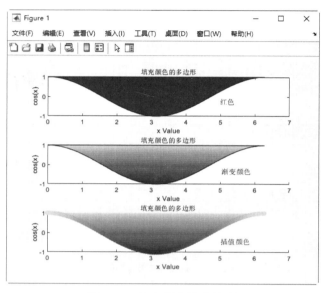

图 5.13 填充颜色的多边形

扫一扫，看视频

实例——标注数据点和函数名

源文件：yuanwenjian\ch05\ex_514.m

本实例绘制正弦函数在$[0,2\pi]$的图形，在图形中标注$\sin\dfrac{3\pi}{4}$和$\sin\dfrac{5\pi}{4}$的位置以及函数名。

操作步骤

在 MATLAB 命令行窗口中输入如下命令：

```
>> close all                       %关闭当前已打开的文件
>> clear                           %清除工作区的变量
>> x=0:pi/50:2*pi;                 %创建 0 到 2π 的向量 x，元素间隔为 π/50
>> plot(x,sin(x))                  %绘制二维曲线
>> title('正弦曲线')               %为图形添加标题
>> xlabel('x Value'),ylabel('sin(x)') %对 x 轴、y 轴进行标注
>> hold on                         %打开图形保持命令
>> plot(3*pi/4,sin(3*pi/4),Marker='.',...
MarkerSize=15,MarkerFaceColor='r')
>> plot(5*pi/4,sin(5*pi/4),Marker='.',...
MarkerSize=15,MarkerFaceColor='r')     %标记指定的两个数据点
>> text(3*pi/4,sin(3*pi/4),'<---sin(3pi/4)')  %在图形中指定的位置上显示字符串标注
%在指定的位置显示字符串标注，'\rightarrow'是 tex 修饰符，表示向右的箭头；文本水平右对齐
>> text(5*pi/4,sin(5*pi/4),'sin(5pi/4)\rightarrow',HorizontalAlignment='right')
%在鼠标单击的位置添加函数名，字号为 14，颜色为紫色，字形加粗
>> gtext('y=sin(x)',FontSize=14,Color='#7E2F8E',FontWeight='bold')
```

运行结果如图 5.14 所示。

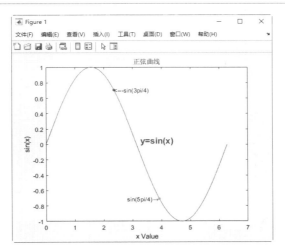

图 5.14　图形标注

5.2.4　添加图例

在绘图时，通常会在同一个坐标系下绘制多组数据的图形以便比较，为便于区分数据图形，可利用 legend 命令在图形中添加图例进行说明。该命令的使用格式见表 5.14。

表 5.14　legend 命令的使用格式

使 用 格 式	说　　明
legend	为每个绘制的数据序列创建一个带有描述性标签的图例
legend('string1','string2',...)	用指定的文字 string1, string2, ...在当前坐标轴中对所给数据的每一部分设置一个图例
legend(labels)	使用字符向量元胞数组、字符串数组或字符矩阵 labels 设置标签
legend(subset,...)	仅在图例中包含 subset 列出的数据序列的项
legend(target,...)	在 target 指定的坐标区或图中添加图例
legend(...,'Location',lcn)	在以上任一种语法格式的基础上，使用名称-值对参数指定图例位置，包括'north'、'south'、'east'、'west'、'northeast'等
legend(...,'Orientation',ornt)	在以上任一种语法格式的基础上，使用名称-值对参数指定图例的排列方式，默认值'vertical'表示垂直堆叠图例项，'horizontal'表示并排显示图例项
legend(...,Name,Value)	在以上任一种语法格式的基础上，使用一个或多个名称-值对参数设置图例的外观。设置属性时，必须使用元胞数组{}指定标签
legend('off')	从当前的坐标区中删除图例
legend(vsbl)	控制图例的可见性，vsbl 可设置为'hide'、'show' 或 'toggle'
legend(bkgd)	设置图例背景和轮廓的可见性。bkgd 的默认值为'boxon'，即显示图例背景和轮廓；bkgd 设置为'boxoff'，表示删除图例背景和轮廓
lgd = legend(...)	返回 legend 对象 lgd。可使用 lgd 在创建图例后查询和设置图例属性

实例——绘制多个函数的图形并添加图例

源文件： yuanwenjian\ch05\ex_515.m

本实例在同一个坐标系中绘制函数 $y=x$，$y=x^2$，$y=x^3$，$y=x^4$ 的图形，并添加图例标注。

操作步骤

在 MATLAB 命令行窗口中输入如下命令：

```
>> close all                        %关闭当前已打开的文件
>> clear                            %清除工作区的变量
>> x=linspace(-2,2,100);            %在区间[-2,2]定义函数取值点序列
>> y1= x;                           %定义函数表达式 y1
>> y2= x.^2;                        %定义函数表达式 y2
>> y3= x.^3;                        %定义函数表达式 y3
>> y4= x.^4;                        %定义函数表达式 y4
>> plot(x,y1,'r-.',x,y2,'*b',x,y3,'mp',x,y4,'-k')  %在同一坐标系使用不同线型绘制 4 条曲线
>> title('函数系列')                 %为图形添加标题
>> xlabel('xValue'),ylabel('yValue') %对 x 轴、y 轴进行标注
>> axis auto                        %自动调整坐标轴范围和尺度，使图形的坐标范围满足图中所有对象
>>  labels={'y_1=x','y_2=x^2','y_3=x^3','y_4=x^4'};    %图例标签
%在图形中适当的位置水平排列图例
>> legend(labels,Location='best',Orientation='horizontal')
```

运行结果如图 5.15 所示。

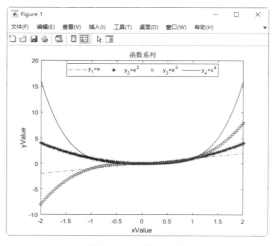

图 5.15　图形图例

5.3　缩　放　图　形

在工程应用中，通常需要对某个图形或图像的局部或整体进行观察，这种情况下可以使用 zoom 命令对图形图像进行缩放以便观察。zoom 命令使用内置交互方式缩放图形图像，其使用格式见表 5.15。

表 5.15　zoom 命令的使用格式

使 用 格 式	说　　明
zoom on	启用当前图窗中所有坐标区的缩放模式
zoom off	禁用当前图窗中所有坐标区的缩放模式
zoom xon	只对 x 轴进行缩放
zoom yon	只对 y 轴进行缩放
zoom out	将当前坐标区恢复为其基线缩放级别，将图形恢复原状
zoom reset	系统将记住当前图形的放大状态，作为缩放状态的设置值，当使用 zoom out 或双击时，图形并不是恢复原状，而是返回 reset 时的放大状态
zoom(factor)	在当前缩放模式下，按缩放因子 factor 缩放当前坐标区。如果 factor>1，则将图形放大 factor 倍；如果 0<factor≤1，则将图形缩小到 1/factor

续表

使 用 格 式	说 明
zoom(fig, option)	为指定图窗 fig 中的所有坐标区设置缩放模式，其中参数 option 可以设置为 on、off、xon、yon、reset、factor 等
H=zoom(figure_handle)	为指定的图窗 figure_handle 创建缩放对象

启用缩放模式后，将光标放在要作为坐标区中心的位置，向上滚动或单击可放大图形；向下滚动或按住 Shift 键并单击可缩小图形。每次单击都将放大或缩小缩放因子的 2 倍。如果要放大某个矩形区域，可单击并拖动；在坐标区内双击，可将坐标区对象恢复为其基线缩放级别。

实例——缩放图形

源文件：yuanwenjian\ch05\ex_516.m

本实例在同一个图窗内绘制正弦曲线，并缩放图形。

操作步骤

在 MATLAB 命令行窗口中输入如下命令：

```
>> close all               %关闭当前已打开的文件
>> clear                   %清除工作区的变量
>> x=linspace(0,2*pi,100); %在[0,2π]定义100个等距点作为函数的取值点
>> y=sin(x);               %定义函数表达式 y
>> subplot(221),plot(x,y,'-r'); %将视图分割为2×2的窗口，在第一个窗口中绘制曲线，设置曲线
颜色为红色实线
>> gtext('原始图形')         %使用鼠标在图形的任意位置单击添加文本标注
>> subplot(222),plot(x,y,'-r'); %使用红色实线绘制函数曲线
>> zoom xon                %仅对 x 轴启用缩放
>> zoom(2)                 %沿 x 轴方向将图形放大2倍
>> gtext('X轴缩放2倍')      %使用鼠标在图形的任意位置单击添加文本标注
>> subplot(223),plot(x,y,'-r');
>> zoom yon                %设置对 y 轴进行缩放
>> zoom(2)                 %沿 y 轴放大图形2倍
>> gtext('Y轴缩放2倍')      %使用鼠标在图形的任意位置单击添加文本标注
>> subplot(224),plot(x,y,'-r');
>> zoom on                 %对所有坐标轴启用缩放模式
>> zoom(2)                 %放大图形，新图形为原图像的2倍
>> gtext('整体缩放2倍')     %使用鼠标在图形的任意位置单击添加文本标注
```

运行结果如图 5.16 所示。

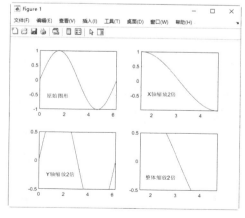

图 5.16 缩放图形

5.4 调整视角

"横看成岭侧成峰"，三维图形也是如此，在不同视角及位置会有不同的效果。在 MATLAB 中，使用 view 命令可以控制三维图形的观察点和视角，其使用格式见表 5.16。

表 5.16 view 命令的使用格式

使 用 格 式	说 明
view(az,el)	在当前坐标区中，给三维空间图形设置观察点的方位角 az 与仰角 el
view(v)	根据二元素或三元素向量 v 设置视点。二元素向量的值表示方位角和仰角；三元素向量的值是从图框中心点到视点位置所形成向量的 x、y 和 z 坐标
view(2)	设置默认的二维视图的视点，其中 az=0，el=90°，即从 z 轴上方观看
view(3)	设置默认的三维视图的视点，其中 az=−37.5°，el=30°
view(ax,...)	指定目标坐标区 ax 的视点
[az,el] = view(...)	在上述任一种语法格式的基础上，返回当前视点的方位角 az 与仰角 el

对于这个命令需要说明的是，方位角 az 与仰角 el 为两个旋转角度。作一个通过视点与 z 轴平行的平面，与 xy 平面有一交线，该交线与 y 轴的反方向的、按逆时针方向（从 z 轴的方向观察）计算的夹角，就是观察点的方位角 az；如果角度为负值，则按顺时针方向计算。在通过视点与 z 轴的平面上，用一条直线连接视点与坐标原点，该直线与 xy 平面的夹角就是观察点的仰角 el；如果仰角为负值，则观察点转移到曲面下面。

扫一扫，看视频

实例——旋转螺旋曲面

源文件：yuanwenjian\ch05\ex_517.m

本实例绘制参数化函数 $\begin{cases} x = (3 + \cos(30t))\cos(t) \\ y = \sin(30t) \\ z = (3 + \cos(30t))\sin(t) \end{cases}$ 的三维曲面，并旋转视图。

操作步骤

在 MATLAB 命令行窗口中输入如下命令：

```
>> close all              %关闭当前已打开的文件
>> clear                  %清除工作区的变量
>> t=linspace(0,20*pi,10000);   %在区间[0,20π]定义等距点向量 t
>> t=reshape(t,100,100);   %将向量转换为 100×100 的矩阵
>> x=(3+cos(30*t)).*cos(t);
>> y=sin(30*t);
>> z=(3+cos(30*t)).*sin(t);   %参数化函数的 x、y、z 坐标
>> subplot(1,2,1)          %显示第一个视图
>> surf(x,y,z,FaceAlpha=0.5,EdgeColor='none')   %绘制三维曲面图，设置面透明度为 0.5，
无轮廓颜色
>> title('三维曲面')       %添加标题
>> axis equal             %设置坐标轴的纵横比，在每个方向的数据单位都相同
>> xlabel('x'),ylabel('y'),zlabel('z')   %标注 x 轴、y 轴、z 轴
>> subplot(1,2,2)          %显示第二个视图
>> surf(x,y,z,FaceAlpha=0.5,EdgeColor='none'),view(10,-60)   %绘制三维曲面图，设置
面透明度为 0.5，无轮廓颜色，设置视图角度
>> title('旋转后的曲面')    %添加标题
```

运行结果如图 5.17 所示。

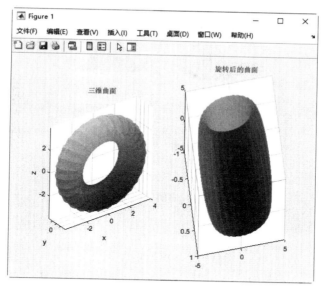

图 5.17　旋转螺旋曲面

实例——查看函数曲面的不同视图

源文件：yuanwenjian\ch05\ex_518.m

扫一扫，看视频

本实例绘制函数 $z = \dfrac{\sin\sqrt{x^2+y^2}}{\sqrt{x^2+y^2}}, -5 \leqslant x, y \leqslant 5$ 的三维曲面图，通过调整视点，在各个子视图中

分别显示曲面的正视图、侧视图和俯视图。

操作步骤

在 MATLAB 命令行窗口中输入如下命令：

```
>> close all                              %关闭当前已打开的文件
>> clear                                  %清除工作区的变量
>> [X,Y]=meshgrid(-5:0.5:5);             %通过向量定义网格数据 X、Y
>> Z=sin(sqrt(X.^2+Y.^2))./sqrt(X.^2+Y.^2);  %定义 Z
>> subplot(2,2,1); surf(X,Y,Z)           %分割视图，绘制曲面
>> title('默认视图')
>> subplot(2,2,2); surf(X,Y,Z)
>> view(0,0),title('正视图')              %调整方位角和仰角
>> subplot(2,2,3); surf(X,Y,Z)
>> view(90,0),title('侧视图')
>> subplot(2,2,4); surf(X,Y,Z)
>> view(0,90),title('俯视图')
```

运行结果如图 5.18 所示。

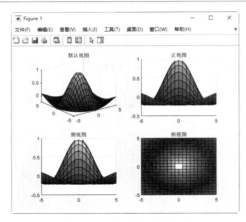

图 5.18　曲面的不同视图

扫一扫，看视频

动手练一练——显示曲面的各种视图

通过调整曲面视点，显示函数 $\begin{cases} x = e^{-|u|/10}\sin(5\,|\,v\,|) \\ y = e^{-|u|/10}\cos(5\,|\,v\,|) \\ z = u \end{cases}$ 曲面的侧视图、正视图和俯视图。

思路点拨：

> 源文件：yuanwenjian\ch05\prac_502.m
> （1）在区间[–5, 5]定义二维网格坐标数据。
> （2）利用网格坐标数据定义参数函数表达式。
> （3）分割视图，绘制函数曲面，通过调整方位角和仰角，显示曲面侧视图。
> （4）绘制函数曲面，通过调整方位角和仰角，显示曲面正视图。
> （5）绘制函数曲面，通过调整方位角和仰角，显示曲面俯视图。

5.5　颜色处理

对图形进行着色，可以美化图形的可视化效果。在 MATLAB 中，颜色是通过对红色、绿色、蓝色 3 种颜色进行适当的调配得到的，这种调配用一个三元素向量[R,G,B]实现，其中 R、G、B 的值代表 3 种颜色之间的相对亮度，它们的取值范围均为 0～1。一些常用的颜色调配方案见表 5.17。

表 5.17　常见颜色调配方案

调配矩阵	颜 色	调配矩阵	颜 色
[1, 1, 1]	白色	[1, 1, 0]	黄色
[1, 0, 1]	洋红色	[0, 1, 1]	青色
[1, 0, 0]	红色	[0, 0, 1]	蓝色
[0, 1, 0]	绿色	[0, 0, 0]	黑色
[0.5, 0.5, 0.5]	灰色	[0.5, 0, 0]	暗红色
[1, 0.62, 0.4]	肤色	[0.49, 1, 0.83]	碧绿色

本节介绍二维绘图与三维绘图中几个常用的颜色处理命令。

5.5.1 设置颜色图

在 MATLAB 中，控制及实现这些颜色调配的主要命令是 colormap，它的使用格式也非常简单，见表 5.18。

表 5.18 colormap 命令的使用格式

使 用 格 式	说 明
colormap(map)	将当前图窗的颜色图设置为 map 指定的颜色图
colormap map	将当前图窗的颜色图设置为预定义的颜色图之一
colormap(target,map)	为 target 指定的图窗、坐标区或图形设置颜色图
cmap=colormap	使用 RGB 三元组组成的三列矩阵返回当前图窗的颜色图
cmap=colormap(target)	返回 target 指定的图窗、坐标区或图的颜色图

利用调配矩阵设置颜色是很麻烦的。为了使用方便，MATLAB 提供了几种常用的色图。

实例——绘制不同颜色图的柱面

源文件：yuanwenjian\ch05\ex_519.m

本实例绘制剖面半径为函数 $y=x^2$ 的柱面，并设置不同的颜色图。

扫一扫，看视频

操作步骤

在 MATLAB 命令行窗口中输入如下命令：

```
>> close all                    %关闭当前已打开的文件
>> clear                        %清除工作区的变量
>> t=0:0.05:1;                  %创建 0 到 1 的向量 t，元素间隔为 0.05
>> [X,Y,Z]= cylinder(t.^2,30);  %返回柱面坐标 X、Y、Z
>> h1=subplot(1,2,1);           %获取第一个视图的坐标
>> surf(X,Y,Z)                  %根据圆柱体的坐标值 X、Y、Z 绘制三维曲面
>> colormap(h1,jet)             %设置颜色图以蓝色开始和结束
>> title('jet')                 %为图形添加标题
>> h2=subplot(1,2,2);           %获取第二个视图的坐标
>> surf(X,Y,Z)                  %根据圆柱体的坐标值 X、Y、Z 绘制三维曲面
>> colormap(h2,spring)          %设置颜色图为洋红黄色阴影色图
>> title('Spring')              %为图形添加标题
```

运行结果如图 5.19 所示。

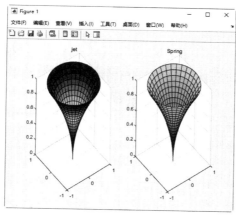

图 5.19 绘制不同颜色图的柱面

实例——创建减采样 hsv 颜色图

源文件：yuanwenjian\ch05\ex_520.m

操作步骤

在 MATLAB 命令行窗口中输入如下命令：

```
>> close all                                        %关闭所有打开的文件
>> clear                                            %清除工作区的变量
>> [I,map]=imread('corn.tif');                      %读取搜索路径下的图像
>> ax(1)=subplot(121);image(I),colormap(ax(1),map);  %显示索引图，将索引图关联的颜
色图设置为当前颜色图
>> title('使用关联的颜色图')
>> ax(2)=subplot(122);image(I),colormap(ax(2),hsv(128))  %创建一个具有 128 种颜色
的 hsv 颜色图作为当前坐标区的颜色图
>> title('使用减采样的 hsv 颜色图')
>> axis(ax,'off','image')                           %关闭坐标轴，根据图像大小显示图像
```

运行结果如图 5.20 所示。

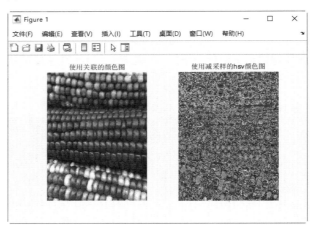

图 5.20　减采样 hsv 颜色图

5.5.2　映射颜色图

在 R2022a 之前的 MATLAB 版本中，使用 caxis 命令控制颜色图的数据值映射。它通过将被变址的颜色数据（CData）与颜色数据映射（CDataMapping）设置为 scaled，影响着所有的表面、块、图像；该命令还改变坐标轴图形对象的属性 Clim 与 ClimMode。

自 R2022a 开始，caxis 命令更名为 clim，该命令的使用格式见表 5.19。

表 5.19　clim 命令的使用格式

使 用 格 式	说　　明
clim(limits)	将当前坐标区的颜色图范围设置为二元素向量 limts 指定的范围[cmin, cmax]。颜色图索引数组中小于等于 cmin 或大于等于 cmax 的所有值，将分别映射到颜色图的第一行和最后一行；介于 cmin 与 cmax 之间的所有值线性地映射于颜色图的中间各行
clim("auto")	等价于命令形式 clim auto，颜色图索引数组中的值更改时自动更新颜色范围。颜色图索引数组中的最大值对应于颜色图的最后一行，最小值对应于颜色图的第一行
clim("manual")	禁用自动更新范围。这样，当 hold 设置为 on 时，可使后面的图形命令使用相同的颜色范围

续表

使用格式	说　　明
clim(target,...)	为 target 指定的特定坐标区或独立可视化设置颜色图范围
v = clim	以二元素向量 [cmin, cmax] 的形式 v 返回当前颜色图的范围

在这里要提请读者注意的是，clim 命令只影响 CDataMapping 属性设置为'scaled'的图形对象，不影响使用真彩色或 CDataMapping 属性设置为'direct'的图形对象。

实例——变换球面的颜色

源文件：yuanwenjian\ch05\ex_521.m

本实例创建一个球面，并将其颜色范围控制在[−0.5, 0.5]。

操作步骤

在 MATLAB 命令行窗口中输入如下命令：

```
>> close all                            %关闭当前已打开的文件
>> clear                                %清除工作区的变量
>> [X,Y,Z]=sphere;                      %将球体坐标数据赋值给 X、Y、Z 矩阵
>> C=Z;                                 %设置颜色矩阵 C
>> ax(1)=subplot(1,2,1);                %显示第一个视图
>> surf(X,Y,Z,C);                       %绘制带颜色的三维球面
>> title('根据高度填充颜色');            %为图形添加标题
>> axis equal                           %沿每个坐标轴使用相同的数据单位长度
>> ax(2)=subplot(1,2,2);                %显示第二个视图
>> surf(X,Y,Z,C),clim([-0.5 0.5]);      %绘制带颜色的三维球面，将颜色的刻度范围设置为[-0.5,0.5]
>> title('颜色范围[-0.5 0.5]')          %为图形添加标题
>> axis(ax, 'equal')                    %沿每个坐标轴使用相同的数据单位长度
```

运行结果如图 5.21 所示。

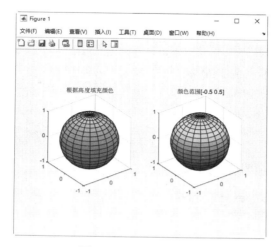

图 5.21　控制颜色范围

5.5.3　显示图像色阶

在 MATLAB 中，利用 colorbar 命令可以在当前图窗中显示色阶的颜色栏，其使用格式见表 5.20。

表 5.20　colorbar 命令的使用格式

使 用 格 式	说　　　明
colorbar	在当前坐标区或图的右侧显示垂直色阶，指示数据值到颜色图的映射
colorbar(location)	在上一种语法格式的基础上，指定色阶的显示位置，默认位置为'eastoutside'（坐标区的右侧），其他参数见表 5.21。colorbar('Location','northoutside')与 colorbar('northoutside')相同
colorbar(…,Name,Value)	在以上任一种语法格式的基础上，使用一个或多个名称-值对参数修改色阶外观
colorbar(target, …)	在 target 指定的坐标区或图中添加色阶
c = colorbar(…)	在以上任一种语法格式的基础上，返回色阶对象，用于修改色阶属性
colorbar('off')	删除与当前坐标区或图相关联的色阶
colorbar(target,'off')	删除与 target 指定的坐标区或图相关联的色阶

表 5.21　色阶位置

值	表示的位置	表示的方向
'north'	坐标区的顶部	水平
'south'	坐标区的底部	水平
'east'	坐标区的右侧	垂直
'west'	坐标区的左侧	垂直
'northoutside'	坐标区的顶部外侧	水平
'southoutside'	坐标区的底部外侧	水平
'eastoutside'	坐标区的右外侧（默认值）	垂直
'westoutside'	坐标区的左外侧	垂直

扫一扫，看视频

动手练一练——为颜色矩阵添加色阶

本实例绘制颜色矩阵的图像，并在图像中添加色阶。

思路点拨：

　　源文件：yuanwenjian\ch05\prac_503.m
　　（1）定义颜色矩阵。
　　（2）将颜色矩阵显示为图像。
　　（3）在图像中添加色阶。

扫一扫，看视频

实例——在等高线图中添加色阶

源文件：yuanwenjian\ch05\ex_522.m

操作步骤

在 MATLAB 命令行窗口中输入如下命令：

```
>> close all                      %关闭所有打开的文件
>> clear                          %清除工作区的变量
>> contourf(sphere)              %绘制球面填充的二维等值线图
>> colorbar('southoutside')      %在坐标区的底部外侧放置水平色阶
```

运行结果如图 5.22 所示。

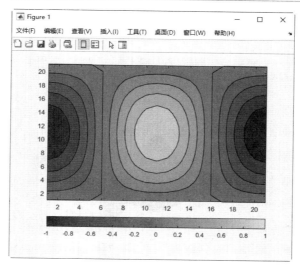

图 5.22　添加水平色阶

5.5.4　控制色彩明暗

在 MATLAB 中，使用 brighten 命令控制颜色图的色彩明暗，其使用格式见表 5.22。

表 5.22　brighten 命令的使用格式

使 用 格 式	说　明
brighten(beta)	沿同一方向增强或减弱当前颜色图中所有颜色的色彩强度，如果 beta 介于 0 和 1 之间，则增强色图强度；如果 beta 介于-1 和 0 之间，则减弱色图强度
brighten(map,beta)	增强或减弱 map 指定的颜色图的色彩强度
newmap=brighten(...)	在以上任一种语法格式的基础上，返回一个调整后的颜色图 newmap
brighten(f,beta)	增强或减弱图窗 f 的颜色图

实例——变换颜色图的色彩强度

源文件：yuanwenjian\ch05\ex_523.m

本实例绘制山峰曲面，并变换颜色图的色彩强度。

操作步骤

在 MATLAB 命令行窗口中输入如下命令：

```
>> close all                               %关闭当前已打开的文件
>> clear                                   %清除工作区的变量
>> figure;                                 %新建图窗
>> surf(peaks);                            %绘制山峰曲面
>> colormap(jet)                           %设置颜色图
>> title('默认色彩强度的颜色图')           %添加标题
>> figure;
>> surf(peaks),brighten(jet,-0.85)         %绘制三维曲面，减弱指定颜色图的色彩强度
>> title('减弱色彩强度的颜色图')
>> figure;
>> surf(peaks),brighten(jet,0.85)          %绘制山峰函数的三维曲面，增强色彩强度
>> title('增强色彩强度的颜色图')
```

运行结果如图 5.23 所示。

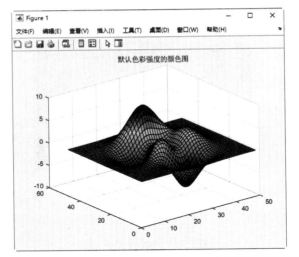

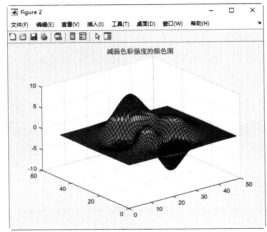
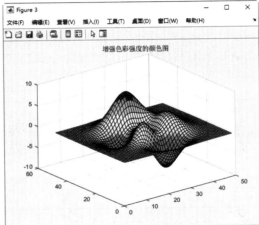

图 5.23　色图强弱对比

5.5.5　颜色渲染模式

shading 命令通过设置当前坐标轴中的所有曲面与补片图形对象的 EdgeColor 与 FaceColor 属性，对曲面与补片等图形对象进行颜色渲染。

shading 命令的使用格式见表 5.23。

表 5.23　shading 命令的使用格式

使 用 格 式	说　　明
shading flat	每个网格线段和面具有恒定颜色，该颜色由该线段的端点或该面的角边处具有最小索引的颜色值确定
shading faceted	用叠加的黑色网格线达到渲染效果。这是默认的渲染模式
shading interp	通过在每个线条或面中对颜色图索引或真彩色值进行插值来改变该线条或面中的颜色
shading(axes_handle,...)	对 axes_handle 指定的坐标区中的对象进行颜色渲染

实例——对比不同渲染模式的效果

源文件：yuanwenjian\ch05\ex_524.m

本实例绘制参数化函数 $\begin{cases} x = (3 + \cos(30t))\cos(t) \\ y = \sin(30t) \\ z = (3 + \cos(30t))\sin(t) \end{cases}$ 的曲面，使用不同的渲染模式进行着色，比较

不同渲染模式的颜色效果。

操作步骤

在 MATLAB 命令行窗口中输入如下命令：

```
>> close all                                  %关闭当前已打开的文件
>> clear                                       %清除工作区的变量
>> t=linspace(-2*pi,2*pi,100);                 %创建-2π 到 2π 的向量 t，元素个数为 100
>> t=reshape(t,10,10);                         %将向量转换为 10×10 的矩阵
>> X=(3+cos(30*t)).*cos(t);
>> Y=sin(30*t);
>> Z=(3+cos(30*t)).*sin(t);                     %定义参数化函数
>> subplot(131),surf(X,Y,Z),shading flat;      %绘制参数化曲面，用恒定颜色对网格线和面着色
>> title('shading flat');                       %为图形添加标题
>> subplot(132),surf(X,Y,Z),shading faceted;   %使用黑色对网格线进行着色
>> title('shading faceted');
>> subplot(133),surf(X,Y,Z),shading interp;    %使用插值颜色对网格线和面着色
>> title('shading interp')                      %为图形添加标题
```

运行结果如图 5.24 所示。

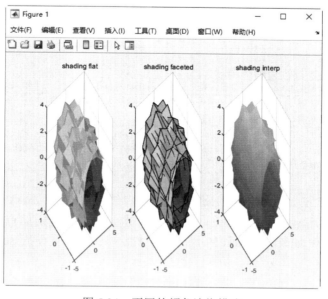

图 5.24　不同的颜色渲染模式

动手练一练——渲染函数曲面

绘制二元函数 $f(x,y) = \sqrt{x^2 + y^2}$ 的曲面图，使用不同的着色模式进行渲染。

思路点拨：

源文件：yuanwenjian\ch05\prac_504.m
（1）定义函数的表达式，分割图窗。
（2）在子图中绘制函数曲面。
（3）在子图中绘制函数曲面，使用恒定的颜色渲染网格线和面。
（4）在子图中绘制函数曲面，使用单一颜色渲染网格线。
（5）在子图中绘制函数曲面，使用插值颜色渲染网格线和面。

5.6 控 制 光 照

在 MATLAB 中绘制三维图形，不仅可以绘制带光照模式的曲面，还可以根据需要，在绘图时指定光源。

5.6.1 具有光照的曲面

在 MATLAB 中，使用 surfl 命令可以基于当前颜色图绘制一个具有光照的三维曲面图，该命令显示一个带阴影的曲面，结合了周围的、散射的和镜面反射的光照模式。如果要获得较平滑的颜色过渡，需要使用有线性强度变化的颜色图，如 gray、copper、bone、pink 等。

surfl 命令的使用格式见表 5.24。

表 5.24 surfl 命令的使用格式

使 用 格 式	说　　明
surfl(Z)	将 Z 中元素的列索引和行索引用作 x 坐标和 y 坐标，以 Z 的元素值为高度，绘制一个带光源高光的三维曲面图。默认光源方位为从当前视角开始，逆时针旋转 45°
surfl(X,Y,Z)	在 X 和 Y 定义的 xy 平面中，以 Z 的值为网格上方的高度，绘制一个带光源高光的三维曲面图。默认光源方位为从当前视角开始，逆时针旋转 45°
surfl(..., 'light')	创建一个由 MATLAB 光源对象提供高光的曲面。'light' 对象指定为最后一个输入参数
surfl(...,s)	在以上任一种语法格式的基础上，使用参数 s 指定光源的方向。光源方向 s 是一个二元素或三元素向量。默认方向是从当前视图方向逆时针旋转 45°
surfl(X,Y,Z,s,k)	在上一种语法格式的基础上，还使用四元素向量指定反射常量 k，其中的元素依次定义环境光（ambient light）系数（0≤ka≤1）、漫反射（diffuse reflection）系数（0≤kb≤1）、镜面反射(specular reflection)系数（0≤ks≤1）与镜面发光系数（以像素为单位）的相对贡献度，默认值为 k=[0.55, 0.6, 0.4, 10]
surfl(ax,...)	在 ax 指定的坐标区中绘制图形
h = surfl(...)	在以上任一种语法格式的基础上，返回一个曲面图形对象 h

对于这个命令的使用格式需要说明的一点是，参数 X、Y、Z 确定的点的排序定义了参数曲面的"里面"和"外面"，如果要让曲面的另一面有光照模式，只要使用 surfl(X',Y',Z') 即可。

实例——绘制有光照的三维曲面

源文件：yuanwenjian\ch05\ex_525.m

扫一扫，看视频

本实例绘制参数化曲面 $\begin{cases} x = u\sin v \\ y = -u\cos v \\ z = v \end{cases}$ 在有光照情况下的三维图形。

操作步骤

在 MATLAB 命令行窗口中输入如下命令：

```
>> close all                    %关闭当前已打开的文件
>> clear                        %清除工作区的变量
>> [u,v]=meshgrid(-5:.5:5);     %通过向量定义网格数据 u、v
>> X = u.*sin(v);
>> Y = -u.*cos(v);
>> Z = v;                       %参数化函数表达式
>> subplot(2,2,1)               %显示第一个视图
>> plot3(X,Y,Z)                 %绘制三维曲线图
>> title('三维曲线')            %为图形添加标题
>> subplot(2,2,2)               %显示第二个视图
>> surf (X,Y,Z)                 %绘制三维曲面图
>> title('三维曲面')            %为图形添加标题
>> subplot(2,2,3)               %显示第三个视图
>> surfl(X,Y,Z)                 %绘制带光照模式的三维曲面图
>> title('具有光照的曲面')      %为图形添加标题
>> subplot(2,2,4)               %显示第四个视图
>> surfl(X',Y',Z')             %绘制带光照模式的三维曲面图
>> title('另一面有光照的曲面')  %为图形添加标题
```

运行结果如图 5.25 所示。

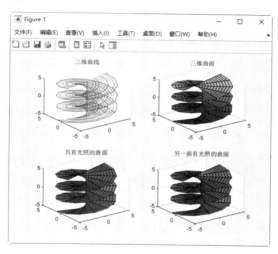

图 5.25　具有光照的曲面

5.6.2　创建光源

在绘制带光照的三维图形时，可以根据需要创建光源。光源仅影响补片和曲面图对象。

1．light 命令

light 命令用于创建光源对象，其使用格式见表 5.25。

表 5.25　light 命令的使用格式

使 用 格 式	说　　　明
light	在当前坐标区中创建一个光源
light(Name,Value,…)	使用名称-值对参数设置光源属性，如颜色、类型、位置和可见性

续表

使 用 格 式	说　明
light(ax,...)	在 ax 指定的坐标区，而不是在当前坐标区（gca）中创建光源对象
handle = light(...)	在以上任一种语法格式的基础上，返回创建的光源对象

2. lightangle 命令

lightangle 命令用于在球面坐标中创建或定位光源对象，其使用格式见表 5.26。

表 5.26　lightangle 命令的使用格式

使 用 格 式	说　明
lightangle(az,el)	在由方位角 az 和仰角 el 确定的位置放置光源
lightangle(ax,az,el)	在 ax 指定的坐标区创建光源
light_handle=lightangle(...)	创建光源并返回光源对象
lightangle(light_handle,az,el)	设置 light_handle 指定的光源对象的位置
[az,el]=lightangle(light_handle)	返回由 light_handle 确定的光源位置的方位角和仰角

实例——在球面坐标系中创建光源

源文件：yuanwenjian\ch05\ex_526.m

本实例绘制三维球面，并在球面坐标系中创建光源。

操作步骤

在 MATLAB 命令行窗口中输入如下命令：

```
>> close all                          %关闭当前已打开的文件
>> clear                              %清除工作区的变量
>> [x,y,z]=sphere(40);               %创建球面数据，定义坐标矩阵 x、y、z
>> colormap(jet)                     %设置颜色图为 jet，蓝色变换的样式
>> ax(1)=subplot(1,2,1);
>> surf(x,y,z),title('无光照的球面'); %绘制三维球面图
>> ax(2)=subplot(1,2,2);
>> surf(x,y,z)                       %绘制三维球面
>> lightangle(30,45)                 %在球面坐标中方位角为 30°、仰角为 45° 的位置放置光源
>> title('球面坐标中创建光源');       %为图形添加标题
>> axis(ax,'equal')                  %沿每个坐标轴使用相同的数据单位长度
```

运行结果如图 5.26 所示。

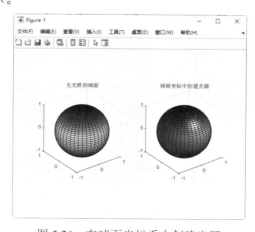

图 5.26　在球面坐标系中创建光源

3. camlight 命令

在 MATLAB 中，camlight 命令用于在相机坐标系中创建或移动光源对象，其使用格式见表 5.27。

表 5.27 camlight 命令的使用格式

使 用 格 式	说 明
camlight('headlight')	在相机位置创建光源
camlight('right') 或 camlight	在相机右上方创建光源
camlight('left')	在相机左上方创建光源
camlight(az,el)	以相机目标为旋转中心，在指定方位角 (az) 和仰角 (el)（相对于相机位置）处创建光源
camlight(...,'style')	在上述任一种语法格式的基础上，使用参数 style 定义光源类型，包括两种：local（默认值），光源是从该位置向所有方向发射的点源；infinite，光源发射平行光束
camlight(lgt,...)	使用 lgt 指定的光源
camlight(ax,...)	在 ax 指定的坐标区中创建或移动光源
lgt = camlight(...)	在上述任一种语法格式的基础上，返回光源对象

实例——在相机坐标系中添加光源

源文件：yuanwenjian\ch05\ex_527.m

扫一扫，看视频

本实例绘制函数 $z = y\sin x$ 的三维曲面图，并在相机坐标系中添加光源。

操作步骤

在 MATLAB 命令行窗口中输入如下命令：

```
>> close all                         %关闭当前已打开的文件
>> clear                             %清除工作区的变量
>> x = linspace(-2*pi,2*pi,50);      %创建-2π 到 2π 的向量 x
>> y = linspace(0,4*pi,50);          %创建 0 到 4π 的向量 y
>> [X,Y] = meshgrid(x,y);            %通过向量 x、y 定义网格数据 X、Y
>> Z = Y.*sin(X);                    %函数表达式
>> subplot(131),surf(X,Y,Z);         %分割图窗，绘制曲面
>> shading interp                    %插值颜色渲染曲面
>> camlight('headlight')             %在相机位置添加光源
>> title('相机位置添加光源')
>> subplot(132),surf(X,Y,Z),shading interp
>> lgt=camlight('left');             %在相机左上方添加光源
>> title('左上方添加光源')
>> subplot(133),surf(X,Y,Z),shading interp     %创建曲面，渲染图形
>> camlight                          %在相机右上方添加光源
>> title('右上方添加光源')
```

运行结果如图 5.27 所示。

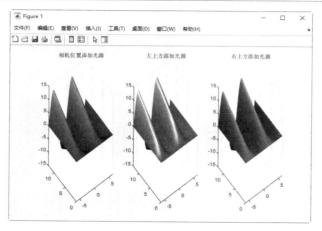

图 5.27　在相机坐标系中添加光源

扫一扫，看视频

实例——创建有光照的球面

源文件：yuanwenjian\ch05\ex_528.m

本实例通过在相机坐标系和球面坐标系中添加光源，创建有光照的球面。

操作步骤

在 MATLAB 命令行窗口中输入如下命令：

```
>> close all                              %关闭当前已打开的文件
>> clear                                  %清除工作区的变量
>> [x,y,z]=sphere(40);                    %获取球面x、y、z坐标
>> colormap(jet)                          %设置当前颜色图为jet，蓝色变换
>> ax(1)=subplot(1,2,1);                  %显示第一个视图
>> surf(x,y,z)                            %绘制三维曲面
>> shading interp                         %插值颜色渲染图形
>> title('无光照的曲面')
>> ax(2)=subplot(1,2,2);                  %显示第二个视图
>> surf(x,y,z)                            %绘制颜色矩阵为z的三维曲面
>> shading interp                         %插值颜色渲染图形
>> camlight('headlight', 'infinite')     %在相机位置创建平行光
>> lightangle(90,90)                      %在球面坐标系添加光源
>> title('添加光照的曲面')
>> axis(ax,'equal')                       %沿每个坐标轴使用相同的数据单位长度
```

运行结果如图 5.28 所示。

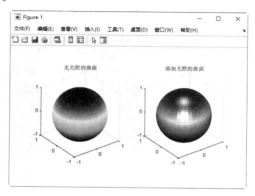

图 5.28　有光照的球面

5.6.3 照明模式

在添加光源后，还可以指定光照算法，设置光源的照明模式。在 MATLAB 中，利用 lighting 命令可以设置光源的照明模式，该命令的使用格式见表 5.28。

表 5.28 lighting 命令的使用格式

使 用 格 式	说 明
lighting flat	在对象的每个面上产生均匀分布的光照
lighting gouraud	计算顶点法向量并在各个面中线性插值
lighting none	关闭光照
lighting(ax,...)	控制 ax 指定的坐标区的照明模式

实例——设置曲面的光照模式

源文件：yuanwenjian\ch05\ex_529.m

扫一扫，看视频

本实例绘制函数 $Z = \dfrac{\sin\sqrt{x^2+y^2}}{\sqrt{x^2+y^2}}, -7.5 \leqslant x, y \leqslant 7.5$ 的曲面，并为曲面添加光源，设置不同的光照模式。

操作步骤

在 MATLAB 命令行窗口中输入如下命令：

```
>> close all                            %关闭当前已打开的文件
>> clear                                %清除工作区的变量
>> [X,Y]=meshgrid(-7.5:1.5:7.5);        %通过向量定义网格数据 X、Y
>> Z=sin(sqrt(X.^2+Y.^2))./(sqrt(X.^2+Y.^2)+eps);   %定义函数表达式 Z
>> subplot(2,2,1);                      %显示第一个视图
>> surf(X,Y,Z);                         %绘制三维曲面图
>> title('original');                   %为图形添加标题
>> subplot(2,2,2),surf(X,Y,Z)           %绘制三维曲面图
>> light(position=[1 0 1],color='y')    %在无穷远处创建黄色平行光，光源发射出平行光的方向
[1,0,1]
>> lighting flat                        %每个面上产生均匀分布的光照
>> title('lighting flat');              %为图形添加标题
>> subplot(2,2,3), surf(X,Y,Z);
>> title('lighting gouraud');           %为图形添加标题
>> light(position=[-5 -5 0.4],Style='local',color='y')    %在指定位置创建黄色点光源
>> lighting gouraud                     %选择 gouraud 照明，产生连续的明暗变化
>> subplot(2,2,4) ,surf(X,Y,Z)          %绘制三维曲面图，每个面上产生均匀分布的光照
>> light(position=[1 0 1],color='w')    %在无穷远处创建白色平行光，光源发射出平行光的方向
[1,0,1]
>> lighting none;                       %关闭光照
>> title('lighting none')               %为图形添加标题
```

运行结果如图 5.29 所示。

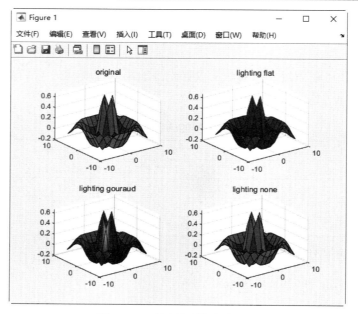

图 5.29　不同照明模式效果图

第 6 章　图像处理基础

内容指南

计算机处理的都是数字化的信息，图像必须转化为数字信息才能被计算机识别并处理。借助计算机数字图像处理技术，可以在工作区中浏览不同形式的图像，并对它们进行处理，创作出现实世界无法拍摄到的图像。

知识重点

➢ 图像文件
➢ 转换图像的数据类型
➢ 显示图像文件

6.1　图　像　文　件

图像文件即一幅图像或存储在计算机上的一个平面设计作品。在处理图像之前，读者有必要先了解一些与图像文件相关的概念。

6.1.1　图像文件的格式

MATLAB 支持的图像文件格式很多，这里介绍几种常用的文件格式。

1．BMP

BMP 是 Windows Bitmap 的缩写，它是微软 Paint 的格式，能被多种软件支持，也可以在 PC 和 Mac 上通用。BMP 格式的颜色多达 16 位真彩色，质量上没有损失，但文件体积比较大。

BMP 文件的位图数据格式依赖于编码每个像素颜色所用的位数。对于一个 256 色的图像来说，每个像素占用文件中位图数据部分的一个字节。像素的值不是 RGB 颜色值，而是文件中色表的一个索引。像素值按从左到右的顺序存储，通常从最后一行开始。因此，在一个 256 色的文件中，位图数据中第一个字节就是图像左下角的像素的颜色索引，第二个就是它右边的那个像素的颜色索引。如果位图数据中每行的字节数是奇数，就要在每行都加一个附加的字节，将位图数据边界调整为 16 位的整数倍。

2．GIF

GIF（Graphics Interchange Format，图像交换格式）是一种小型化的文件格式，它最多只用 256 色，即索引色彩，但支持动画，多用于网络传输。

GIF 文件的结构取决于它属于哪一个版本，但无论是哪个版本，它都以一个长 13 字节的文件头开始，文件头中包含判定此文件是 GIF 文件的标记、版本号和其他的一些信息。如果这个文件只有一帧图像，则文件头后紧跟一个全局色表来定义图像中的颜色；如果含有多帧图像，则全局色表就被各个图像自带的局部色表所替代。

GIF 文件有两个缺点，一个是用 GIF 格式存放的文件最多只能含有 256 种颜色；另一个就是那些使用 GIF 格式的软件开发者必须征得 CompuServe 的同意，从而抑制了该格式在图像应用程序中的支持。

3．TIF 格式

TIF（Tag Image File Format，标签图像格式）是一种最佳质量的图像存储方式，它可存储多达 24 个通道的信息，而且几乎所有的专业图形软件都支持这种格式。这种格式的文件通常被用于在 Mac 平台和 PC 之间转换，也用在 3ds 与 Photoshop 之间进行转换，是平面设计专业领域用得最多的一种存储图像的格式。当然，它也有缺点，就是体积太大。

4．JPG 格式

JPG/JPEG（Joint Photographic Experts Group）是一种压缩图像存储格式，以 24 位颜色存储单个位图。JPEG 是与平台无关的格式，支持最高级别的压缩，不过，这种压缩是有损耗的。由于它可以把图片压缩得很小，中等压缩比大约是原 PSD 格式文件的 1/20。一般一幅分辨率为 300dpi 的格式图片，用 TIF 存储要用近 10MB 左右的空间，而 JPG 只需要 100KB 左右就可以了。现在几乎所有的数码照相机用的都是这种存储格式。渐近式 JPEG 文件还支持交错。

5．PNG 文件

PNG（Portable Network Graphic，便携式网络图形）文件是作为 GIF 的替代品开发的，它继承了 GIF 的许多特征，而且支持真彩色图像，具有 1670 万种颜色。更重要的是，在压缩位图数据时它采用了从 LZ77 派生的没有专利限制的无损数据压缩算法，支持 8 位透明通道，允许图像颜色从不透明逐渐变淡为透明。PNG 格式支持索引、灰度、RGB 3 种颜色方案以及 Alpha 通道，通常用于存储网站图片、数码照片及具有透明背景的图像。

6．DICOM 文件

DICOM 是以 TCP/IP 为基础的应用协定，并通过 TCP/IP 联系各个系统。两个能接受 DICOM 格式的医疗仪器之间，可借由 DICOM 格式的档案接收与交换影像及病人资料。

7．HDR 文件

动态范围简称 DR，就是指最高的和最低的亮度之间的比值，有 HDR（High Dynamic Range，高动态范围）和 LDR（Low Dynamic Range，低动态范围）两种。

HDR 可以表示 0～1 内的亮度值，从而可以更加精确地反映真实的光照环境，相比普通的图像，可以提供更多的动态范围和图像细节；而且可以有效防止画面过曝，超过 1 的亮度值的色彩也能很好地表现，视觉传达更真实。LDR 只能将现实中的颜色压缩再呈现出来，根据不同曝光时间的 LDR 图像，利用每个曝光时间相对应的最佳细节的 LDR 图像可以合成最终 HDR 图像，能够更好地反映出真实环境中的视觉效果。

6.1.2 图像的数据存储

数据存储是一个用于读取单个文件或者数据集合的对象。它相当于一个存储库，用于存储具有相同结构和格式的数据。对于 MATLAB 支持的图像文件，MATLAB 提供了相应的数据存储命令，下面简单介绍这些命令的基本用法。

1. 大型数据集合存储

在 MATLAB 中，datastore 命令用于为大型数据集合创建数据存储，其使用格式见表 6.1。

表 6.1 datastore 命令的使用格式

使 用 格 式	说 明
ds = datastore(location)	根据 location 指定的数据集合创建一个数据存储 ds，可以读取并处理数据
ds = datastore(location,Name,Value)	在上一种语法格式的基础上，使用一个或多个名称-值对组参数为 ds 指定其他参数。常用的名称-值对参数表见表 6.2

表 6.2 datastore 命令名称-值对参数表

属性名	说明	参数值
Type	数据存储类型	'tabulartext'、'image'、'spreadsheet'、'keyvalue'、'file'、'tall'
IncludeSubfolders	包括文件夹在内的子文件夹	true 或 false；0 或 1
FileExtensions	文件的扩展名	字符向量、字符向量元胞数组、字符串标量、字符串数组
AlternateFileSystemRoots	备用文件系统根路径	字符串向量、元胞数组
TextType	文本变量的输出数据类型	'char'（默认）、'string'
DatetimeType	导入的日期和时间数据的类型	'datetime'（默认）、'text'
DurationType	持续时间数据的输出数据类型	'duration'（默认）、'text'
VariableNamingRule	保留变量名称的标志	"modify"（默认）、"preserve"

实例——创建一个数据存储

源文件：yuanwenjian\ch06\ex_601.m

MATLAB 程序如下：

扫一扫，看视频

```
>> close all                        %关闭所有打开的文件
>> clear                            %清除工作区的变量
>> ds = datastore('mapredout.mat')   %创建一个数据存储
ds =
  KeyValueDatastore - 属性:
                    Files: {
                           'C:\Program
Files\MATLAB\R2023a\toolbox\matlab\demos\mapredout.mat'
                          }
                 ReadSize: 1 键-值对组
                 FileType: 'mat'
    AlternateFileSystemRoots: {}    %备用文件系统根路径
```

2. 查询数据存储

在 MATLAB 中，使用 hasdata 命令可查询数据存储中是否有数据可读取，其使用格式见表 6.3。

表 6.3　hasdata 命令的使用格式

使 用 格 式	说　　明
tf = hasdata(ds)	如果有可从 ds 指定的数据存储中读取的数据，返回逻辑值 1(true)；否则，返回逻辑值 0(false)

扫一扫，看视频

实例——检查数据存储中是否有数据

源文件：yuanwenjian\ch06\ex_602.m

MATLAB 程序如下：

```
>> close all                    %关闭所有打开的文件
>> clear                        %清除工作区的变量
>> imds = datastore(fullfile(matlabroot, 'toolbox', 'matlab'),...
'IncludeSubfolders', true,'FileExtensions', '.tif','Type', 'image')    %使用指定
路径下的.tif 图像创建一个数据存储 imds
imds =
    ImageDatastore - 属性:
                        Files: {
                               'C:\Program
Files\MATLAB\R2023a\toolbox\matlab\demos\example.tif';
                               'C:\Program
Files\MATLAB\R2023a\toolbox\matlab\imagesci\corn.tif'
                               }
                      Folders: {
                               'C:\Program Files\MATLAB\R2023a\toolbox\matlab'
                               }
      AlternateFileSystemRoots: {}
                     ReadSize: 1
                       Labels: {}
       SupportedOutputFormats: ["png"    "jpg"    "jpeg"    "tif"    "tiff"]
          DefaultOutputFormat: "png"
                      ReadFcn: @readDatastoreImage
>> hasdata(imds)                %检查是否有数据
ans =
  logical
   1
```

3. 图像数据存储

如果一个图像文件集合中的每个图像可以单独放入内存，但整个集合不一定能放入内存，则可以使用 ImageDatastore 对象进行管理。

在 MATLAB 中，可以使用 imageDatastore 命令创建 ImageDatastore 对象，存储指定的图像数据，其使用格式见表 6.4。

表 6.4　imageDatastore 命令的使用格式

使 用 格 式	说　　明
imds = imageDatastore(location)	根据 location 指定的图像数据集合创建一个数据存储 imds
imds= imageDatastore(location,Name,Value)	在上一种语法格式的基础上，使用一个或多个名称-值对参数指定 imds 的属性。常用的名称-值对参数表见表 6.5

表 6.5 imageDatastore 命令名称-值对参数表

属 性 名	说 明	参 数 值
location	要包括在数据存储中的文件或文件夹	路径、DsFileSet 对象
'IncludeSubfolders'	是否包含子文件夹	false（默认）、true
'FileExtensions'	图像文件扩展名	字符向量、字符向量元胞数组、字符串标量、字符串数组
'AlternateFileSystemRoots'	备用文件系统根路径	字符串向量、元胞数组
'LabelSource'	提供标签数据的源	'none'（默认）、'foldernames'

实例——创建图像数据的数据存储

源文件：yuanwenjian\ch06\ex_603.m

扫一扫，看视频

MATLAB 程序如下：

```
>> close all                    %关闭所有打开的文件
>> clear                        %清除工作区的变量
>> imds = imageDatastore({'street1.jpg'})  %创建包含一个图像的 ImageDatastore 对象
imds =
  ImageDatastore - 属性:
                        Files: {
                               'C:\Program Files\MATLAB\R2023a\toolbox\matlab\demos\
street1.jpg'
                               }
                      Folders: {
                               'C:\Program Files\MATLAB\R2023a\toolbox\matlab\demos'
                               }
      AlternateFileSystemRoots: {}
                     ReadSize: 1
                       Labels: {}
        SupportedOutputFormats: ["png"    "jpg"    "jpeg"    "tif"    "tiff"]
          DefaultOutputFormat: "png"
                      ReadFcn: @readDatastoreImage
```

6.1.3 图像的属性参数

通过更改图像的属性值，可以对图像的特定方面进行修改。在 MATLAB 中，可修改的图形属性包括颜色和透明度、位置、交互性、回调、回调执行控件、父级/子级和标识符。

1. 颜色和透明度

颜色和透明度属性名称-值对参数表见表 6.6。

表 6.6 颜色和透明度属性名称-值对参数表

属 性 名	说 明	参 数 值
CData	图像颜色数据	[1,1,0]
CDataMapping	颜色数据的映射方法，控制 CData 中的颜色数据值到颜色图的映射时，CData 必须是用来定义索引颜色的向量或矩阵。如果 CData 是定义真彩色的三维数组，该属性不起作用	包括'direct'或'scaled'。'scaled'、'direct'表示为当前颜色图中的索引。带小数部分的值舍取为最接近的整数。'scaled'表示将值的范围通过标度转换到介于颜色的下限值和上限值之间。坐标区的 CLim 属性包含颜色范围
AlphaData	透明度数据，默认值为 1。值 1 或更大的值表示完全不透明，值 0 或更小的值表示完全透明，介于 0 和 1 之间的值表示半透明，如 im.AlphaData = 0.5;	若输入值为标量，在整个图像中使用一致的透明度；若输入值为大小与 CData 相同的数组，表示对每个图像元素使用不同的透明度值

续表

属 性 名	说　明	参　数　值
AlphaDataMapping	AlphaData 值的解释	'none'表示将值解释为透明度值，'scaled'表示将值映射到图窗的 alphamap 中。如果 alpha 范围是[3, 5]，则小于或等于 3 的 alpha 数据值映射到 alphamap 中的第一个元素；大于或等于 5 的 alpha 数据值映射到颜色图中的最后一个元素。'direct'表示图窗的 alphamap 的索引

2. 位置

图像的位置属性设置包括 XData（沿着 x 轴放置）和 YData（沿着 y 轴放置），名称-值对组参数表见表 6.7。

表 6.7　位置属性名称-值对参数表

属 性 名	说　明	参　数　值
XData	沿着 x 轴放置。 如果 XData(1)>XData(2)，则图像左右翻转	若值为标量，则以此位置作为 CData(1,1)的中心，并使后面的每个元素相隔一个单位；若值为二元素向量，则将第一个元素用作 CData(1,1)的中心位置，将第二个元素用作 CData(m,n)的中心位置，其中 $[m,n]$ = size(CData)。CData 的其余元素的中心均匀分布在这两点之间
YData	沿着 y 轴放置。 如果 YData(1)>YData(2)，则图像上下翻转	每个像素的宽度由以下表达式确定： (XData(2)-XData(1))/(size(CData,2)-1)

3. 交互性

交互性属性名称-值对参数表见表 6.8。

表 6.8　交互性属性名称-值对参数表

属 性 名	说　明	参　数　值
Visible	图像的可见性	'on'表示显示对象，'off'表示隐藏对象而不删除。默认值为'on'
UIContextMenu	右击对象时显示上下文菜单。使用 uicontextmenu 函数创建上下文菜单	如果 PickableParts 属性设置为'none'或者 HitTest 属性设置为'off'，该上下文菜单将不显示
Selected	选择状态	'on'表示已选择，'off'表示未选择
SelectionHighlight	是否显示选择句柄	'on'表示在 Selected 属性设置为'on'时显示选择句柄；'off'表示不显示选择句柄，即使 Selected 属性设置为'on'也不显示选择句柄
Clipping	按照坐标区范围裁剪对象	'on'表示不显示对象超出坐标区范围的部分；'off'表示显示整个对象，即使对象的某些部分超出坐标区范围

4. 回调

回调属性名称-值对参数表见表 6.9。

表 6.9　回调属性名称-值对参数表

属 性 名	说　明	参　数　值
ButtonDownFcn	鼠标点击回调，如果 PickableParts 属性设置为'none'或者 HitTest 属性设置为'off'，则不执行此回调	函数句柄（点击的对象表示从回调函数中访问点击的对象的属性；事件数据表示空参数），元胞数组（包含一个函数句柄和其他参数），字符向量（有效 MATLAB 命令或函数）
CreateFcn	创建函数	''（默认），函数句柄，元胞数组，字符向量
DeleteFcn	删除函数，如果不指定 DeleteFcn 属性，则 MATLAB 执行默认的删除函数	''（默认），函数句柄，元胞数组，字符向量

5. 回调执行控件

回调执行控件属性名称-值对参数表见表 6.10。

表 6.10　回调执行控件属性名称-值对参数表

属 性 名	说　　明	参　数　值
Interruptible	确定是否可以中断运行中回调。回调状态包括两种：运行中回调（当前正在执行的回调）、中断回调（试图中断运行中回调的回调）	'on'允许其他回调中断对象的回调，'off'阻止所有中断尝试。默认值为'on'
BusyAction	决定 MATLAB 如何处理中断回调的执行	'queue'将中断回调放入队列中，以便在运行中回调执行完毕后进行处理；'cancel'不执行中断回调。默认值为'queue'
PickableParts	捕获鼠标点击行为的能力	'visible'仅当对象可见时才捕获鼠标点击行为，visible 属性必须设置为'on'；HitTest 属性决定是 Image 对象响应点击还是对父级响应点击；'none'无法捕获鼠标点击行为。默认值为'visible'
HitTest	响应捕获的鼠标点击行为	'on'触发 Image 对象的 ButtonDownFcn 回调；'off'表示当 HitTest 属性设置为'on'或 PickableParts 属性所设置的值允许父级捕获鼠标点击行为，触发 Image 对象的最近父级的回调
BeingDeleted	删除状态	当 DeleteFcn 回调开始执行时，MATLAB 会将 BeingDeleted 属性设置为'on'。BeingDeleted 属性将一直保持'on'设置状态，直到组件对象不再存在为止。此属性为只读

6. 父级/子级

父级/子级属性名称-值对参数表见表 6.11。

表 6.11　父级/子级属性名称-值对参数表

属 性 名	说　　明	参　数　值
Parent	父级	指定为 Axes、Group 或 Transform 对象
Children	子级，空 GraphicsPlaceholder 数组	对象没有任何子级
HandleVisibility	对象句柄的可见性	'on'表示对象句柄始终可见，'off'表示对象句柄始终不可见。'callback'对象句柄在回调或回调所调用的函数中可见，但在从命令行调用的函数中不可见

7. 标识符

标识符属性名称-值对参数表见表 6.12。

表 6.12　标识符属性名称-值对参数表

属 性 名	说　　明	参　数　值
Type	图形对象的类型	以'image'形式返回
Tag	对象标识符，指定为字符向量或字符串标量	''、字符向量、字符串标量、可以指定唯一的 Tag 值作为对象的标识符
UserData	用户数据	指定为任何 MATLAB 数组

与图形类似，使用圆点表示法可以获取图像的属性，使用圆点表示法或名称-值对参数可以进行设置或修改。

6.2　转换图像的数据类型

在 MATLAB 中，图像使用数据矩阵表示，图像数据矩阵可以是 double、uint8 或 uint16 类型等。输入图像的数据矩阵默认使用 I 表示，指定为数值标量、向量、矩阵或多维数组。如果 I 为灰度或真彩色（RGB）图像，可以是 uint8、uint16、double、logical、single 或 int16 类型；如果 I 为索引图像，可以是 uint8、uint16、double 或 logical 类型；如果 I 为二值图像，则必须是 logical 类型。

为满足不同的要求，对于这些格式的图像文件，MATLAB 提供了将图像矩阵转换为相应的数据格式的命令，下面简单介绍这些命令的基本用法。

在 MATLAB 中，使用 im2double 命令可以将图像转换为双精度值，其使用格式见表 6.13。

表 6.13　im2double 命令的使用格式

使 用 格 式	说　　明
I2 = im2double(I)	将输入图像 I 转换为双精度。I 可以是灰度强度图像、真彩色图像或二值图像。转换后将整数数据类型的输出重新缩放到范围[0, 1]
I2 = im2double(I,'indexed')	将索引图像 I 转换为双精度。在整数数据类型的输出中增加大小为 1 的偏移量。'indexed'表示设置偏移量

扫一扫，看视频

实例——将图像转换为双精度值

源文件：yuanwenjian\ch06\ex_604.m

MATLAB 程序如下：

```
>> close all              %关闭所有打开的文件
>> clear                  %清除工作区的变量
>> I = imread('yellowlily.jpg');   %读取搜索路径下的图像，返回 uint8 类型的图像数据矩阵 I
>> I2 = im2double(I);     %将 I 转换为双精度类型 I2
>> whos                   %查看变量的信息
  Name        Size              Bytes  Class     Attributes

  I        1632x1224x3         5992704  uint8
  I2       1632x1224x3        47941632  double
```

数值类型除双精度、单精度外，还包括无符号整型、有符号整型。将图像矩阵存储为 8 位或 16 位无符号整数类型，可以降低内存要求。其他图像矩阵数值类型转换函数见表 6.14，使用格式与 im2double 命令类似，这里不再赘述。

表 6.14　数值类型转换函数

函数名格式	说　　明
im2uint8	转换图像阵列为 8 位无符号整型
im2uint16	转换图像阵列为 16 位无符号整型
im2int16	转换图像阵列为 16 位有符号整型
im2single	转换图像阵列为单精度浮点类型

6.3　显示图像文件

图像的显示是将数字图像转化为方便人们使用的形式，便于观察和理解。图像处理常用的类型包括真彩色图像、灰度图像、二值图像、HDR 图像、索引图像等，下面主要介绍这些常用图像类型的显示方法。

6.3.1　真彩色图像

真彩色模式又称 RGB 模式，是美工设计人员最熟悉的色彩模式。RGB 模式是将红色（Red）、绿色（Green）、蓝色（Blue）3 种基本颜色进行颜色加法（加色法），配制出绝大部分肉眼能看到的颜色。将 24 位 RGB 图像看作由 3 个颜色信息通道组成：红色通道、绿色通道和蓝色通道。

其中每个通道使用 8 位颜色信息，每种颜色信息由 0～255 的亮度值来表示。这 3 个通道通过组合，可以产生 1670 余万种不同的颜色。屏幕的显示基础是 RGB 系统，印刷品无法用 RGB 模式来产生各种颜色，所以 RGB 模式多用于视频、多媒体和网页设计中。图 6.1 所示为 RGB 模式的图像。

图 6.1　RGB 模式的图像

图像的颜色数据是由向量或矩阵或 RGB 三元组组成的三维数组，在 MATLAB 中一般使用颜色数据 C 表示，C 为不同的数据类型，表示不同的含义，如图 6.2 所示。

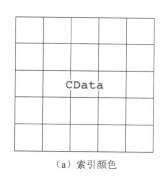

（a）索引颜色

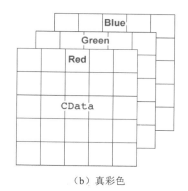

（b）真彩色

图 6.2　图像的颜色数据

1．向量或矩阵

C 定义索引图像数据。C 的每个元素定义图像的 1 个像素的颜色。例如，C＝[1 2 3；4 5 6；7 8 9]。C 的元素映射到相关联的坐标区的颜色图中的颜色。CDataMapping 属性控制映射方法。

2．由 RGB 三元组组成的三维数组

每个 RGB 三元组定义图像的 1 个像素的颜色。RGB 三元组是三元素向量，指定颜色的红、绿和蓝分量的强度。三维数组的第一层包含红色分量，第二层包含绿色分量，第三层包含蓝色分量。由于图像使用真彩色代替颜色图的颜色，因此 CDataMapping 属性没有任何作用。

如果 C 为 double 类型，则 RGB 三元值[0，0，0]和[1，1，1]分别对应黑色和白色，如图 6.3 所示。如果 C 为整数类型，则该图像使用完整范围的数据确定颜色。

在 MATLAB 中，使用 imshow 命令可以显示真彩色图像。事实上，imshow 命令不限制图像格式，其使用格式见表 6.15。

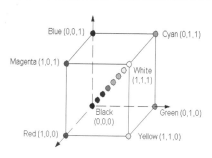

图 6.3　RGB 颜色坐标值

表 6.15   imshow 命令的使用格式

使 用 格 式	说　　明
imshow(RGB)	在图窗中显示真彩色图像 RGB
imshow(filename)	显示 filename 指定的图形文件中的图像
imshow(…,Name,Value)	在上述任一种语法格式的基础上，使用名称-值对参数控制运算的各个方面来显示图像
himage = imshow(…)	在上述任一种语法格式的基础上，返回图像对象 himage

📢 注意：

　　如果要显示的图像位于当前工作路径或搜索路径，可以直接将文件名作为输入参数；否则，应输入完整的文件路径，以免查找不到，显示报错信息。

扫一扫，看视频

实例——显示搜索路径下的图像

源文件：yuanwenjian\ch06\ex_605.m

MATLAB 程序如下：

```
>> imshow('cat2.jpg')        %显示搜索路径下的图像
>> imshow(' C:\Users\QHTF\Documents\MATLAB\yuanwenjian\images\cat2.jpg') %如果
```
图像不在工作路径或搜索路径下，则需要输入图像文件的完整路径

运行结果如图 6.4 所示。

扫一扫，看视频

实例——显示 MATLAB 预置的图像

源文件：yuanwenjian\ch06\ex_606.m

MATLAB 程序如下：

```
>> imshow('yellowlily.jpg' ,Border='tight', ...
   InitialMagnification='fit')    %显示图像，图窗窗口不包含图窗中的图像周围的任何空间，缩放
```
整个图像以适合窗口

运行结果如图 6.5 所示。

图 6.4　显示搜索路径下的图像

图 6.5　显示 MATLAB 预置的图像

6.3.2　灰度图像

　　灰度图像是每个像素只有一个采样颜色的图像，这类图像通常显示为从最暗的黑色到最亮的

白色的灰度。灰度图像与黑白图像不同,在计算机图像领域中黑白图像只有黑色与白色两种颜色;灰度图像在黑色与白色之间还有许多级的颜色深度。

灰度图像中只有灰度颜色而没有彩色,其每个像素都以 8 位、16 位或 32 位表示,介于黑色与白色之间的 256(2^8)或 64K(2^{16})或 4G(2^{32})种灰度中的一种,图 6.6 显示了一幅 8 位的灰度图像。

在 RGB 模型中,如果 R=G=B 时,则彩色表示一种灰度颜色,其中 R=G=B 的值叫灰度值,因此,灰度图像每个像素只需一个字节存放灰度值(又称强度值、亮度值),灰度范围为 0~255。一般常用加权平均法获取每个像素点的灰度值。

图 6.6　8 位的灰度图像

通过下面几种方法,可以将 RGB 图像转换为灰度图像。

➢ 浮点算法:Gray=R0.3+G0.59+B0.11
➢ 整数方法:Gray=(R30+G59+B11)/100
➢ 移位方法:Gray=(R76+G151+B28)>>8
➢ 平均值法:Gray=(R+G+B)/3
➢ 仅取绿色:Gray=G

通过上述任一种方法求得 Gray 后,将原来的 RGB(R,G,B)中的 R、G、B 统一用 Gray 替换,形成新的颜色 RGB(Gray,Gray,Gray),用它替换原来的 RGB(R,G,B)就是灰度图了。

用于显示的灰度图像通常用每个采样像素 8 位的非线性尺度来保存,这样可以有 256 级灰度。在医学图像与遥感图像等技术应用中,经常采用更多的级数以充分利用每个像素采样 10 位或 12 位的传感器精度,并且避免计算时的近似误差。在这些应用领域,每个像素采样 16 位,即 65536 级应用更广泛。

在 MATLAB 中,imshow 命令还提供了显示灰度图像的使用格式,见表 6.16。

表 6.16　imshow 命令的使用格式

使 用 格 式	说　　明
imshow(I)	使用图像数据类型的默认显示范围显示灰度图像 I,并优化图窗、坐标区和图像对象属性
imshow(I,[low high])	显示灰度图像 I,以二元素向量[low high]形式指定显示范围。高于 high 的值显示为白色,低于 low 的值显示为黑色。范围内的像素按比例拉伸显示为不同等级的灰色
imshow (I,[])	根据 I 中的像素值范围进行缩放,显示灰度图像 I,I 中的最小值显示为黑色,最大值显示为白色

实例——显示灰度图像

源文件:yuanwenjian\ch06\ex_607.m

MATLAB 程序如下:

扫一扫,看视频

```
>> close all                          %关闭所有打开的文件
>> clear                              %清除工作区的变量
>> subplot(131)
>> imshow('diantang_gray.png',InitialMagnification=60)    %指定图像显示的初始放大分
辨率为 60%,显示搜索路径下的灰度图片
>> title('默认显示范围')
>> I = imread('diantang_gray.png');%读取灰度图像,返回图像数据矩阵 I
```

```
>> subplot(132),
>> imshow(I,[])                        %根据I中的像素值自动转换显示范围
>> title('自动转换范围')
>> subplot(133),
>> imshow(I,[0 60])                    %指定显示范围为[0,60]
>> title('指定显示范围')
```

运行结果如图 6.7 所示。

图 6.7　显示灰度图像

6.3.3　二值图像

二值图像（Binary Image）是指图像中的任何像素点的灰度值均为 0 或者 255，分别代表黑色和白色，将整个图像呈现出明显的只有黑和白的视觉效果。

二值图像一般用来描述字符图像，其优点是占用空间少；其缺点是，当表示人物、风景的图像时，二值图像只能展示其边缘信息，图像内部的纹理特征表现不明显。这种情况下，要使用纹理特征更为丰富的灰度图像。二值图像经常在数字图像处理中作为图像掩码或者在图像分割、二值化和抖动近似转换的结果中出现。一些输入/输出设备，如激光打印机、传真机、单色计算机显示器等都可以处理二值图像。

由于二值图像仅有 0 和 1 两个像素值，因此，直接替换黑白色调容易引起人类视觉器官的察觉，所以，对二值图像的信息隐藏不能单纯地进行像素值替换。

在 MATLAB 中，二值图像用一个由 0 和 1 组成的二维矩阵表示。这两个可取的值分别对应于关闭和打开，关闭表征该像素处于背景，而打开表征该像素处于前景。以这种方式来操作图像可以更容易识别出图像的结构特征。二值图像操作只返回与二值图像的形式或结构有关的信息，如果希望对其他类型的图像进行同样的操作，则首先要将其转换为二进制的图像格式。

在 MATLAB 中，imshow 命令也提供了显示二值图像的使用格式，见表 6.17。

表 6.17　imshow 命令的使用格式

使　用　格　式	说　　　　明
imshow(BW)	显示二值图像 BW，将值为 0 的像素显示为黑色，将值为 1 的像素显示为白色

实例——显示二值图像

源文件：yuanwenjian\ch06\ex_608.m

MATLAB 程序如下：

```
>> close all                           %关闭所有打开的文件
>> clear                               %清除工作区的变量
>> I=imread('diantang_imbinary.png');  %读取搜索路径下的二值图像,返回图像数据矩阵 I
>> imshow(I),title('二值图')           %显示二值图像
```

运行结果如图 6.8 所示。

图 6.8　显示二值图像

6.3.4　HDR 和 LDR 图像

MATLAB 提供了创建高动态范围图像的命令 makehdr,可以便捷地合成 HDR 图像,其使用格式见表 6.18。

表 6.18　makehdr 命令的使用格式

使 用 格 式	说　　明
HDR = makehdr(files)	从存储一组空间注册的 LDR 图像的文件 files 创建单精度高动态范围图像 HDR
HDR = makehdr(imds)	从存储一组空间注册的 LDR 图像的 ImageDatastore 对象 imds 创建单精度 HDR 图像
HDR = makehdr(…,Name,Value)	在上述任一种语法格式的基础上,使用名称-值对参数设置图像属性
HDR = makehdr(images,Name,Value)	从存储一组空间注册的 LDR 图像的单元数组 images 创建单精度 HDR 图像

输入图像文件必须包含可交换图像文件格式（EXIF）曝光元数据。makehdr 命令使用最亮和最暗图像之间的中间曝光作为 HDR 计算的基础曝光。

实例——从图像数据存储对象创建 HDR 图像

源文件:yuanwenjian\ch06\ex_609.m

MATLAB 程序如下:

扫一扫,看视频

```
>> close all                           %关闭所有打开的文件
>> clear                               %清除工作区的变量
>> imds = imageDatastore({'office_2.jpg','office_4.jpg'});   %创建数据存储对象 imds
```

```
>> subplot(131),imshow(readimage(imds,1))    %显示 ImageDatastore 对象 imds 中的第一张图像
>> title('图像 1')
>> subplot(132),imshow(readimage(imds,2))    %显示 ImageDatastore 对象 imds 中的第二张图像
>> title('图像 2')
>> expTimes = [0.0333 2.0000];              %定义变量，用于计算每幅图像的相对曝光值
>> hdr = makehdr(imds,RelativeExposure=expTimes./expTimes(1));      %基于图像数据存
储对象 imds 中的 LDR 图像集创建单精度、高动态范围的图像 hdr
>> subplot(133),imshow(hdr)                  %显示高动态范围的图像 hdr
>> title('HDR 图像')
```

运行结果如图 6.9 所示。

图 6.9　显示 HDR 图像

由于硬件设备的差异，很多情况下都需要将 HDR 的内容输出到 LDR 的设备上，目前通常采用色调映射（Tone Mapping）技术将 HDR 图像映射为 LDR。色调映射实质上是一个信息压缩过程，将 HDR 图像的色度、亮度、动态范围等，映射到 LDR 图像的标准范围内，使高动态范围图像能够适应低动态范围显示器。

在 MATLAB 中，使用 tonemap 命令可将 HDR 图像转换为适合显示的较低动态范围的图像，其使用格式见表 6.19。

表 6.19　tonemap 命令的使用格式

使 用 格 式	说　　明
RGB = tonemap(HDR)	使用称为色调映射的过程将高动态范围图像 HDR 转换为适合显示的低动态范围图像 RGB
RGB = tonemap(HDR,Name,Value)	使用名称-值对参数控制色调映射

扫一扫，看视频

实例——将 HDR 图像转换为 LDR 图像

源文件：yuanwenjian\ch06\ex_610.m

MATLAB 程序如下：

```
>> close all                    %关闭所有打开的文件
>> clear                        %清除工作区的变量
>> imds = imageDatastore({'office_3.jpg','office_5.jpg'});    %创建图像数据存储对象 imds
>> expTimes = [0.0333 2.0000];      %定义变量，用于计算每幅图像的相对曝光值
>> hdr = makehdr(imds,RelativeExposure=expTimes./expTimes(1));      %基于图像数据存
储对象 imds 中的 LDR 图像集创建单精度、高动态范围的图像 hdr
>> subplot(121),imshow(hdr), title('HDR 图像')    %显示高动态范围的图像
>> ldr = tonemap(hdr);              %将 HDR 图像转换为适合显示的较低动态范围的图像
>> subplot(122),imshow(ldr), title('LDR 图像')    %显示低动态范围的图像
```

运行结果如图 6.10 所示。

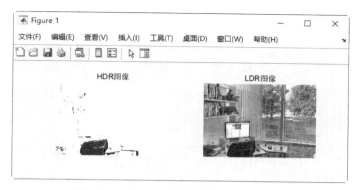

图 6.10　将 HDR 图像转换为 LDR 图像

6.3.5　索引图像

索引图像是一种把像素值直接作为 RGB 颜色图下标的图像，可把像素值"直接映射"为颜色图数值。

一幅索引图包含一个数据矩阵 data 和一个颜色图矩阵 map，数据矩阵可以是 uint8、uint16 或双精度类型，而颜色图矩阵则是一个 m×3 的双精度矩阵。颜色图通常与索引图像存储在一起，装载图像时，颜色图将与图像一同自动装载。

索引模式与灰度模式类似，每个像素点可以有 256 种颜色容量，但它可以负载彩色。灰度模式的图像最多只能有 256 种颜色。当图像转换成索引模式时，系统会自动根据图像上的颜色归纳出能代表大多数颜色的 256 种颜色，就像一张颜色表，然后用这 256 种颜色代替整个图像上所有的颜色信息。索引的图像只支持一个图层，并且只有一个索引彩色通道。

下面简要介绍两个显示索引图像的命令。

1. imshow 命令

在 MATLAB 中，imshow 命令提供了显示索引图像的使用格式，见表 6.20。

表 6.20　imshow 命令的使用格式

使 用 格 式	说　　明
imshow(X,map)	显示索引图像，X 为图像矩阵，map 为颜色图

实例——显示索引图像

源文件：yuanwenjian\ch06\ex_611.m

MATLAB 程序如下：

扫一扫，看视频

```
>> close all                                %关闭所有打开的文件
>> clear                                     %清除工作区的变量
>> [I,map]=imread('diantang_ind.png'); %读取搜索路径下的 RGB 图像，返回图像数据 I 以及与
索引图像数据关联的颜色图 map
>> [J,map1]=imread('diantang_gray_ind.png');          %读取搜索路径下的灰度索引图像
>> subplot(221),imshow(I,map), title('带颜色图的索引')   %显示带有颜色图 map 的索引图像 I
>> subplot(222),imshow(I),title('RGB 图的索引图')
>> subplot(223),imshow(J,map1), title('带颜色图的索引图')   %显示带有颜色图 map1 的索引图像 J
```

```
>> subplot(224),imshow(J),title('灰度图的索引图')
```

运行结果如图 6.11 所示。

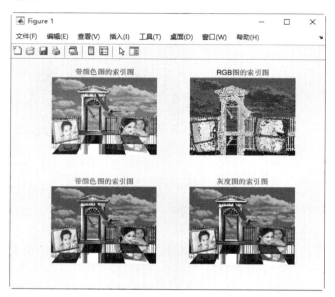

图 6.11　显示索引图像

2．image 命令

image 命令用于将图像数据矩阵显示为图像，该命令生成的图像是一个 $m×n$ 像素网格，其中 m 和 n 分别是 C 中的行数和列数。这些元素的行索引和列索引确定了对应像素的中心。其使用格式见表 6.21。

表 6.21　image 命令的使用格式

使用格式	说　明
image(C)	将矩阵 C 中的值显示为图像，C 中的每个元素指定图像的 1 个像素的颜色
image(x,y,C)	在上一种语法格式的基础上，使用 x 和 y 指定图像位置。如果 x、y 为二元素向量，则分别定义 x 轴与 y 轴的范围；如果 x 和 y 设为标量值，则为第一个边角的坐标，然后对图像进行拉伸和定向，确定一个边角的位置
image(...,Name,Value)	在上述任一种语法格式的基础上，使用名称-值对参数设置图像的属性
image(ax,...)	在 ax 指定的坐标区中显示图像
handle = image(...)	在上述任一种语法格式的基础上，返回图像对象

扫一扫，看视频

实例——将颜色数据显示为图像

源文件：yuanwenjian\ch06\ex_612.m

MATLAB 程序如下：

```
>> close all          %关闭所有打开的文件
>> clear              %清除工作区的变量
>> C = invhilb(3);    %创建 3 阶逆希尔伯特矩阵
>> C = C*2;           %定义图像颜色数据
>> image(C)           %将图像颜色数据显示为图像
>> colorbar           %添加色阶
```

运行结果如图 6.12 所示。

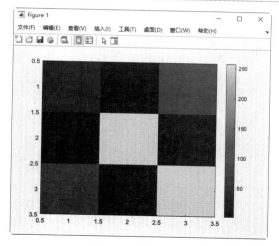

图 6.12 数据图像

实例——在指定位置显示图像

源文件：yuanwenjian\ch06\ex_613.m

MATLAB 程序如下：

```
>> close all                              %关闭所有打开的文件
>> clear                                  %清除工作区的变量
>> C = [10 20 30 40; 110 120 130 140; 221 222 223 224;151 152 153 154];   %颜色矩阵
>> subplot(1,3,1), image(C)               %绘制颜色图
>> title('默认效果')
>> x = [0 1];                             %定义图像两个边角中心位置的 x 坐标
>> y = [3 5];                             %两个边角中心位置的 y 坐标
>> subplot(1,3,2), image(x,y,C)           %绘制设置 x、y 轴范围的颜色图 C
>> title('指定两个边角位置')
>> subplot(1,3,3), image(C);              %绘制颜色图
>> axis([0 5 0 5]);                       %设置颜色图坐标轴范围
>> title('设置坐标轴范围')
```

运行结果如图 6.13 所示。

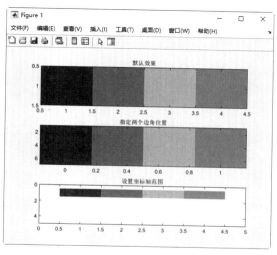

图 6.13 在指定位置显示图像

实例——在三维坐标区中添加图像

源文件：yuanwenjian\ch06\ex_614.m

MATLAB 程序如下：

```
>> close all          %关闭所有打开的文件
>> clear              %清除工作区的变量
>> Z=15+peaks;        %定义山峰函数坐标矩阵 Z
>> surf(Z)            %绘制山峰曲面
>> hold on            %保留当前图形
>> image(Z,CDataMapping='scaled')   %将颜色值的范围缩放到当前颜色图的完整范围，在曲面下
的 xy 平面中显示该图像
```

运行结果如图 6.14 所示。

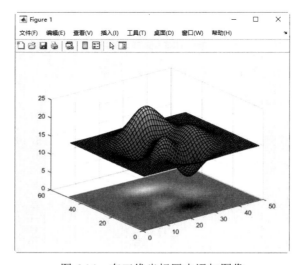

图 6.14　在三维坐标区中添加图像

第7章 图像的基本操作

内容指南

在 MATLAB 中，对图像的操作实质上是对图像矩阵的操作。图像的基本操作包括图像的读写、图像的信息查询及图像的显示设置。

知识重点

➤ 读写图像文件
➤ 查询图像信息
➤ 图像的显示设置

7.1 读写图像文件

MATLAB 支持的图像格式有*.bmp、*.cur、*.gif、*.hdf、*.ico、*.jpg、*.pbm、*.pcx、*.pgm、*.png、*.ppm、*.ras、*.tiff 以及*.xwd。对于这些格式的图像文件，MATLAB 提供了相应的读写命令，下面简单介绍这些命令的基本用法。

7.1.1 读取图像

MATLAB 中常用的图像读取命令有 imread 命令、readimage 命令、getimage 命令、read 命令、readall 命令以及 hdrread 命令。下面介绍这些命令及相应用法。

1. 从图像文件读取图像

在 MATLAB 中，imread 命令可用于读取各种图像文件，将图像以矩阵的形式存储，其使用格式见表 7.1。

表 7.1 imread 命令的使用格式

使 用 格 式	说　明
A=imread(filename)	从 filename 指定的文件中读取图像，如果 filename 为多图像文件，则读取该文件中的第一个图像
A=imread(filename, fmt)	在上一种语法格式的基础上，使用参数 fmt 指定图像文件的格式
A=imread(…, idx)	读取多帧图像文件中的一帧，idx 为帧号。这种语法格式仅适用于 GIF、PGM、PBM、PPM、CUR、ICO、TIF 和 HDF4 文件
A=imread(…, Name,Value)	在以上任一种语法格式的基础上，使用一个或多个名称-值对参数指定其他选项
[A, map]=imread(…)	在以上任一种语法格式的基础上，返回读取的索引图像 A，以及关联的颜色图 map。图像文件中的颜色图值会自动重新调整到范围[0,1]中
[A, map, alpha]=imread(…)	在上一种语法格式的基础上，还返回图像透明度。这种语法格式仅适用于 PNG、CUR 和 ICO 文件。对于 PNG 文件，返回 alpha 通道（如果存在）

对于图像数据 A，以数组的形式返回。

➢ 如果文件包含灰度图像，则 A 为 $m×n$ 数组。

➢ 如果文件包含索引图像，则 A 为 $m×n$ 数组，其中的索引值对应于 map 中该索引处的颜色。

➢ 如果文件包含真彩色图像，则 A 为 $m×n×3$ 数组。

➢ 如果文件是一个包含使用 CMYK 颜色空间的彩色图像的 TIFF 文件，则 A 为 $m×n×4$ 数组。

实例——读取图像的指定区域

源文件： yuanwenjian\ch07\ex_701.m

MATLAB 程序如下：

```
>> close all                                        %关闭所有打开的文件
>> clear                                            %清除工作区的变量
>> I0 = imread('trees.tif',1);                      %读取多帧图像的第一帧
>> I = imread('trees.tif',PixelRegion={[5,80],[15,215]});  %读取图像，指定要读取的区
域边界，第一个向量为行范围，第二个向量为列范围，返回 uint8 类型的 76×201 图像数据矩阵 I
>> subplot(121),imshow('I0'),title('原始图像')       %显示完整的原始图
>> subplot(122),imshow(I),title('读取的区域图像')     %显示区域图
```

运行结果如图 7.1 所示。

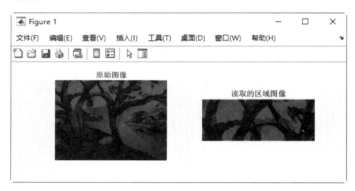

图 7.1　读取指定区域的图像

2．从数据存储读取图像

在 MATLAB 中，readimage 命令用于从数据存储读取指定的图像，该命令支持的图像格式与 imread 命令支持的图像格式相同。要注意的是，该命令不能读取数据存储之外的图像，除非将图像复制到数据存储路径下，其使用格式见表 7.2。

表 7.2　readimage 命令的使用格式

使 用 格 式	说　　明
img = readimage(imds,I)	从数据存储 imds 读取第 I 个图像文件并返回图像数据 img
[img,fileinfo] = readimage(imds,I)	在上一种语法格式的基础上，还返回一个包含两个文件信息字段的结构体 fileinfo。其中，字段 Filename 表示读取的图像文件的名称；FileSize 表示文件大小（以字节为单位）

实例——读取数据存储中的图像

源文件： yuanwenjian\ch07\ex_702.m

MATLAB 程序如下：

```
>> close all                        %关闭所有打开的文件
>> clear                            %清除工作区的变量
>> imds = imageDatastore({'image_00046.jpg','image_00141.jpg'});   %创建一个包含两
个图像的 ImageDatastore 对象
>> img1 = readimage(imds,1);    %读取 imds 中的第一个图像，返回三维 uint8 图像矩阵 img1
>> subplot(121),imshow(img1) ,title('图像 1')        %显示读取的图像
>> img2 = readimage(imds,2);                         %读取 imds 中的第二个图像
>> subplot(122),imshow(img2) ,title('图像 2')        %显示图像
```

运行结果如图 7.2 所示。

图 7.2　显示图片

3. 从坐标区获取图像数据

在 MATLAB 中，使用 getimage 命令可以从图形窗口中获取图像数据，其使用格式见表 7.3。

表 7.3　getimage 命令的使用格式

使 用 格 式	说　　　明
I = getimage(h)	返回图形对象 h 中包含的第一个图像数据
[x,y,I] = getimage(h)	在上一种语法格式的基础上，还返回 x 和 y 方向上的图像范围
[...,flag] = getimage(h)	在上一种语法格式的基础上，还返回指示 h 包含的图像类型的标志
[...] = getimage	返回当前坐标区对象的信息

实例——从坐标区获取图像数据

源文件：yuanwenjian\ch07\ex_703.m

扫一扫，看视频

MATLAB 程序如下：

```
>> close all                        %关闭所有打开的文件
>> clear                            %清除工作区的变量
>> ax(1)=subplot(121);imshow indiancorn.jpg   %显示搜索路径下的图像
>> title('直接显示图像')
>> I = getimage;        %获取当前图形窗口中显示的图像的数据 I。效果等同于读取图像文件显示在工作
区，再通过显示工作区中的图像数据显示图像
>> ax(2)=subplot(122);
>> imshow(I*2)                      %对获取的图像数据进行运算并输出
>> title('获取图像数据并运算')
```

运行结果如图 7.3 所示。

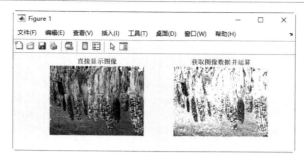

图 7.3　显示图像

4．读取数据存储中的数据

在 MATLAB 中，read 命令用于读取数据存储中的数据，其使用格式见表 7.4。

表 7.4　read 命令的使用格式

使 用 格 式	说　　明
data = read(ds)	返回数据存储 ds 中的数据。后续调用该命令时，将继续从上一调用的端点读取
[data,info] = read(ds)	在上一种语法格式的基础上，还返回提取的数据的信息

实例——依次读取数据存储中的图像

源文件：yuanwenjian\ch07\ex_704.m

MATLAB 程序如下：

```
>> close all                        %关闭所有打开的文件
>> clear                            %清除工作区的变量
>> imds = imageDatastore({'image_00029.jpg','image_00022.jpg'});   %创建一个包含两个
图像的 ImageDatastore 对象
>> img1 = read(imds);               %读取 imds 中的第一幅图像
>> subplot(121);imshow(img1)        %显示读取的图像
>> title('图像1')
>> img2 = read(imds);               %从上一次调用的端点继续读取图像，即第二幅图像
>> subplot(122);imshow(img2)        %显示读取的图像
>> title('图像2')
```

运行结果如图 7.4 所示。

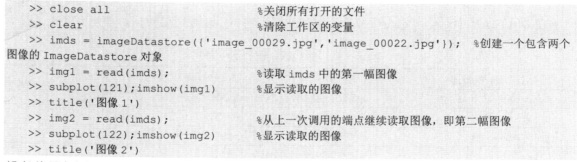

图 7.4　显示图像

5．读取数据存储中的所有数据

在 MATLAB 中，readall 命令用于读入数据存储内各种图像文件，其使用格式见表 7.5。

表 7.5　readall 命令的使用格式

使 用 格 式	说　明
data = readall(ds)	返回 ds 指定的数据存储中的所有数据。如果数据存储中的数据不能全部载入内存，则返回错误
data = readall(ds,'UseParallel',tf)	并行读取数据。使用这种语法格式，需要使用并行计算工具箱 Parallel Computing Toolbox

实例——读取数据存储中的所有图像数据

扫一扫，看视频

源文件：yuanwenjian\ch07\ex_705.m

MATLAB 程序如下：

```
>> close all                    %关闭所有打开的文件
>> clear                        %清除工作区的变量
>> ds = datastore({'01.jpg','0017.jpg'});   %创建一个包含两个图像的 ImageDatastore 对象
>> img = readall(ds)            %获取图像数据存储中的所有数据
img =
  2×1 cell 数组
    {326×476×3  uint8}
    {900×1440×3 uint8}
>> imout=imtile(img);           %将多个图像帧合并为一个矩形分块图
>> imshow(imout)                %显示分块图中的图像
```

运行结果如图 7.5 所示。

图 7.5　显示所有图像

6. 读取 HDR 图像的文件

在 MATLAB 中，hdrread 命令用于读取高动态范围（HDR）图像文件，其使用格式见表 7.6。

表 7.6　hdrread 命令的使用格式

使 用 格 式	说　明
hdr=hdrread(filename)	从指定的文件 filename 中读取高动态范围图像 hdr

实例——读取 HDR 图像

源文件：yuanwenjian\ch07\ex_706.m

MATLAB 程序如下：

```
>> close all                              %关闭所有打开的文件
>> clear                                  %清除工作区的变量
>> hdr = hdrread('office.hdr');           %读取当前路径下的 HDR 图像文件
>> subplot(121),imshow(hdr),title('HDR 图像')   %显示 HDR 图像
>> ldr = tonemap(hdr);                    %将 HDR 图像转换为适合显示的较低动态范围
>> subplot(122),imshow(ldr),title('色调映射后的 LDR 图像')
```

运行结果如图 7.6 所示。

图 7.6　显示图像

7.1.2　写入图像

本小节介绍两个常用的写入图像命令。

1．写入不同格式的文件

在 MATLAB 中，使用 imwrite 命令可以将图像写入各种格式的图像文件，其使用格式见表 7.7。

表 7.7　imwrite 命令的使用格式

使 用 格 式	说　　明
imwrite(A, filename)	将图像的数据 A 写入文件 filename 中，从扩展名推断文件格式
imwrite(A,map,filename)	将索引图像 A 以及关联的颜色图 map 写入文件 filename
imwrite(…, fmt)	在以上任一种语法格式的基础上，将图像数据以 fmt 的格式写入文件 filename 中，无论 filename 中的文件扩展名如何，都按照输入参数之后指定 fmt
imwrite(…, Name,Value)	在以上任一种语法格式的基础上，使用名称-值对参数指定输出图像的参数

这里要提请读者注意的是，使用该命令写入图像时，如果图像数据矩阵 A 属于 uint8 数据类型，则 imwrite 输出 8 位的值。如果 A 属于 uint16 数据类型，且输出文件格式支持 16 位数据（JPEG、PNG 和 TIFF），则输出 16 位的值；如果输出文件格式不支持 16 位数据，则 imwrite 返回错误。如果 A 是灰度图像或者属于 double 或 single 数据类型的 RGB 彩色图像，则假设动态范围为[0,1]，并在将其作为 8 位值写入文件之前自动按 255 缩放数据。如果 A 属于 single 数据类型，则在将其写入 GIF 或 TIFF 文件之前将 A 转换为 double 数据类型。如果 A 属于 logical 数据类型，则假设数据为二值图像，并将数据写入位深度为 1 的文件（如果格式允许）。

扫一扫，看视频

动手练一练——将 JPG 图像写入 BMP 文件

读取搜索路径下的一幅 JPG 图像，将读取的图像数据写入一个 BMP 文件。

📋 思路点拨：

源文件：yuanwenjian\ch07\prac_701.m

（1）读取图像，返回图像数据矩阵。

（2）分割视图，在第一个子图中显示读取的图像。

（3）将读取的图像数据写入一个 BMP 文件中，指定文件名。

（4）在第二个子图中显示写入的 BMP 图像。

实例——保存多帧图像的最后一帧图像

源文件：yuanwenjian\ch07\ex_707.m

MATLAB 程序如下：

```
>> close all                              %关闭所有打开的文件
>> clear                                  %清除工作区的变量
%读取多帧图像的前 3 帧并显示
>> for i=1:3
[X,map]=imread('animals.gif',i);
subplot(2,2,i),imshow(X,map)
title(['第',num2str(i),'帧图像'])          %标题
end
>> imwrite(X,'animals_3.bmp','bmp');      %在 BMP 文件中写入索引图像
>> subplot(2,2,4),imshow('animals_3.bmp') %显示写入的图像
>> title('保存的图像')
```

运行结果如图 7.7 所示。

图 7.7 显示图像

2. 写入 HDR 文件

在 MATLAB 中，hdrwrite 命令用于写入 HDR 图像文件，其使用格式见表 7.8。

表 7.8 hdrwrite 命令的使用格式

使 用 格 式	说 明
hdrwrite(hdr,filename)	将 HDR 图像 hdr 写入名为 filename 的文件。函数使用运行长度编码来最小化文件大小

7.2 查询图像信息

在利用 MATLAB 进行图像处理时，有时需要查看图像的相关信息，如文件最后一次修改的时间、文件大小、图像的宽度与高度、每个像素的位数、颜色类型、图像像素的 RGB 颜色值、文件的元数据等。MATLAB 提供了相应的命令查询这些图像信息。

7.2.1　显示图像信息

在 MATLAB 中，imfinfo 命令用于显示图像文件的信息，该命令具体的使用格式见表 7.9。

表 7.9　imfinfo 命令的使用格式

使 用 格 式	说　　明
info=imfinfo(filename)	返回一个包含图像文件 filename 中的图像的信息结构体
info=imfinfo(filename,fmt)	在上一种语法格式的基础上，如果找不到名为 filename 的文件，则查找 filename.fmt 并返回该文件的相关信息

扫一扫，看视频

动手练一练——查看图像信息

思路点拨：

源文件：yuanwenjian\ch07\prac_702.m

（1）指定要查看的图像文件名称。

（2）使用 imfinfo 命令查看指定文件的相关信息。

扫一扫，看视频

实例——写入矩阵图像并显示文件信息

源文件：yuanwenjian\ch07\ex_708.m

MATLAB 程序如下：

```
>> close all                        %关闭所有打开的文件
>> clear                            %清除工作区的变量
>> A = invhilb(4);                  %创建一个 4 阶逆希尔伯特矩阵 A
>> filename='invhilb.jpg';          %指定文件名
>> imwrite(A,filename,'jpg');       %写入图像文件
>> imfinfo(filename)                %查看文件信息
ans =
  包含以下字段的 struct:
            Filename: 'C:\Users\QHTF\Documents\MATLAB\invhilb.jpg'
         FileModDate: '08-Apr-2023 09:44:53'
            FileSize: 371
              Format: 'jpg'
       FormatVersion: ''
               Width: 4
              Height: 4
            BitDepth: 8
           ColorType: 'grayscale'
     FormatSignature: ''
     NumberOfSamples: 1
        CodingMethod: 'Huffman'
       CodingProcess: 'Sequential'
             Comment: {}
```

7.2.2　像素及其统计特性

在 MATLAB 中，用数值描述图像像素点、强度和颜色，描述信息文件存储量较大，所描述对

象在缩放过程中会损失细节或产生锯齿。在显示时，使用一定的分辨率将每个点的色彩信息以数字化方式呈现，可直接快速地在屏幕上显示。

1. 控制图像像素

对于灰度图像而言，一个采样点的值即可代表该像素的值 $f(x_i, y_i)$ 。对于 RGB 图像而言，$(f_r(x_i, y_i), f_g(x_i, y_i), f_b(x_i, y_i))$ 3 个值代表一个像素的亮度。

分辨率和灰度是影响图像显示的主要参数。图像适用于表现含有大量细节（如明暗变化、场景复杂、轮廓色彩丰富）的对象，如照片、绘图等，通过软件可进行复杂图像的处理以得到更清晰的图像或产生特殊效果。

实例——修改图像像素

源文件： yuanwenjian\ch07\ex_709.m

扫一扫，看视频

MATLAB 程序如下：

```
>> close all                          %关闭所有打开的文件
>> clear                              %清除工作区的变量
>> I = imread('mms.jpg');             %读取图像，返回 uint8 三维矩阵 I
>> subplot(121),imshow(I) ,title('原图')   %显示原图像
>> [row clumn] = size(I);             %获取矩阵 I 的行数 row 与列数 clumn
>> for p = 1:row                      %p 取值范围为 1 到 I 的行数
       for q = 1:clumn                %q 取值范围为 1 到 I 的列数
           if I(p,q)>=100             %将 I 中元素值大于等于 100 的元素赋值为 255
               I(p,q)=255;
           else
               I(p,q)=0;              %将元素值小于 100 的元素赋值为 0
           end
       end
   end
>> subplot(122),imshow(I),title('修改像素值后的图像')
```

运行结果如图 7.8 所示。

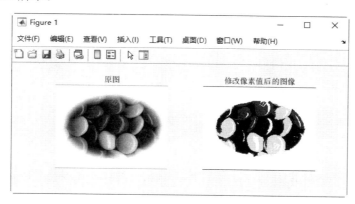

图 7.8　显示图像

2. 统计像素值

在 MATLAB 中，impixel 命令用于返回指定的图像像素的 RGB 颜色值。该命令可以通过接收像素的坐标指定像素，也可以用鼠标交互的方式选择像素，其使用格式见表 7.10。

表 7.10　impixel 命令的使用格式

使用格式	说明
P = impixel	这种格式不带输入参数，将其自身与当前坐标区中的图像相关联，通过在图像上点击鼠标选择像素。按 BackSpace 或 Delete 键删除先前选择的像素。按住 Shift 键单、右击或者双击都可以添加最后一个像素并结束选择，显示结果；按 Enter 键可以结束选择并且不添加像素
P = impixel(I)	在图窗中显示灰度图、RGB 图或二值图 I，通过鼠标选择像素点，返回指定像素的值
P = impixel(X,map)	使用颜色图 map 显示索引图像 X，通过鼠标选择像素点，返回指定像素的值
P = impixel(I,c,r)	返回图像 I 中 c 和 r 指定列和行坐标的采样像素的值
P = impixel(X,map,c,r)	返回带颜色图 map 的索引图像 X 中指定坐标点像素的值
P = impixel(x,y,I,xi,yi)	使用 x 和 y 定义的世界坐标系返回图像 I 中指点坐标点(xi,yi)的像素值
P = impixel(x,y,X,map,xi,yi)	在上一种语法格式的基础上，指定图像关联的颜色图
[xi2,yi2,P] = impixel(...)	在以上任一种语法格式的基础上，还返回所选像素点的坐标

扫一扫，看视频

实例——统计图像区域的像素值

源文件：yuanwenjian\ch07\ex_710.m

MATLAB 程序如下：

```
>> close all                              %关闭所有打开的文件
>> clear                                  %清除工作区的变量
>> RGB1 = imread('caiyingwu.jpg');        %读取图像1
>> RGB2= imread('bird.jpg');              %读取图像2
>> c = [12 146 410];                      %采样点像素的列坐标
>> r = [104 156 129];                     %采样点像素的行坐标
>> pixels1= impixel(RGB1,c,r)             %显示图像1指定坐标点的像素值
pixels1 =
     46    56    32
    210    65     8
      5     6     1
>> pixels2= impixel(RGB2,c,r)             %显示图像2指定坐标点的像素值
pixels2 =
    243   151    48
     42     8     0
    NaN   NaN   NaN
>> s1= size(RGB1)
s1 =
    480   640     3
>> s2= size(RGB2)                         %返回图像数据矩阵各个维度的大小
s2 =
    240   320     3
```

3．检索图像像素

在 MATLAB 中，improfile 命令用于创建各种图像中沿线或多线路径的像素的强度曲线，其使用格式见表 7.11。

表 7.11　improfile 命令的使用格式

使用格式	说明
c=improfile	以交互方式从图像中选择线段，返回沿线段的采样像素值
c=improfile(n)	在当前图像上，使用鼠标选择 n 个像素点，按 Enter 键返回以交互方式选择的线段的像素值

使 用 格 式	说　　明
c=improfile(I,xi,yi)	返回指定端点的线段的像素值，其中 I 指定图像，而 xi 和 yi 是等长向量，指定线段端点的空间坐标
c=improfile(x,y,I,xi,yi)	在由 x 和 y 指定图像 XData 和 YData 的世界坐标系中，返回沿线段的采样像素值。(xi, yi)指定线段端点
c=improfile(…,n)	在以上两种语法格式的基础上，指定采样像素点个数为 n
c= improfile(…,method)	在上一种语法格式的基础上，指定插值方法
[cx,cy,c] = improfile(…)	在以上任一种语法格式的基础上，还返回像素的空间坐标(cx, cy)
[cx,cy,c,xi,yi] = improfile(…)	在上一种语法格式的基础上，还返回指定线段端点的空间坐标(xi, yi)
improfile(…)	绘制沿线段的像素强度曲线

实例——绘制剖面图的像素强度曲线

源文件： yuanwenjian\ch07\ex_711.m

MATLAB 程序如下：

```
>> close all                                    %关闭所有打开的文件
>> clear                                        %清除工作区的变量
>> I = imread('Bonnet.tif');                    %读取图像文件，返回图像数据矩阵 I
>> x = [10 255 180 280];
>> y = [137 140 -118 -137];                      %指定线段端点的空间坐标
>> subplot(121),imshow(I),title('原图')          %显示原图像
>> subplot(122),improfile(I,x,y),grid on,title('剖面线像素值')  %显示图像剖面图的像素值
```

运行结果如图 7.9 所示。

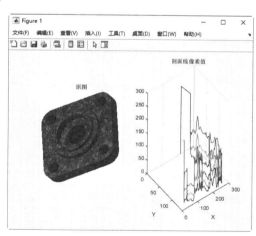

图 7.9　像素强度曲线

7.3　图像的显示设置

图像的显示设置包括色阶的显示、颜色图的设置、亮度的设置、图像的排列与图像的纹理显示。

7.3.1　缩放颜色

在 MATLAB 中，使用 imagesc 命令可以缩放颜色显示图像。该命令与 image 命令非常相似，不同之处在于 imagesc 命令可以自动调整值域范围，从而调整图像颜色，其使用格式见表 7.12。

表 7.12　imagesc 命令的使用格式

使 用 格 式	说　明
imagesc(C)	使用颜色图中的全部颜色将矩阵 C 中的值以图像形式显示出来
imagesc(x,y,C)	在上一种语法格式的基础上，使用参数 x、y 指定 C 中第一个元素和最后一个元素的中心位置
imagesc(…, Name,Value)	在以上任一种语法格式的基础上，使用名称-值对参数设置图像属性
imagesc(…, clims)	在以上任一种语法格式的基础上，使用二元素向量 clims 为二维向量指定映射到颜色图的第一个和最后一个元素的数据值
imagesc (ax,…)	在 ax 指定的坐标区中显示图像
im = imagesc(…)	在以上任一种语法格式的基础上，返回创建的图像对象

使用 imagesc 命令缩放颜色矩阵，与使用 image(C,'CDataMapping','scaled')命令的效果相同。

实例——缩放索引图像的颜色

源文件：yuanwenjian\ch07\ex_712.m

扫一扫，看视频

MATLAB 程序如下：

```
>> close all                              %关闭所有打开的文件
>> clear                                  %清除工作区的变量
>> C = [110 220 133 244];                 %定义索引颜色矩阵 C
>> ax(1)=subplot(131);image(C),title('使用全部颜色显示')  %显示颜色表
>> ax(2)=subplot(132);image(C,CDataMapping='scaled')    %将 CDataMapping 属性设置为
'scaled'，将值的范围缩放到当前颜色图的完整范围
>> title('image 命令缩放颜色')
>> ax(3)=subplot(133);imagesc(C)          %使用缩放后的颜色显示图像
>> title('imagesc 命令缩放颜色')
>> axis(ax,'off')                         %关闭坐标系
>> for i=1:3
colorbar(ax(i))                           %添加色阶
end
```

运行结果如图 7.10 所示。

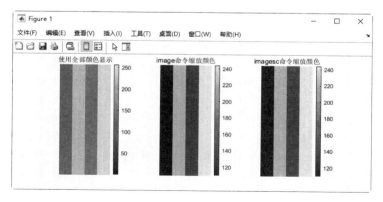

图 7.10　缩放颜色

扫一扫，看视频

动手练一练——将单位矩阵显示为图像

分别使用 image 命令和 imagesc 命令将单位矩阵显示为图像，比较这两个命令显示图像的颜色效果。

📋 **思路点拨：**

源文件：yuanwenjian\ch07\prac_703.m
（1）创建 3 阶单位矩阵作为颜色矩阵。
（2）分割视图，在第一个子图中使用 image 命令显示矩阵。
（3）在第二个子图中使用 imagesc 命令将矩阵显示为图像。
（4）关闭坐标系。

7.3.2　缩放图像

MATLAB 提供了多种缩放图像的方法及相应的操作命令，可按照图像的缩放倍数进行缩放、根据行列数或插值的方法进行缩放，也可以指定缩放后的图像大小。下面简要介绍几个常用的缩放图像的命令。

1．指定行列数或插值方法缩放图像

在 MATLAB 中，使用 imresize 命令可以按指定的缩放因子、行列数或插值方法缩放图像，其使用格式见表 7.13。

表 7.13　imresize 命令的使用格式

使 用 格 式	说　　　明
B = imresize(A,scale)	将图像数据 A 的长宽大小缩放 scale 倍，返回缩放后的图像 B
B = imresize(A,[numrows numcols])	将图像数据 A 的行列数调整为二元素向量[numrows numcols]，返回缩放后的图像 B
[Y,newmap] = imresize(X,map,…)	调整索引图像 X 的大小，其中 map 是与该图像关联的颜色图。返回经过优化的新颜色图（newmap）和已调整大小的图像 Y
… = imresize(…,method)	在以上任一种语法格式的基础上，使用指定的插值方法 method 调整图像大小。 ● 'nearest'：最近邻插值，赋给输出像素的值就是其输入点所在像素的值，不考虑其他像素。 ● 'bilinear'：双线性插值，输出像素值是最近 2×2 邻点中的像素的加权平均值。 ● 'bicubic'：双三次插值（默认选项），输出像素值是最近 4×4 邻域中的像素的加权平均值
… = imresize(…,Name,Value)	在以上任一种语法格式的基础上，使用名称-值对参数控制调整大小的操作。名称-值对参数表见表 7.14

表 7.14　imresize 命令名称-值对参数表

属 性 名	说　　　明	参　数　值
'Antialiasing'	缩小图像时消除锯齿	true | false
'Colormap'	返回优化的颜色图	'optimized'（默认）| 'original'
'Dither'	执行颜色抖动	true（默认）| false
'Method'	插值方法	'bicubic'（默认）| 字符向量 | 元胞数组
'OutputSize'	输出图像的大小	二元素数值向量
'Scale'	大小调整缩放因子	正数值标量 | 由正值组成的二元素向量

动手练一练——使用不同的插值方法调整图像大小

使用不同的插值方法将图像调整到不同大小，然后在不同图窗中显示调整大小后的图像。

扫一扫，看视频

扫一扫，看视频

📋 **思路点拨：**

源文件：yuanwenjian\ch07\prac_704.m

（1）读取图像，返回图像数据矩阵。

（2）分别使用'nearest'、'bilinear'和'bicubic'方法调整图像大小。

（3）新建图窗，显示调整大小之前的图像。

（4）新建图窗，显示调整大小之后的图像。

实例——缩放并合并图像

源文件：yuanwenjian\ch07\ex_713.m

本实例调整两张不同分辨率的图像的大小，然后水平合并图像。其中，图片 1 的分辨率为640×480，图片 2 的分辨率为 800×600。

MATLAB 程序如下：

```
>> close all                    %关闭所有打开的文件
>> clear                        %清除工作区的变量
>> I = imread('xi.jpg');        %将图像1加载到工作区
>> J = imread('yingtao.jpg');   %将图像2加载到工作区
>> J = imresize(J,[NaN 640]);   %调整图像2的大小，让两幅图大小相等或者列数相等
>> K = [I J];                   %水平合并生成图片
>> imshow(K)                    %显示合并生成的图像
```

运行结果如图 7.11 所示。

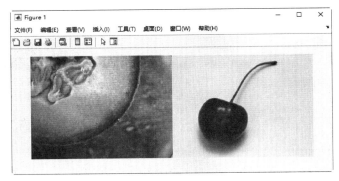

图 7.11　显示图像

2. 指定缩放后的图像大小

在 MATLAB 中，truesize 命令用于调整图像显示尺寸，其使用格式见表 7.15。

表 7.15　truesize 命令的使用格式

使 用 格 式	说　明
truesize(fig,[mrows ncols])	将 fig 中图像的显示尺寸调整为[mrows ncols]，单位为像素
truesize(fig)	调整显示尺寸，使每个图像像素覆盖一个屏幕像素

扫一扫，看视频

实例——按指定大小显示图像

源文件：yuanwenjian\ch07\ex_714.m

MATLAB 程序如下：

```
>> close all                              %关闭所有打开的文件
>> clear                                  %清除工作区的变量
>> A = imread('ying.jpg');                %读取图像
>> imshow(A),title('RGB 图像')            %按实际大小显示图像
>> figure,imshow(A),title('调整图像大小')  %新建图窗显示图像和标题
>> truesize([400 200]);                   %调整图像的显示大小
```

运行结果如图 7.12 所示。

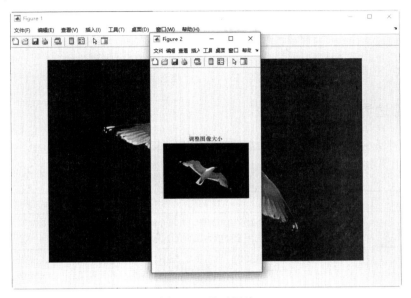

图 7.12 显示图片

7.3.3 转换图像亮度

在 MATLAB 中，利用 rgb2lightness 命令可以将 RGB 颜色值转换为亮度值，该命令的使用格式见表 7.16。转换后的亮度与 CIE 1976 L*a*b*颜色空间中的 L*分量相同。

表 7.16 rgb2lightness 命令的使用格式

使 用 格 式	说 明
lightness = rgb2lightness(rgb)	将 RGB 颜色值 rgb 转换为亮度值

实例——将 RGB 颜色值转换为亮度值

源文件：yuanwenjian\ch07\ex_715.m

MATLAB 程序如下：

```
>> close all                                %关闭所有打开的文件
>> clear                                    %清除工作区的变量
>> I= imread('guangying.jpg');              %将当前路径下的图像读取到工作区
>> subplot(121),imshow(I),title('RGB 图像')  %显示原始图像
>> J = rgb2lightness(I);                     %排除颜色成分，将 RGB 颜色值转换为亮度值
>> subplot(122),imshow(J),title('图像的亮度分量')  %显示转换后的图像
```

运行结果如图 7.13 所示。

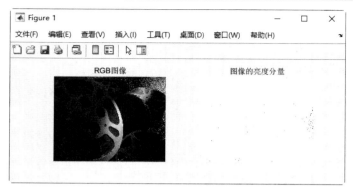

图 7.13　显示亮度分量

7.3.4　填充图像边界

在 MATLAB 中，padarray 命令用于填充图像边界，其使用格式见表 7.17。

表 7.17　padarray 命令的使用格式

使 用 格 式	说　明
B = padarray(A,padsize)	使用 padsize 指定每个维度的填充量，在每个维度的第一个元素之前和最后一个元素之后用 0 填充图像数据 A，将填充后的图像修剪为原始大小返回
B = padarray(A,padsize,padval)	在上一种语法格式的基础上，使用参数 padval 指定填充方法。其中，'symmetric'表示围绕边界进行镜像反射填充来扩展图像大小；'replicate'表示通过复制边界元素填充；'circular'表示用维度内的元素循环重复填充
B = padarray(...,direction)	在以上任一种语法格式的基础上，使用参数 direction 指定填充方向。其中，'pre'表示沿每个维度在第一个元素之前填充；'post'表示沿每个维度在最后一个元素之后填充；'both'表示沿每个维度在第一个元素之前和最后一个元素之后填充，此项为默认值

扫一扫，看视频

实例——设置图像边界样式

源文件：yuanwenjian\ch07\ex_716.m

MATLAB 程序如下：

```
>> close all                                    %关闭所有打开的文件
>> clear                                        %清除工作区的变量
>> A = imread('caiyingwu.JPG');                 %读取图像
>> subplot(2,2,1),imshow(A), title('原始图像')    %显示原图
>> B = padarray(A,[100 100]);                   %每个维度填充100像素，然后修剪图像为原始大小
>> subplot(2,2,2),imshow(B),title('指定填充量扩展')  %显示扩展边界的图像
>> C = padarray(A,[100 100],'symmetric');       %通过围绕边界进行镜像反射扩展图像
>> subplot(2,2,3),imshow(C),title('镜像填充')     %显示镜像反射扩展边界的图像
>> D = padarray(A,[100 100],'post');            %在每个维度最后一个元素之后填充
>> subplot(2,2,4),imshow(D),title('填充右、下边界')  %显示填充右边界和下边界的图像
```

运行结果如图 7.14 所示。

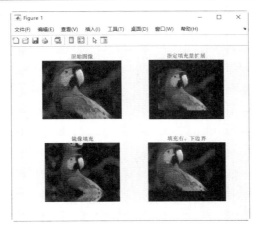

图 7.14　图像边界

7.3.5　图像拼接

在实际应用中，有时需要将多幅图像按一定方式进行拼接显示。下面简要介绍 MATLAB 中常用的两个图像拼接命令。

1. 图像蒙太奇命令 montage

蒙太奇是法语 montage 的译音，原为建筑学上的一个常用术语，意为装配或构成，在电影中，它是指通过镜头的有机组合，使之产生连贯性，并产生新的意境效果的剪辑手法。多个镜头通过不同的组合可以产生不同的意境，产生不同的结果，所以运用蒙太奇剪辑手法可以表达不同的故事内容，使故事更有逻辑性、思想性和节奏感，而不是简单地排列组合。

蒙太奇一般包括画面剪辑和画面合成两方面。画面剪辑是将一系列在不同地点，从不同距离和角度，以不同方法拍摄的镜头排列组合起来，叙述情节，刻画人物；画面合成是将许多画面或图样并列或叠化成一个图画作品。

在 MATLAB 中，montage 命令用于将多个图像帧进行拼贴显示，其使用格式见表 7.18。

表 7.18　montage 命令的使用格式

使 用 格 式	说　　明
montage(I)	显示多帧图像数组 I 的所有帧。默认情况下，将图像大致排列成正方形
montage(imagelist)	显示单元数组 imagelist 中指定的图像，图像可以有不同的类型和大小
montage(filenames)	将 filenames 指定的图像使用蒙太奇方式显示
montage(imds)	将图像数据存储 imds 中指定的图像显示为矩形蒙太奇
montage(…,map)	在以上任一种语法格式的基础上，将所有灰度图像和二进制图像视为索引图像，并使用指定的颜色图显示。如果使用文件名或图像数据存储指定图像，则使用 map 覆盖图像文件的内部颜色图。该命令不会修改 RGB 图像的颜色图
montage(…,Name,Value)	在以上任一种语法格式的基础上，使用名称-值对参数设置图像矩形蒙太奇
img = montage(…)	在以上任一种语法格式的基础上，返回包含所有显示图像帧的单个图像对象

实例——图像蒙太奇

源文件：yuanwenjian\ch07\ex_717.m

MATLAB 程序如下：

扫一扫，看视频

```
>> clear                                          %清空工作区的变量
>> close all                                      %关闭所有打开的文件
>> img1= imread('yingtao.jpg');                   %读取图像
>> subplot(121),montage(img1),title('默认矩形框')   %在矩形框中同时显示多幅图像
>> subplot(122),montage(img1,size=[1 2]),title('1行2列的矩形框')  %在1行2列的矩形
框中显示多幅图像
```

运行结果如图 7.15 所示。

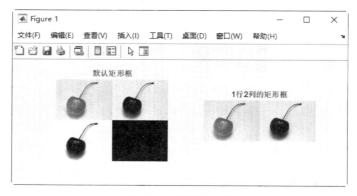

图 7.15　图像蒙太奇

2. 图像组合成块命令 imtile

在 MATLAB 中，imtile 命令用于将多个图像帧组合为一个矩形分块图，其使用格式见表 7.19。

表 7.19　imtile 命令的使用格式

使 用 格 式	说　　明
out = imtile(filenames)	返回包含 filenames 中指定的图像的分块图像。默认情况下，将图像大致排成一个方阵。如果指定索引图像，则使用文件中存在的颜色图将其转换为 RGB
out = imtile(I)	返回多帧图像数组 I 的所有帧的分块图
out = imtile(images)	返回单元数组 images 中指定的图像的分块图
out = imtile(imds)	返回 ImageDatastore 对象 imds 中指定的图像的分块图
out = imtile(…,map)	在以上任一种语法格式的基础上，使用颜色图 map 将其中的灰度图像、索引图像和二值图像转换为 RGB
out = imtile(…,Name,Value)	在以上任一种语法格式的基础上，使用名称-值对参数设置分块图属性

默认情况下，imtile 命令将图像大致排成一个方阵，用户可以使用可选参数更改形状。分块图中的图像可以具有不同的大小和类型，如果输入空数组，则显示空白图块；如果图像之间数据类型不匹配，可以使用 im2double 命令将所有图像重新转换为 double 数据类型。

imtile 命令名称-值对参数表见表 7.20。

表 7.20　imtile 命令名称-值对参数表

属 性 名	说　　明	参 数 值
'BackgroundColor'	背景颜色	'black'（默认）| MATLAB ColorSpec
'BorderSize'	每个缩略图周围的填充边框	[0, 0]（默认）| 数值标量或 1×2 向量
'Frames'	包含的帧	图像总数（默认）| 数值数组 | 逻辑值
'GridSize'	缩略图的行数和列数	图像网格形成正方形（默认）| 二元素向量
'ThumbnailSize'	缩略图的大小	第一个图像的完整大小（默认）| 二元素向量

实例——从数据集创建分块图

源文件：yuanwenjian\ch07\ex_718.m

MATLAB 程序如下：

```
>> clear                          %清空工作区的变量
>> close all                      %关闭所有打开的文件
>> load mri          %加载数据集，包含一个 4 维图像矩阵 D、关联的颜色图 map 以及一个大小向量 size
>> out = imtile(D, map);          %创建一个分块图
>> subplot(131),imshow(out)       %显示分块图
>> title('创建分块图')
>> out1 = imtile(D,map,Frames=1:4,GridSize=[2 2]); %创建包含 D 中前 3 个图像的分块图，排
列在 2 行 2 列的网格中
>> subplot(132),imshow(out1)      %显示分块图
>> title('前 4 帧图像 2×2 排列')
>> out2 = imtile(out,Frames=1:3,GridSize=[2 2]); %创建包含 out 中前 3 帧图像的分块图，排
列在 2 行 2 列的网格中
>> subplot(133),imshow(out2)      %显示分块图
>> title('分块图 2×2 排列')
```

运行结果如图 7.16 所示。

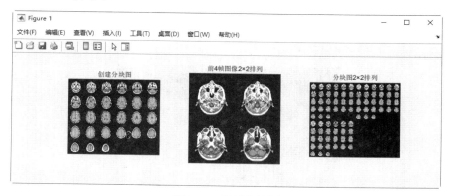

图 7.16　显示分块图

3. 图像成对显示命令 imshowpair

在 MATLAB 中，imshowpair 命令用于创建一个复合 RGB 图，对比显示图像，其使用格式见表 7.21。

表 7.21　imshowpair 命令的使用格式

使 用 格 式	说　　明
obj = imshowpair(A,B)	创建一个复合 RGB 图像，用于显示覆盖不同色带的 A 和 B
obj = imshowpair(A,RA,B,RB)	使用 RA 和 RB 中提供的空间参考信息显示图像 A 和 B 之间的差异
obj = imshowpair(…,method)	在上述任一种语法格式的基础上，使用 method 指定的可视化方法创建一个复合 RGB 图像。method 可取值为'falsecolor'（默认）、'blend'、'diff'、'montage'，在表 7.22 中显示具体参数选项
obj = imshowpair(…,Name,Value)	在上述任一种语法格式的基础上，使用一个或多个名称-值对参数指定合成图的附加选项

表 7.22　重叠图像的可视化方法

值	说　　明
'falsecolor'	创建一个显示覆盖不同色带的 A 和 B 的合成 RGB 图像，用色彩来表示两幅图像的差异，两幅图像中具有相同强度的区域显示为灰色，强度不同的区域分别显示为洋红色和绿色

续表

值	说 明
'blend'	使用 alpha 混合覆盖 A 和 B，这是一种混合透明处理类型
'checkerboard'	创建具有 A 和 B 的交替矩形区域的图像
'diff'	基于 A 和 B 创建一个差值图像
'montage'	将 A 和 B 放在同一幅图像中的相邻位置

扫一扫，看视频

实例——对比显示灰度图和二值图

源文件：yuanwenjian\ch07\ex_719.m

MATLAB 程序如下：

```
>> clear                          %清空工作区的变量
>> close all                      %关闭所有打开的文件
>> I=imread('moon.tif');          %读取的图像是灰度图，返回 uint8 二维矩阵 I
>> J=imbinarize (I);              %将图像转化为二值图像，阈值默认为 0.5
>> imshowpair(I,J,'montage')      %以蒙太奇方式成对显示灰度图和二值图
>> title('灰度图(左)使用 0.5 作为灰度阈值时的二值图 (右)');
```

运行结果如图 7.17 所示。

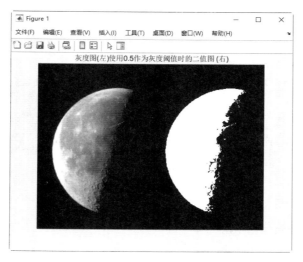

图 7.17　图片显示

扫一扫，看视频

动手练一练——剪辑图像

将 RGB 图像缩小一半，与原图对比显示。

思路点拨：

源文件：yuanwenjian\ch07\prac_705.m

（1）读取图像，返回图像数据矩阵。

（2）将图像缩小到原图的一半。

（3）分割图窗，显示原图。

（4）在另一个子图中，以蒙太奇方式对比显示原图和缩小后的图像。

（5）调整坐标轴。

第 8 章　图像的颜色转换

内容指南

在 MATLAB 中，通过转换图像的颜色，可以修改图像的颜色模型，也可以改变图像的类型。本章简要介绍 MATLAB 中几种常见的颜色模型转换和图像类型转换命令，以及常用的颜色处理方法。

知识重点

➢ 转换颜色模型
➢ 转换图像类型
➢ 处理图像颜色

8.1　转换颜色模型

由于图像只保存算法和相关控制点即可，因此图像文件占用的存储空间一般较小，但在进行屏幕显示时，由于需要扫描转换的计算过程，因此显示速度相对于图像来说略显得慢一些，但输出质量较好。不同的图像文件存储的信息不同，在 MATLAB 中，根据需要，可以转换图像的颜色空间、图像类型、颜色模式。

颜色模型是用于表现颜色的一种数学算法，即一幅电子图像用什么样的方式在计算机中显示或打印输出，本质上，颜色模型是坐标系统和子空间的阐述。颜色模式决定了显示和打印电子图像的颜色模型。

8.1.1　图像颜色模式

颜色模式，是将某种颜色表现为数字形式的模型，或者说是一种记录图像颜色的方式。目前，各种图像文件中常用的颜色模式主要有 RGB 模式、Lab 模式、CMYK 模式、HSB 模式、灰度模式、位图模式、索引颜色模式和双色调模式等。

1．RGB 模式

自然界中所有的颜色都可以用红（Red）、绿（Green）、蓝（Blue）这 3 种颜色频率的不同强度组合而得，这就是人们常说的三基色原理，这 3 种光也称为三基色或三原色。把不同光的频率加到一起，得到的是更加明亮的颜色。如果把 3 种基色交互重叠，就产生了次混合色：黄（Yellow）、青（Cyan）、紫（Purple）。基色和次混合色是彼此的互补色，即彼此之间最不一样的颜色。在数字视频中，对 RGB 三基色各进行 8 位编码就构成了大约 1677 万种颜色，这就是常说的真彩色。电视机和计算机的监视器就是基于 RGB 颜色模式创建颜色的。

RGB 是根据人眼对颜色的感知定义的颜色空间，可表示大部分颜色。然而，在科学研究中通常不使用 RGB 颜色空间，因为它难以进行数字化的精细调整。它将色调、亮度、饱和度 3 个量放在一起表示，很难区分。

2．Lab 模式

Lab 颜色是由 RGB 三基色转换而来的，是由 RGB 模式转换为 CMYK 模式和 HSB 模式的桥梁。该颜色模式由一个发光率（Luminance）和两个颜色（a、b）轴组成，由颜色轴所构成的平面上的环形线来表示色的变化。其中，径向表示色饱和度的变化，自内向外，饱和度逐渐增高；圆周方向表示色调的变化，每个圆周形成一个色环；不同的发光率表示不同的亮度并对应不同环形颜色变化线。它是一种"独立于设备"的颜色模式，即无论使用哪种监视器或者打印机，Lab 的颜色不变。其中，a 表示从红色至绿色的范围，b 表示从黄色至蓝色的范围。

3．CMYK 模式

这是一种印刷模式，本质上与 RGB 模式没有什么区别，只是在产生色彩的原理上有所不同。其中的 4 个字母分别是指青色（Cyan）、洋红（Magenta）、黄色（Yellow）和黑色（Black），这 4 种颜色通过减色法产生色彩，其中的黑色用于增加对比，以弥补 CMY 产生的黑度不足。在每一个 CMYK 的图像像素中，都会被分配到 4 种油墨的百分比值。

RGB 模式一般用于图像处理，而 CMYK 模式一般只用于印刷。由于 CMYK 模式的文件较大，会占用更多的系统资源，因此只在印刷时才将图像转换为 CMYK 模式。

4．HSB 模式

此模式将颜色分为色调（Hue）、饱和度（Saturation）和亮度（Brightness）3 个要素，利用这 3 种基本矢量表示颜色。这种模式是由 RGB 三基色转换为 Lab 模式，再在 Lab 模式的基础上考虑到人对颜色的心理感受这一因素而转换成的，常用于制作计算机图像。它可用底与底对接的两个圆锥体立体模型来表示，其中轴向表示亮度，自上而下由白变黑；径向表示色饱和度，自内向外逐渐变高；而圆周方向则表示色调的变化，形成色环。色调决定到底哪一种颜色被使用，饱和度决定颜色的深浅，亮度决定颜色的强烈度。

5．灰度模式

灰度模式可以使用多达 256 级灰度来表现图像，使图像的过渡更平滑细腻。灰度图像的每个像素有一个 0（黑色）到 255（白色）之间的亮度值。灰度值也可以用黑色油墨覆盖的百分比来表示（0%等于白色，100%等于黑色）。使用黑白或灰度扫描仪产生的图像常以灰度显示。

6．位图模式

这种模式也称为线画稿模式，用两种颜色（黑和白）来表示图像中的像素。位图模式的图像也叫作黑白图像，其中每个像素用 1 位表示，即其强度要么为 0，要么为 1，分别对应颜色的黑与白。将一幅彩色图像转换为位图图像，首先应将其转换为 256 级灰度图像，然后才能将其转换为位图图像。由于位图模式只用黑白色表示图像的像素，在将图像转换为位图模式时会丢失大量细节。在宽度、高度和分辨率相同的情况下，位图模式的图像尺寸最小，约为灰度模式的 1/7 和 RGB 模式的 1/22 以下。

7．索引颜色模式

索引颜色模式是采用一个最多包含 256 种颜色的颜色表，存放并索引图像中的颜色，是网络上和动画中常用的图像模式。颜色表可在转换的过程中定义或在生成索引图像后修改。

8. 双色调模式

双色调模式用一种灰色油墨或彩色油墨来渲染一个灰度图像，该模式最多可向灰度图像添加 4 种颜色。双色调模式采用 2~4 种彩色油墨混合其色阶来创建双色调（2 种颜色）、三色调（3 种颜色）、四色调（4 种颜色）的图像，在将灰度图像转换为双色调模式的图像过程中，可以对色调进行编辑，产生特殊的效果。使用双色调模式最主要的用途是使用尽量少的颜色表现尽量多的颜色层次，这对于减少印刷成本很重要。

根据用途的不同，MATLAB 提供了查看图像的颜色空间或在 RGB 与各种颜色空间之间进行转换的命令，下面具体介绍。

8.1.2 YUV 与 RGB 转换

与 RGB 类似，YUV 也是一种颜色编码方法，主要用于电视系统以及模拟视频领域。YUV 在对照片或视频进行编码时，考虑到人类的感知能力，允许降低色度的带宽。YUV 是指亮度参量和色度参量分开表示的像素格式，每一个颜色有一个亮度信号 Y 和两个色度信号 U 和 V。其中，Y 表示亮度（Luminance 或 Luma），也就是灰度值；U 和 V 表示色度（Chrominance 或 Chroma），用于描述影像色彩及饱和度，指定像素的颜色。

YUV 使用 RGB 的信息，但它从全彩色图像中产生一个黑白图像，然后提取出 3 个主要的颜色变成两个额外的信号来描述颜色。把这 3 个信号组合起来就可以产生一个全彩色图像。

YUV、YUV、YCbCr、YPbPr 等专有名词都可以称为 YUV，彼此有重叠。对于 YCbCr，Y 指亮度分量，Cb 指蓝色色度分量，而 Cr 指红色色度分量。人的肉眼对视频的 Y 分量更敏感，因此在通过对色度分量进行子采样来减少色度分量后，肉眼将察觉不到图像质量的变化。一般人们所讲的 YUV 大多是指 YCbCr。

在 MATLAB 中，使用 ycbcr2rgb 命令可以将 YCbCr 值转换为 sRGB，将图像的颜色空间由 YCbCr 转换为 RGB 颜色空间，其使用格式见表 8.1。

表 8.1 ycbcr2rgb 命令的使用格式

使 用 格 式	说　明
RGB = ycbcr2rgb(YCBCR)	将 YCbCr 图像 YCBCR 的亮度（Y）和色度（Cb 和 Cr）值转换为等效的真彩色图像 RGB

在 MATLAB 中，rgb2ycbcr 命令可以将 RGB 颜色值转换为 YCbCr 颜色空间，其使用格式见表 8.2。

表 8.2 rgb2ycbcr 命令的使用格式

使 用 格 式	说　明
YCBCR = rgb2ycbcr(RGB)	将 RGB 图像的红色、绿色和蓝色值转换为 YCbCr 图像的亮度（Y）和色度（Cb 和 Cr）值

实例——转换 RGB 图像的颜色空间

源文件：yuanwenjian\ch08\ex_801.m

MATLAB 程序如下：

```
>> close all                                    %关闭所有打开的文件
>> clear                                         %清除工作区的变量
>> I=imread('cats.jpg');                         %读取当前路径下的图像到工作区
>> subplot(1,3,1),imshow(I),title('RGB 图像')    %显示原始 RGB 图像
```

```
>> J=rgb2ycbcr(I);                              %将图像从 RGB 颜色空间转换为 YUV 颜色空间
>> subplot(1,3,2),imshow(J),title('YUV 图像')   %显示转换为 YUV 颜色空间后的图像
>> K=ycbcr2rgb(J);                              %将图像从 YUV 颜色空间转换为 RGB 颜色空间
>> subplot(1,3,3),imshow(K),title('转换的RGB 图像')  %显示转换回 RGB 颜色空间后的图像
```

运行结果如图 8.1 所示。

图 8.1　显示图像

8.1.3　RGB 与 NTSC 转换

NTSC 是（美国）国家电视标准委员会（National Television Standards Committee）负责开发的一套美国标准电视广播传输和接收协议以及两套标准。在这里，NTSC 指的是 NTSC 标准下的颜色的总和。NTSC 比 RGB 覆盖的色彩空间略大一点，一般来说，100%sRGB 约等于 72%NTSC。

在 MATLAB 中，ntsc2rgb 命令用于转换色域值，将 NTSC 的值转换为 sRGB，将图像的颜色空间从 NTSC 转换为 RGB，其使用格式见表 8.3。

表 8.3　ntsc2rgb 命令的使用格式

使　用　格　式	说　　　　明
RGB = ntsc2rgb(YIQ)	将 NTSC 图像的亮度（Y）和色度（I 和 Q）值转换为 RGB 图像的红色、绿色和蓝色值

在 MATLAB 中，rgb2ntsc 命令用于将 sRGB 的值转换为 NTSC，将图像的颜色空间从 RGB 转换为 NTSC，其使用格式见表 8.4。

表 8.4　rgb2ntsc 命令的使用格式

使　用　格　式	说　　　　明
YIQ = rgb2ntsc(RGB)	将 RGB 图像的红色、绿色和蓝色值转换为 NTSC 图像的亮度（Y）和色度（I 和 Q）值

扫一扫，看视频

实例——将 RGB 转换为 NTSC 颜色空间

源文件：yuanwenjian\ch08\ex_802.m

MATLAB 程序如下：

```
>> close all                                %关闭所有打开的文件
>> clear                                    %清除工作区的变量
>> I=imread('hudie.jpg');                   %读取当前路径下的图像
>> subplot(1,3,1),imshow(I),title('RGB 图像')    %显示原始 RGB 图像
>> J=rgb2ntsc(I);                           %将图像的颜色空间从 RGB 转换为 NTSC
>> subplot(1,3,2),imshow(J),title('NTSC 图像')   %显示转换后的 NTSC 图像
>> K=ntsc2rgb(J);                           %将图像的颜色空间从 NTSC 转换为 RGB
>> subplot(1,3,3),imshow(K),title('转换的 RGB 图像')  %显示转换后的 RGB 图像
```

运行结果如图 8.2 所示。

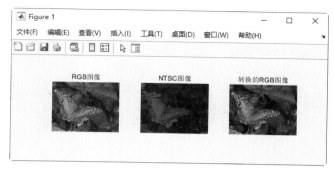

图 8.2　显示图像

8.1.4　RGB 与 HSV 转换

有多种 HSX 颜色空间，其中的 X 可能是 V，也可能是 I，X 的含义依据具体使用而不同。HSV 和 HSI 两个颜色空间都是为了更好地数字化处理颜色而提出来的，其中，H 是色调，S 是饱和度，I 是亮度。

在 MATLAB 中，rgb2hsv 命令用于转换色域值，将 sRGB 值转换为 HSV 值，将图像的颜色空间从 RGB 转换为 HSV，其使用格式见表 8.5。

表 8.5　rgb2hsv 命令的使用格式

使 用 格 式	说　　明
HSV = rgb2hsv(RGB)	将 RGB 图像的红色、绿色和蓝色值转换为 HSV 图像的色调、饱和度和亮度（HSV）值
hsvmap = rgb2hsv(rgbmap)	将 RGB 颜色图转换为 HSV 颜色图

在 MATLAB 中，hsv2rgb 命令用于将 HSV 值转换为 sRGB 值，将图像的颜色模式从 HSV 转换为 RGB，其使用格式见表 8.6。

表 8.6　hsv2rgb 命令的使用格式

使 用 格 式	说　　明
RGB = hsv2rgb(HSV)	将 HSV 图像的色调、饱和度和亮度转换为 RGB 图像的红色、绿色和蓝色值
rgbmap = hsv2rgb(hsvmap)	将 HSV 颜色图转换为 RGB 颜色图

实例——RGB 与 HSV 图像转换

源文件：yuanwenjian\ch08\ex_803.m

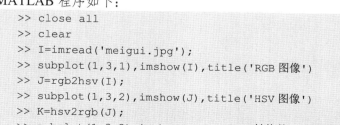

扫一扫，看视频

MATLAB 程序如下：

```
>> close all                                      %关闭所有打开的文件
>> clear                                          %清除工作区的变量
>> I=imread('meigui.jpg');                        %读取当前路径下的图像到工作区
>> subplot(1,3,1),imshow(I),title('RGB 图像')      %显示初始的 RGB 图像
>> J=rgb2hsv(I);                                  %将 sRGB 值转换为 HSV
>> subplot(1,3,2),imshow(J),title('HSV 图像')      %显示转换后的 HSV 图像
>> K=hsv2rgb(J);                                  %将 HSV 值转换为 sRGB
>> subplot(1,3,3),imshow(K),title('转换的 RGB 图像') %显示转换后的 RGB 图像
```

运行结果如图 8.3 所示。

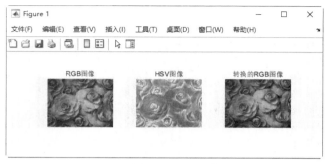

图 8.3　显示图像

8.1.5　RGB 与 Lab 转换

Lab 颜色模式用一个亮度分量 L（Lightness）以及两个颜色分量 a 与 b 表示颜色。颜色分量 a 代表由红色到绿色的光谱变化，颜色分量 b 代表由黄色到蓝色的光谱变化。

在 MATLAB 中，rgb2lab 命令用于将 RGB 图像转换为 Lab 图像，其使用格式见表 8.7。

表 8.7　rgb2lab 命令的使用格式

使 用 格 式	说　　明
lab = rgb2lab(rgb)	将 RGB 颜色空间中的 sRGB 值转换为 Lab 颜色空间中的 L*a*b*值
lab = rgb2lab(rgb,Name,Value)	在上一种语法格式的基础上，使用一个或多个名称-值对参数指定其他转换选项

在 MATLAB 中，lab2rgb 命令用于将 Lab 图像转换为 RGB 图像，其使用格式见表 8.8。

表 8.8　lab2rgb 命令的使用格式

使 用 格 式	说　　明
rgb = lab2rgb(lab)	将 Lab 颜色空间中的 L*a*b*值转换为 RGB 颜色空间中的 sRGB 值
rgb = lab2rgb(lab,Name,Value)	在上一种语法格式的基础上，使用一个或多个名称-值对参数指定其他转换选项

扫一扫，看视频

实例——RGB 与 LAB 图像转换

源文件：yuanwenjian\ch08\ex_804.m

MATLAB 程序如下：

```
>> close all                                      %关闭所有打开的文件
>> clear                                          %清除工作区的变量
>> I=imread('lingye.jpg');                        %读取当前路径下的图像到工作区
>> subplot(1,3,1),imshow(I),title('RGB 图像')     %显示初始的 RGB 图像
>> J=rgb2lab(I);                                   %将 RGB 图像转换为 Lab 图像
>> subplot(1,3,2),imshow(J),title('LAB 图像')     %显示转换后的 Lab 图像
>> K=lab2rgb(J);                                   %将 Lab 图像转换为 RGB 图像
>> subplot(1,3,3),imshow(K),title('转换的 RGB 图像') %显示转换后的 RGB 图像
```

运行结果如图 8.4 所示。

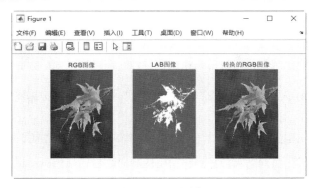

图 8.4　显示图像

8.1.6　RGB 与 XYZ 转换

在颜色匹配实验中，当与待测色达到色匹配时所需要的三原色的数量，称为三刺激值，记作 R、G、B。匹配等能光谱色的三原色数量称为光谱三刺激值，用符号 r、g、b 表示。

1931 CIE-XYZ 系统是在 RGB 系统的基础上，用数学方法选用 3 个理想的原色来代替实际的三原色，从而将 CIE-RGB 系统中的光谱三刺激值和色度坐标 r、g、b 均变为正值。

在 MATLAB 中，rgb2xyz 命令用于将 RGB 颜色空间转换为 XYZ 颜色空间，其使用格式见表 8.9。

表 8.9　rgb2xyz 命令的使用格式

使 用 格 式	说　　明
xyz = rgb2xyz(rgb)	将 sRGB 值转换为 1931 CIE-XYZ 值
xyz = rgb2xyz(rgb,Name,Value)	在上一种语法格式的基础上，使用一个或多个名称-值对参数指定附加转换选项

在 MATLAB 中，xyz2rgb 命令用于将 XYZ 颜色空间转换为 RGB 颜色空间，其使用格式见表 8.10。

表 8.10　xyz2rgb 命令的使用格式

使 用 格 式	说　　明
rgb = xyz2rgb(xyz)	将 1931 CIE-XYZ 值转换为 sRGB 值
rgb = xyz2rgb(xyz,Name,Value)	在上一种语法格式的基础上，使用一个或多个名称-值对参数指定附加转换选项，见表 8.11

表 8.11　名称-值对参数表

属 性 名	说　　明	参 数 值
'ColorSpace'	输出 RGB 值的颜色空间	'srgb' (default) | 'adobe-rgb-1998' | 'linear-rgb'
'WhitePoint'	参考点	'd65' (default) | 'a' | 'c' | 'e' | 'd50' | 'd55' | 'icc' | 1-by-3 vector
'OutputType'	返回的 RGB 值的数据类型	'double' | 'single' | 'uint8' | 'uint16'

实例——RGB 与 XYZ 图像转换

源文件：yuanwenjian\ch08\ex_805.m

扫一扫，看视频

MATLAB 程序如下：

```
>> close all          %关闭所有打开的文件
>> clear              %清除工作区的变量
```

```
>> I=imread('yinwu.jpg');                                    %读取当前路径下的图像到工作区
>> subplot(1,3,1),imshow(I),title('RGB 图像')                %显示初始的 RGB 图像
>> J=rgb2xyz(I);                                             %将图像从 RGB 颜色空间转换为 XYZ 颜色空间
>> subplot(1,3,2),imshow(J),title('XYZ 图像')                %显示转换后的图像
>> K=xyz2rgb (J);                                            %将图像从 XYZ 颜色空间转换为 RGB 颜色空间
>> subplot(1,3,3),imshow(K),title('转换的 RGB 图像')         %显示转换颜色空间后的 RGB 图像
```

运行结果如图 8.5 所示。

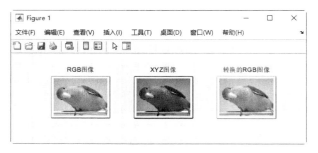

图 8.5　显示图像

8.1.7　LAB 与 XYZ 转换

在 MATLAB 中，xyz2lab 命令用于将 XYZ 颜色空间转换为 Lab 颜色空间，其使用格式见表 8.12。

表 8.12　xyz2lab 命令的使用格式

使 用 格 式	说　　明
lab = xyz2lab(xyz)	将 1931 CIE-XYZ 值转换为 1976 CIE-L*a*b*值
lab = rgb2xyz(xyz, 'WhitePoint',whitePoint)	在上一种语法格式的基础上，指定光源的参考点

在 MATLAB 中，lab2xyz 命令用于将 Lab 颜色空间转换为 XYZ 颜色空间，其使用格式见表 8.13。

表 8.13　lab2xyz 命令的使用格式

使 用 格 式	说　　明
xyz = lab2xyz(lab)	将 1976 CIE-L*a*b*值转换为 1931 CIE-XYZ 值
xyz = lab2xyz(lab, 'WhitePoint',whitePoint)	在上一种语法格式的基础上，指定光源的参考点

扫一扫，看视频

实例——RGB 空间图像转换

源文件：yuanwenjian\ch08\ex_806.m

MATLAB 程序如下：

```
>> close all               %关闭所有打开的文件
>> clear                   %清除工作区的变量
>> I=imread('banma.jpg');  %读取当前路径下的图像到工作区
>> subplot(221),imshow(I),title('RGB 图像')          %显示初始 RGB 图像
>> J=rgb2lab(I);                   %将图像从 RGB 颜色空间转换为 Lab 颜色空间
>> subplot(222),imshow(J),title('RGB 转为 LAB')      %显示转换颜色空间后的图像
>> I1=im2double(J);               %将图像数据类型转换为双精度
>> J1= lab2xyz(I1);               %将图像从 Lab 颜色空间转换为 XYZ 颜色空间
>> subplot(223),imshow(J1),title('LAB 转为 XYZ')     %显示转换颜色空间后的图像
```

```
>> J2=xyz2lab(J1);                   %将图像从 XYZ 颜色空间转换为 Lab 颜色空间
>> subplot(224),imshow(J2),title('XYZ 转为 LAB')        %显示转换颜色空间后的图像
```

运行结果如图 8.6 所示。

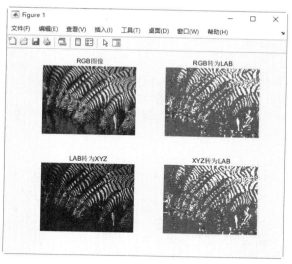

图 8.6　显示图像

8.2　转换图像类型

　　图像类型包括索引图像、灰度图像、二值图像、RGB 真彩色图像，不同的图像类型转换，实质上是颜色图像数组的转换。MATLAB 提供了相应的命令将图像在不同的类型之间进行转换。

8.2.1　索引图像与 RGB 图像转换

　　在 MATLAB 中，rgb2ind 命令用于将 RGB 图像转换为索引图像，其使用格式见表 8.14。

表 8.14　rgb2ind 命令的使用格式

使 用 格 式	说　　明
[X,cmap] =rgb2ind(RGB,Q)	使用具有 Q 种量化颜色的最小方差量化法并加入抖动，将 RGB 图像转换为索引图像 X，关联颜色图为 cmap。Q 指定为小于或等于 65536 的正整数。cmap 为由范围[0, 1]内的值组成的 $c\times3$ 矩阵。cmap 的每一行都是一个 RGB 三元素数组，指定颜色图的单种颜色的红、绿和蓝分量。该颜色图最多有 65536 种颜色
X =rgb2ind(RGB,inmap)	使用逆颜色图算法并加入抖动，将 RGB 图像转换为索引图像 X，指定的颜色图为 inmap
[X,cmap] = rgb2ind(RGB, tol)	使用均匀量化和抖动将 RGB 图像转换为索引图像 X，容差为 tol，指定为范围[0, 1]内的数字
[...] = rgb2ind(...,dithering)	在上述任一种语法格式的基础上，使用参数启用（'dither'）或禁用（'nodither'）抖动。抖动以损失空间分辨率为代价来提高颜色分辨率

◁))） 注意：

　　索引图像 X 中的值是色彩映射图的索引，不能用于数学处理，如过滤操作。

实例——RGB 图像转换为索引图像

源文件：yuanwenjian\ch08\ex_807.m

MATLAB 程序如下：

扫一扫，看视频

```
>> close all                              %关闭所有打开的文件
>> clear                                  %清除工作区的变量
>> RGB = imread('book1.jpg');             %读取真彩色图像，返回 uint8 的三维矩阵 RGB
>> ax(1)=subplot(121);                    %分割图窗视图
>> imagesc(RGB)                           %使用颜色图中的全部颜色显示图像
>> title('RGB 图像')
>> [IND,map] = rgb2ind(RGB,32);           %将 RGB 转换为 32 种颜色的索引图像
>> ax(2)=subplot(122);
>> imagesc(IND)                           %显示索引图像
>> title('索引图像')
>> axis(ax,'off','image')                 %关闭坐标系，图形区域紧贴图像数据
```

运行结果如图 8.7 所示。

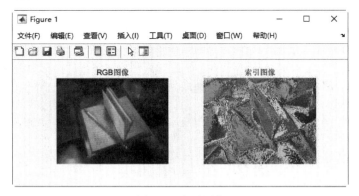

图 8.7　索引图像

如果要将索引图像转换为 RGB 图像，可以使用 ind2rgb 命令，其使用格式见表 8.15。

表 8.15　ind2rgb 命令的使用格式

使 用 格 式	说　　明
RGB = ind2rgb(X,map)	将索引图像 X 和对应的颜色图 map 转换为 RGB（真彩色）格式

索引图像 X 是整数类型的 $m \times n$ 数组。颜色图 map 是一个三列值数组，范围为[0,1]。颜色图的每一行都是一个 RGB 三元素数组，指定颜色图中单一颜色的红色、绿色和蓝色分量。

实例——索引图像转换为 RGB 图像

扫一扫，看视频

源文件：yuanwenjian\ch08\ex_808.m

MATLAB 程序如下：

```
>> close all                              %关闭所有打开的文件
>> clear                                  %清除工作区的变量
>> [I,map]=imread('trees.tif');           %读取图像，返回 uint8 索引图像 X 与关联的颜色图 map
>> subplot(121),imshow(I),title('索引图像')    %显示索引图
>> J=ind2rgb(I,map);                      %把索引图转换为 RGB 图像
>> subplot(122),imshow(J);                %显示 RGB 图像
>> title('RGB 图像')                       %显示图像标题
```

运行结果如图 8.8 所示。

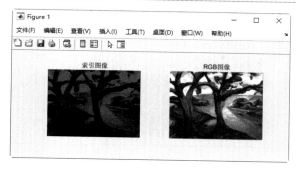

图 8.8 显示图像

8.2.2 RGB 图像与灰度图像转换

通过消除图像色调和饱和度信息的同时保留亮度,实现将 RGB 图像或彩色图转换为灰度图像,即灰度化处理的功能。

在 MATLAB 中,rgb2gray 命令用于将 RGB 图像或颜色图转换为灰度图,灰度转换后,三维矩阵变为二维矩阵,其使用格式见表 8.16。

表 8.16 rgb2gray 命令的使用格式

使 用 格 式	说　　明
I = rgb2gray(RGB)	通过消除色调和饱和度信息,同时保留亮度,将三维真彩色图像 RGB 转换为二维灰度图像 I
newmap = rgb2gray(map)	返回 map 的灰度颜色图 newmap。颜色图 map 指定为由范围[0, 1]内的值组成的 $c \times 3$ 数值矩阵。map 的每行都是一个 RGB 三元素数组,指定颜色图的单种颜色的红、绿和蓝分量

实例——图像灰度化

源文件:yuanwenjian\ch08\ex_809.m

扫一扫,看视频

MATLAB 程序如下:

```
>> close all                                      %关闭所有打开的文件
>> clear                                          %清除工作区的变量
>> A = imread('cat1.jpg');                        %读取当前路径下的图像,工作区显示 uint8 三维矩阵 A
>> B = rgb2gray(A);                               %将 RGB 图像转换为灰度图像,B 显示为 uint8 二维矩阵
>> subplot(1,2,1),imshow(A),title('RGB 图像')     %显示原图
>> subplot(1,2,2),imshow(B),title('灰度图像')     %显示灰度图像
```

运行结果如图 8.9 所示。

图 8.9 显示图像

在做某些变换时，图像的灰度可能会导致溢出（超出 0～255 范围）。将灰度图像（或彩色通道的每个颜色分量）进行灰度归一化，可以使其像素的灰度值分布在 0～255 之间，避免图像因对比度不足（图像像素亮度分布不平衡），对后续处理带来的干扰。

在 MATLAB 中，使用 mat2gray 命令可以不压缩图像矩阵的维度，将矩阵归一化为图像矩阵，其使用格式见表 8.17。

表 8.17　mat2gray 命令的使用格式

使 用 格 式	说　明
I = mat2gray(A,[amin amax])	将三维 RGB 真彩色图像矩阵 A 转换为三维归一化灰度图像 I，该图像包含 0（黑色）到 1（白色）范围内的值。amin 和 amax 是 A 中对应于 I 中 0 和 1 的值。小于 amin 的值变为 0，大于 amax 的值变为 1
I = mat2gray(A)	将图像矩阵 A 归一化为灰度图像矩阵 I，归一化后矩阵中每个元素的值都在 0～1 范围内（包括 0 和 1）

实例——图像的灰度变换

源文件：yuanwenjian\ch08\ex_810.m

MATLAB 程序如下：

```
>> close all                    %关闭所有打开的文件
>> clear                        %清除工作区的变量
>> I = imread('violet.jpg');    %读取当前路径下的图像到工作区，返回图像矩阵 I
>> I= mat2gray(I,[0 255]);      %将 RGB 图像转化为灰度图像，输入黑白值为[0,255]，I 中小于 0
的值映射为 0，大于 255 的值映射为 1
>> C = 1;                       %定义灰度缩放系数，用于整体拉伸图像灰度
>> Gamma = 0.4;    %定义 Gamma 取值。值小于 1，较亮的区域灰度被压缩，较暗的区域灰度被拉伸得较
亮，图像整体变亮；反之，值大于 1，图像整体变暗
>> J = C*(I.^Gamma);            %对图像数据进行 Gamma 变换
>> K= C*log(I+1);               %对图像进行对数运算
>> subplot(1,3,1);imshow(I,[0 1]);xlabel('a).原始图像');      %显示初始图像
>> subplot(1,3,2);imshow(J,[0 1]);xlabel('b).Gamma 变换\gamma = 0.4');%显示 Gamma 运
算后的图像
>> subplot(1,3,3);imshow(K,[0 1]);xlabel('c).对数变换 ');      %显示对数运算后的图像
```

运行结果如图 8.10 所示。

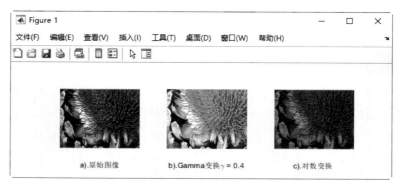

图 8.10　显示图像

8.2.3　索引图像与灰度图像转换

在 MATLAB 中，gray2ind 命令用于将灰度图像转换为索引图像，其使用格式见表 8.18。

表 8.18 gray2ind 命令的使用格式

使 用 格 式	说 明
[X,cmap] = gray2ind(I,c)	将灰度图像 I 转换为索引图像 X。矩阵 I 表示任意维度的灰度图数组。参数 c 是颜色图的颜色数,如果输入图像是灰度图,c 的默认值为 64;如果输入图像是二值图,c 的默认值为 2
[X,cmap] = gray2ind(BW,c)	将二值图 BW 转换为索引图像 X

如果要将索引图像转换为灰度图像,可以使用 ind2gray 命令,其使用格式见表 8.19。

表 8.19 ind2gray 命令的使用格式

使 用 格 式	说 明
I = ind2gray(X,cmap)	通过从输入图像中移除色调和饱和度信息的同时保持亮度,将使用颜色图 cmap 的索引图像 X 转换为灰度图像 I

实例——索引图与灰度图转换

源文件:yuanwenjian\ch08\ex_811.m

扫一扫,看视频

MATLAB 程序如下:

```
>> close all                         %关闭所有打开的文件
>> clear                             %清除工作区的变量
>> [X, map] = imread('corn.tif');    %读取索引图像
>> subplot(131),imshow(X,map),title('索引图像');    %显示索引图像
>> I = ind2gray(X,map);              %将索引图 X 转换为灰度图 I
>> subplot(132),imshow(I),title('索引图转灰度图');
>> [J,cmap] = gray2ind(I,128);       %将灰度图 I 转换为包含 128 种颜色的索引图 J
>> subplot(133),imshow(J,cmap),title('灰度图转索引图');
```

运行结果如图 8.11 所示。

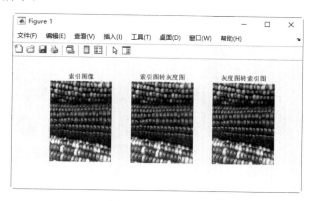

图 8.11 显示图像

8.2.4 灰度图像转换为二值图像

二值图像的每一个像素点取值只能是黑色或白色,将其他图像转换为二值图像时,设定一个阈值,如果原始图像的某个像素的数值大于指定的阈值,则把像素变成白色(颜色分量为 255);如果某个像素的数值小于指定的阈值,则把像素变成黑色(颜色分量为 0),这样就形成了二值图像。二值图像在 MATLAB 中是一个二维像素矩阵,第一维表示图像的 x 坐标,第二维表示图像的 y 坐标。

在 MATLAB 中,使用 imbinarize 命令可以通过阈值化将二维或三维灰度图像转换为二值图像,其使用格式见表 8.20。

表 8.20　imbinarize 命令的使用格式

使 用 格 式	说　　明
BW = imbinarize(I)	将高于全局确定阈值的所有值设置为 1，将其他值设置为 0，从二维或三维灰度图像 I 创建二进制图像
BW = imbinarize(I,method)	使用指定的阈值化方法'global'（全局）或'adaptive'（自适应）从图像 I 创建二值图像 BW
BW = imbinarize(I,T)	使用阈值 T 从图像 I 创建二值图像 BW。T 可以是指定为标量亮度值的全局图像阈值，也可以是指定为亮度值矩阵的局部自适应阈值
BW = imbinarize(I,'adaptive',Name,Value)	使用名称-值对参数从图像 I 创建二值图像，以控制自适应阈值的各个方面

在这里要说明的是，imbinarize 只能处理灰度图像。如果输入图像不是灰度图像，imbinarize 先将图像转换为灰度图像，再将图像通过灰度阈值转换为二值图像。

扫一扫，看视频

实例——将灰度图像转换为二值图像

源文件：yuanwenjian\ch08\ex_812.m

MATLAB 程序如下：

```
>> close all                  %关闭所有打开的文件
>> clear                      %清除工作区的变量
>> I=imread('ball.tif');      %读取图像
>> J=logical(I); %将图像数据矩阵 I 中所有非 0 的值转换为逻辑 1，0 转换为逻辑 0，从而将图像转换
为二值图像
>> M=imbinarize(I);           %将输入图像 I 转换为二值图像
>> subplot(131),imshow(I),title('原图');
>> subplot(132),imshow(J),title('logical 二值图像');
>> subplot(133),imshow(M),title('imbinarize 二值图像');
```

运行结果如图 8.12 所示。

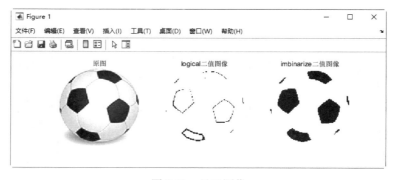

图 8.12　显示图像

扫一扫，看视频

实例——图像之间的转换

源文件：yuanwenjian\ch08\ex_813.m

MATLAB 程序如下：

```
>> close all                  %关闭所有打开的文件
>> clear                      %清除工作区的变量
>> I=imread('tomatoes.jpg');  %读取当前路径下的图像，工作区中显示数据为 uint8 三维矩阵 I
>> subplot(221),imshow(I),title('原始 RGB 图像')
>> J=rgb2gray(I);             %把 RGB 图像转换为灰度图像
>> subplot(222),imshow(J),title('转换为灰度图')                    %显示灰度图像
```

```
>> M=imbinarize(J,'adaptive',ForegroundPolarity='dark');    %使用自适应阈值将灰度图像
转换为二值图像，使用参数指示前景比背景暗
>> subplot(223),imshow(M),title('指定前景像素的二值图')
>> Q=imbinarize(J,'adaptive',ForegroundPolarity='bright',Sensitivity=0.3);%使用自
适应阈值将灰度图像转换为二值图像，自适应阈值的敏感度因子为 0.3，前景比背景亮
>> subplot(224),imshow(Q),title('指定敏感度因子的二值图')
```

运行结果如图 8.13 所示。

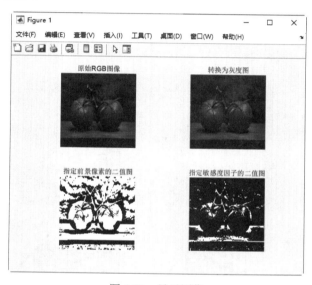

图 8.13　显示图像

在 MATLAB 中，最大类间方差法是一种确定自适应阈值的方法，又叫大津法，简称 OTSU。它通过一个阈值将图像中的数据分为两类：一类是图像的像素点的灰度值均小于该阈值，另一类是图像的像素点的灰度值均大于或等于该阈值。如果这两个类中像素点的灰度的方差越大，说明获取到的阈值就是最佳的阈值，利用该阈值可以将图像分为前景和背景两个部分。graythresh 命令用于获得一个合适的阈值，与 imbinarize 结合使用以将灰度图像转换为二值图像，其使用格式见表 8.21。

表 8.21　graythresh 命令的使用格式

使 用 格 式	说　　明
T = graythresh(I)	使用 OTSU（最大类间方差法）根据灰度图像 I 计算全局阈值 T
[T,EM] = graythresh(I)	在上一种语法格式的基础上，还以范围[0,1]内的正标量形式返回有效性度量 EM。下界只能由具有单一灰度级的图像获得，上界只能由二值图像获得

默认情况下，imbinarize 命令使用通过 OTSU 方法获得的阈值创建二值图像。该默认阈值与 graythresh 命令返回的阈值相同。但是，imbinarize 命令只返回二值图像。如果需要灰度级或有效性度量，可以在调用 imbinarize 命令之前使用 graythresh 命令。

实例——指定阈值转换二值图

源文件：yuanwenjian\ch08\ex_814.m

MATLAB 程序如下：

```
>> close all                              %关闭所有打开的文件
>> clear                                  %清除工作区的变量
```

扫一扫，看视频

```
>> I=imread('rose.jpg');                    %读取图像
>> subplot(221),imshow(I),title('原始 RGB 图像')    %显示读取的图像
>> G=rgb2gray(I);                           %把 RGB 图像转换为灰度图像
>> subplot(222),imshow(G);                  %显示灰度图像
>> title('RGB 图像转换为灰度图像')            %显示图像标题
>> J=imbinarize(G,0.3);                     %创建二值图像，自定义阈值 0.3
>> subplot(223),imshow(J),title('指定阈值转换为二值图')%显示二值图像
>> T=graythresh(G);    %使用 OTSU 方法计算全局图像阈值，大于该阈值的变成白色，小于该阈值的变成
黑色，所以阈值越大越黑，阈值越小越白
>> M=imbinarize(G,T);                       %灰度图像转换为二值图
>> subplot(224),imshow(M);title('自动阈值转换为二值图')
```

运行结果如图 8.14 所示。

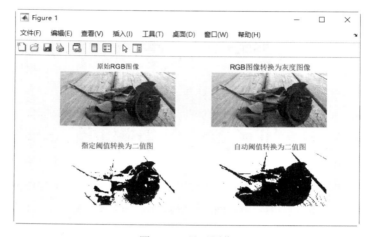

图 8.14 显示图像

8.3 处理图像颜色

除了转换图像的颜色空间和类型外，通过对图像颜色图中的颜色进行抖动、减少、重新排序和消除重复颜色，也能达到意想不到的效果。

8.3.1 抖动颜色

在 MATLAB 中，使用 dither 命令可以通过抖动提高表观颜色分辨率，将 RGB 图像或灰度图像转换为索引图像或二值图像，其使用格式见表 8.22。

表 8.22 dither 命令的使用格式

使 用 格 式	说　　明
X = dither(RGB,map)	通过抖动颜色图 map 中的颜色创建 RGB 图像的索引图像近似值 X
X = dither(RGB,map,Qm,Qe)	在上一种语法格式的基础上，使用参数指定要沿每个颜色轴为逆向颜色图使用的量化位数 Qm，以及用于颜色空间误差计算的量化位数 Qe
BW = dither(I)	通过抖动将灰度图像 I 转换为二值（黑白）图像 BW

扫一扫，看视频

实例——使用抖动转换图像类型

源文件：yuanwenjian\ch08\ex_815.m

MATLAB 程序如下：

```
>> close all                                %关闭所有打开的文件
>> clear                                     %清除工作区的变量
>> I= imread('mifeng.jpg');                  %将文件中的 RGB 图像读取到工作区中
>> J=rgb2gray(I);                            %把 RGB 图像转换为灰度图像
>> subplot(131),imshow(I),title('RGB 图');   %显示 RGB 图像
>> subplot(132),imshow(J),title('灰度图');   %显示灰度图像
>> M = dither(J);                            %将图像转换为二值图像
>> subplot(133),imshow(M),title('二值图');   %显示二值图
```

运行结果如图 8.15 所示。

图 8.15 显示图像

8.3.2 减少颜色数量

在 MATLAB 中，使用 imapprox 命令可以通过减少颜色数量来近似处理索引图像，将图像转换为索引图像，其使用格式见表 8.23。

表 8.23 imapprox 命令的使用格式

命令格式	说 明
[Y,newmap] = imapprox(X,map,Q)	使用具有 Q 种量化颜色的最小方差量化法来近似表示索引图像 X 和关联颜色图 map 中的颜色。返回索引图像 Y 和颜色图 newmap
[Y,newmap] = imapprox(X,map,tol)	使用容差为 tol 的均匀量化法来近似表示索引图像 X 和关联颜色图 map 中的颜色
Y = imapprox(X,map,inmap)	使用基于颜色图 inmap 的逆颜色图映射法来近似表示索引图像 X 和关联颜色图 map 中的颜色。逆颜色图算法会在 inmap 中查找与 map 中的颜色最匹配的颜色
… = imapprox(…,dithering)	在以上任一种语法格式的基础上，使用参数启用（'dither'）或禁用（'nodither'）抖动。抖动以损失空间分辨率为代价来提高颜色分辨率

实例——减少索引图像中的颜色数量

扫一扫，看视频

源文件：yuanwenjian\ch08\ex_816.m

MATLAB 程序如下：

```
>> close all          %关闭所有打开的文件
>> clear              %清除工作区的变量
>> load trees;        %加载数据集，其中包含索引图像矩阵 X、颜色图矩阵 map，以及图像标题矩阵 caption
>> ax(1)=subplot(1,3,1); imshow(X,map),title('RGB 图');%通过索引图像矩阵 X 与颜色图矩阵
map 绘制 RGB 图像
```

```
>> ax(2)=subplot(1,3,2); image(X),title('原索引图');    %显示索引图
>> [J,newmap] = imapprox(X,map,64,'nodither');        %禁用抖动，将索引图像中的颜色数量从
128 种减少到 64 种，生成新的索引图 J 和颜色图 newmap
>> ax(3)=subplot(1,3,3);image(J),title('新索引图');   %显示新索引图
>> axis(ax,'off','image')                             %关闭坐标系，图形区域紧贴图像数据
```

运行结果如图 8.16 所示。

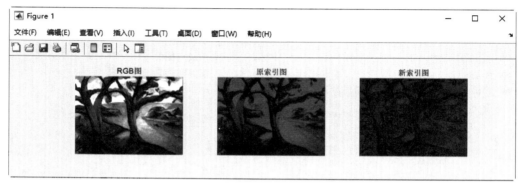

图 8.16　显示图像

8.3.3　重排颜色图的颜色

在 MATLAB 中，使用 cmpermute 命令可以重新排列颜色图中的颜色，修改索引图，其使用格式见表 8.24。

表 8.24　cmpermute 命令的使用格式

使 用 格 式	说　　明
[Y,newmap] = cmpermute(X,map)	随机对颜色图 map 中的颜色重新排序以生成一个新的颜色图 newmap，修改索引图像 X 中的值以保持索引 Y 与颜色图 newmap 之间的对应。图像 Y 和关联的颜色图 newmap 生成与 X 和 map 相同的图像
[Y,newmap] = cmpermute(X,map,index)	在上一种语法格式的基础上，使用排序索引 index 定义颜色顺序，生成新颜色图 newmap

扫一扫，看视频

实例——重排索引图像的颜色

源文件：yuanwenjian\ch08\ex_817.m

MATLAB 程序如下：

```
>> close all            %关闭所有打开的文件
>> clear                %清除工作区的变量
>> load flujet          %加载图像数据，包含索引图像矩阵 X、颜色图矩阵 map 和图像标题矩阵 caption
>> ax(1)=subplot(121);image(X), colormap(ax(1),map),title('原始图像');
>> ntsc = rgb2ntsc(map);  %将图像从 RGB 颜色空间转换为 NTSC 颜色空间
>> [dum,index] = sort(ntsc(:,3));  %按升序对图像颜色进行排序，返回排序后的数组 dum 和排序索引 index
>> [J,newmap] = cmpermute(X,map,index);    %使用排序索引 index 定义新颜色图中颜色的顺序，
返回新的索引图像
%显示重排颜色的索引图像
>> ax(2)=subplot(122);image(X),colormap(ax(2),newmap),title('重排颜色后的图像');
>> axis(ax,'off','image')                  %关闭坐标系，图形区域紧贴图像数据
```

运行结果如图 8.17 所示。

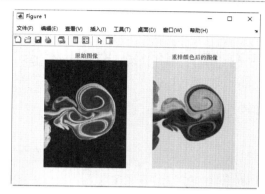

图 8.17 显示图像

8.3.4 消除重复颜色

在 MATLAB 中，使用 cmunique 命令可以消除颜色图中的重复颜色，将灰度或真彩色图像转换为索引图像，其使用格式见表 8.25。

表 8.25 cmunique 命令的使用格式

使 用 格 式	说 明
[Y,newmap] = cmunique(X,map)	从颜色图 map 中删除重复的行，生成新颜色图 newmap。调整具有重复颜色的索引图像 X 中的索引，以保持索引与颜色图之间的对应，并返回具有唯一颜色的索引图 Y。图像 Y 和关联的颜色图 newmap 生成与 X 和 map 相同的图像，但包含尽可能小的颜色图的图像
[Y,newmap] = cmunique(RGB)	将真彩色图像 RGB 转换为索引图像 Y 及其关联的颜色图 newmap。返回的颜色图是包含图像 RGB 中每种唯一颜色的最小颜色图
[Y,newmap] = cmunique(I)	将灰度图像 I 转换为索引图像 Y 及其关联的颜色图 newmap。返回的颜色图是包含图像 I 中每种唯一强度级别的最小颜色图

实例——消除图像中的重复颜色

扫一扫，看视频

源文件：yuanwenjian\ch08\ex_818.m

MATLAB 程序如下：

```
>> close all                          %关闭所有打开的文件
>> clear                              %清除工作区的变量
>> load clown %加载图像数据，包含索引图像矩阵 X、81×3 的颜色图矩阵 map，以及图像标题矩阵 caption
>> ax(1)=subplot(121);image(X)        %显示原图的索引图像
>> colormap(ax(1),map),title('原始图像'); %设置颜色图
>> [Y,newmap] = cmunique (X,map);     %从颜色图 map 中删除重复的行以生成新颜色图 newmap
>> ax(2)=subplot(122);image(Y)        %显示删除重复颜色后的索引图像
>> colormap(ax(2),newmap),title('消除重复颜色');%显示删除重复颜色后的图像
>> axis(ax,'off','image')             %关闭坐标系，图形区域紧贴图像数据
```

运行结果如图 8.18 所示。

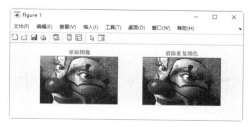

图 8.18 显示图像

第 9 章　图像的基本运算

图像运算是指通过改变图像像素的值以增强图像效果的操作。图像增强是指对图像的某些特征,如边缘、轮廓、对比度等进行强调或锐化,以便于显示、观察或进一步分析与处理,使处理后的图像比原始图像更适合于特定应用。

图像的基本运算主要包括点运算、代数运算和几何运算。

➢ 图像的点运算
➢ 图像的代数运算
➢ 图像的几何运算

9.1　图像的点运算

图像的点运算是对图像每个像素点的灰度值按一定的映射关系进行运算得到一副新图像的过程,也称为灰度变换、对比度增强或对比度拉伸。点运算是像素点和像素点之间的逐点运算,输出像素值只与输入像素值有关,运算结果不会改变图像内像素点之间的空间关系,仅改变图像像素的灰度值。简而言之,点运算仅改变整幅图像的灰度统计分布。

设输入图像的灰度为 $f(x, y)$,输出图像的灰度为 $g(x, y)$,则点运算可以表示为

$$g(x, y) = T[f(x, y)]$$

其中, $T[]$ 是对 f 在 (x, y) 点处的值的一种数学运算,是灰度到灰度的映射过程,故称 $T[]$ 为灰度变换函数。

如果令 $f(x, y)$ 和 $g(x, y)$ 在任意点 (x, y) 的灰度级分别为 r 和 s,则灰度变换函数(图 9.1)可简化表示为 $s = T[r]$ 。

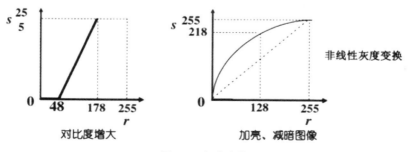

图 9.1　灰度变换

根据灰度变换的数学关系，点运算可以分为线性点运算和非线性点运算两种。

9.1.1　线性点运算

线性点运算对原灰度图像的每个像素点进行线性操作，即 $X\_new = aX+b$。

➤ $a=1$，$b=0$ 时，输出灰度不变。

➤ $b \geq 0$ 时，所有灰度值上移，增加亮度。

➤ $b \leq 0$ 时，所有灰度值下移，减小亮度。

➤ $a>1$ 时，输出灰度扩展，对比度上升。

➤ $0<a<1$ 时，输出灰度压缩，对比度减小。

➤ $a<0$ 时，暗区变亮，亮区变暗，图像求补。

灰度图像线性变换实质上是图像矩阵的像素进行线性操作，具体步骤如下。

（1）使用 imread 命令读取图像数据。

（2）利用矩阵的算术运算符计算 $Y = aX + b$。

扫一扫，看视频

实例——图像的明暗变化

源文件：yuanwenjian\ch09\ex_901.m

MATLAB 程序如下：

```
>> close all                          %关闭所有打开的文件
>> clear                              %清除工作区的变量
>> I=imread('bird2.jpg');             %读取图像数据
>> figure(1);                         %新建编号为 1 的图形窗口
>> set(figure(1),name='RGB',Numbertitle='off');  %设置图窗 1 的名称，不显示带编号的标题
>> imshow(I); title('RGB 图')         %显示真彩色 RGB 图
>> figure(2);                         %新建图窗 2
>> set(figure(2),name='gray',Numbertitle='off');  %设置图窗 2 的名称，不显示带编号的标题
>> gray_p=rgb2gray(I);                %将图像转换为灰度图
>> imshow(gray_p); title('灰度图')    %显示灰度图
>> figure(3);                         %新建图窗 3
>> set(figure(3),name='b+100',Numbertitle='off');  %设置图窗 3 的名称，不显示带编号的标题
>> new_p1=gray_p+100;                 %对图像进行线性灰度变换，b>0，增加亮度
>> imshow(new_p1); title('b+100，增加亮度')      %显示增加亮度的灰度图
>> figure(4);                         %新建图窗 4
>> set(figure(4),name='a*1.5',Numbertitle='off');  %设置图窗 4 的名称，不显示带编号的标题
>> new_p2=1.5*gray_p;                 %对图像进行线性灰度变换，a>1，增强对比度
>> imshow(new_p2); title('a*1.5，增强对比度')     %显示增加明暗对比度的灰度图
>> figure(5);                         %新建图窗 5
>> set(figure(5),name='a*0.5',Numbertitle='off');  %设置图窗 5 的名称，不显示带编号的标题
>> new_p3=0.5*gray_p;                 %对图像进行线性灰度变换，0<a<1，降低对比度
>> imshow(new_p3); title('a*0.5，降低对比度')     %显示降低明暗对比度的灰度图
>> figure(6);                         %新建图窗 6
>> set(figure(6),name='a*(-1)+255',Numbertitle='off');  %设置图窗 6 的名称，不显示带编号的标题
>> new_p4=255-gray_p;                 %对图像进行线性灰度变换，a<0 时，图像求补，b>0，增加亮度
>> imshow(new_p4); title('a=-1 b=255，增加亮度的补色图')  %显示增加亮度，切换明暗的灰度图
```

运行结果如图 9.2 所示。

图 9.2　图像线性灰度变换

9.1.2　非线性点运算

如果输出图像的像素点灰度值和输入图像的像素点灰度值不满足线性关系，这种点变换称为非线性点变换，数学表达式如下：

$$g(x,y) = \begin{cases} \dfrac{M_g - d}{M_f - b}[f(x,y) - b] + d, & b \leqslant f(x,y) \leqslant M_f \\[2mm] \dfrac{d - c}{b - a}[f(x,y) - a] + c, & a \leqslant f(x,y) < b \\[2mm] \dfrac{c}{a} f(x,y), & 0 \leqslant f(x,y) < a \end{cases}$$

对图像进行灰度处理，设 $f(x, y)$ 的灰度范围为 $[0, M_f]$，$g(x, y)$ 的灰度范围为 $[0, M_g]$，f 非线性灰度运算的输入灰度级与输出灰度级呈非线性关系。

非线性拉伸不是对图像的整个灰度范围进行扩展，而是有选择地对某一灰度值范围进行扩展，其他范围的灰度值则有可能被压缩。非线性点变换主要包括指数变换、对数变换、分段线性灰度变换、伽马变换。

1. 指数变换

指数变换的一般形式为 $S = cr^\gamma$，其中 c 和 γ 为正常数，r 为输入值。

指数变换将部分灰度区域映射到更宽的区域，当 $\gamma = 1$ 时，指数变换转变为线性变换；当 $\gamma < 1$ 时，扩展低灰度级，压缩高灰度级，使图像变亮；当 $\gamma > 1$ 时，扩展高灰度级，压缩低灰度级，使图像变暗，如图 9.3 所示。

2. 对数变换

对数变换的一般形式为 $s = c\log(1+r)$，其中 c 是一个常数。

图像像素经过对数变换后，低灰度区扩展，高灰度区压缩。图像加亮、减暗。对数曲线图像如图 9.4 所示。

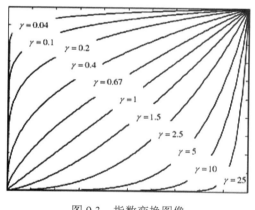

图 9.3　指数变换图像

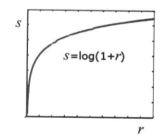

图 9.4　对数曲线图像

在 MATLAB 中，指数变换、对数变换命令的使用格式见表 9.1。

表 9.1　命令的使用格式

使 用 格 式	说　　明
C = A.^B C = power(A,B)	对数字图像 A 进行指数变换
L = log(A)	对数字图像 A 进行对数变换，此种变换可以使一个窄带灰度输入图映射为一个宽带输出值

实例——灰度图指数变换

源文件：yuanwenjian\ch09\ex_902.m

MATLAB 程序如下：

```
>> close all                      %关闭所有打开的文件
>> clear                          %清除工作区的变量
>> I=imread('sunflower.jpg');     %读取图像数据
```

```
>> axis off                                        %关闭坐标系
>> subplot(2,2,1)                                  %分割视图，显示第一个视图
>> imshow(I),title('RGB 图')                       %真彩色 RGB 图
>> subplot(2,2,2)                                  %显示第二个视图
>> gray_I=rgb2gray(I);                             %将图像转换为灰度图
>> imshow(gray_I),title('灰度图');                 %显示灰度图
>> subplot(2,2,3)                                  %显示第三个视图
>> gray_Y = im2double(gray_I).^5;                  %对灰度图进行指数变换，幂次（5）>1 时，扩展高灰度级，压
缩低灰度级，图像变暗
>> imshow(gray_Y),title('指数变换（\gamma=5）');   %显示指数变换后的灰度图
>> subplot(2,2,4)                                  %显示第四个视图
>> gray_Y1=power(im2double(gray_I),0.5);           %对灰度图进行指数变换，幂次（0.5）<1 时，扩展
低灰度级，压缩高灰度级，图像变亮
>> imshow(gray_Y1),title('指数变换（\gamma=0.5）'); %显示指数变换后的灰度图
```

运行结果如图 9.5 所示。

图 9.5   显示图像

扫一扫，看视频

实例——灰度图对数变换

源文件：yuanwenjian\ch09\ex_903.m

MATLAB 程序如下：

```
>> close all                                       %关闭所有打开的文件
>> clear                                            %清除工作区的变量
>> I=imread('bianhua.jpg');                         %读取图像数据
>> axis off                                         %关闭坐标系
>> subplot(2,2,1)                                   %分割视图，显示第一个视图
>> imshow(I),title('RGB 图')                        %显示真彩色 RGB 图
>> subplot(2,2,2)                                   %显示第二个视图
>> gray_I=rgb2gray(I);                              %将图像转换为灰度图
>> imshow(gray_I),title('灰度图');                  %显示灰度图
>> gray_I =im2double(gray_I);                       %将灰度图像矩阵转换为双精度，以便进行对数变换
>> subplot(2,2,3)                                   %显示第三个视图
>> gray_Y = 0.3*log(gray_I+1);                      %灰度图对数变换，图像变暗
>> imshow(gray_Y),title('对数变换（c<1）');          %显示对数变换后的灰度图
```

```
>> subplot(2,2,4)                   %显示第四个视图
>> gray_Y1 = 3*log(gray_I+1);       %灰度图对数变换，图像变亮
>> imshow(gray_Y1),title('对数变换（c>1）');    %显示对数变换后的灰度图
```

运行结果如图 9.6 所示。

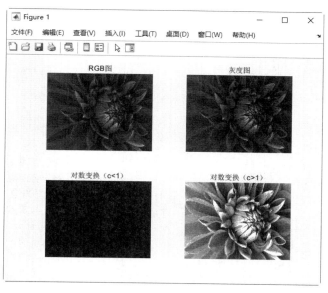

图 9.6　显示图像

3. 分段线性灰度变换

分段线性灰度变换是将图像中感兴趣的目标或者灰度区间进行线性灰度变换，使图像亮的地方更亮，暗的地方更暗，从而增加图像的可视细节。

分段线性灰度变换使用如下对比度拉伸变换公式，进行动态范围的压缩。

$$s = \frac{1}{1+(m/r)^E}, \quad r \in [0,1]$$

即函数形式为 $s = T(r) = 1/(1+(m/r)^E)$。为方便操作，转换为

$$s = \frac{1}{1+\left(\dfrac{m}{r+\text{eps}}\right)^E}$$

其中，eps 是极小值，可避免图像数据的灰度值 I 出现溢出情况，即函数形式为

$$g = 1./(1+(m./(double(I)+\text{eps})).^E)$$

其中，m 为图像灰度级数，可取图像灰度分布的中央值，选择图像 I 最大灰度值与最小灰度值的平均值，即

$$m = \frac{1}{2}(\min(r)+\max(r))$$

图像的拉伸程度 E，可以控制图像灰度曲线的斜率[0,1]，调整图像灰度拉伸的程度 E 直接取图像灰度曲线最大值与最小值，一般取 0.05、0.95。

$$E_1 = \log_{\frac{m}{\min(r)}}\left(\frac{1}{0.05} - 1\right)$$

$$E_2 = \log_{\frac{m}{\max(r)}}\left(\frac{1}{0.95} - 1\right)$$

$$E = \mathrm{ceil}\left(\min\{E_1, E_2\}\right)$$

扫一扫，看视频

实例——对图像进行灰度拉伸

源文件：yuanwenjian\ch09\ex_904.m

MATLAB 程序如下：

```
>> close all                                      %关闭所有打开的文件
>> clear                                          %清除工作区的变量
>> I = imread('hua.jpg');                         %读取图像文件，返回图像数据
>> J = mat2gray(I,[0 255]);                       %将彩色图像转换为灰度图像
>> [M,N] = size(J);                               %返回灰度图像的大小
>> g = zeros(M,N);                                %定义与灰度图像大小相同的图像矩阵 g
>> Min_J= min(min(J));                            %求灰度图灰度最小值
>> Max_J = max(max(J));                           %求灰度图灰度最大值
>> m = (Min_J+ Max_J)/2;                          %求灰度图灰度最大值和最小值的平均值
>> E_1 = log(1/0.05 - 1)./log(m./(Min_J+eps));    %计算灰度拉伸斜率
>> E_2 = log(1/0.95 - 1)./log(m./(Max_J+eps));    %计算灰度拉伸斜率
>> E = ceil(min(E_1,E_2)-1);                      %朝正无穷方向取整
>> K=1./(1+(m./(double(J)+eps)).^E);              %拉伸对比度
>> subplot(121),imshow(I),title('原始图像');       %显示原图
>> subplot(122), imshow(K),title('灰度拉伸图像');   %显示拉伸对比度后的图像
```

运行结果如图 9.7 所示。

图 9.7 显示图像

4．伽马变换

在 MATLAB 中，常用非线性灰度变换包括伽马变换，主要用于图像的校正，将漂白的图片或者过黑的图片进行修正。伽马变换也常用于显示屏的校正。与对数变换相同，伽马变换可以强调图像的某个部分。

实例——图像伽马变换

源文件：yuanwenjian\ch09\ex_905.m

MATLAB 程序如下：

```
>> close all                     %关闭所有打开的文件
>> clear                         %清除工作区的变量
>> I = imread('xiyilan.jpg');    %读取图像，返回图像数据
>> J = im2double(I);             %将图像矩阵 I 的类型转换为双精度 J
>> P1= 1 * (J .^ 1.5);           %输入函数表达式，对图像进行伽马变换，灰度缩放系数为1，gamma 值为1.5
>> P2= 2 * (J .^ 1.5);           %灰度缩放系数为2，gamma 值为1.5
>> P3= 1 * (J .^ 2);             %灰度缩放系数为1，gamma 值为2
>> P4= 2 * (J .^ 2);             %灰度缩放系数为2，gamma 值为2
>> P5= 3 * (J .^ 2);             %灰度缩放系数为3，gamma 值为2
>> subplot(2,3,1);imshow(I),title('原始图像');               %显示原图
>> subplot(2,3,2);imshow(P1),title('伽马变换:c=1, γ=1.5')
>> subplot(2,3,3);imshow(P2),title('伽马变换:c=2, γ=1.5')
>> subplot(2,3,4);imshow(P3),title('伽马变换:c=1, γ=2.0')
>> subplot(2,3,5);imshow(P4),title('伽马变换:c=2, γ=2.0')
>> subplot(2,3,6);imshow(P5),title('伽马变换:c=3, γ=2.0')    %显示进行伽马变换后的图像
```

运行结果如图 9.8 所示。

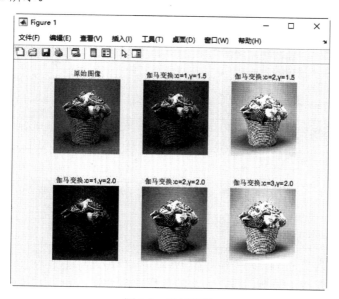

图 9.8　显示图像

9.1.3　调整灰度值

对图像进行操作，实际上是对图像中的每个像素点进行操作。在计算机系统中，灰度图像被看作是由许多个值在 0~255 之间的像素点组成的图像，255 表示白色，0 表示黑色，黑白之间存在 256个灰度级，如图 9.9 所示。

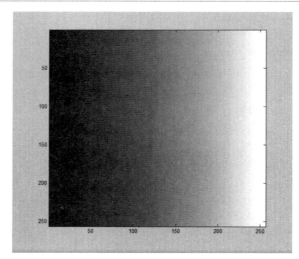

图 9.9　灰度级

将像素点 0 变成 255，255 变成 0 可以成为图像的负片。在 MATLAB 中，imadjust 命令用于调整灰度值，可以将原灰度图白色的地方变成黑色，黑色的地方变成白色，或将图像变为负片，其使用格式见表 9.2。

表 9.2　imadjust 命令的使用格式

使 用 格 式	说　　明
J = imadjust(I)	对灰度图像 I 中所有像素值中最低的 1% 和最高的 1% 进行饱和处理，提高图像的对比度，输出调整后的图像 J
J = imadjust(I,[low_in high_in])	将 I 中的强度值映射到 J 中的新值，使得 low_in 和 high_in 之间的值映射到 0 和 1 之间的值
J = imadjust(I,[low_in high_in],[low_out high_out])	将 I 中的强度值映射到 J 中的新值，使得 low_in 和 high_in 之间的值映射到 low_out 到 high_out 之间的值
J = imadjust(I,[low_in high_in],[low_out high_out],gamma)	在上一种语法格式的基础上，使用参数 gamma 指定描述 I 和 J 中的值之间关系的曲线形状
J =imadjust(RGB,[low_in high_in],…)	将真彩色图像 RGB 中的值映射到 J 中的新值。可以为每个颜色通道应用相同的映射或互不相同的映射
newmap = imadjust(cmap, [low_in high_in],…)	将颜色图 cmap 中的值映射到 newmap 中的新值。可以为每个颜色通道应用相同的映射或互不相同的映射

如果要将图像转换为负片，可以将[low_in, high_in]设置为[0, 1]，[low_out, high_out]设置为[1, 0]。即原来输入为 0 的地方变成 1 输出，输入为 1 的地方变成 0 输出。

扫一扫，看视频

实例——调整 RGB 图像对比度

源文件：yuanwenjian\ch09\ex_906.m

MATLAB 程序如下：

```
>> close all              %关闭所有打开的文件
>> clear                  %清除工作区的变量
>> I=imread('beiying.jpg');   %读取图像数据
>> J=imadjust(I,[ .2 .3 0; .6 .7 1],[]);%为 RGB 图像每个颜色通道指定不同的对比度范围，调整图像强度值。输出图像的对比度范围指定为空矩阵，则使用默认范围[0,1]
>> subplot(121),imshow(I),title('原始图像');      %显示原图
>> subplot(122), imshow(J),title('调整对比度')    %显示调整对比度后的图像
```

运行结果如图 9.10 所示。

图 9.10 显示图像

如果一幅图像的灰度集中在较暗的区域而导致图像偏暗，可以用灰度拉伸功能来拉伸（斜率>1）物体灰度区间以改善图像质量；同样地，如果图像灰度集中在较亮的区域而导致图像偏亮，也可以用对比度拉伸功能来压缩（斜率<1）物体灰度区间以改善图像质量。

在 MATLAB 中，stretchlim 命令用于自适应找到一个分割阈值向量来改变一幅图像的对比度，生成一个二元素向量，由一个低限和一个高限组成。该命令常用作 imadjust 命令的参数，实现灰度图像对比度的增加或减弱，其使用格式见表 9.3。

表 9.3 stretchlim 命令的使用格式

使 用 格 式	说　　明
lowhigh = stretchlim(I)	计算拉伸灰度图像或 RGB 图像 I 的最佳对比度范围，即函数 imadjust(I,[low_in high_in],[low_out high_out]) 中的第二个参数，以此来实现图像增强。默认为所有像素值最小值的 1% 和最大值的 1%
lowhigh = stretchlim(I,tol)	使用参数 tol = [LOW_FRACT HIGH_FRACT] 指定图像低像素值和高像素值饱和度的百分比。如果 tol 是一个标量，则 tol = LOW_FRACT、HIGH_FRACT = 1 - LOW_FRAC。tol 默认值是 [0.01, 0.99]，代表小于这个值的像素占整张图片的 1%，大于这个值的像素占整张图片的 1-0.99=1%

实例——扩展灰度图像对比度

源文件：yuanwenjian\ch09\ex_907.m

MATLAB 程序如下：

```
>> close all                        %关闭打开的文件
>> clear                            %清除工作区的变量
>> I=imread('eight.tif');           %读取灰度图像，返回 uint8 数据类型的图像数据矩阵 I
>> J=imadjust(I);                   %按照灰度图像的最佳输入区间进行灰度拉伸
>> K=imadjust(I,stretchlim(I));     %根据扩展的图像低像素值和高像素值饱和度的百分比进行灰度拉伸
>> Q=imadjust(I,[0.3 0.7],[]);      %根据输入的图像像素值对比度扩展图像
>> subplot(221),imshow(I),title('原始图像');        %显示原始图像
>> subplot(222),imshow(J),title('最佳输入区间拉伸')  %根据最佳输入区间进行灰度拉伸
>> subplot(223),imshow(K),title('自动确定阈值拉伸')  %根据像素值饱和度的百分比进行灰度拉
伸后的图像
>> subplot(224), imshow(Q),title('指定对比度范围拉伸') %根据输入像素值对比度扩展后的图像
```

运行结果如图 9.11 所示。

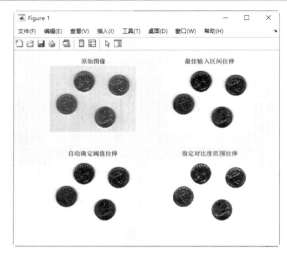

图 9.11　显示图像

9.1.4　灰度直方图

图像的直方图可以反映图像中的亮度值或灰度分布。

图像直方图（Image Histogram）是用于表示数字图像中亮度分布的直方图，标绘了图像中每个亮度值的像素数。在这种直方图中，横坐标的左侧为纯黑、较暗的区域，而右侧为纯白、较亮的区域。因此一张较暗图片的直方图中的数据多集中于左侧和中间部分，而整体明亮、只有少量阴影的图像则相反。

在数字图像处理中，为了显示图像灰度的分布情况，还需要绘制灰度直方图。灰度直方图是指由像素的灰度值分布及其邻域的平均灰度值分布所构成的直方图，描述了一幅图像的灰度级统计信息，主要应用于图像分割和图像灰度变换等处理过程。

分析图像的灰度直方图往往可以得到很多有效的信息，可以很直观地看出图像的亮度和对比度特征。直方图的峰值位置说明了图像总体的亮暗：如果图像较亮，则直方图的峰值出现在直方图的较右部分；如果图像较暗，则直方图的峰值出现在直方图的较左部分，从而造成暗部细节难以分辨。如果直方图中只有中间某一小段非零值，则这张图像的对比度较低；反之，如果直方图的非零值分布很宽而且比较均匀，则图像的对比度较高。

在 MATLAB 中，imhist 命令用于计算和显示灰度图像或索引图像的直方图，其使用格式见表 9.4。

表 9.4　imhist 命令的使用格式

使 用 格 式	说　　明
[counts,binLocations] = imhist(I)	计算灰度图像 I 的直方图。返回直方图计数 counts 和 bin 的位置 binLocations。bin 的数量由图像类型确定
[counts,binLocations] = imhist(I,n)	在上一种语法格式的基础上，使用参数 n 指定 bin 的个数，对于灰度图，默认为 256；如果是二值图，则为 2
[counts,binLocations] = imhist(X,map)	计算和显示有颜色图 map 的索引图像 X 的直方图
imhist(…)	显示直方图。如果输入图像是索引图像，则在颜色图 map 的颜色条上方显示像素值分布

动手练一练——绘制图像的灰度直方图

读取一幅灰度图像，绘制图像的灰度直方图。

📋 **思路点拨：**

> 源文件：yuanwenjian\ch09\prac_901.m
>
> （1）读取灰度图像，获取图像数据矩阵。
>
> （2）分割图窗视图，分别显示读取的图像和灰度直方图。

实例——调整图像亮度的灰度直方图

源文件： yuanwenjian\ch09\ex_908.m

MATLAB 程序如下：

```matlab
>> close all                                    %关闭打开的文件
>> clear                                        %清除工作区的变量
>> I=imread('mao.jpg');                         %读取 RGB 图像
>> J=rgb2gray(I);                               %转换为灰度图
>> K=J+150;                                      %线性点运算，调亮图像亮度
>> M=J-150;                                      %降低图像亮度
>> subplot(231),imshow(J),title('灰度图')                       %显示灰度图像
>> subplot(232),imhist(J,64),title('灰度直方图')               %显示图像的灰度直方图
>> subplot(233),imshow(K,[]),title('提高亮度')                 %显示提高亮度的图像
>> subplot(234),imhist(K,64),title('提高亮度的灰度直方图')
>> subplot(235),imshow(M,[]),title('降低亮度')                 %显示降低亮度的图像
>> subplot(236),imhist(M,64),title('降低亮度的灰度直方图')
```

运行结果如图 9.12 所示。

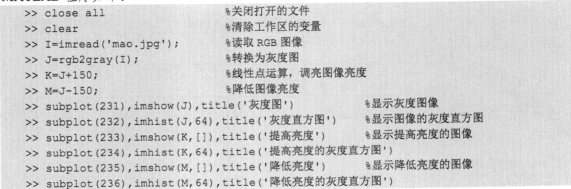
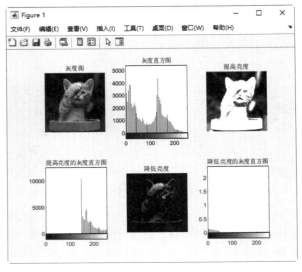

图 9.12　显示图像

9.1.5　直方图均衡化

直方图均衡化（HE）是一种很常用的直方图类方法，通过图像的灰度分布直方图确定一条映射曲线，用来对图像进行灰度变换，以达到提高图像对比度的目的。该映射曲线其实就是图像的累计分布直方图（CDF）（严格来说是呈正比例关系）。

直方图均衡化不改变灰度出现的次数，改变的是出现次数所对应的灰度级。经过均衡化后的图

像在每一级灰度上像素点的数量相差不大，对应的灰度直方图的每一级高度也相差不大，是增强图像的有效手段之一。

在 MATLAB 中，histeq 命令使用直方图均衡增强对比度，其使用格式见表 9.5。

表 9.5 histeq 命令的使用格式

使 用 格 式	说 明
J = histeq(I)	变换灰度图像 I，使输出灰度图像 J 具有 64 个 bin 的直方图且大致平坦
J = histeq(I,n)	变换灰度图像 I，使输出灰度图像 J 具有 n 个 bin 的直方图且大致平坦
J = histeq(I,hgram)	变换灰度图像 I，使输出灰度图像 J 具有 length(hgram) 个 bin 的直方图近似匹配目标直方图 hgram。hgram 中的每一个元素都在[0,1]中
newmap = histeq(X,map)	变换颜色图 map 中的值，使得索引图像 X 的灰度分量的直方图近似平坦，返回变换后的颜色图 newmap
newmap = histeq(X,map,hgram)	变换与索引图像 X 相关联的颜色图，以使索引图像(X, newmap)的灰度分量直方图近似匹配目标直方图 hgram
[...,T] = histeq(...)	在以上任一种语法格式的基础上，还返回变换 T，该变换将输入灰度图像或颜色图的灰度分量映射到输出灰度图像或颜色图的灰度分量

扫一扫，看视频

实例——使用直方图均衡增强对比度

源文件：yuanwenjian\ch09\ex_909.m

MATLAB 程序如下：

```
>> close all                                      %关闭打开的文件
>> clear                                          %清除工作区的变量
>> I = imread('christ.jpg');                      %读取 RGB 图像
>> I = rgb2gray(I);                               %将 RGB 图像转换为灰度图像
>> J = imadjust(I,[ ], [50/255;150/255]);         %将图像 I 默认的灰度值变化区间[0,1]压缩为较小
的灰度值变化区间[50/255;150/255]，降低图像的对比度
>> subplot(231),imshow(I);                        %显示调整强度值之后的图像
>> title('原灰度图');                              %添加标题
>> subplot(232),imhist(I);                        %获得图像的灰度直方图
>> title('灰度直方图');                            %添加标题
>> subplot(233),imshow(J);                        %显示调整强度值之后的图像
>> title('降低对比度');                            %添加标题
>> subplot(234),imhist(J);
>> title('降低对比度后的直方图');                  %添加标题
>> K = histeq(J);                                 %使用直方图均衡增强对比度
>> subplot(235),imshow(K);                        %显示图像
>> title('直方图均衡后的图像');                    %添加标题
>> subplot(236),imhist(K);                        %获得均衡图像的灰度直方图
>> title('均衡后的直方图');                        %添加标题
```

运行结果如图 9.13 所示。

在实际应用中，有时需要计算图像的局部直方图，然后重新分布亮度以改变图像对比度，这就是自适应直方图均衡化（AHE），是用于提升图像对比度的一种计算机图像处理技术，在雾天图像增强处理方面有很好的效果。

CLAHE（Contrast Limited Adaptive Histgram Equalization，对比度受限的自适应直方图均衡）与普通的自适应直方图均衡不同的地方在于其对比度限幅。在 CLAHE 中，对于每个小区域都必须使用对比度限幅，主要用于克服 AHE 过度放大噪声的问题。CLAHE 算法很多时候比直接的直方图均衡化算法的效果好很多。

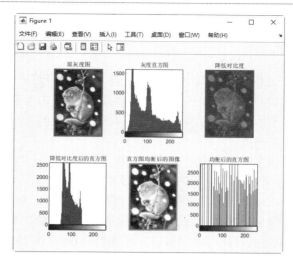

图 9.13　显示图像

在 MATLAB 中，adapthisteq 命令用于对比度受限的自适应直方图均衡化，其使用格式见表 9.6。

表 9.6　adapthisteq 命令的使用格式

使 用 格 式	说　　明
J = adapthisteq(I)	使用对比度受限的自适应直方图均衡化（CLAHE）变换 I 中的值，以增强灰度图像 I 的对比度
J = adapthisteq(I,Name,Value)	在上一种语法格式的基础上，使用名称-值对参数控制对比增强的附加选项

实例——处理雾天图像

源文件：yuanwenjian\ch09\ex_910.m

扫一扫，看视频

MATLAB 程序如下：

```
>> close all                 %关闭打开的文件
>> clear                     %清除工作区的变量
>> K = imread('fengjing.jpg');   %读取 RGB 图像
>> I = rgb2gray(K);          %将 RGB 图像转换为灰度图像
>> J = adapthisteq(I,clipLimit=0.01,Distribution='rayleigh',Alpha=0.8);  %使用对比
度受限的自适应直方图均衡化增强图像对比度，对比度因子为 0.01，直方图形状为钟形，分布参数为 0.8
>> imshowpair(I,J,'montage');     %成对显示灰度图和增强对比度后的图像
>> title('灰度图(左) 和对比度增强图 (右)')  %添加标题
```

运行结果如图 9.14 所示。

图 9.14　显示图像

9.1.6 归一化灰度直方图

图像易受光照、视角、方位、噪声等的影响，使得同一类图像的不同变形体之间的差距有时大于该类图像与另一类图像之间的差距，影响图像识别、分类。图像归一化就是将图像转换为唯一的标准形式以抵抗各种变换，从而消除同类图像不同变形体之间的外观差异，也称为图像灰度归一化。

灰度直方图统计一幅图像中各个灰度级出现的次数或概率，是一个离散函数，横坐标是图像中各个像素点的灰度级 g，纵坐标是具有各个灰度级的像素在图像中出现的次数或概率 N_g。归一化灰度直方图可以直接反映不同灰度级出现的比率，假设总的像素是 N，灰度级为 L，则归一化灰度直方图的横坐标是图像中各个像素点的灰度级 g，纵坐标是不同灰度级出现的比率 $P_g=N_g/N$。

在 MATLAB 中，通过灰度直方图可以返回直方图计数 counts，得到落入每个区间的像素个数；计算 counts 与图像中像素总数的商得到不同灰度级出现的比率，然后使用 stem 命令可以得到归一化灰度直方图。

实例——显示归一化灰度直方图

源文件：yuanwenjian\ch09\ex_911.m

MATLAB 程序如下：

```
>> close all                                        %关闭打开的文件
>> clear                                            %清除工作区的变量
>> I=imread('jiantang.jpg');                        %读取 RGB 图像
>> L=rgb2gray(I);                                    %转换为灰度图像
>> subplot(131),imshow(L),title('灰度图像')          %显示灰度图
>> subplot(132),imhist(L,32),title('灰度直方图')      %显示灰度直方图
>> [M,N]=size(L);                                    %获取灰度图像的行列数
>> [counts,x]=imhist(L,32);                          %返回灰度直方图计数和 bin 的位置
>> counts=counts/M/N;                                %计算不同灰度级出现的比率
>> subplot(133),stem(x,counts),title('归一化灰度直方图');   %绘制归一化灰度直方图
```

运行结果如图 9.15 所示。

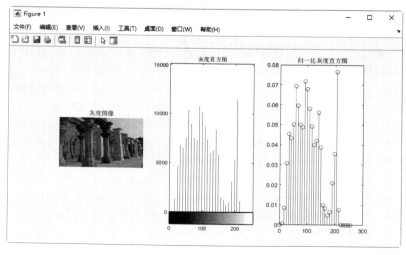

图 9.15　显示图像

9.2　图像的代数运算

图像的代数运算是指两幅或多幅图像之间进行点对点的加减乘除、求补运算，得到新图像的过程。

9.2.1　加运算

图像的加运算就是将两幅图像对应像素的灰度值或彩色分量进行相加。图像的加运算主要有两种用途，一种是将同一场景的图像进行相加后再取平均，以消除图像的随机噪声；另一种是把多幅图像叠加在一起，再进行处理以创建特效。

在 MATLAB 中，使用 imadd 命令可以将一幅图像的内容加到另一幅图像上，其使用格式见表 9.7。

表 9.7　imadd 命令的使用格式

使 用 格 式	说　　明
Z =imadd(X,Y)	将图像数据 X 中的每个元素与图像数据 Y 中的对应元素相加，并在输出数组 Z 的对应元素中返回结果。如果 Y 为数值标量，则表示在图像 X 中添加常量

对于灰度图像，由于只有单通道，因此直接进行相应位置的像素加法；对于彩色图像，则应该将对应颜色的分量 R、G、B 分别进行相加。

实例——调整图像亮度

扫一扫，看视频

源文件：yuanwenjian\ch09\ex_912.m

MATLAB 程序如下：

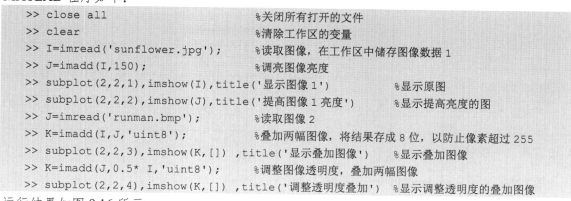

```
>> close all                        %关闭所有打开的文件
>> clear                            %清除工作区的变量
>> I=imread('sunflower.jpg');       %读取图像，在工作区中储存图像数据 1
>> J=imadd(I,150);                  %调亮图像亮度
>> subplot(2,2,1),imshow(I),title('显示图像1')              %显示原图
>> subplot(2,2,2),imshow(J),title('提高图像1亮度')          %显示提高亮度的图
>> J=imread('runman.bmp');          %读取图像 2
>> K=imadd(I,J,'uint8');            %叠加两幅图像，将结果存成 8 位，以防止像素超过 255
>> subplot(2,2,3),imshow(K,[]) ,title('显示叠加图像')       %显示叠加图像
>> K=imadd(J,0.5* I,'uint8');        %调整图像透明度，叠加两幅图像
>> subplot(2,2,4),imshow(K,[]) ,title('调整透明度叠加')     %显示调整透明度的叠加图像
```

运行结果如图 9.16 所示。

图 9.16　显示图像

扫一扫，看视频

动手练一练——叠加两幅图像

对两幅图像进行加运算，输出叠加后的图像。

📋 **思路点拨：**

源文件：yuanwenjian\ch09\prac_902.m

（1）读取要进行加运算的两幅图像，获取图像数据矩阵。

（2）对两幅图像进行加运算。

（3）分割图窗视图，分别显示加法运算前后的图像。

除了 imadd 命令，在 MATLAB 中，要在一幅图像上加上一个背景，还可以使用 imlincomb 命令计算图像线性组合，其使用格式见表 9.8。

表 9.8　imlincomb 命令的使用格式

使 用 格 式	说　　明
Z = imlincomb(K1,A1,K2,A2,...,Kn,An)	计算图像 A1,A2,...,An 的线性组合，其中 Z = K1*A1 + K2*A2 + ... + Kn*An，K1,K2,...,Kn 为图像系数，指定为数值标量
Z = imlincomb(K1,A1,K2,A2,...,Kn,An,K)	计算图像 A1,A2,...,An 的线性组合，其中 Z = K1*A1 + K2*A2 + ... + Kn*An + K，偏移量为 K
Z = imlincomb(...,outputClass)	指定 Z 的数据类型

扫一扫，看视频

实例——图像线性组合

源文件：yuanwenjian\ch09\ex_913.m

MATLAB 程序如下：

```
>> close all              %关闭所有打开的文件
>> clear                  %清除工作区的变量
>> I= imread('car.tif');  %读取当前路径下的 JPG 图像，在工作区中储存图像数据
>> J= imread('jiemian.jpg'); %两幅或多幅相加的图像的大小和尺寸应该相同
>> K = imlincomb(2,I,0.5,J,'uint8'); %将两幅图像叠加，防止像素超过 255，将结果存成 8 位
>> subplot(131),imshow(I),title('图像 1'); %显示图像 1
>> subplot(132),imshow(J), title('图像 2'); %显示图像 2
>> subplot(133),imshow(K,[])  %使用[]，使像素压缩至 0~255，显示叠加图像
```

```
>> title('2×图像1+0.5×图像2')          %为图形添加标题
```
运行结果如图 9.17 所示。

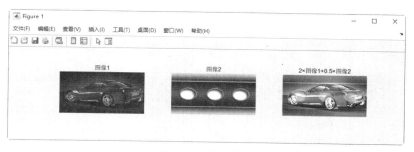

图 9.17　显示图像

9.2.2　减运算

图像的减运算就是将两幅图像之间对应像素的灰度值或彩色分量进行相减，常用于检测图像变化。

在 MATLAB 中，使用 imsubtract 命令可以从一幅图像中减去另一幅图像，或从图像中减去常数，其使用格式见表 9.9。

表 9.9　imsubtract 命令的使用格式

使用格式	说明
Z = imsubtract(X,Y)	从数组 X 中相应的元素中减去数组 Y 中的每个元素，并在输出数组 Z 中返回相应元素的差值

实例——去除图像背景

源文件：yuanwenjian\ch09\ex_914.m

MATLAB 程序如下：

```
>> close all                           %关闭所有打开的文件
>> clear                               %清除工作区的变量
>> I= imread('huaping.jpg');           %读取当前路径下的 JPG 图像，在工作区中储存图像数据
>> background = imopen(I,strel('disk',15)); %估计背景
>> J=imsubtract(I,background);         %从图像中减去背景
>> subplot(1,2,1),imshow(I);           %显示原图
>> title('图像1')                      %添加标题
>> subplot(1,2,2),imshow(J);           %显示减去背景后的图像
>> title('图像减去背景')               %添加标题
```
运行结果如图 9.18 所示。

图 9.18　显示图像

扫一扫，看视频

实例——叠加大小不同的图像

源文件：yuanwenjian\ch09\ex_915.m

MATLAB 程序如下：

```
>> close all                              %关闭所有打开的文件
>> clear                                  %清除工作区的变量
>> I=imread('shengdan.bmp');              %读取图像 1
>> J=imread('santa.jpg');                 %读取图像 2
>> subplot(1,3,1),imshow(I),title('图像1');
>> subplot(1,3,2),imshow(J),title('图像2');
>> [m1,n1,l1]=size(I);                     %获取图像 1 的行列信息
>> [m2,n2,l2]=size(J);                     %获取图像 2 的行列信息
>> t=uint8(zeros(m1,n1,l1));               %定义与图像 1 大小相同的图像矩阵 t
>> t((m1/2-m2/2+1):( m1/2+m2/2), (n1/2-n2/2+1):(n1/2+n2/2),:)=J;  %小图像居中
>> C=imadd(t*0.5,0.5*I);                   %设置图像的透明度，进行叠加
>> C((m1/2-m2/2+1):( m1/2+m2/2), (n1/2-n2/2+1):(n1/2+n2/2),:)=C((m1/2-m2/2+1):
( m1/2+m2/2), (n1/2-n2/2+1):(n1/2+n2/2),:)-I((m1/2-m2/2+1):( m1/2+m2/2), (n1/2-
n2/2+1):(n1/2+n2/2),:)*0.5;                %补偿小图像
>> subplot(1,3,3),imshow(C),title('叠加图像');        %显示叠加的不同大小的两个图像
```

运行结果如图 9.19 所示。

图 9.19　显示图像

9.2.3　乘运算

图像的乘运算就是将两幅图像对应的灰度值或彩色分量进行相乘。乘运算的主要作用是抑制图像的某些区域，有时也用于实现卷积或相关的运算。

在 MATLAB 中，使用 immultiply 命令可将两幅图像相乘或将一幅图像与一个常数相乘。常用于掩膜操作（去掉图像中某些部分）或增强图像灰度，其使用格式见表 9.10。

表 9.10　immultiply 命令的使用格式

使 用 格 式	说　　明
Z = immultiply(X,Y)	将数组 X 中的每个元素乘以数组 Y 中的相应元素，并在输出数组 Z 中返回相应元素的乘积

在执行乘运算之前，immultiply 命令会将图像的类别从 uint8 转换为 uint16，防止像素超过 255，以避免截断结果。

实例——图像乘运算

源文件：yuanwenjian\ch09\ex_916.m

MATLAB 程序如下：

```
>> close all                                      %关闭所有打开的文件
>> clear                                          %清除工作区的变量
>> I= imread('fire.bmp');                         %读取当前路径下的图像，在工作区中储存图像数据
>> J = immultiply (I,I);                          %将图像与图像相乘
>> K= immultiply (I,0.3);                         %将图像×0.3
>> Q=immultiply (I,5);                            %将图像×5
>> subplot(221),imshow(I),title('原图');          %显示原图
>> subplot(222),imshow(J),title('图像相乘');       %显示图像与图像相乘的图像
>> subplot(223),imshow(K),title('图像×0.3');      %显示图像×0.3
>> subplot(224),imshow(Q),title('图像×5');        %显示图像×5
```

运行结果如图 9.20 所示。

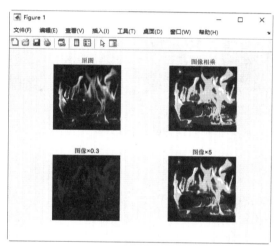

图 9.20　显示图像

9.2.4　除运算

图像的除运算就是将两幅图像对应像素的灰度值或彩色分量进行相除。简单的除运算可用于改变图像的灰度级。

在 MATLAB 中，使用 imdivide 命令可以将一幅图像分割成另一幅图像或用常数分割图像，显示像素值的相对变化比率，而非绝对差异，其使用格式见表 9.11。

表 9.11　imdivide 命令的使用格式

使 用 格 式	说　　明
Z = imdivide(X,Y)	用数组 X 中的相应元素除以数组 Y 中的每个元素，并在输出数组 Z 中返回相应元素的结果

实例——图像除运算

源文件：yuanwenjian/ch09/ex_917.m

MATLAB 程序如下：

```
>> close all                                %关闭所有打开的文件
>> clear                                    %清除工作区的变量
>> I= imread('moon.jpg');                   %读取图像，在工作区中储存图像数据
>> background = imopen(I,strel('disk',25)); %估计背景
>> K = imdivide(I,background);              %除运算去除背景
>> J = imdivide(I,2);                       %图像÷2
>> M = imdivide(I,8);                       %图像÷8
>> subplot(141);imshow(I);title('原图')
>> subplot(142);imshow(K);title('除以背景')
>> subplot(143);imshow(J);title('图像÷2')
>> subplot(144);imshow(M);title('图像÷8')
```

运行结果如图 9.21 所示。

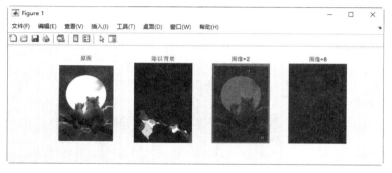

图 9.21　显示图像

9.2.5　求补运算

两种颜色以适当的比例混合能产生白色时，这两种颜色就互称为补色。二十四色相环的基本色相为黄、橙、红、紫、蓝、蓝绿、绿、黄绿 8 个主要色相，每个基本色相又分为 3 个部分，组成 24 个分割的色相环，从 1 号排列到 24 号。二十四色相环中，颜色夹角为 120 度角的颜色互称为补色。

在 MATLAB 中，使用 imcomplement 命令可以计算图像矩阵的补码，输出图像的补色，其使用格式见表 9.12。

表 9.12　imcomplement 命令的使用格式

使 用 格 式	说　明
J = imcomplement(I)	计算图像 I 的补码并以 J 返回结果。输出的补图 J 与 I 具有相同的图像大小和图像类型

实例——创建彩色图像的补色

源文件：yuanwenjian\ch09\ex_918.m

MATLAB 程序如下：

```
>> close all                               %关闭所有打开的文件
>> clear                                    %清除工作区的变量
>> I = imread('fabric.png');               %读取系统图像，放到矩阵 I 中
>> subplot(121),imshow(I),title('原图');   %显示图片
>> C = imcomplement(I);                     %计算图像 I 的补码
>> subplot(122),imshow(C),title('补色图');  %显示补色后的图像
```

运行结果如图 9.22 所示。

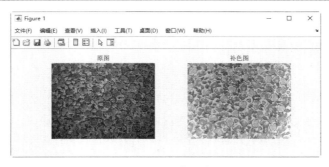

图 9.22 图像补色

9.3 图像的几何运算

图像的几何运算是指引起图像几何形状发生改变的变换。与代数运算不同的是,几何运算可以看成是像素在图像内的移动,该移动过程可以改变图像中像素之间的空间关系,不改变灰度等级值。

图像几何运算的一般定义为

$$g(x,y) = f(u,v) = f(p(x,y),q(x,y))$$

其中, $u = p(x,y), v = q(x,y)$ 唯一地描述了空间变换,即将输入图像 $f(u,v)$ 从 uv 坐标系变换为 xy 坐标系的输出图像 $g(x,y)$ 。

几何运算也称为几何变换,可以分为图像位置变换、形状变换和复合变换。图像位置变换包括图像的平移、旋转、镜像、置换;图像形状变换包括图像的缩放、裁剪;图像复合变换指图像的合成。

对图像进行几何变换时,像素坐标将发生改变,需进行插值操作,即利用已知位置的像素值生成未知位置的像素点的像素值。常用的插值方法有以下 3 种。

➤ 最近邻插值('nearest'):输出像素被指定为像素点所在位置处的像素值。

➤ 双线性插值('bilinear'):输出像素值是像素 2×2 邻域内的平均值。

➤ 双三次插值('bicubic'):输出像素值是像素 4×4 邻域内的权平均值。

理论上讲,最近邻插值的效果最差,双三次插值的效果最好,双线性插值的效果介于两者之间。不过对于要求不是非常严格的图像插值而言,使用双线性插值通常就足够了。

9.3.1 平移图像

平移是将图像沿水平或垂直方向移动位置后,获得新图像的变换方式。图像的平移变换用到的是直角坐标系的平移变换公式:

$$\begin{cases} x' = x + \Delta x \\ y' = y + \Delta y \end{cases}$$

其中, x 、 y 表示矩阵的行方向和列方向。

在 MATLAB 中,translate 命令用于平移图像,其使用格式见表 9.13。

表 9.13 translate 命令的使用格式

使 用 格 式	说 明
SE2 = translate(SE,v)	在 N-D 空间中转换结构元素 SE。v 是一个 N 元素向量,包含每个维度中所需平移的偏移量

实例——移动图像

源文件：yuanwenjian\ch09\ex_919.m

MATLAB 程序如下：

```
>> close all                                      %关闭所有打开的文件
>> clear                                          %清除工作区的变量
>> I = imread('protect.jpg');                     %读取图像，在工作区储存图像数据
>> se = translate(strel(1), [100 100]);           %创建一个结构元素并将其向下和向右平移100像素
>> J = imdilate(I,se);                            %使用转换后的结构元素扩张图像
>> subplot(1,2,1),imshow(I), title('原图')
>> subplot(1,2,2),imshow(J), title('向右、下平移100')    %显示原始图像和平移后的图像
```

运行结果如图 9.23 所示。

图 9.23　显示图像

9.3.2　旋转图像

在 MATLAB 中，imrotate 命令用于旋转图像，其使用格式见表 9.14。

表 9.14　imrotate 命令的使用格式

使 用 格 式	说 　 明
J = imrotate(I,angle)	使用最近邻插值围绕图像的中心点逆时针旋转图像 angle 角度。如果要顺时针旋转图像，可将角度指定为负值。输出图像 J 足够大，可以包含整个旋转图像
J = imrotate(I,angle,method)	在上一种语法格式的基础上，使用参数 method 指定旋转图像的插值方法
J = imrotate(I,angle,method,bbox)	在上一种语法格式的基础上，使用参数 bbox 指定输出图像的大小。如果指定为'crop'（裁剪），则输出图像与输入图像大小相同；如果指定为'loose'（松散），则输出图像足够大，以包含整个旋转图像

实例——旋转图像

源文件：yuanwenjian\ch09\ex_920.m

MATLAB 程序如下：

```
>> close all                                      %关闭所有打开的文件
>> clear                                          %清除工作区的变量
>> I=imread('lingye.jpg');                        %读取图像，返回图像数据矩阵 I
>> J=imrotate(I,30,'bilinear','crop');            %双线性插值法逆时针旋转图像30°，并裁剪图像，
使其和原图像大小一致
>> K=imrotate(I,60,'bilinear','loose');           %双线性插值法旋转图像，不裁剪图像
>> subplot(131),imshow(I),title('原图');
```

```
>> subplot(132),imshow(J),title('逆时针旋转图像 30^{o}，并裁剪图像');
>> subplot(133),imshow(K),title('旋转图像 60^{o}，不裁剪图像');
```

运行结果如图 9.24 所示。

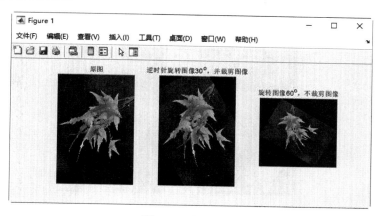

图 9.24 显示图像

9.3.3 镜像图像

在 MATLAB 中，使用 flip 、fliplr、flipud 命令可以对图像矩阵进行水平镜像、垂直镜像，其使用格式见表 9.15。

表 9.15 命令的使用格式

使 用 格 式	说 明
B = fliplr(A)	围绕垂直轴按左右方向镜像其各列
B = flipud(A)	围绕水平轴按上下方向镜像其各行
B = flip(A) B = flip(A,dim)	沿维度 dim 反转 A 中元素的顺序。flip(A,1)将反转每一列中的元素，flip(A,2)将反转每一行中的元素

实例——镜像旋转图像

源文件：yuanwenjian\ch09\ex_921.m

扫一扫，看视频

MATLAB 程序如下：

```
>> close all                                          %关闭所有打开的文件
>> clear                                              %清除工作区的变量
>> I = imread('caiyingwu.jpg');                       %读取图像
>> F1=fliplr(I);                                      %左右翻转图像数据矩阵 I
>> subplot(221);imshow(I);title('原图');              %显示原图
>> subplot(222);imshow(F1);title('水平镜像');          %显示水平镜像图像
>> F2=flipud(I);                                      %垂直翻转图像数据矩阵 I
>> subplot(223);imshow(F2);title('垂直镜像');          %显示垂直镜像图像
>> J=imrotate(I,180,'crop');                  %逆时针旋转图像，并裁剪图像，使其和原图像大小一致
>> subplot(224),imshow(J),title('旋转图像 180^{o}，裁剪图像');%显示旋转裁剪图像
```

运行结果如图 9.25 所示。

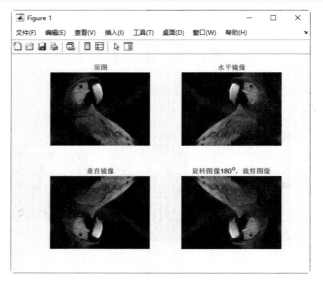

图 9.25　显示图像

扫一扫，看视频

动手练一练——图像行列镜像变换

使用 flip 命令分别沿行和列对图像进行镜像变换。

📋 思路点拨：

源文件：yuanwenjian\ch09\prac_903.m
（1）读取要进行变换的图像，获取图像数据矩阵。
（2）执行 flip 命令，通过指定维度参数对图像进行行列变换。
（3）分割图窗视图，分别显示变换前后的图像。

9.3.4　置换图像

在 MATLAB 中，使用 permute 命令可以置换图像矩阵的维度，其使用格式见表 9.16。

表 9.16　permute 命令的使用格式

使 用 格 式	说　　　明
B = permute(A,dimorder)	按照维度顺序向量 dimorder 指定的顺序重新排列图像数据矩阵 A 的维度

扫一扫，看视频

实例——置换图像维度

源文件：yuanwenjian\ch09\ex_922.m

MATLAB 程序如下：

```
>> close all                            %关闭所有打开的文件
>> clear                                %清除工作区的变量
>> I = imread('tu.jpg');                %读取图像文件，返回图像数据矩阵 I
>> subplot(121),imshow(I),title('原图'); %显示原图
>> J=permute(I,[2 1 3]);                %交换矩阵 A 的行和列维度
>> subplot(122),imshow(J), title('置换图'); %显示置换图像
```

运行结果如图 9.26 所示。

图 9.26　显示图像

9.3.5　裁剪图像

裁剪图像是指将图像不需要的部分切除，只保留需要的部分。

在 MATLAB 中，使用 imcrop 命令可以从一幅图像中裁剪一个矩形部分，只显示部分图像，其使用格式见表 9.17。

表 9.17　imcrop 命令的使用格式

使 用 格 式	说　　明
J = imcrop	创建与当前图窗中显示的图像关联的交互式裁剪图像工具，允许用鼠标指定裁剪矩形，返回裁剪后的图像 J。使用此语法，裁剪图像工具会阻止 MATLAB 命令行，直到完成操作
J = imcrop(I)	在图窗中显示图像 I，并创建与图像关联的交互式裁剪图像工具，用鼠标指定裁剪矩形
Xout = imcrop(X,cmap)	在图窗中使用颜色图 cmap 显示索引图像 X，并创建与该图像关联的交互式裁剪图像工具，用鼠标指定裁剪矩形
…= imcrop(h)	创建与句柄 h 指定的图像相关联的交互式裁剪图像工具，用鼠标指定裁剪矩形
J = imcrop(I,rect)	根据裁剪矩形 rect 指定的位置和尺寸裁剪图像 I。rect 是一个四元素向量[xmin,ymin,width,height],分别表示矩形的左下角坐标、宽度及高度
Xout = imcrop(X,cmap,rect)	根据裁剪矩形 rect 中指定的位置和尺寸，裁剪具有颜色图 cmap 的索引图像 X
… = imcrop(x,y,…)	使用 x 和 y 定义的世界坐标系裁剪输入图像
[J,rectout] = imcrop(…)	在以上任一种语法格式的基础上，还返回裁剪矩形的位置 rectout
[x2,y2,…] = imcrop(…)	在以上任一种语法格式的基础上，还返回输入图像的图像范围 x2 和 y2
imcrop(…)	在新图窗中显示裁剪的图像

实例——裁剪图像指定区域

源文件：yuanwenjian\ch09\ex_923.m

MATLAB 程序如下：

扫一扫，看视频

```
>> close all                    %关闭所有打开的文件
>> clear                        %清除工作区的变量
>> I = imread('frog.jpg');      %将图像加载到工作区
```

```
>> I2 = imcrop(I,[100 50 160 150]);    %使用裁剪矩形裁剪图像
>> subplot(1,2,1),imshow(I), title('原图')
>> subplot(1,2,2), imshow(I2),title('裁剪后的图像')
```

运行结果如图 9.27 所示。

图 9.27　显示图像

9.3.6　合成图像

在 MATLAB 中，imfuse 命令用于合成两幅图像，其使用格式见表 9.18。

表 9.18　imfuse 命令的使用格式

使 用 格 式	说　　明
C = imfuse(A,B)	从两个图像 A 和 B 创建合成图像。如果 A 和 B 的大小不同，合成之前在较小的维度上填充 0，以使两个图像的大小相同。输出 C 是包含图像 A 和 B 的融合图像的数值矩阵
[C RC] = imfuse(A,RA,B,RB)	在上一种语法格式的基础上，使用 RA 和 RB 提供的空间参考信息，从两个图像 A 和 B 创建合成图像
C = imfuse(…,method)	在以上任一种语法格式的基础上，使用参数 method 指定图像的合成方法
C = imfuse(…,Name,Value)	在以上任一种语法格式的基础上，使用名称-值对参数设置图像属性

扫一扫，看视频

实例——合成旋转图像

源文件：yuanwenjian\ch09\ex_924.m

MATLAB 程序如下：

```
>> close all                             %关闭所有打开的文件
>> clear                                 %清除工作区的变量
>> A = imread('ying.jpg');               %读取当前路径下的图像，在工作区中储存图像数据
>> B=imrotate(A,-45);                    %旋转图像，不裁剪图像
>> C = imfuse(A,B,'falsecolor',Scaling='joint'); %创建合成图，将红色用于图像A，绿色用
于图像B，黄色用于两个图像之间具有相似强度的区域，缩放图像中的亮度值
>> subplot(1,3,1),imshow(A),title('原图')  %显示原图
>> subplot(1,3,2),imshow(B),title('旋转图') %显示旋转图像
>> subplot(1,3,3),imshow(C),title('合成图') %显示合成后的图像
```

运行结果如图 9.28 所示。

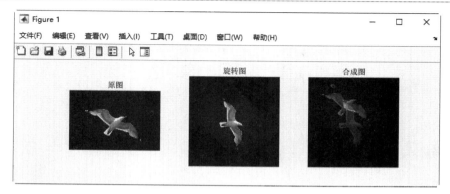

图 9.28 显示图像

动手练一练——合成镜像图像

将图像水平镜像后，与原图进行复合。

思路点拨：

源文件：yuanwenjian\ch09\prac_904.m

（1）读取要进行变换的图像，获取图像数据矩阵。

（2）执行 flip 命令，对图像进行水平镜像。

（3）合成图像，指定合成方法，缩放图像亮度值。

（4）分割图窗视图，分别显示合成前后的图像。

第 10 章　图　像　配　准

内容指南

图像配准（image registration）就是将不同时间、不同来源或不同条件下（如气候、照度、摄像位置和角度等）获取的两幅或多幅图像进行匹配、叠加，建立相关性的过程，是一种自动或手动操作，试图发现图像之间的匹配点，并在空间上对齐它们以最小化所需的误差，即图像之间的统一邻近度测量。图像配准广泛地应用于遥感数据分析、计算机视觉、图像处理等领域。

知识重点

- ➤ 图像配准概述
- ➤ 图像的仿射变换
- ➤ 图像的空间变换
- ➤ 图像配准处理

10.1　图像配准概述

图像配准是指同一目标的两幅或者两幅以上的图像在空间位置的对准，是计算空间变换的过程。配准是任何图像分析或理解任务中必须组合不同数据源的关键步骤。图像配准的过程，通常也称为图像匹配或者图像相关。

1. 图像配准的一般模型

图像配准可以定义成两相邻图像之间的空间变换和灰度变换，即先将图像像素的坐标 X 映射到一个新坐标系中的某一个坐标 X'，再对其像素进行重采样。图像配准要求相邻图像之间有一部分在逻辑上是相同的，即相邻的图像有一部分反映了同一目标区域，这一点是实现图像配准的基本条件。如果确定了相邻图像代表同一场景目标的所有像素之间的关系，采用相应的处理算法即可实现图像配准。

假设现有图像 F 和 G 需要进行配准。该问题可以抽象为对图像 G 做空间变换和灰度变换，得到图像 G2，使得变换后的图像 G2 和图像 F 之间的相似度达到最大或最小，这个相似度可以根据经验人为设置。

一般地，空间变换要求两幅图像具有相同的分辨率。通常以高分辨率图像为参考图像，先对高分辨率图像进行抽样，使其分辨率与待配准图像的分辨率保持一致；再进行空间变换和灰度变换；最后对配准后的图像进行插值，使其分辨率与原始参考图像的分辨率保持一致。

2. 图像变换与重采样

在图像配准中，首先根据参考图像与待配准图像相对应的特征点，求解两幅图像之间的变换参数；然后将待配准图像做相应的空间变换，使得两幅图像在同一空间坐标系内；最后通过灰度变换，对空间变换后的待配准图像值进行重新赋值，即重采样。

图像变换就是寻找一种坐标变换的模型，建立从一副图像坐标到另一幅图像坐标之间的映射关系。在图像配准中，常用的有刚体变换、仿射变换、投影变换和非线性变换 4 种模型。

重采样的方法是利用待配准图像与参考图像最邻近的像素点的灰度，使用逼近的方法得到待配准图像的点阵的坐标点的灰度值，从而得到最终配准图像。一般采用的算法有双线性插值与最邻近像元法。

10.2 图像的仿射变换

根据待匹配图像与背景图像之间几何畸变的情况，选择能最佳拟合两幅图像之间变化的几何变换模型。可采用的变换模型有刚性变换、仿射变换、透视变换和非线性变换等，如图 10.1 所示。

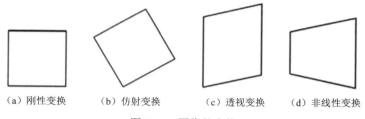

（a）刚性变换　　　（b）仿射变换　　　（c）透视变换　　　（d）非线性变换

图 10.1　图像的变换

图像的仿射变换是将一个平面的点映射到另一个平面的二维投影，保持二维图形的"平直性"和"平行性"。仿射变换允许图形在另一个方向上的任意倾斜变换，如图 10.2 所示。

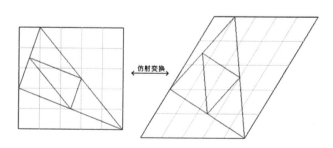

图 10.2　图像的仿射变换

仿射变换可以通过一系列的变换的复合来实现，包括平移（translation）、缩放（scale）、翻转（flip）、旋转（rotation）和错切（shear）。

仿射变换可以用如下公式表示：

$$\begin{bmatrix} x' \\ y' \\ 1 \end{bmatrix} = \begin{bmatrix} a_1 & a_2 & t_x \\ a_3 & a_4 & t_y \\ 0 & 0 & 1 \end{bmatrix} \begin{bmatrix} x \\ y \\ 1 \end{bmatrix}$$

其中，(t_x, t_y) 表示平移量，参数 a_i 反映图像旋转、缩放等变化。计算参数 $t_x, t_y, a_i (i = 1 \sim 4)$，即可得到两幅图像的坐标变换关系。

10.2.1 仿射变换对象

将一个集合 X 进行仿射变换：$f(x) = Ax + b, x \in X$，仿射变换包括对图形进行缩放、平移、旋转、反射（镜像）、错切。

图像矩阵经过仿射变换，坐标显示如图 10.3 所示的变换。

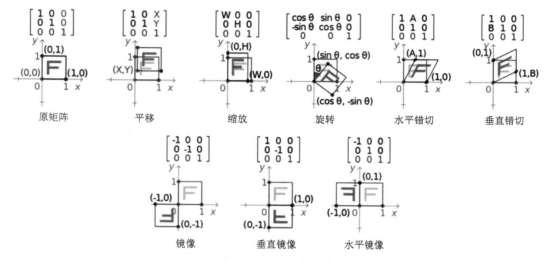

图 10.3 矩阵仿射变换

在 MATLAB 中，affine2d 命令用于对图像进行二维仿射几何变换，其使用格式见表 10.1。

表 10.1 affine2d 命令的使用格式

使 用 格 式	说　明
tform = affine2d	创建二维仿射几何变换对象 tform，其默认属性设置对应于恒等变换
tform = affine2d(T)	使用非奇异的二维仿射变换矩阵 T 创建二维仿射几何变换对象 tform

在 MATLAB 中，affine3d 命令用于对图像进行三维仿射几何变换，其使用格式见表 10.2。

表 10.2 affine3d 命令的使用格式

使 用 格 式	说　明
tform = affine3d	创建三维仿射几何变换对象 tform，其默认属性设置对应于恒等变换
tform = affine3d(T)	使用非奇异的仿射变换矩阵 T 创建三维仿射几何变换对象 tform

在 MATLAB 中，projective2d 命令用于对图像进行二维投影几何变换，其使用格式见表 10.3。

表 10.3 projective2d 命令的使用格式

使 用 格 式	说　明
tform = projective2d	使用默认的恒等变换创建二维投影几何变换对象 tform
tform = projective2d(A)	使用非奇异的仿射变换矩阵 A 创建二维投影几何变换对象 tform

其余图像的仿射对象的创建函数见表 10.4。

表 10.4　函数格式

使 用 格 式	说　　明
transformPointsForward	应用正向几何变换
transformPointsInverse	应用反向几何变换
imregtform	使用相似性优化估计将运动图像映射到固定图像的几何变换
imregcorr	使用相位相关性估计几何变换，将运动图像映射到固定图像上
fitgeotrans	控制点对的几何变换拟合，估计一个几何变换，该变换映射两个图像之间的控制点对
randomAffine2d	创建随机二维仿射变换

实例——点的空间变换

扫一扫，看视频

源文件：yuanwenjian\ch10\ex_1001.m

MATLAB 程序如下：

```
>> clear                          %清除工作区变量
>> close all                      %关闭所有打开的文件
>> i = 10;                        %定义变量并赋值
>> t = affine2d([cosd(i) sind(i) 0;-sind(i) cosd(i) 0; 0 0 1]) %基于变换矩阵创建二维
旋转几何变换对象 t
t =
  affine2d - 属性:
                T: [3×3 double]   %正向二维仿射变换
    Dimensionality: 2             %输入点和输出点的几何变换维度
>> [x,y] = transformPointsForward(t,10,10)    %将正向几何变换应用于点(10,10)
x =
    8.1116                        %转换后的 x 轴坐标点
y =
   11.5846                        %转换后的 y 轴坐标点
>> plot(10,10,'bo',x,y,'r*',MarkerSize=20,LineWidth=4)    %绘制原始点(蓝色圆圈)和转换点(红
色星号)
>> gtext('原始点',FontSize=16,Color='b')
>> gtext('转换点',FontSize=16,Color='r')
>> axis equal;                    %设置坐标轴线的数据单位长度相同
```

运行结果如图 10.4 所示。

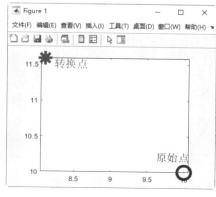

图 10.4　显示点

10.2.2 应用仿射变换

在 MATLAB 中，imwarp 命令用于对图像进行水平方向、垂直方向的变形，控制图像大小和纵横比，其使用格式见表 10.5。

表 10.5 imwarp 命令的使用格式

使 用 格 式	说 明
B = imwarp(A,tform)	根据几何变换 tform 变换图像 A，返回变换后的图像 B
B = imwarp(A,D)	根据位移场 D 变换图像 A
[B,RB] = imwarp(A,RA,tform)	变换由图像 A 及其关联的空间参照对象 RA，返回变换后的图像 B 及其关联的空间参照对象 RB
… = imwarp(…,interp)	在以上任一种语法格式的基础上，指定要使用的插值类型
… = imwarp(…,Name,Value)	在以上任一种语法格式的基础上，使用名称-值对参数控制几何变换操作。名称-值对参数表见表 10.6

表 10.6 imwarp 命令名称-值对参数表

属 性 名	说 明	参 数 值
OutputView	输出图像在世界坐标系中的大小和位置	imref2d 或 imref3d 空间参照对象，如果指定了输入位移场 D，则不能使用该属性
FillValues	输入图像边界之外的输出像素的填充值	数值标量、数值数组、字符串标量、字符向量、missing
SmoothEdges	是否填充图像以创建平滑边缘	逻辑值 true 或 false

实例——图像垂直错切

源文件：yuanwenjian\ch10\ex_1002.m

MATLAB 程序如下：

```
>> close all                          %关闭所有打开的文件
>> clear                              %清除工作区变量
>> A = imread('haixing.tif');         %读取图像，返回图像数据 A
>> t = affine2d([1 0 0; 2 1 0; 0 0 1]); %使用非奇异矩阵创建垂直错切几何变换对象 t
>> B = imwarp(A,t);                   %对图像 A 应用几何变换
>> subplot(1,2,1),imshow(A), title('原图') %显示原图
>> subplot(1,2,2), imshow(B), title('垂直错切') %显示垂直错切的图像
>> axis square                        %使用相同长度的坐标轴线
```

运行结果如图 10.5 所示。

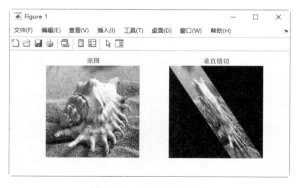

图 10.5 图像垂直错切

实例——图像错切与旋转

源文件：yuanwenjian\ch10\ex_1003.m

MATLAB 程序如下：

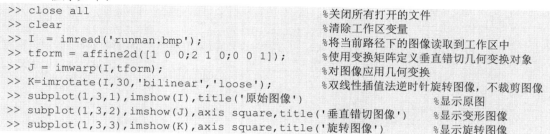

```
>> close all                                    %关闭所有打开的文件
>> clear                                         %清除工作区变量
>> I = imread('runman.bmp');                     %将当前路径下的图像读取到工作区中
>> tform = affine2d([1 0 0;2 1 0;0 0 1]);        %使用变换矩阵定义垂直错切几何变换对象
>> J = imwarp(I,tform);                          %对图像应用几何变换
>> K=imrotate(I,30,'bilinear','loose');          %双线性插值法逆时针旋转图像，不裁剪图像
>> subplot(1,3,1),imshow(I),title('原始图像')
>> subplot(1,3,2),imshow(J),axis square,title('垂直错切图像')   %显示原图
>> subplot(1,3,3),imshow(K),axis square,title('旋转图像')        %显示变形图像
                                                              %显示旋转图像
```

运行结果如图 10.6 所示。

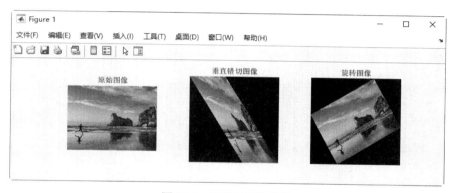

图 10.6　图像错切与旋转

10.2.3　灰度图像配准

在 MATLAB 中，imregconfig 命令用于对图像进行初始配准，配置优化器和度量准则，其使用格式见表 10.7。

表 10.7　imregconfig 命令的使用格式

使 用 格 式	说　　明
[optimizer,metric] = imregconfig(modality)	对给定图像执行基于强度的图像配准，返回优化器 optimizer 和描述配准时要优化的图像相似性度量准则 metric。参数 modality 指定图像捕获模式，可选择'monomodal'（单一模态）或 'multimodal'（多模态）两种。输出参数 optimizer 是用于优化度量准则的优化算法；metric 则是度量两幅图片相似度的方法，有均方误差（MeanSquares）和互信息（MattesMutualInformation）两种选择

配置优化器和度量准则后，利用 imregister 命令，可以对二维或三维参考图像进行变换，实现图像配准，其使用格式见表 10.8。

表 10.8　imregister 命令的使用格式

使 用 格 式	说　　明
moving_reg = imregister(moving,fixed, transformType,optimizer,metric)	对二维或三维灰度图像 moving 应用 transformType 指定的变换类型，使其与固定参考图像 fixed 配准。 参数 transformType 的可选值有以下几种。 ➢ 'translation'：坐标平移变换。

使 用 格 式	说　　明
moving_reg = imregister(moving,fixed, transformType,optimizer,metric)	➢ 'rigid': 刚性变换，包括平移和旋转。 ➢ 'similarity': 非反射相似变换，包括平移、旋转和缩放变换。 ➢ 'affine': 仿射变换，包括平移、旋转、缩放和错切
[moving_reg,R_reg] = imregister(moving, Rmoving, fixed,Rfixed,transformType,optimizer,metric)	变换空间参考图像 moving，以便将其与固定的空间参考图像 fixed 配准。参数 Rmoving 和 Rfixed 是描述世界坐标系范围和图像 moving、fixed 分辨率的空间参考对象
… = imregister(…,Name,Value)	在以上任一种语法格式的基础上，使用一个或多个名称-值对参数指定附加选项

实例——图像配准实现

源文件： yuanwenjian\ch10\ex_1004.m

MATLAB 程序如下：

```
>> close all                              %关闭所有打开的文件
>> clear                                  %清除工作区变量
>> fixed = dicomread('dog01.dcm');        %读取参考图像 fixed
>> moving = dicomread('dog02.dcm');       %读取要配准的图像 moving
>> subplot(121),imshowpair(moving,fixed,'montage');   %成对显示图像
>> title('未配准的图像');                  %添加标题
>> [optimizer,metric]=imregconfig('multimodal');   %初始配准，将成像设备设置为"多模
态"，配置优化器 optimizer 和度量准则 metric
%根据优化器 optimizer 和度量准则 metric 对图像 moving 进行仿射变换，以与参考图像 fixed 配准
>> movingRegisteredDefault = imregister(moving,fixed,'affine',optimizer, metric);
>> subplot(122),imshowpair(movingRegisteredDefault,fixed);   %对比显示配准后的图像和参考图像
>> title('图像配准');                      %添加标题
```

运行结果如图 10.7 所示。

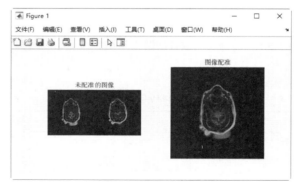

图 10.7　显示图像

10.2.4　创建棋盘图像

在 MATLAB 中，checkerboard 命令用于创建棋盘图像，其使用格式见表 10.9。

表 10.9　checkerboard 命令的使用格式

使 用 格 式	说　　明
I=checkerboard	创建默认 8×8 的具有 4 个可识别角的棋盘图像。棋盘图案由分块图组成，每个分块图包含 4 个默认边长为 10 个像素的方块单元。棋盘左半部分的浅色方块是白色的，右半部分的浅色方块是灰色的

续表

使 用 格 式	说　　明
I=checkerboard(n)	在上一种语法格式的基础上，指定棋盘图案中每个方块的边长
I=checkerboard(n,p,q)	在上一种语法格式的基础上，将分块图排列在 p×q 的网格中，创建包含 2p×2q 个方块的棋盘图像

实例——创建棋盘图像

源文件：yuanwenjian\ch10\ex_1005.m

MATLAB 程序如下：

```
>> close all                           %关闭所有打开的文件
>> clear                               %清除工作区变量
>> K = checkerboard;                   %创建包含 8×8 个方块的棋盘图像
>> ax(1)=subplot(131); imshow(K)       %显示默认棋盘图像
>> I = checkerboard(15);               %创建棋盘图像矩阵，每个单元边长为 15 像素
>> ax(2)=subplot(132);imshow(I)        %显示单元边长为 10 的棋盘图像
>> J = checkerboard(5,5,10);           %创建棋盘图像矩阵，包含 10×20 个单元，每个单元边长为 5 像素
>> ax(3)=subplot(133);imshow(J)        %显示包含 10×20 个单元的棋盘图像
```

运行结果如图 10.8 所示。

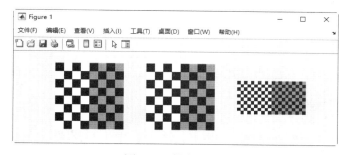

图 10.8　棋盘图像

10.3　图像的空间变换

图像的空间变换主要是保持图像中曲线的连续性和物体的连通性，通常采用数学函数的形式来描述输出图像相应像素间的空间关系，也有依赖实际图像而不易用函数形式描述的复杂变换，是一种非常有用的图像处理技术。

10.3.1　图像空间结构

在 MATLAB 中，makeresampler 命令用于创建重采样结构，对所有图像进行变换，其使用格式见表 10.10。

表 10.10　makeresampler 命令的使用格式

使 用 格 式	说　　明
R = makeresampler(interpolant,padmethod)	创建可分离的重采样器。参数 interpolant 指定可分离重采样器使用的插值内核；参数 padmethod 指定填充外边界的方法
R = makeresampler(Name,Value,...)	使用名称-值对参数创建一个用户编写的重采样器

在 MATLAB 中，maketform 命令用于创建空间转换结构，对所有图像进行变换，其使用格式见表 10.11。

表 10.11　maketform 命令的使用格式

使　用　格　式	说　　明
T = maketform('affine',A)	为 N 维仿射变换 A 创建一个空间转换结构 T
T = maketform('projective',A)	为 N 维投影变换 A 创建一个空间转换结构 T
T = maketform('custom',NDIMS_IN,NDIMS_OUT, FORWARD_FCN,INVERSE_FCN,TDATA)	基于用户提供的函数句柄和参数创建自定义 TFORM 结构 T。参数 NDIMS_IN 和 NDIMS_OUT 指定输入和输出的维度；FORWARD_FCN 和 INVERSE_FCN 分别是正向变换和反向变换的函数句柄；TDATA 用于存储自定义变换的参数
T = maketform('box',tsize,LOW,HIGH)	建立 N 维仿射 TFORM 结构 T。tsize 参数是正整数类型的 N 元素向量。LOW 和 HIGH 也是 N 元素向量
T = maketform('box',INBOUNDS, OUTBOUNDS)	进行仿射变换。将对角点(1,N)和 tsize 定义的输入框，或由角点 INBOUNDS(1,:)和 INBOUNDS(2,:)定义的输入框映射到由对角点 LOW 和 HIGH 或 OUTBOUNDS(1,:)和 OUTBOUNDS(2,:)定义的输出框
T = maketform('composite',T1,T2,...,TL)或 T = maketform('composite', [T1 T2 ... TL])	构造了一个变换组合 T1,T2,...,TL 的 TFORM 结构 T,它的正、反函数由 T1,T2,...,TL 的正、反函数组成

在 MATLAB 中，fliptform 命令用于翻转空间转换结构，其使用格式见表 10.12。

表 10.12　fliptform 命令的使用格式

使　用　格　式	说　　明
tflip = fliptform(T)	翻转现有 T 结构中的输入和输出，创建新的 T 空间转换结构 tflip

10.3.2　图像空间变换

图像空间变换也称为图像几何变换，是将一幅图像中的坐标位置映射到另一幅图像中的新坐标位置。在平移变换中，由于图像的大小和旋转角度没有变，所以是一一映射；对于其他类型的变换，如缩放、旋转，图像的大小和旋转角度将发生变换。

空间结构变换与仿射几何变换中矩阵的变换是一致的。

（1）平移变换，将每一点移动到 $(x+t_x, y+t_y)$，变换矩阵为

$$\begin{bmatrix} 1 & 0 & t_x \\ 0 & 1 & t_y \\ 0 & 0 & 1 \end{bmatrix}$$

（2）缩放变换，将每一点的横坐标放大（缩小）至 s_x 倍，纵坐标放大（缩小）至 s_y 倍，变换矩阵为

$$\begin{bmatrix} s_x & 0 & 0 \\ 0 & s_y & 0 \\ 0 & 0 & 1 \end{bmatrix}$$

（3）错切变换，变换矩阵为

$$\begin{bmatrix} 1 & sh_x & 0 \\ sh_y & 1 & 0 \\ 0 & 0 & 1 \end{bmatrix}$$

相当于一个水平错切与一个垂直错切的复合，即

$$\begin{bmatrix} 1 & 0 & 0 \\ sh_y & 1 & 0 \\ 0 & 0 & 1 \end{bmatrix}\begin{bmatrix} 1 & sh_x & 0 \\ 0 & 1 & 0 \\ 0 & 0 & 1 \end{bmatrix}$$

（4）旋转变换，目标图形围绕原点顺时针旋转 theta 弧度，变换矩阵为

$$\begin{bmatrix} \cos(theta) & -\sin(theta) & 0 \\ \sin(theta) & \cos(theta) & 0 \\ 0 & 0 & 1 \end{bmatrix}$$

在 MATLAB 中，imtransform 命令用于对图像进行二维空间变换，其使用格式见表 10.13。

表 10.13　imtransform 命令的使用格式

使 用 格 式	说　　明
B = imtransform(A,tform)	根据二维空间变换 tform 变换图像 A，返回变换后的图像 B
B = imtransform(A,tform,interp)	在上一种语法格式的基础上，使用参数 interp 指定要使用的插值形式
B = imtransform(…,Name,Value)	在以上任一种语法格式的基础上，使用名称-值对参数控制空间转换操作
[B,xdata,ydata] = imtransform(…)	在以上任一种语法格式的基础上，还返回输出图像 B 在输出 X-Y 空间中的范围

实例——图像的空间变换和仿射变换

源文件：yuanwenjian\ch10\ex_1006.m

MATLAB 程序如下：

```
>> clear                                        %清空工作区的变量
>> close all                                    %关闭所有打开的文件
>> I=imread('bowl.jpg');                        %将当前路径下的图像读取到工作区中
>> tform=maketform('affine',[1 0 0;5 1 0;0 0 1]);   %为错切仿射变换创建空间转换结构
>> J= imtransform(I,tform);                     %根据空间变换 tform 变换图像 I，返回转换图像 J
>> t = affine2d([1 0 0;5 1 0; 0 0 1]);          %创建错切仿射变换对象
>> K = imwarp(I,t);                             %应用仿射变换，对图像垂直错切
>> subplot(1,3,1),imshow(I),title('原始图像')   %显示原始图像
>> subplot(1,3,2),imshow(J),axis square,title('空间变换')   %显示空间变换后的图像
>> subplot(1,3,3),imshow(K),axis square,title('仿射变换')   %显示仿射变换后的图像
```

运行结果如图 10.9 所示。

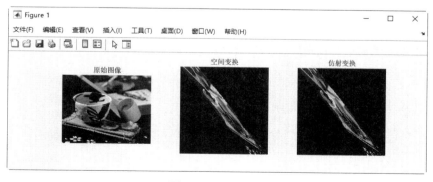

图 10.9　显示图像

实例——对图像进行投影变换

源文件：yuanwenjian\ch10\ex_1007.m

MATLAB 程序如下：

```
>> close all                              %关闭所有打开的文件
>> clear                                  %清空工作区的变量
>> I = imread('qiuye.jpg');               %读取图像，返回图像数据 I
>> udata = [0 1];  vdata = [0 1];         %定义图像 I 在 U-V 输入空间的空间范围
>> tform = maketform('projective',[ 0 0; 1 0; 1 1; 0 1],...
                     [-4 2; -8 -3; -3 -5; 6 3]);  %创建投影变换的空间转换结构，将
图像顶点变换为(-4 2)、(-8 3)、(-3 -5)、(6 3)
>> [B,xdata,ydata] = imtransform(I,tform,'bicubic', ...
                     udata=udata,...
                     vdata=vdata,...
                     size=size(I),...
                     fillvalues=128);     %对图像 I 应用 tform 定义的二维空间变换，用灰色
填充并使用双三次插值，变换后的图像大小不变，返回变换后的图像 B
>> subplot(1,2,1); imshow(I,Xdata=udata,Ydata=vdata)   %显示原始图像
>> title('原始图像')
>> subplot(1,2,2); imshow(B,Xdata=xdata,Ydata=ydata)   %显示投影变换后的图像
>> title('投影变换')
>> axis square
```

运行结果如图 10.10 所示。

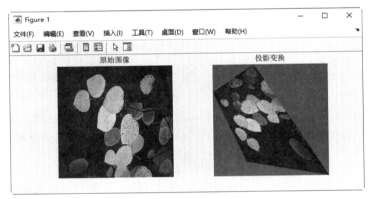

图 10.10　显示图像

动手练一练——图像平移缩放

对图像应用二维空间变换，实现平移和缩放。

📋 思路点拨：

源文件：yuanwenjian\ch10\prac_1001.m

（1）读取图像，返回图像数据矩阵。

（2）定义非奇异的仿射变换矩阵，用于对图像进行平移和缩放。

（3）为仿射变换创建空间变换结构。

（4）对读取的图像应用二维空间变换。

（5）分割图窗视图，分别显示原始图像和变换后的图像。

10.3.3 图像空间阵列

在 MATLAB 中，tformarray 命令用于显示图像三维空间阵列变换，其使用格式见表 10.14。

表 10.14 tformarray 命令的使用格式

使 用 格 式	说 明
B = tformarray(A,T,R,tdims_A,tdims_B,tsize_B,tmap_B,F)	对图像 A 应用空间阵列，返回图像 B

实例——棋盘图像空间阵列

源文件：yuanwenjian\ch10\ex_1008.m

MATLAB 程序如下：

```
>> close all                    %关闭所有打开的文件
>> clear                        %清空工作区的变量
>> I = checkerboard(20,1,1);    %创建一个 2×2 的方形棋盘图像，其中每个方形单元的边长为 20 像素
>> T = maketform('projective',[1 1; 41 1; 41 41;  1 41],...
                [5 5; 40 5; 35 30; -10 30]); %创建一个空间转换结构，用投影变换变换棋盘
>> R = makeresampler('cubic','circular'); %创建重采样器，指定填充方法'circular'，以便
输出看起来是无限棋盘的透视图
>> J = tformarray(I,T,R,[1 2],[2 1],[100 100],[],[]); %使用指定的转换结构 T 和重采样器
R 对图像 I 应用转换
>> t1 = affine2d([ 1 0 0; 0.5 1 0;0 0 1 ]);      %创建垂直错切仿射变换对象
>> K = imwarp(J,t1);                             %图像垂直错切
>> subplot(1,3,1),imshow(I),title('原始图像')    %显示原图
>> subplot(1,3,2),imshow(J),axis square,title('空间阵列')   %显示空间阵列后的图像
>> subplot(1,3,3),imshow(K),axis square,title('垂直错切')   %显示垂直错切后的图像
```

运行结果如图 10.11 所示。

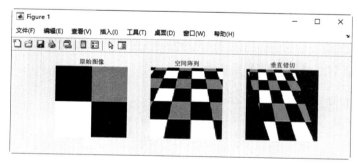

图 10.11 显示图像

动手练一练——图像空间阵列变换

读取一幅图像，对图像应用空间阵列变换。

扫一扫，看视频

✎ 思路点拨：

源文件：yuanwenjian\ch10\prac_1002.m

（1）读取图像，将图像数据类型转换为双精度。

（2）创建一个投影变换的空间转换结构。

（3）创建重采样器，指定填充方法。

（4）对读取的图像应用空间阵列变换。

（5）分割图窗视图，分别显示原始图像和变换后的图像。

10.4　图像配准处理

图像配准分为半自动配准和自动配准。

（1）半自动配准：人机交互方式提取特征（如角点），然后利用计算机对图像进行特征匹配、变换和重采样。

（2）自动配准：计算机自己完成，基于灰度或者基于特征。

10.4.1　图像空间结构变换

在 MATLAB 中，fitgeotrans 命令用于控制点对的几何变换拟合，估计一个几何变换，该变换映射两个图像之间的控制点对，其使用格式见表 10.15。

表 10.15　fitgeotrans 命令的使用格式

命 令 格 式	说　　明
tform = fitgeotrans(movingPoints,fixedPoints, transformationType)	获取控制点对组 movingPoints,fixedPoints，并使用它们推断 transformationType 指定的几何变换
tform = fitgeotrans(movingPoints,fixedPoints,'polynomial', degree)	拟合多项式变换 2d 对象以控制点对组 movingPoints 和 fixedPoints。使用名称-值对参数指定多项式变换的次数，可以是 2、3 或 4
tform = fitgeotrans(movingPoints,fixedPoints,'pwl')	将平面分解为局部分段线性区域来映射控制点，对控制点对组 movingPoints 和 fixedPoints 进行几何变换拟合
tform = fitgeotrans(movingPoints,fixedPoints,'lwm',n)	使用 n 个最近点来推断每个控制点对组的二次多项式变换，对控制点对组 movingPoints 和 fixedPoints 进行局部加权均值变换拟合。局部加权均值变换通过使用相邻控制点在每个控制点上推断多项式来创建映射。在任何位置上的映射都取决于这些多项式的加权平均值

扫一扫，看视频

实例——对控制点对组进行几何变换拟合

源文件：yuanwenjian\ch10\ex_1009.m

MATLAB 程序如下：

```
>> close all                                      %关闭所有打开的文件
>> clear                                          %清空工作区的变量
>> I = imread('face.jpg');                        %读取图像
>> J = imcrop(I,[100 50 260 350]);                %指定裁剪矩形裁剪图像
>> subplot(121),imshowpair(I,J,'montage'),title('原始图像和裁剪图像')%显示原图与裁剪图像
>> fixedPoints = [41 41; 281 161];                %定义固定参考点
>> movingPoints = [56 175; 324 160];              %定义移动点
>> tform = fitgeotrans(movingPoints,fixedPoints,'NonreflectiveSimilarity');
%创建可用于对齐两个图像的几何变换对象
>> K = imwarp(J,tform,'OutputView',imref2d(size(I)));%使用几何变换对象估计值对图像J重
新采样，以将其注册到固定图像
>> subplot(122),imshowpair(I,K,'montage'), title('原图和变换后的图像')      %显示原图与
裁剪并重新采样后的图像
```

运行结果如图 10.12 所示。

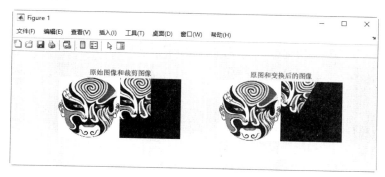

图 10.12　显示图像

10.4.2　调整控制点的位置

在 MATLAB 中，cpcorr 命令用于使用互相关调整控制点的位置，其使用格式见表 10.16。

表 10.16　cpcorr 命令的使用格式

使 用 格 式	说　　明
movingPointsAdjusted = cpcorr(movingPoints, fixedPoints,moving,fixed)	使用移动图像 moving 和固定参考图像 fixed 之间的归一化互相关调整控制点对 movingPoints 和 fixedPoints。返回调整后的移动控制点 movingPointsAdjusted

实例——互相关法微调图像

源文件：yuanwenjian\ch10\ex_1010.m

扫一扫，看视频

MATLAB 程序如下：

```
>> close all                         %关闭所有打开的文件
>> clear                             %清空工作区的变量
>> moving = imread('onion.png');
>> fixed = imread('peppers.png');     %指定移动图像和固定参考图像
>> movingPoints = [118 42;99 87];
>> fixedPoints = [190 114;171 165];   %指定移动控制点和固定控制点
>> subplot(121),imshow(fixed),title('固定图像')  %显示固定图像
>> hold on                           %打开图形保持命令
>> plot(fixedPoints(:,1),fixedPoints(:,2),'*w',MarkerSize=15)  %在固定图像上添加白色
固定控制点
>> subplot(122),imshow(moving),title('移动图像')  %显示移动图像
>> hold on                           %打开图形保持命令
>> plot(movingPoints(:,1),movingPoints(:,2),'*w',MarkerSize=15)   %在移动图像上添加移
动白色控制点,如图 10.13 左图所示
>> movingPointsAdjusted = cpcorr(movingPoints,fixedPoints, moving(:,:,1),
fixed(:,:,1))                        %使用互相关法调整移动控制点,返回调整后的移动控制点坐标
movingPointsAdjusted =
   115.9000   39.1000
    97.0000   89.9000
%与原来的移动点相比,调整后的点与固定点的位置更加匹配
>> plot(movingPointsAdjusted(:,1),movingPointsAdjusted(:,2),'*g',MarkerSize=15)
%使用绿色星号显示调整后的移动点,如图 10.13 右图所示
```

运行结果如图 10.13 所示。

图 10.13　调整控制点

10.4.3　控制点选择工具

在 MATLAB 中，cpselect 命令用于打开控制点选择工具图形界面，使用控制点选择工具，在图像上选择控制点区域，其使用格式见表 10.17。

表 10.17　cpselect 命令的使用格式

使　用　格　式	说　　明
cpselect(moving,fixed)	启动控制点选择工具图形界面，在两个相关图像中选择控制点。moving 是将要扭曲的图像代入 fixed 图像的坐标系中。moving、fixed 可以是包含灰度、真彩色或二进制图像的变量，也可以是包含这些图像的文件名
cpselect(moving,fixed,cpstruct_in)	使用存储在 cpstruct_in 中的初始控制点集启动控制点选择工具图形界面
cpselect(moving,fixed,initialMovingPoints, initialFixedPoints)	使用一组有效控制点对的初始值 initialMovingPoints，initialFixedPoints 启动控制点选择工具图形界面。initialMovingPoints 和 initialFixedPoints 是分别存储移动和固定控制点坐标的 $m \times 2$ 矩阵，表示控制点的 x 和 y 坐标
h = cpselect(…)	在以上任一种语法格式的基础上，返回控制点选择工具对象
h = cpselect(…,'Wait',false)	在上一种语法格式的基础上，将'Wait'设置为 false，可在运行其他程序的同时启动控制点选择工具图形界面
[selectedMovingPoints,selectedFixedPoints] = cpselect(…,'Wait',true)	控制 MATLAB 命令行，直到选择完控制点。返回有效的选定点对 selectedMovingPoints 和 selectedFixedPoints，表示选定控制点的 x 和 y 坐标

扫一扫，看视频

实例——启动控制点选择工具图形界面

源文件： yuanwenjian\ch10\ex_1011.m

MATLAB 程序如下：

```
>> close all          %关闭所有打开的文件
>> clear              %清空工作区的变量
>> h = cpselect('peppers.png','onion.png');  %启动控制点选择工具图形界面，用于在两个相关
图像中选择控制点，以将第一个图像与第二个图像对齐
>> close(h)           %关闭控制点选择工具图形界面
```

运行结果如图 10.14 所示。

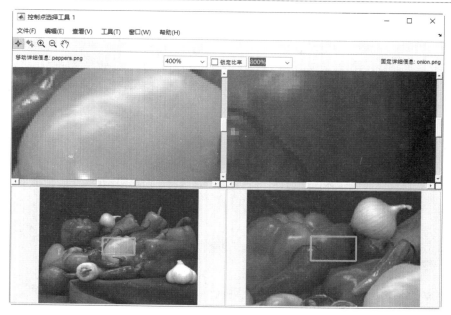

图 10.14 控制点选择工具图形界面

10.4.4 将空间变换结构转换为有效的控制点

在 MATLAB 中，cpstruct2pairs 命令用于将空间变换结构转换为有效的控制点对，其使用格式见表 10.18。

表 10.18 cpstruct2pairs 命令的使用格式

使 用 格 式	说 明
[movingPoints,fixedPoints] = cpstruct2pairs(cpstruct_in)	从预先选定的控制点 cpstruct_in 中提取有效的控制点对 movingPoints 和 fixedPoints

实例——提取图像的有效控制点

源文件：yuanwenjian\ch10\ex_1012.m

扫一扫，看视频

操作步骤

（1）在 MATLAB 命令行窗口执行以下程序，指定两幅相关的图像以及预定义的控制点对组。

```
>> close all                       %关闭所有打开的文件
>> clear                           %清空工作区的变量
>> aerial = imread('westconcordaerial.png');        %移动图像
>> ortho = imread('westconcordorthophoto.png');     %固定参考图像
>> load westconcordpoints          %加载控制点对 movingPoints 和 fixedPoints
>> whos                            %查看变量信息
Name             Size              Bytes    Class     Attributes
aerial           394×369×3         436158   uint8
fixedPoints      4×2               64       double
movingPoints     4×2               64       double
ortho            366×364           133224   uint8
>> cpselect(aerial,ortho,movingPoints,fixedPoints);    %启动控制点选择工具图形界面，指定
两个相关图像以及预定义的控制点对
```

运行上面的程序，启动控制点选择工具图形界面，显示两幅指定的相关图像以及预定义的控制点对，如图 10.15 所示。

（2）在菜单栏中选择"文件"→"将点导出到工作区"命令，弹出"将点导出到工作区"对话框，取消勾选"有效对组的移动点"和"有效对组的固定点"复选框，勾选"包含所有点的结构体"复选框，如图 10.16 所示。单击"确定"按钮，关闭控制点选择工具。

图 10.15　启动控制点选择工具图形界面

图 10.16　"将点导出到工作区"对话框

此时，在工作区中可以看到导出的 cpstruct 结构体，在命令行中显示如下运行结果：

变量已在基础工作区中创建。

（3）在命令行窗口中执行以下命令：

```
>> [mPoints,fPoints] = cpstruct2pairs(cpstruct);    %提取有效的移动点和固定点对组
>> fixedPoints,fPoints                              %显示预定义的固定点与提取的固定点坐标
fixedPoints =
  164.5639  113.2890
  353.5325  130.0798
  143.4046  284.8935
  353.5325  311.9810
fPoints =
  164.5639  113.2890
  353.5325  130.0798
  143.4046  284.8935
  353.5325  311.9810
```

10.4.5　归一化二维互相关

在 MATLAB 中，normxcorr2 命令用于使用归一化二维互相关在图像上选择控制点，其使用格式见表 10.19。

表 10.19　normxcorr2 命令的使用格式

使 用 格 式	说　明
C = normxcorr2(template,A)	计算矩阵 template 和 A 的归一化互相关，返回相关系数矩阵 C

实例——图像互相关

源文件：yuanwenjian\ch10\ex_1013.m

MATLAB 程序如下：

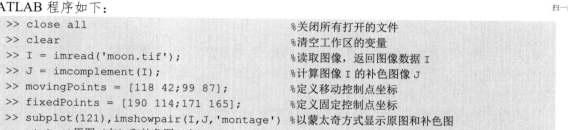

```
>> close all                                    %关闭所有打开的文件
>> clear                                         %清空工作区的变量
>> I = imread('moon.tif');                       %读取图像，返回图像数据 I
>> J = imcomplement(I);                          %计算图像 I 的补色图像 J
>> movingPoints = [118 42;99 87];               %定义移动控制点坐标
>> fixedPoints = [190 114;171 165];             %定义固定控制点坐标
>> subplot(121),imshowpair(I,J,'montage')       %以蒙太奇方式显示原图和补色图
>> title('原图（左）和补色图（右）')
>> c = normxcorr2(I,J);   %计算原图和补色图的互相关性，执行互相关的图像数据矩阵必须为二维矩阵
>> subplot(122),surf(c), shading flat           %将互相关结果 c 显示为曲面，渲染曲面
>> title('相关系数曲面图')
```

运行结果如图 10.17 所示。

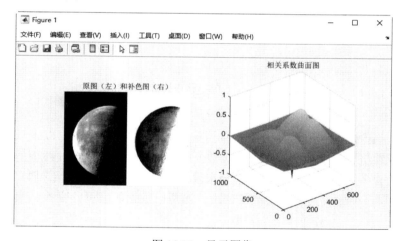

图 10.17　显示图像

第 11 章 图像变换

内容指南

为了快速、有效地对图像进行处理和分析，常常需要将定义在图像空间的图像以某种形式转换到其他空间，并利用这些空间的特有性质进行一定的加工，最后再转换回图像空间以得到所需的效果。这些转换方法称为图像变换技术。

本章讲解图像处理中常用的几种变换技术在 MATLAB 中的应用，包括傅里叶变换、离散余弦变换和 Radon 变换。

知识重点

➢ 傅里叶变换
➢ 离散余弦变换
➢ Radon 变换

11.1 傅里叶变换

法国数学家让·巴普蒂斯·约瑟夫·傅里叶指出，任何周期函数都可以表示为不同频率的正弦和/或余弦函数的线性组合形式（称为傅里叶级数）；非周期函数（但该曲线下的面积是有限的）也可以用正弦和/或余弦函数乘以加权函数的积分来表示，这就是傅里叶变换。傅里叶变换之后，横坐标即为分离出的频率，纵坐标对应的是加权密度。当两组数据的傅里叶变换结果相同时，称为两者依概率收敛。

图像的傅里叶变换是将图像从空间域转换到频率域，其逆变换是将图像从频率域转换到空间域。换句话说，傅里叶变换的物理意义是将图像的灰度分布函数转换为图像的频率分布函数，傅里叶逆变换是将图像的频率分布函数转换为灰度分布函数。

傅里叶变换广泛地应用于信号处理、偏微分方程、热力学、概率统计等领域，在不同的研究领域，傅里叶变换具有多种不同的变体形式，如连续傅里叶变换和离散傅里叶变换。

11.1.1 连续傅里叶变换

在数学中，连续傅里叶变换（Continuous Fourier Transform，CFT）是一个把一组函数映射为另一组函数的线性算子，也就是说，连续傅里叶变换就是把一个连续时间域函数分解为组成该函数的连续频率谱的过程。

1. 一维连续傅里叶变换及逆变换

单变量连续函数 $f(x)$ 的傅里叶变换 $F(\mu)$ 定义为

$$F(\mu) = \int_{-\infty}^{\infty} f(x)e^{-j2\pi\mu x}dx$$

其中，x 为时域变量；μ 为频域变量；$j = \sqrt{-1}$。

给定 $F(u)$，通过傅里叶逆变换可以得到 $f(x)$：

$$f(x) = \int_{-\infty}^{\infty} F(\mu)e^{j2\pi\mu x}d\mu$$

2. 二维连续傅里叶变换及逆变换

二维连续函数 $f(x, y)$ 的傅里叶变换 $F(\mu, v)$ 定义为

$$F(\mu, v) = \int_{-\infty}^{\infty}\int_{-\infty}^{\infty} f(x, y)e^{-j2\pi(\mu x + vy)}dxdy$$

其中，x、y 为时域变量；μ、v 为频域变量；$j = \sqrt{-1}$。

给定 $F(\mu, v)$，通过傅里叶逆变换可以得到 $f(x, y)$：

$$f(x, y) = \int_{-\infty}^{\infty}\int_{-\infty}^{\infty} F(\mu, v)e^{j2\pi(\mu x + vy)}d\mu dv$$

11.1.2 离散傅里叶变换

在工程应用中，绝大多数傅里叶变换的应用都是采用离散傅里叶变换。离散傅里叶变换（Discrete Fourier Transform，DFT）就是傅里叶变换在时域和频域上都呈现离散的形式。

在对 DFT 的处理中，有限长序列都是作为周期序列的一个周期来表示，也就是说，DFT 是针对有限长序列的，因而它隐含周期性。

设 $x(n)$ 为 M 点有限长序列，即在 $0 \leq n \leq M-1$ 内有值，则 $x(n)$ 的 N 点（$N \geq M$，当 $N > M$ 时，补 $N-M$ 个零值点）离散傅里叶变换可定义为

$$X(k) = \sum_{n=0}^{N-1} x(n)e^{-j\frac{2\pi}{N}kn} = \sum_{n=0}^{N-1} x(n)W_N^{kn}, \quad 0 \leq k \leq N-1 \tag{11.1}$$

其中，变换因子 $W_N = e^{-j\frac{2\pi}{N}}$。

式（11.1）为离散傅里叶变换的正变换，逆变换如下：

$$x(n) = \frac{1}{N}\sum_{k=0}^{N-1} X(k)e^{j\frac{2\pi}{N}kn} = \frac{1}{N}\sum_{k=0}^{N-1} X(k)W_N^{-kn}, \quad 0 \leq n \leq N-1 \tag{11.2}$$

其含义是，$x(n)$ 可以表示成以 $X(k)$ 为系数的不同频率分量的和。

从式（11.1）和式（11.2）可以看出，离散傅里叶变换是指时域和频域都仅取主值序列的一种特殊的离散傅里叶级数（DFS）。

DFT 正变换用矩阵式可表示为

$$\boldsymbol{X} = \boldsymbol{W}_N\boldsymbol{x}$$

其中

$$\boldsymbol{X} = \left[X(0), X(1), \ldots, X(N-1)\right]^{\mathrm{T}}$$

$$x = \left[x(0), x(1), \ldots, x(N-1)\right]^{T}$$

$$W_N = \begin{bmatrix} 1 & 1 & 1 & \cdots & 1 \\ 1 & W_N^1 & W_N^2 & \cdots & W_N^{N-1} \\ 1 & W_N^2 & W_N^4 & \cdots & W_N^{2(N-1)} \\ \vdots & \vdots & \vdots & \ddots & \vdots \\ 1 & W_N^{N-1} & W_N^{2(N-1)} & \cdots & W_N^{(N-1)(N-1)} \end{bmatrix}$$

DFT 逆变换用矩阵式可表示为

$$x = W_N^{-1} X$$

其中

$$W_N^{-1} = \frac{1}{N} \begin{bmatrix} 1 & 1 & 1 & \cdots & 1 \\ 1 & W_N^{-1} & W_N^{-2} & \cdots & W_N^{-(N-1)} \\ 1 & W_N^{-2} & W_N^{-4} & \cdots & W_N^{-2(N-1)} \\ \vdots & \vdots & \vdots & \ddots & \vdots \\ 1 & W_N^{-(N-1)} & W_N^{-2(N-1)} & \cdots & W_N^{-(N-1)(N-1)} \end{bmatrix}$$

MATLAB 提供了一个专门的命令 dftmtx，用于获取有限域中的离散傅里叶变换矩阵，其使用格式见表 11.1。

表 11.1　dftmtx 命令的使用格式

使 用 格 式	说　　明
a = dftmtx(n)	返回一个 n×n 的复杂离散傅里叶变换矩阵 a。输入参数 n 为正整数，表示离散傅里叶变换长度。对于列向量 x，其傅里叶变换为 dftmtx（n）*x，等价于 fft(x,n)

扫一扫，看视频

实例——计算矩阵的离散傅里叶变换

源文件：yuanwenjian\ch11\ex_1101.m

MATLAB 程序如下：

```
>> close all                        %关闭打开的文件
>> clear                            %清除工作区的变量
>> I = peaks(10);                   %定义 10×10 的数据矩阵 I
>> I = repmat(I,[5 10]);            %定义 50×100 的数据矩阵 I
>> subplot(131),imagesc(I);title('原数据图像');
>> s = size(I);                     %计算矩阵 I 的大小
>> W1 = dftmtx(s(1));
>> W2 = dftmtx(s(2));               %计算各个维度的 DFT 变换矩阵
>> Y = W1*I*W2;                     %用 DFT 变换矩阵计算 I 的离散傅里叶变换
>> subplot(132),imagesc(abs(Y));title('DFT 图像');
>> iW1 = conj(dftmtx(s(1)));
>> iW2 = conj(dftmtx(s(2)));        %计算各个维度的 IDFT 变换矩阵
>> Y2 = iW1*Y*iW2/(s(1)*s(2));      %用 IDFT 变换矩阵计算 I 的离散傅里叶逆变换
>> subplot(133),imagesc(abs(Y2));title('IDFT 图像');
```

运行结果如图 11.1 所示。

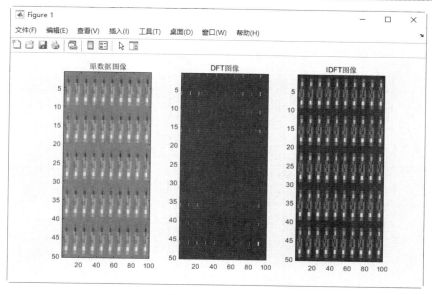

图 11.1 运行结果

11.1.3 快速傅里叶变换

根据离散傅里叶变换的奇、偶、虚、实等特性，对离散傅里叶变换的算法进行改进，1965 年，J.W.库利和 T.W.图基提出快速傅里叶变换（Fast Fourier Transform，FFT），是利用计算机计算离散傅里叶变换（DFT）的高效、快速计算方法的统称，简称 FFT。

用 FFT 计算离散傅里叶变换比使用 DFT 矩阵更有效，且使用的内存较少，特别是被变换的抽样点数 N 越多，FFT 算法计算量的节省就越显著。

在 MATLAB 中，fft 命令用于对图像进行一维快速傅里叶变换，其使用格式见表 11.2。

表 11.2 fft 命令的使用格式

使 用 格 式	说 明
Y = fft(X)	计算对向量 X 的快速傅里叶变换。如果 X 是矩阵，fft 返回对每一列的快速傅里叶变换
Y = fft(X,n)	计算向量的 n 点快速傅里叶变换。当 X 的长度小于 n 时，系统将在 X 的尾部补 0，以构成 n 点数据；当 X 的长度大于 n 时，系统将进行截尾
Y = fft(X,n,dim)	计算对指定的第 dim 维的快速傅里叶变换

此外，MATLAB 还提供了多种快速傅里叶变换的命令，见表 11.3。

表 11.3 快速傅里叶变换命令

命 令	意 义	使用格式及说明
fft2	二维快速傅里叶变换	Y=fft2(X)，计算对 X 的二维快速傅里叶变换。结果 Y 与 X 的维数相同
		Y=fft2(X,m,n)，计算结果为 m×n 阶，系统将视情况对 X 进行截尾或者以 0 补齐
fftshift	将快速傅里叶变换（fft、fft2）的 DC 分量移到频谱中心	Y=fftshift(X)，将 DC 分量转移至频谱中心
		Y=fftshift(X,dim)，将 DC 分量转移至 dim 维频谱中心，若 dim 为 1 则上下转移，若 dim 为 2 则左右转移
ifft	一维逆快速傅里叶变换	y=ifft(X)，计算向量 X 的逆快速傅里叶变换
		y=ifft(X,n)，计算向量 X 的 n 点逆快速傅里叶变换

续表

命 令	意 义	使用格式及说明
ifft	一维逆快速傅里叶变换	y=ifft(X,[],dim)，计算对 dim 维的逆快速傅里叶变换
		y=ifft(X,n,dim)，计算对 dim 维的逆快速傅里叶变换
ifft2	二维逆快速傅里叶变换	y=ifft2(X)，计算向量 X 的二维逆快速傅里叶变换
		y=ifft2(X,m,n)，计算向量 X 的 m×n 维逆快速傅里叶变换
ifftn	多维逆快速傅里叶变换	y=ifftn(X)，计算向量 X 的 n 维逆快速傅里叶变换
		y=ifftn(X,size)，系统将视情况对 X 进行截尾或者以 0 补齐
ifftshift	逆快速傅里叶变换平移	Y=ifftshift(X)，同时转移行与列
		Y=ifftshift(X,dim)，若 dim 为 1 则行转移，若 dim 为 2 则列转移

对图像进行二维傅里叶变换得到频谱图，就是图像梯度的分布图，频谱图上的各点与图像上的各点不存在一一对应的关系，即使在不移频的情况下也没有。

傅里叶频谱图中明暗不一的亮点，实际上是图像上某一点与邻域点差异的强弱，即梯度的大小，也即该点频率的大小（可以这么理解，图像中的低频部分指低梯度的点，高频部分则相反）。一般来讲，梯度大则该点的亮度强，否则该点的亮度弱。这样通过观察傅里叶变换后的频谱图（也叫功率图，图像的能量分布），如果频谱图中暗的点数更多，那么实际图像是比较柔和的（因为各点与邻域差异都不大，梯度相对较小）；反之，如果频谱图中亮的点数更多，那么实际图像一定是尖锐的，边界分明且边界两边像素差异较大。

对频谱移频到原点以后，可以看出图像的频率分布是以原点为圆心、对称分布的。将频谱移频到原点除了可以清晰地看出图像频率分布外，还可以分离出有周期性规律的干扰信号。在一幅带有正弦干扰、移频到原点的频谱图上可以看出除了中心外还存在以某一点为中心，对称分布的亮点集合，这个集合就是干扰噪声产生的，这时可以很直观地通过在该位置放置带阻滤波器消除干扰噪声。

实例——向量离散傅里叶变换

源文件：yuanwenjian\ch11\ex_1102.m

本实例分别使用 FFT 算法和 DFT 变换矩阵对给定的向量进行离散傅里叶变换。

MATLAB 程序如下：

```
>> close all              %关闭打开的文件
>> clear                  %清除工作区的变量
>> A = linspace(1,512,512);   %定义向量
>> n = length(A);         %计算向量 A 的长度
>> y1 = fft(A);           %用 FFT 计算离散傅里叶变换
>> y2 = A*dftmtx(n);      %用 DFT 矩阵计算离散傅里叶变换
>> norm(y1-y2)            %计算 FFT 变换和 DCT 变换矩阵差值的范数
ans =
   3.9267e-11
```

实例——图像傅里叶变换频谱移频

源文件：yuanwenjian\ch11\ex_1103.m

MATLAB 程序如下：

```
>> close all                          %关闭打开的文件
>> clear                              %清除工作区的变量
>> [I,map] = imread('flamingos.jpg');  %读取 RGB 图像
```

```
>> I0= im2double(I);                              %将图像数据类型由 uint8 转换为 double
>> subplot(2,2,1),imshow(I,map),title('原图');            %显示 RGB 原图
>> I1=fft2(I0);           %计算图像数据的二维快速傅里叶变换，转换到频域
>> I2 =fftshift(I1);   %将变换的频率图像四角移动到中心（原来部分在四角，现在移动到中心，便于后
面的处理）。图像的频率是表征图像中灰度变化剧烈程度的指标，是灰度在平面空间上的梯度。在图像中是灰度变
化剧烈的区域，对应的频率值较高
>> I3=log(abs(I2));            %为了更好地显示中心低频部分，进行对数变换
>> subplot(2,2,2),imshow(I3,[]),title('Fourier 变换图');   %显示变换后的图像
>> map=colormap(map);        %设置颜色图
>> I5 = real(ifft2(ifftshift(I2)));  %频域的图反变换到空域，并取实部
>> I6 = im2uint8(mat2gray(I5));  %将空域图转换为灰度图
>> subplot(2,2,3),imshow(I6),title('Fourier 逆变换图');  %显示逆变换后的灰度图
>> I7= rgb2gray(I);           %将 RGB 图像转换为灰度图
>> I8=fft2(I7);              %计算图像数据的二维快速傅里叶变换，转换到频域
>> m=fftshift(I8);          %将零频分量移到频谱中心，重新排列傅里叶变换 I8
>> A=abs(m);              %计算频谱幅值
>> A=(A-min(min(A)))/(max(max(A))-min(min(A))*225;      %幅值归一化
>> subplot(2,2,4),imshow(A),title('FFT 频谱');;         %显示频谱
>> colorbar;              %添加色阶
```

运行结果如图 11.2 所示。

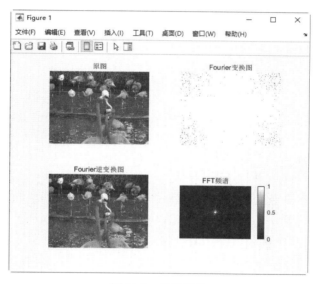

图 11.2　显示图像

11.2　离散余弦变换

离散余弦变换（Discrete Cosine Transform，DCT）是与傅里叶变换相关的一种实数域的变换，相当于对一个实偶函数进行一个长度大概是它两倍的离散傅里叶变换。

在对语音和图像信号进行确定的变换矩阵正交变换时，离散余弦变换被认为是一种准最佳变换，主要用于对信号和图像（包括静止图像和运动图像）进行有损数据压缩。常见的 JPEG 静态图像编码以及 MJPEG、MPEG 动态编码等标准中都使用了离散余弦变换。

11.2.1 二维离散余弦变换的定义

一维离散余弦变换共有 8 种形式，其中最常用的是第二种形式，由于其运算简单、适用范围广，在这里只讨论这种形式，其表达式如下：

$$F(0) = \frac{1}{\sqrt{N}} \sum_{x=0}^{N-1} f(x) \tag{11.3}$$

$$F(u) = \sqrt{\frac{2}{N}} \sum_{x=0}^{N-1} f(x) \cos \frac{(2x+1)u\pi}{2N} \tag{11.4}$$

式（11.4）是一维离散余弦变换的正变换。其中，$F(u)$ 是第 u 个余弦变换值，u 是广义频率变量，$u = 1, 2, \ldots, N-1$；$f(x)$ 是时域 N 点序列，即需要转换到变换域的原始数据，$x = 1, 2, \ldots, N-1$。

一维离散余弦变换的逆变换为

$$f(x) = \sqrt{\frac{1}{N}} F(0) + \sqrt{\frac{2}{N}} \sum_{u=0}^{N-1} F(u) \cos \frac{(2x+1)u\pi}{2N} \tag{11.5}$$

二维离散余弦变换是一种可分离的变换，可以用两次一维变换得到二维变换结果。二维离散余弦变换可表示为

$$F(0,0) = \frac{1}{N} \sum_{x=0}^{N-1} \sum_{y=0}^{N-1} f(x,y) \tag{11.6}$$

$$F(0,v) = \frac{\sqrt{2}}{N} \sum_{x=0}^{N-1} \sum_{y=0}^{N-1} f(x,y) \cos \frac{(2y+1)v\pi}{2N} \tag{11.7}$$

$$F(u,0) = \frac{\sqrt{2}}{N} \sum_{x=0}^{N-1} \sum_{y=0}^{N-1} f(x,y) \cos \frac{(2x+1)u\pi}{2N} \tag{11.8}$$

$$F(u,v) = \frac{2}{N} \sum_{x=0}^{N-1} \sum_{y=0}^{N-1} f(x,y) \cos \frac{(2x+1)u\pi}{2N} \cos \frac{(2y+1)v\pi}{2N} \tag{11.9}$$

式（11.9）是二维离散余弦变换的正变换公式。其中，$f(x,y)$ 是空间域一个 $N \times N$ 的二维向量元素，即一个 $N \times N$ 的矩阵，$x, y = 0, 1, 2, \ldots, N-1$；$F(u,v)$ 是经计算后得到的变换域矩阵，$u, v = 0, 1, 2, \ldots, N-1$。求和可分性是二维离散余弦变换的一个重要特征，因此可以用下式表示为

$$F(u,v) = \frac{2}{N} \sum_{x=0}^{N-1} \cos \frac{(2x+1)u\pi}{2N} \left\{ \sum_{y=0}^{N-1} f(x,y) \cos \frac{(2x+1)v\pi}{2N} \right\}$$

二维离散余弦变换的逆变换可表示为

$$f(x,y) = \sum_{u=0}^{N-1} \sum_{v=0}^{N-1} \alpha(u)\alpha(v) F(u,v) \cos \frac{(2x+1)u\pi}{2N} \cos \frac{(2y+1)v\pi}{2N}$$

式中

$$x,y,u,v = 0, 1, 2, \ldots, N-1, \quad \alpha(u) = \alpha(v) = \begin{cases} \sqrt{\dfrac{1}{N}}, & u = 0 \text{或} v = 0 \\[2mm] \sqrt{\dfrac{2}{N}}, & u, v = 1, 2, \ldots, N-1 \end{cases}$$

11.2.2　DCT 变换矩阵

由式（11.4）可知，当 N 取定值时，一维离散余弦变换正、逆变换可写成如下矩阵式：

$$[F(u)] = [A][f(x)]$$
$$[f(x)] = [A]^\mathrm{T}[F(u)]$$

其中，A 为变换系数矩阵，是一个常量矩阵；$F(u)$ 为变换矩阵，是时域数据矩阵 $f(x)$ 与矩阵 A 计算的结果。

由一维和二维的离散余弦变换公式性质，可以推导得到二维离散余弦变换的正、逆变换矩阵式：

$$[F(u,v)] = [A][f(x,y)][A]^\mathrm{T}$$
$$[f(x,y)] = [A]^\mathrm{T}[F(u,v)][A]$$

其中，A 为变换系数矩阵，A^T 为 A 的转置矩阵；$[F(u,v)]$ 为变换矩阵；$[f(x,y)]$ 为空间数据矩阵。

在 MATLAB 中，使用 dctmtx 命令可以计算图像矩阵的 DCT 变换矩阵，其使用格式见表 11.4。

表 11.4　dctmtx 命令的使用格式

使　用　格　式	说　　　明
D＝dctmtx(n)	返回一个 double 类型的 n×n 的 DCT 变换矩阵 D，用于在图像上执行二维离散余弦变换

实例——对图像进行离散余弦变换

源文件：yuanwenjian\ch11\ex_1104.m

本实例利用 DCT 变换矩阵对二维图像进行离散余弦变换。

MATLAB 程序如下：

```
>> close all                        %关闭打开的文件
>> clear                            %清除工作区的变量
>> I = imread('circles.png');       %将内存的图像读取到工作区中
>> subplot(131),imshow(I),title('原图')
>> I0= im2double(I);                %将图像数据转换为double 类型
>> n = length(I0);                  %计算矩阵 I0 长度
>> d = dctmtx(n);                   %计算 DCT 变换矩阵
>> y = d*I*d';                      %对二维图像进行离散余弦变换
>> subplot(132),imshow(y),title('DCT 变换图')
>> J = d'*y*d;                      %DCT 逆变换恢复图像
>> subplot(133),imshow(J),title('DCT 逆变换图')
```

运行结果如图 11.3 所示。

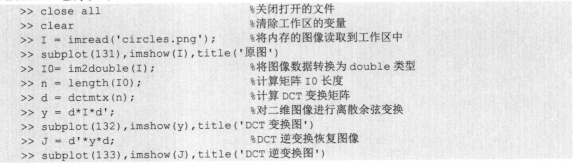
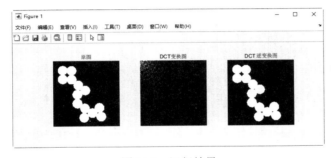

图 11.3　运行结果

11.2.3 图像 DCT 变换

在使用 DCT 对图像进行压缩时，先将输入图像划分为 8×8 或 16×16 的图像块，对每个图像块进行 DCT 变换，然后舍弃高频的系数，对余下的系数进行量化以进一步减少数据量，最后使用无失真编码完成压缩任务。由于离散余弦变换是对称的，因此可以在量化编码后对每个图像块进行 DCT 逆变换，在接收端恢复原始的图像信息。

除了可以使用 DCT 的正逆变换公式对图像进行 DCT 变换和复原外，MATLAB 还提供了二维 DCT 变换和逆变换命令，可以便捷地对图像进行变换和复原。

在 MATLAB 中，dct2 命令对图像进行二维 DCT 变换，其使用格式见表 11.5。

表 11.5　dct2 命令的使用格式

使 用 格 式	说　　　明
B=dct2(A)	计算 A 的二维离散余弦变换 B，矩阵 B 包含离散余弦变换系数 B(k1,k2)。A 与 B 的大小相同
B=dct2(A,m,n)或 B=dct2(A,[m,n])	在对 A 应用变换之前，通过对 A 补 0 或剪裁，使 A 的大小为 m×n

扫一扫，看视频

实例——显示图像中的二维 DCT

源文件：yuanwenjian\ch11\ex_1105.m

MATLAB 程序如下：

```
>> close all                      %关闭打开的文件
>> clear                          %清除工作区的变量
>> I = imread('tomatoes.jpg');    %读取要进行二维变换的RGB图像，返回三维图像数据矩阵
>> I0= rgb2gray(I);               %将RGB图像数据进行灰度转换，图像数据由三维变为二维
>> subplot(1,2,1),imshow(I), title('原图');    %显示RGB原图
>> I1= dct2(I0);                  %图像进行二维 DCT 变换
>> I2=log(abs(I1));               %将图像数据转换为对数值
>> subplot(1,2,2),imshow(I2,[]),title('DCT图'); %使用对数刻度显示变换后的图像,大部分能量
在左上角
>> colormap jet                  %设置当前图像的颜色图为蓝色变换
>> colorbar;                     %显示色阶
```

运行结果如图 11.4 所示。

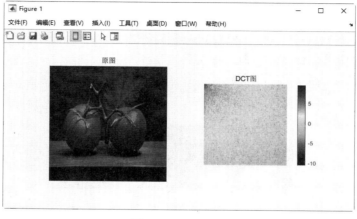

图 11.4　显示图像

离散余弦变换的逆变换，通常相应地被称为"反离散余弦变换""逆离散余弦变换"或 IDCT。在 MATLAB 中，idct2 命令用于对图像进行二维 DCT 逆变换，其使用格式见表 11.6。

表 11.6　idct2 命令的使用格式

使 用 格 式	说　明
B=idct2(A)	计算 A 的二维离散余弦逆变换 B，矩阵 B 包含离散余弦逆变换系数 B(k1,k2)
B=idct2(A,m,n)或 B=idct2(A,[m,n])	在对 A 应用变换之前，通过对 A 补 0 或剪裁，使 A 的大小为 m×n

实例——图像的二维 DCT 变换与复原

源文件：yuanwenjian\ch11\ex_1106.m

MATLAB 程序如下：

```
>> close all                                        %关闭打开的文件
>> clear                                            %清除工作区的变量
>> I = imread('sunflower.jpg');                     %读取 RGB 图像，返回三维 uint8 矩阵
>> subplot(2,2,1),imshow(I),title('原RGB图');       %显示 RGB 原图
>> I0= rgb2gray(I);                                 %将 RGB 图像数据转换为灰度图
>> I1= dct2(I0);                                    %图像进行二维 DCT 变换
>> subplot(2,2,2),imshow(log(abs(I1)),[]);          %使用对数刻度显示变换后的图像
>> colormap spring;                                 %设置颜色图
>> colorbar;                                        %添加色阶
>> title('DCT图');                                  %添加标题
>> I1(abs(I1)<30) = 0;                              %将变换矩阵 I1 中模小于 30 的值赋值为 0，去除高频部分
>> I2 = idct2(I1);                                  %使用二维 DCT 逆变换重构图像
>> subplot(2,2,[3 4]),imshowpair(I0,I2,'montage')   %对比显示灰度图和复原后的图像
>> title('灰度图(左) and IDCT 图(右)');
```

运行结果如图 11.5 所示。在图中可以看到，处理后的图像具有较少的高频细节，如葵花籽的细节。

图 11.5　显示图像

11.3　Radon 变换

Radon 变换一般称作拉东变换，由拉东在 1917 年提出。拉东变换是一个积分变换，它将定义在二维平面上的一个函数 $f(x, y)$ 沿着平面上的任意一条直线做线积分，也就是把二维平面 (x, y) 坐标映射成直线参数 $(seta, p)$ 的形式，相当于对函数 $f(x, y)$ 做 CT 扫描。

对于 CT 成像而言，传感器采集的是 Radon$[f(x, y)]$，即图像 $f(x, y)$ 在各个射线下的积分，也就是 Radon 变换的结果。基本应用是根据 CT 的透射光强重建出投影前的函数，即拉东变换的反演问题。

11.3.1　Radon 变换的定义

设函数 $f(x, y)$ 表示一个未知的密度，对 $f(x, y)$ 做拉东变换，相当于得到 $f(x, y)$ 投影后的信号。

令函数 $f(x, y)$ 在 R^2 上有紧支集（Compact Support）。令 R 为拉东变换算子，则 $Rf(x, y) = R(s, \alpha)$ 的定义如下：

$$R(s, \alpha) = \iint_{R^2} f(x, y)\delta(x\cos\alpha + y\sin\alpha - s)\mathrm{d}x\mathrm{d}y$$

由于狄拉克 δ 函数的限制，以上积分沿着直线 $x\cos\alpha + y\sin\alpha = s$ 进行。

重构出函数 $f(x, y)$，可以对变量 s 做傅里叶积分得

$$\int_{-\infty}^{\infty} R(s, \alpha)\mathrm{e}^{-iks}\mathrm{d}s = \iint_{R^2} f(x, y)\mathrm{e}^{-ik(x\cos\alpha + y\sin\alpha)}\mathrm{d}x\mathrm{d}y$$

右边刚好是 $f(x, y)$ 的二维傅里叶变换

$$F(k_x, k_y) = \iint_{R^2} f(x, y)\mathrm{e}^{-i(k_x x + k_y y)}\mathrm{d}x\mathrm{d}y$$

其中，$k_x = k\cos\alpha$，$k_y = k\sin\alpha$。于是对 $F(k_x, k_y)$ 中任意点进行计算，再用二维傅里叶逆变换公式

$$f(x, y) = \iint_{R^2} \frac{\mathrm{d}k_x\mathrm{d}k_y}{(2\pi)^2} F(k_x, k_y)\mathrm{e}^{i(k_x x + k_y y)}$$

即可求得原先的函数 $f(x, y)$。

拉东变换中的线积分相当于二维傅里叶变换中沿着同相位线的积分。对 s 做傅里叶变换相当于沿垂直于同相位线的方向也做傅里叶变换，从而得到二维傅里叶变换。最后用傅里叶逆变换即得反演。

11.3.2　图像的 Radon 变换

图像的 Radon 变换是图像强度沿径向线以特定角度的投影，是图像中每个像素的 Radon 变换的总和。首先将图像中的每个像素分成 4 个子像素，并单独对每个子像素投影，如图 11.6 所示。

根据投影位置和 bin 中心之间的距离，每个子像素的贡献按比例拆分到两个最近的 bin。如果子像素投影到 bin 的中心点，则轴上的 bin 将获得子像素的完整值，即像素值的四分之一。如果子像素投影到两个 bin 之间的边界，则子像素值在这两个 bin 之间均匀拆分。

MATLAB 提供了专门的命令 radon，用于计算图像的 Radon 变换，其使用格式见表 11.7。

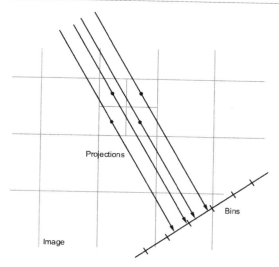

图 11.6　图像的 Radon 变换原理

表 11.7　radon 命令的使用格式

使 用 格 式	说　　明
R = radon(I)	在默认角度范围[0,179]计算二维灰度图像 I 的 Radon 变换 R
R = radon(I,theta)	在上一种语法格式的基础上，使用参数 theta 指定投影角度
[R,xp] = radon(…)	在以上任一种语法格式的基础上，返回包含与图像的每一行相对应的径向坐标的向量 xp

实例——对图像进行 Radon 变换

源文件：yuanwenjian\ch11\ex_1107.m

MATLAB 程序如下：

```
>> close all              %关闭打开的文件
>> clear                  %清除工作区的变量
>> I = imread('yingtao.jpg'); %读取 RGB 图像
>> subplot(1,2,1),imshow(I),title('RGB 图'); %显示 RGB 原图
>> I= rgb2gray(I);        %进行 Radon 变换的图像必须为二维灰度图像，因此进行灰度转换
>> I= im2double(I);       %将图像数据类型由 uint8 转换为 double
>> theta = 0:180;         %定义 Radon 变换的投影角度 theta
>> [R,xp] = radon(I,theta); %在指定角度范围内对二维灰度图像 I 进行 Radon 变换，返回图像的
Radon 变换 R 和径向坐标 xp
>> subplot(1,2,2), imshow(R,[],'Xdata',theta,'Ydata',xp,'InitialMagnification',
'fit')                    %显示 Radon 变换图像，指定 X 坐标轴和 Y 坐标轴范围，缩放整个图像以适合窗口
>> colormap hot          %设置当前图像的颜色图为从黑色平滑过渡到红色、橙色和黄色的背景色，然后到白色
>> axis square           %自动调整数据单位之间的增量，使用相同长度的坐标轴线
>> colorbar;             %添加色阶
>> title('Radon 变换图');
```

运行结果如图 11.7 所示。

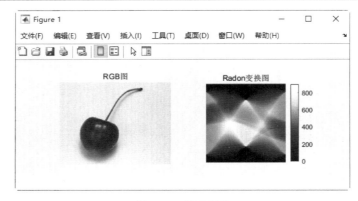

图 11.7　显示图像

在 MATLAB 中，iradon 命令用于计算图像的逆 Radon 变换，其使用格式见表 11.8。

表 11.8　iradon 命令的使用格式

使 用 格 式	说　　　明
I = iradon(R,theta)	基于投影数据 R 和投影角度 theta 进行逆 Radon 变换，重建图像 I
I = iradon(R,theta,interp,filter, frequency_scaling,output_size)	基于给定的参数进行逆 Radon 变换，重建图像 I。其中，interp 是插值函数，插值方法见表 11.9；filter 是滤波函数，通过加窗消去投影过程中产生的高频噪声；frequency_scaling 是一个标量值，取值范围为[0,1]，通过缩放滤波函数的频率修改滤波函数；output_size 是一个标量，用于指定重建图像的行数和列数
[I,h] = iradon(…)	在以上任一种语法格式的基础上，返回滤波器的频率响应向量 h

表 11.9　插值方法

方　　法	说　　　明
nearest	在几种插值方法中执行速度最快，但数据不连续，平滑方面最差
linear	默认且最常用的一种插值方法，执行速度快，精度足够
cubic	执行速度较慢，但精度较高，平滑度较好
spline	执行速度最慢，但精度高，平滑度也最好

扫一扫，看视频

实例——图像逆 Radon 变换

源文件：yuanwenjian\ch11\ex_1108.m

MATLAB 程序如下：

```
>> close all              %关闭打开的文件
>> clear                  %清除工作区的变量
>> I = imread('ying1.jpg');%读取 RGB 图像
>> subplot(1,4,1),imshow(I),title('RGB 图');         %显示读取的 RGB 图
>> I= rgb2gray(I);            %radon 变换的图像数据 I 必须为灰度矩阵，因此将 RGB 图像转换为灰度图
>> I= im2double(I);           %将图像数据类型由 uint8 转换为 double
>> J = radon(I,0:179);        %在[0,179]度的角度范围内计算二维灰度图像 I 的 Radon 变换
>> J1 = iradon(J,0:179,'nearest','Hann'); %使用最邻近插值方法和汉宁窗消去投影过程中产生
的高频噪声，计算平行光束投影数据 J 在投影角度[0,179]度内的逆 Radon 变换，重建图像 J1
>> subplot(1,4,2),imshow(J),title('Radon 变换图');   %显示 Radon 变换图
>> colormap spring           %设置当前图像的颜色图为包含品红色和黄色的阴影颜色
>> axis square               %自动调整数据单位之间的增量，使绘图区为正方形
>> colorbar;                 %添加色阶
>> subplot(1,4,[3 4]),imshowpair(I,J1,'montage')     %对比显示灰度图和重建图
```

```
>> title('灰度图(左) 和 Iradon 重建图(右)');
```

运行结果如图 11.8 所示。

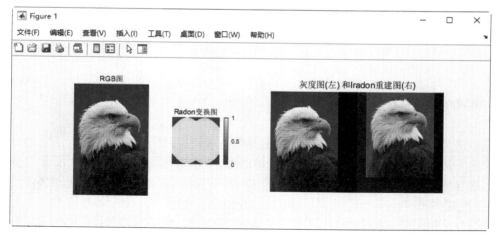

图 11.8　显示图像

第 12 章　图 像 增 强

内容指南

　　图像增强是通过某种图像处理方法对退化的某些图像特征，如边缘、轮廓、对比度等进行处理，有选择地突出图像中感兴趣的特征或者抑制(掩盖)图像中某些不需要的特征，使图像与视觉响应特性相匹配。增强图像中的有用信息，可以是一个失真的过程，处理后的图像不一定逼近原始图像，其目的是针对给定图像的应用场合改善图像的视觉效果。

　　本章主要介绍常用的 3 种图像增强方法：空域滤波增强、频域滤波增强和彩色图像增强。

知识重点

➤ 空域滤波增强
➤ 频域滤波增强
➤ 彩色图像增强

12.1　空域滤波增强

　　空域可以简单地理解为包含图像像素的空间，空域法是指在空间域中，也就是图像本身，直接对图像进行各种线性或非线性运算，对图像的像素灰度值做增强处理，可用如下公式进行描述：

$$g(x, y) = f(x, y) * h(x, y)$$

其中，$f(x, y)$ 为原图像；$h(x, y)$ 为空间转换函数；$g(x, y)$ 表示处理后的图像。

　　空域滤波又分为点运算和模板处理两大类。点运算是作用于单个像素邻域的处理方法，包括图像灰度变换、直方图修正、局部统计法；模板处理是作用于像素领域的处理方法，包括图像平滑、图像锐化等技术。点运算相关的处理方法已在本书第 9 章进行了介绍，本节主要介绍模板处理的方法。

12.1.1　基本方法

　　模板处理是指在图像空间中借助模板对图像领域进行操作，处理图像的每个像素值。根据功能可分为平滑滤波器和锐化滤波器。平滑可通过低通来实现，平滑的目的有两类：一是模糊，目的是在提取较大的目标前去除太小的细节或将目标内的小尖端连接起来；二是去噪。锐化则可通过高通滤波来实现，锐化的目的是增强被模糊的细节。

　　模板有很多类型，如均值、索贝尔、高斯、拉普拉斯、中值等。

1．均值滤波

使用均值滤波模板对图像进行滤除，使掩模中心逐个滑过图像的每个像素，输出为模板限定的相应领域像素与滤波器系数乘积结果的累加和。均值滤波器的效果使每个点的像素都平均到领域，噪声明显减少，效果较好。

下面介绍均值滤波器的类型。

（1）算术均值滤波器：

$$\hat{f}(x,y) = \frac{1}{mn} \sum_{(s,t) \in s} g(s,t)$$

（2）几何均值滤波器：

$$\hat{f}(x,y) = \left[\prod_{(s,t) \in S_{xy}} g(s,t) \right]^{\frac{1}{mn}}$$

（3）谐波均值滤波器：

$$\hat{f}(x,y) = \frac{mn}{\sum_{(s,t) \in S_{xy}} \frac{1}{g(s,t)}}$$

（4）逆谐波均值滤波器：

$$\hat{f}(x,y) = \frac{\sum_{(s,t) \in S_{xy}} g(s,t)^{Q+1}}{\sum_{(s,t) \in S_{xy}} g(s,t)^{Q}}$$

2．索贝尔滤波

近似计算图像的垂直梯度时，可以在图像的任何一点使用索贝尔（Sobel）算子，从而得到相应的梯度矢量或法矢量。然而，使用 Sobel 算子来近似计算导数存在精度较低的缺点。这种不精确性在试图估计图像的方向导数时尤为明显（通过应用 y/x 滤波器响应的反正切函数来获取图像梯度的方向）。通过滤波效果可以看到图像的边缘被突出显示，因此 Sobel 算子主要用于边缘检测。

3．高斯滤波

高斯滤波器是一种平滑线性滤波器，适合去除高斯噪声；而非线性滤波器，如中值滤波器，适合去除脉冲噪声。高斯滤波就是对整幅图像进行加权平均的过程，每一个像素点的值都由其本身和邻域内的其他像素值经过加权平均后得到。高斯滤波器是带有权重的平均值，即加权平均，中心的权重比邻近像素的权重更大，这样就可以克服边界效应。

4．拉普拉斯滤波

拉普拉斯算子是 n 维欧式空间的一个 2 阶微分算子。拉普拉斯算子会突出像素值快速变化的区域，因此常用于边缘检测。由效果可见图像的边界得到了增强。

5．中值滤波

中值滤波是一种非线性平滑技术，它将每一个像素点的灰度值设置为该点某邻域窗口内的所有像素点灰度值的中值。中值滤波是基于排序统计理论的一种能有效抑制噪声的非线性信号处理技术，中值滤波的基本原理是把数字图像或数字序列中一点的值用该点的一个邻域中各点值的中值代替，让周围的像素值接近真实值，从而消除孤立的噪声点。方法是用某种结构的二维滑动模板，将板内像素按照像素值的大小进行排序，生成单调上升（或下降）的二维数据序列。

各种滤波器各有优劣，适用情况也不尽相同，线性滤波器很适合去除高斯噪声，而非线性滤波则很适合去除脉冲噪声，如中值滤波很适合去除椒盐噪声。使用起来要视具体实际情况而定。

12.1.2　去噪滤波

滤波是信号处理的一个概念，即将信号中特定波段的频率过滤去除。空间域滤波恢复是在已知噪声模型的基础上，对噪声的空域滤波。

1. 添加噪声

为了完成多种图像处理的操作和试验，还可以对图像添加噪声。

在 MATLAB 中，imnoise 命令用于在图像中添加噪声，可以指定 5 种噪声参数，分别为'gaussian'（高斯白噪声）、'localvar'（与图像灰度值有关的零均值高斯白噪声）、'poisson'（泊松噪声）、'salt & pepper'（椒盐噪声）和'speckle'（斑点噪声）。该命令的使用格式见表 12.1。

表 12.1　imnoise 命令的使用格式

使 用 格 式	说 明
J = imnoise(I,'gaussian')	将方差为 0.01 的零均值高斯白噪声添加到灰度图像 I 中，返回含噪图像 J
J = imnoise(I,'gaussian',m)	在上一种语法格式的基础上，使用参数 m 指定高斯噪声的均值
J = imnoise (I,'gaussian',m,var_gauss)	在上一种语法格式的基础上，使用参数 var 指定高斯噪声的方差
J = imnoise(I,'localvar',var_local)	在灰度图像 I 中添加局部方差为 var_local 的零均值高斯白噪声
J = imnoise(I,'localvar',intensity_map,var_local)	在上一种语法格式的基础上，使用参数 intensity_map 指定映射到高斯噪声方差的强度值
J = imnoise(I,'poisson')	从数据中生成泊松噪声，添加到图像 I 中
J = imnoise(I,'salt & pepper')	在图像 I 中添加椒盐噪声，图像上生成随机的一些白色斑点。默认噪声密度为 0.05，会影响大约 5%的像素
J = imnoise(I,'salt & pepper',d)	在上一种语法格式的基础上，使用参数 d 指定噪声密度
J = imnoise(I,'speckle')	在图像 I 中使用方程 J = I+n·I 添加斑点噪声，其中 n 是均值为 0、方差为 0.05 的均匀分布随机噪声
J = imnoise(I,'speckle',var_speckle)	在上一种语法格式的基础上，使用参数 var_speckle 指定斑点噪声的方差

扫一扫，看视频

实例——添加高斯噪声和椒盐噪声

源文件：yuanwenjian\ch12\ex_1201.m

MATLAB 程序如下：

```
>> close all               %关闭打开的文件
>> clear                   %清除工作区的变量
>> I = imread('book1.jpg');   %读取图像
>> J=imnoise(I,'gaussian');   %在图像中加入方差为 0.01 的零均值高斯白噪声
>> K=imnoise(I,'salt & pepper');   %添加噪声密度为 0.05 的椒盐噪声
>> imshowpair(J,K,'montage');   %蒙太奇剪辑成对显示含噪图像
>> title('零均值高斯白噪声(左)和椒盐噪声 (右)')
```

运行结果如图 12.1 所示。

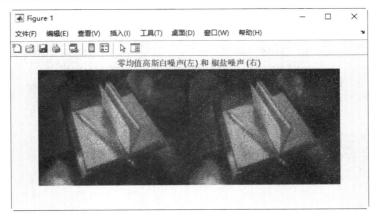

图 12.1　显示图像

2．去噪滤波

消除图像中的噪声成分称为图像的平滑化或滤波操作。信号或图像的能量大部分集中在幅度谱的低频和中频段，而在较高频段，感兴趣的信息经常被噪声淹没。因此一个能降低高频成分幅度的滤波器就能够减弱噪声的影响。

图像滤波的目的有两个：一个是抽取对象的特征作为图像识别的特征模式；另一个是为适应图像处理的要求，消除图像数字化时混入的噪声。

在 MATLAB 中，wiener2 命令用于在图像中进行二维适应性去噪过滤处理，其使用格式见表 12.2。自适应滤波器比类似的线性滤波器更具选择性，能保留图像的边缘和其他高频部分。

表 12.2　wiener2 命令的使用格式

使 用 格 式	说　明
J = wiener2(I,[m n],noise)	基于从每个像素的局部邻域估计的统计量，使用像素级自适应低通 Wiener 滤波器对灰度图像 I 进行滤波，返回滤波后的图像 J。用于估计局部图像均值和标准差的邻域的大小为[m, n]；加性噪声（高斯白噪声）为 noise
[J,noise_out] = wiener2(I,[m n])	在上一种语法格式的基础上，将局部方差的均值作为加性噪声，以数值数组的形式返回加性噪声功率的估计值 noise_out

实例——噪声图像去噪

源文件：yuanwenjian\ch12\ex_1202.m

扫一扫，看视频

MATLAB 程序如下：

```
>> close all                              %关闭打开的文件
>> clear                                  %清除工作区的变量
>> I = imread('reqiqiu.jpg');             %读取 RGB 图像
>> I = rgb2gray(I);                       %转换为灰度图
>> subplot(131),imshow(I);title('灰度图')
>> I = im2double(I);                      %将图像数据类型转换为双精度
>> J=imnoise(I,'salt & pepper',0.02);     %添加椒盐噪声
>> subplot(132),imshow(J);title('噪声图像')
>> K = wiener2(J,[5 5]);                   %使用 5×5 的邻域窗对图像 J 进行二维适应性去噪过滤处理
>> subplot(133),imshow(K);title('二维适应性去噪滤波后的图像')
```

运行结果如图 12.2 所示。

图 12.2　显示图像

12.1.3　创建滤波器

在 MATLAB 中，fspecial 命令用于创建预定义的二维过滤器，对图像进行二维滤波，其使用格式见表 12.3。

表 12.3　fspecial 命令的使用格式

使 用 格 式	说　　明
h = fspecial(type)	创建 type 指定类型的二维滤波器 h
h = fspecial('average',hsize)	创建大小为 hsize 的均值滤波器 h，hsize 的默认值为[3,3]
h = fspecial('disk',radius)	在大小为 2×radius+1 的方阵中返回圆形均值滤波器 h，参数 radius 代表区域半径，默认值为 5
h = fspecial('laplacian',alpha)	创建逼近二维拉普拉斯算子形状的 3×3 滤波器，参数 alpha 控制拉普拉斯算子的形状，取值范围为[0,1]，默认值为 0.2
h = fspecial('log',hsize,sigma)	创建大小为 hsize 的旋转对称高斯拉普拉斯滤波器，标准差为 sigma
h = fspecial('motion',len,theta)	创建与图像卷积后逼近相机线性运动的滤波器。'motion'为运动模糊算子，有两个参数，表示摄像物体逆时针方向以 theta 角度运动了 len 个像素，len 的默认值为 9，theta 的默认值为 0
h = fspecial('prewitt')	创建一个用于边缘增强的 3×3 滤波器。该滤波器通过逼近垂直梯度强调水平边缘。如果要强调垂直边缘，可转置滤波器
h = fspecial('sobel')	创建一个用于提取边缘的 3×3 滤波器。该滤波器通过逼近垂直梯度使用平滑效应强调水平边缘。如果要强调垂直边缘，可转置滤波器

使用 filter2 命令可以创建二维数字滤波器，通常与 fspecial 命令连用，对图像进行二维线性数字滤波，其使用格式见表 12.4。

表 12.4　filter2 命令的使用格式

使 用 格 式	说　　明
Y = filter2(H,X)	根据滤波器系数矩阵 H，对图像数据矩阵 X 应用有限脉冲响应滤波器
Y = filter2(H,X,shape)	在上一种语法格式的基础上，使用参数 shape 指定滤波数据的子区，可为下列值之一。 ➢ 'same'：返回滤波数据的中心部分，大小与 X 相同。 ➢ 'full'：返回完整的二维滤波数据。 ➢ 'valid'：仅返回计算的没有补 0 边缘的滤波数据部分

创建二维滤波器后，使用 imfilter 命令可以对图像应用滤波器进行滤波，其使用格式见表 12.5。

表 12.5　imfilter 命令的使用格式

使 用 格 式	说　　明
B = imfilter(A,h)	使用多维滤波器 h 对图像 A 进行滤波，返回滤波后的图像 B
B = imfilter(A,h,options,...)	在上一种语法格式的基础上，根据一个或多个指定的选项执行多维滤波。options 选项常用参数见表 12.6

表 12.6　选项 options 参数表

选 项 分 类		说　　明
相关性和卷积选项	'corr'	使用相关性执行多维滤波。如果未指定相关性或卷积选项，该值为默认值
	'conv'	使用卷积执行多维滤波
边界填充选项	数值标量，X	数组边界之外的输入数组值被赋值为 X。如果未指定填充选项，默认值为 0
	'replicate'	通过复制外边界的值扩展图像大小
	'symmetric'	通过镜像反射其边界扩展图像大小
	'circular'	通过将图像看成是一个二维周期函数的一个周期扩展图像大小
输出大小选项	'full'	输出图像的大小是完全滤波后的结果，因此比输入图像大
	'same'	输出图像的大小与输入图像的大小相同

实例——多维滤波器锐化图像

源文件：yuanwenjian\ch12\ex_1203.m

本实例使用多维滤波器对图像进行锐化处理。

MATLAB 程序如下：

```
>> close all                                   %关闭打开的文件
>> clear                                       %清除工作区的变量
>> I = imread('xuanya.jpg');                   %将当前路径下的图像读取到工作区
>> subplot(1,2,1),imshow(I), title('原始图像')   %显示原图
>> h = [-1 0.5 1];                             %定义多维滤波器
>> H = imfilter(I,h);                          %对图像进行多维滤波，创建锐化的图像
>> subplot(1,2,2), imshow(H),title('滤波后的图像') %显示滤波后的图像
```

运行结果如图 12.3 所示。

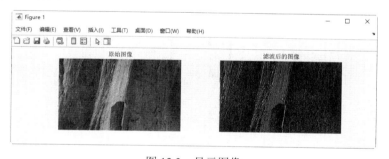

图 12.3　显示图像

动手练一练——均值滤波器去噪

创建一个均值滤波器，对含噪图像进行去噪。

✎ **思路点拨：**

源文件：yuanwenjian\ch12\prac_1201.m

（1）读取 RGB 图像，获取图像数据矩阵。

（2）在图像中添加噪声。

（3）创建均值滤波器，对含噪图像进行滤波。

（4）分割图窗视图，分别显示读取的图像、含噪图像和滤波后的图像。

实例——图像滤波

源文件：yuanwenjian\ch12\ex_1204.m

MATLAB 程序如下：

```
>> close all                                    %关闭打开的文件
>> clear                                        %清除工作区的变量
>> I = imread('beiying.jpg');                   %读取图像
>> subplot(2,2,1),imshow(I), title('原始图像')    %显示原图
>> H1 = fspecial('motion',20,45);               %创建运动模糊滤波器，位移为 9，移动角度为 45°
>> I1=imfilter(I,H1,'replicate');               %使用滤波器滤波模糊图像，复制外边界扩展图像大小
>> subplot(2,2,2), imshow(I1),title('运动模糊滤波图像')   %显示滤波后的模糊图像
>> H2 = fspecial('disk',10);                    %创建圆形均值滤波器，滤波器的半径为 10
>> I2=imfilter(I,H2,'replicate');               %使用圆形均值滤波器滤波，模糊图像
>> subplot(2,2,3), imshow(I2),title('圆形均值滤波图像')
>> H3 = fspecial('sobel');                      %创建 sobel 算子滤波器
>> I3=imfilter(I,H3);                           %使用滤波器提取图像边缘
>> subplot(2,2,4), imshow(I3),title('sobel 滤波图像')   %显示滤波后的图像
```

运行结果如图 12.4 所示。

图 12.4　显示图像

12.1.4　平滑滤波

平滑滤波是低频增强的空间域滤波技术。它的目的有两个：一个是模糊，另一个是消除噪声，是一项简单且使用频率很高的图像处理方法。

1．设计 Savitzky-Golay 滤波器

Savitzky-Golay 滤波器（通常简称为 S-G 滤波器）是一种被广泛运用在时域内基于局域多项式最小二乘法拟合的滤波方法，用于数据流平滑除噪，最大的特点在于滤除噪声的同时可以确保信号的形状和宽度不变。

在 MATLAB 中，sgolay 命令用于定义 Savitzky-Golay 滤波器，其使用格式见表 12.7。

表 12.7　sgolay 命令的使用格式

使 用 格 式	说　　明
b = sgolay (order,framelen)	设计一种多项式 Savitzky-Golay FIR 平滑滤波器，多项式拟合的阶次为 order；进行卷积时的帧长为 framelen，该值必须为奇数
b = sgolay (order,framelen,weights)	在上一种语法格式的基础上，指定权重向量 weights，其中包含最小二乘最小化期间要使用的实正值权重
[b,g] = sgolay(…)	在以上任一种语法格式的基础上，还返回微分滤波器的矩阵 g 用于 SG 高阶平滑。利用矩阵 g 中的第一列求得的是 0 阶平滑

2. 平滑处理

平滑处理的用途有很多，最常见的是用于减少图像上的噪点或失真。在涉及降低图像分辨率时，平滑处理是非常好用的方法。

在 MATLAB 中，sgolayfilt 命令用于在图像中使用 Savitzky-Golay 滤波器进行平滑滤波，其使用格式见表 12.8。

表 12.8　sgolayfilt 命令的使用格式

使 用 格 式	说　　明
y = sgolayfilt(x,order,framelen)	对数据向量 x 使用 Savitzky-Golay FIR 平滑滤波器。如果 x 是一个矩阵，则对每一列进行操作。多项式阶次 order 必须小于帧长度 framelen，因此 framelen 必须是奇数。如果 order=framelen−1，则滤波器不进行平滑
y = sgolayfilt(x,order,framelen,weights)	在上一种语法格式的基础上，使用参数 weights 指定最小二乘最小化期间要使用的加权向量。如果该值没有指定，或定义为[]，则默认为单位矩阵
y = sgolayfilt(x,order,framelen,weights,dim)	在上一种语法格式的基础上，使用参数 dim 指定过滤器的操作维度。没有指定，则对第一个不为 1 的维进行操作；指定为 1，则对列向量进行操作；指定为 2，则对行向量进行操作

实例——对图像进行平滑滤波

源文件：yuanwenjian\ch12\ex_1205.m

MATLAB 程序如下：

扫一扫，看视频

```
>> close all                                    %关闭打开的文件
>> clear                                         %清除工作区的变量
>> I = imread('ping.jpg');                      %读取 RGB 图像
>> I = rgb2gray(I);                             %将 RGB 图像转换为灰度图
>> subplot(221),imshow(I);title('原始灰度图')   %显示灰度图
>> I = im2double(I);                            %将图像数据类型转换为双精度
>> J=imnoise(I,'salt & pepper',0.05);          %添加椒盐噪声，噪声密度为 0.05
>> subplot(222),imshow(J);title('噪声图像')     %显示添加噪声的图像
>> K1= sgolayfilt(J,4,11);                      %对噪声图像进行平滑。多项式阶次为 4，帧长度为 11
>> subplot(223),imshow(K1);title('平滑滤波后图像1')  %显示平滑滤波后的图像
>> K2= sgolayfilt(J,2,5);                       %对噪声图像进行平滑。多项式阶次为 2，帧长度为 5
>> subplot(224),imshow(K2);title('平滑滤波后图像2')
```

运行结果如图 12.5 所示。

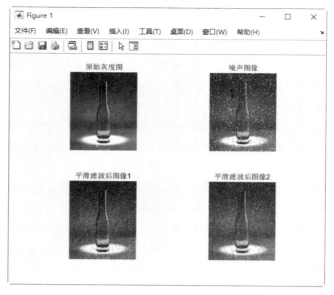

图 12.5　显示图像

12.1.5　锐化滤波

在图像中，图像的主要能量通常集中在低频部分，噪声和边缘往往集中在高频部分。所以平滑滤波不仅使噪声减少，图像的边缘信息也会损失，图像的边缘也会变得模糊。为了减少这种不利的效果，通常利用图像锐化使边缘变得清晰。

图像锐化（Image Sharpening）主要用于增强图像的灰度跳变部分，与图像平滑正好相反，目的是加强图像中景物的边缘和轮廓，突出图像中的细节或增强被模糊的细节。锐化主要通过其逆运算导数（梯度）或有限差分实现。

1．梯度锐化

图像的梯度计算可以通过使用不同的梯度算子实现，具体实现的过程是通过使用梯度算子进行卷积运算。常用的梯度算子有以下几种。

（1）Roberts 交叉梯度算子。Roberts 交叉梯度算子就是对目标进行一个 2×2 的卷积核的卷积计算。卷积核有两个，分别用于计算垂直方向和水平方向，对应模板运算中的模板 w_1 和 w_2：

$$w_1 = \begin{bmatrix} -1 & 0 \\ 0 & 1 \end{bmatrix} \quad w_2 = \begin{bmatrix} 0 & -1 \\ 1 & 0 \end{bmatrix}$$

w_1 对接近正 45° 的边缘有较强响应，w_2 对接近负 45° 的边缘有较强响应。

（2）Sobel 算子。Sobel 算子与 Roberts 算子类似，不同的是引用了两个 3×3 的卷积核，分别用于计算垂直方向和水平方向，对应模板运算中的模板 w_1 和 w_2：

$$w_1 = \begin{bmatrix} -1 & -2 & -1 \\ 0 & 0 & 0 \\ 1 & 2 & 1 \end{bmatrix} \quad w_2 = \begin{bmatrix} -1 & 0 & 1 \\ -2 & 0 & 2 \\ -1 & 2 & 1 \end{bmatrix}$$

w_1 对水平边缘有较大响应，w_2 对垂直边缘有较大响应。

（3）Laplace（拉氏）算子。Roberts 算子和 Sobel 算子都是 1 阶算子，Laplace 属于 2 阶算子，

对噪声敏感，所以一般在降噪后的图像上使用，对应模板运算中的模板 w_1、w_2 和 w_3：

$$w_1 = \begin{bmatrix} 0 & 1 & 0 \\ 1 & -4 & 1 \\ 0 & 1 & 0 \end{bmatrix} \quad w_2 = \begin{bmatrix} 1 & 1 & 1 \\ 1 & -8 & 1 \\ 1 & 1 & 1 \end{bmatrix} \quad w_3 = \begin{bmatrix} 1 & 4 & 1 \\ 4 & -20 & 4 \\ 1 & 4 & 1 \end{bmatrix}$$

运用 Laplace 算子可以增强图像的细节，找到图像的边缘。

实例——对图像进行 Roberts 交叉梯度运算

源文件：yuanwenjian\ch12\ex_1206.m

MATLAB 程序如下：

扫一扫，看视频

```
>> close all                              %关闭打开的文件
>> clear                                  %清除工作区的变量
>> I = imread('qie.jpg');                 %读取图像
>> subplot(121),imshow(I);title('原始图像')
>> I = mat2gray(I);                       %压缩像素，将图像数据矩阵转换为灰度图
>> w1=[-1 0;0 1];                         %定义交叉梯度矩阵
>> w2=[0 -1;1 0];
>> J1= imfilter(I,w1,'corr','replicate'); %使用相关性执行正45°梯度运算，复制外边界扩展图像
>> J2= imfilter(I,w2,'corr','replicate'); %-45°梯度运算
>> J=abs(J1)+ abs(J2);                    %对图像进行 Roberts 梯度运算
>> subplot(122),imshow(J);title('Roberts 梯度图像')
```

运行结果如图 12.6 所示。

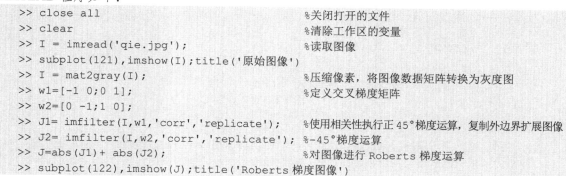
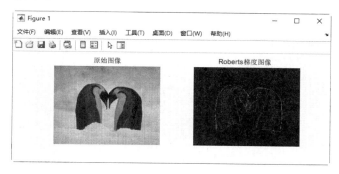

图 12.6　显示图像

实例——利用 Sobel 算子锐化图像

源文件：yuanwenjian\ch12\ex_1207.m

MATLAB 程序如下：

```
>> close all                              %关闭打开的文件
>> clear                                  %清除工作区的变量
>> A = imread('sanye.jpg');               %读取图像
>> A = rgb2gray(A);                       %将 RGB 图像转换为灰度图
>> subplot(1,2,1),imshow(A), title('原始灰度图像')
>> H=[1,2,1;0,0,0;-1,-2,-1];              %定义 Sobel 算子滤波
>> B = filter2 (H,A);                     %对图像 A 应用滤波器
>> subplot(1,2,2),imshow(B),title('Sobel 算子锐化图')   %显示 Sobel 算子滤波锐化的图像
```

运行结果如图 12.7 所示。

图 12.7　显示图像

扫一扫，看视频

实例——利用拉氏算子锐化图像

源文件：yuanwenjian\ch12\ex_1208.m

MATLAB 程序如下：

```
>> close all                     %关闭打开的文件
>> clear                         %清除工作区的变量
>> A = imread('ying1.jpg');      %读取图像
>> A = rgb2gray(A);              %将 RGB 图像转换为灰度图
>> subplot(1,2,1),imshow(A), title('原始灰度图')      %显示原图
>> A = im2double(A);            %将数据类型转换为双精度
>> H=[0,1,0;1,1,0;0,1,0];       %定义拉氏算子
>> B = filter2 (H,A,'same');    %应用拉氏算子滤波，返回滤波数据的中心部分 B，大小与 A 相同
>> subplot(1,2,2),imshow(B),title('拉氏算子锐化图')   %显示锐化的图像
```

运行结果如图 12.8 所示。

图 12.8　显示图像

2．微分锐化

由于图像微分增强了边缘和其他突变（如噪声）并削弱了灰度变化缓慢的区域，在进行锐度变化增强处理中，1 阶微分对于 2 阶微分处理的响应，细线要比阶梯强，点比细线强。

1 阶微分主要指梯度模运算，图像的梯度模值包含边界及细节信息。MATLAB 也有专门的求解图像数据矩阵梯度的命令 gradient，其使用格式见表 12.9。

表 12.9 gradient 命令的使用格式

使 用 格 式	说 明
FX=gradient(F)	计算图像数据矩阵 F 水平方向的梯度
[FX,FY]=gradient(F)	在上一种语法格式的基础上,还计算图像数据矩阵 F 垂直方向的梯度,各个方向的间隔默认为 1
[FX,FY,FZ,...,FN] = gradient(F)	返回 F 的数值梯度的 N 个分量,其中 F 是一个 N 维数组
[...]=gradient(F,h)	在以上任一种语法格式的基础上,使用参数 h 指定各个方向上的点之间的均匀间距
[...] = gradient(F,hx,hy,...,hN)	在上一种语法格式的基础上,指定 F 每个维度上的间距

实例——图像算子滤波与梯度滤波

源文件:yuanwenjian\ch12\ex_1209.m

MATLAB 程序如下:

```
>> close all                          %关闭打开的文件
>> clear                              %清除工作区的变量
>> I= imread('Retarder.jpg');         %读取图像
>> subplot(131),imshow(I),title('原图');
>> I1 = mat2gray(I);                   %压缩像素,将图像转换为灰度图
>> J = fspecial('sobel');              %定义 Sobel 算子滤波器
>> K = imfilter(I1,J,'replicate');     %应用 Sobel 算子滤波器,提取图像边缘
>> subplot(132),imshow(K),title('Sobel 算子滤波图像');
>> G= gradient (K,0.02);        %对图像进行梯度运算,各个方向上的点的间距均为 0.02,提取边缘
>> subplot(133),imshow(G),title('梯度幅值图');
```

运行结果如图 12.9 所示。

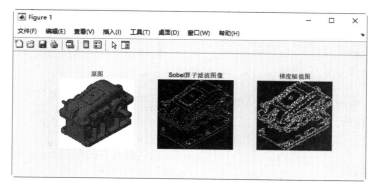

图 12.9 显示图像

动手练一练——梯度锐化图像

对图像计算三维梯度,定义各个方向的间距为 0.2、0.1、0.2,提取边界。

✎ 思路点拨:

源文件:yuanwenjian\ch12\prac_1202.m

(1)读取 RGB 图像,获取图像数据矩阵。

(2)压缩像素,将图像转换为灰度图。

(3)使用指定的间距,计算图像各个方向上的数值梯度。

(4)分割图窗视图,分别显示读取的图像和滤波后的图像。

3. 反锐化遮罩

图像的反锐化遮罩是指将图像模糊形式从原始图像中去除，可以用如下公式描述：

$$f_s(x,y) = f(x,y) - \bar{f}(x,y)$$

反锐化遮罩进一步的普遍形式称为高频提升滤波，定义如下：

$$f_{hb}(x,y) = Af(x,y) - \bar{f}(x,y)$$
$$= (A-1)f(x,y) + f(x,y) - \bar{f}(x,y)$$
$$= (A-1)f(x,y) + f_s(x,y)$$

其中，$A \geqslant 1$。

当 $A=1$ 时，高频提升滤波处理就是标准的 Laplace 变换，随着 A 的值增大，锐化处理的效果越来越小，但是平均灰度值变大，图像亮度增大。

在 MATLAB 中，imsharpen 命令用于使用反锐化遮罩锐化图像，其使用格式见表 12.10。

表 12.10　imsharpen 命令的使用格式

使 用 格 式	说　　明
B = imsharpen(A)	使用反锐化遮罩方法锐化灰度或真彩色图像 A，返回锐化图像 B
B = imsharpen(A,Name,Value)	在上一种语法格式的基础上，使用一个或多个名称-值对参数控制反锐化遮罩，参数值见表 12.11

表 12.11　名称-值对参数表

属性名	说　　明	参数值
'Radius'	半径，高斯低通滤波器的标准偏差	1（默认）|正数
'Amount'	数量，锐化效果的强度	0.8（默认）|数值
'Threshold'	阈值，像素被视为边缘像素所需的最小对比度	0（默认）|[0, 1]

实例——反锐化遮罩锐化图像

源文件： yuanwenjian\ch12\ex_1210.m

MATLAB 程序如下：

```
>> close all                                    %关闭打开的文件
>> clear                                        %清除工作区的变量
>> A = imread('haidi.jpg');                     %读取图像
>> subplot(1,2,1),imshow(A), title('原图')       %显示原图
>> B = imsharpen(A,Radius=3,Amount=1);          %设置锐化遮罩半径为3，锐化量为1，锐化图像A
>> subplot(1,2,2),imshow(B),title('锐化图')      %显示锐化的图像
```

运行结果如图 12.10 所示。

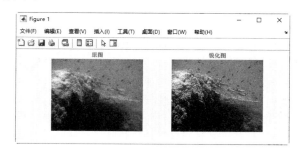

图 12.10　显示图像

12.1.6　中值滤波

中值滤波是基于排序统计理论的一种非线性信号处理技术，其基本原理是将每一像素点的灰度值设置为该点某邻域窗口内的所有像素点灰度值的中值，能消除孤立的噪声点，有效抑制噪声。如果图像中点、线、尖角细节较多，则不宜采用中值滤波。

在这里要提请读者注意的是，对于彩色图像，不是用彩色图的中值，而是用其亮度值作为唯一的判断标准。如果用彩色的中值作为判断标准，可能会出现蓝色分量改变，而在红色不变的情况下，或其他类似现象，很容易出现过多的噪点。

1. 二维中值滤波

在 MATLAB 中，medfilt2 命令用于对图像进行二维中值滤波，其使用格式见表 12.12。

表 12.12　medfilt2 命令的使用格式

使 用 格 式	说　明
J = medfilt2(I)	对图像 I 进行二维中值滤波。每个输出像素包含输入图像中对应像素周围 3×3 邻域的中值
J = medfilt2(I,[m n])	在上一种语法格式的基础上，指定邻域大小为[m, n]
J = medfilt2(…,padopt)	在以上任一种语法格式的基础上，使用参数 padopt 控制填充图像边界的模式。默认值'zeros'表示用 0 填充图像，'symmetric'表示在边界对称地扩展图像，'indexed'根据图像数据类型进行填充，如果图像数据 I 是双精度的，则用 1 填充图像，否则用 0 填充

实例——对比均值滤波和中值滤波

源文件：yuanwenjian\ch12\ex_1211.m

本实例对含噪图像分别进行均值滤波和中值滤波，对比显示滤波后的图像。

MATLAB 程序如下：

扫一扫，看视频

```
>> close all                                %关闭打开的文件
>> clear                                     %清除工作区的变量
>> I = imread('elephent.jpg');               %将当前路径下的图像读取到工作区中
>> I1 = rgb2gray(I);                         %转换 RGB 图像为灰度图像，将三维矩阵转换为二维矩阵
>> J=imnoise(I1, 'speckle');                 %添加斑点噪声
>> subplot(211),imshowpair(I1,J,'montage')   %蒙太奇对比显示灰度图和噪声图
>> title('灰度图 (左) 和 含噪图像 (右)')      %添加标题
>> H = fspecial('average',[3 3]);            %创建 3×3 的均值滤波器
>> H1=imfilter(J,H,'replicate');             %使用均值滤波器滤波，模糊图像
>> K=medfilt2(J);                            %使用 3×3 的邻域窗的中值滤波
>> subplot(212),imshowpair(H1,K,'montage');  %蒙太奇对比显示均值滤波和中值滤波图像
>> title('均值滤波 (左) 和 中值滤波图 (右)')  %添加标题
```

运行结果如图 12.11 所示。

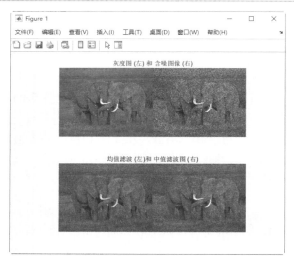

图 12.11　显示图像

扫一扫，看视频

动手练一练——对噪声图像进行中值滤波

对含噪图像进行中值滤波。

思路点拨：

源文件：yuanwenjian\ch12\ex_1203.m

（1）读取 RGB 图像，获取图像数据矩阵。

（2）在图像中添加噪声。

（3）对含噪图像进行中值滤波。

（4）分割图窗，分别显示原图、噪声图像和中值滤波后的图像。

2. 二维统计顺序滤波

二维统计顺序滤波是中值滤波的推广，对于给定的 n 个数值 $\{a_1, a_2, ..., a_n\}$，将它们按大小顺序排列，将处于第 k 个位置的元素作为图像滤波输出，即序号为 k 的二维统计滤波。

在 MATLAB 中，ordfilt2 命令用于对图像进行二维统计顺序滤波，其使用格式见表 12.13。

表 12.13　ordfilt2 命令的使用格式

使 用 格 式	说　明
B = ordfilt2(A,order,domain)	对输入图像 A 执行二维顺序统计滤波，返回滤波后的图像。参数 order 为滤波器输出的顺序值，domain 为邻域。即对图像 A 中指定邻域 domain 内的非零像素值进行升序排序，取第 order 个值作为输出像素值
B = ordfilt2(A,order,domain,S)	在上一种语法格式的基础上，使用与邻域 domain 的非零值相对应的 S 值作为相加偏移。S 是与 domain 大小相同的矩阵，每一个元素值对应 domain 中非零值位置的加性偏置输出，这在图形形态学中是很有用的
B = ordfilt2(…,padopt)	在以上任一种语法格式的基础上，使用参数 padopt 指定填充图像边界的模式

扫一扫，看视频

实例——图像二维统计顺序滤波

源文件：yuanwenjian\ch12\ex_1212.m

MATLAB 程序如下：

```
>> close all                          %关闭打开的文件
>> clear                              %清除工作区的变量
>> I = imread('xiyilan.jpg');         %读取 RGB 图像
>> I1 = rgb2gray(I);                  %转换 RGB 图像为灰度图像
>> J=imnoise(I1,'speckle');           %在灰度图中添加斑点噪声
>> subplot(131),imshowpair(I1,J,'montage')    %对比显示灰度图和噪声图
>> title('灰度图(左) 和 斑点噪声图 (右)') %添加标题
>> Y1=ordfilt2(J,5,ones(3,3));        %过滤图像,相当于 3×3 的中值滤波
>> Y2=ordfilt2(J,1,ones(3,3));        %3×3 的最小值滤波
>> subplot(132),imshowpair(Y1,Y2,'montage');  %图像蒙太奇剪辑显示
>> title('中值滤波(左) 和 最小值滤波(右)')
>> Y3=ordfilt2(J,9,ones(3,3));        %3×3 的最大值滤波
>> Y4=ordfilt2(J,1,[0 1 0;1 0 1;0 1 0]);%指定邻域,取邻域中非零值位置的像素值中最小的值
替代原来的值,也就是输出的是每个像素的东、西、南、北四个方向相邻像素灰度的最小值
>> subplot(133),imshowpair(Y3,Y4,'montage');  %图像蒙太奇剪辑显示
>> title('最大值滤波(左) 和顺序滤波 (右)')
```

运行结果如图 12.12 所示。

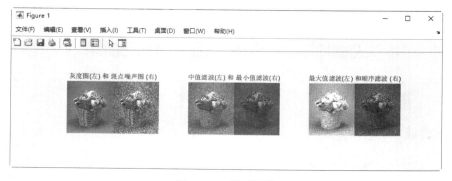

图 12.12　显示图像

扫一扫,看视频

动手练一练——对图像进行顺序滤波

💭 思路点拨:

> 源文件: yuanwenjian\ch12\prac_1204.m
> (1) 读取 RGB 图像,获取图像数据矩阵。
> (2) 将 RGB 图像转换为灰度图。
> (3) 对灰度图进行顺序滤波。
> (4) 分割图窗,分别显示灰度图和滤波后的图像。

3. 三维中值滤波

在 MATLAB 中,medfilt3 命令用于对图像进行三维中值滤波,其使用格式见表 12.14。

表 12.14　medfilt3 命令的使用格式

使 用 格 式	说　　明
J = medfilt3(I)	对图像进行三维中值滤波。每个输出像素包含输入图像中相应像素周围 3×3×3 邻域的中值
J = medfilt3(I,[m n p])	在上一种语法格式的基础上,使用参数[m, n, p]指定邻域大小
J = medfilt3(…,padopt)	在以上任一种语法格式的基础上,使用参数 padopt 控制填充图像边界模式

实例——对噪声图像进行三维中值滤波

源文件：yuanwenjian\ch12\ex_1213.m

MATLAB 程序如下：

```
>> close all                                              %关闭打开的文件
>> clear                                                  %清除工作区的变量
>> I = imread('xi.jpg');                                 %读取图像
>> subplot(131),imshow(I);title('原始图像')              %显示原图
>> J=imnoise(I,'salt & pepper',0.08);                   %添加噪声密度为 0.08 的椒盐噪声
>> subplot(132),imshow(J);title('噪声图像')             %显示噪声图
>> K=medfilt3(J);            %执行三维中值滤波，直接读取三维 RGB 图像，不需要转换为二维灰度图
>> subplot(133),imshow(K);title('三维中值滤波后的图像')      %显示滤波后的图像
```

运行结果如图 12.13 所示。

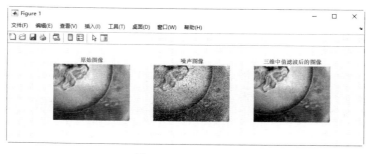

图 12.13　显示图像

12.1.7　卷积滤波

卷积，也称为算子，是用一个模板与另一个图像对比，进行卷积运算，目的是使目标与目标之间的差距变得更大。模板运算的数学含义就是卷积运算，模板运算中的模板是卷积运算中的核；卷积核的大小与图像邻域相同。卷积核是图像处理中的一种工具，通过对输入图像的每个像素及其邻域进行加权平均，生成输出图像的对应像素，权值由一个函数定义。

卷积在数字图像处理中最常见的应用为锐化和边缘提取，最后得到以黑色为背景，白色线条为边缘或形状的边缘提取效果图。

1．二维卷积滤波

在 MATLAB 中，conv2 命令用于对图像进行二维卷积滤波，其使用格式见表 12.15。

表 12.15　conv2 命令的使用格式

使 用 格 式	说　　明
C = conv2(A,B)	对图像 A 和 B 进行二维卷积，用于将卷积的输入直接与输出进行比较
C = conv2(u,v,A)	首先求 A 的各列与向量 u 的卷积，然后求每行结果与向量 v 的卷积
C = conv2(…,shape)	在以上任一种语法格式的基础上，使用参数 shape 指定返回的卷积子区。其中，'full'返回完整的二维卷积，'same'返回卷积中大小与 A 相同的中心部分，'valid'仅返回计算的没有补 0 边缘的卷积部分

实例——利用二维卷积提取图像边缘

源文件：yuanwenjian\ch12\ex_1214.m

MATLAB 程序如下：

```
>> close all                              %关闭打开的文件
>> clear                                  %清除工作区的变量
>> I = imread('pencil.jpg');              %读取 RGB 图像，返回三维图像数据
>> I=rgb2gray(I);                         %将 RGB 图像转换为二维灰度图
>> subplot(121),imshow(I);title('灰度图像')
>> I=im2double(I);                        %将图像数据类型从 uint8 转换为双精度
>> h=[1 2 1;0,0,0;-1 -2 -1];              %定义 Sobel 锐化算子
>> K=conv2(I,h,'same');                   %二维卷积滤波，返回卷积中大小与 I 相同的中心部分
>> subplot(122),imshow(K);title('二维卷积滤波后的图像')
```

运行结果如图 12.14 所示。

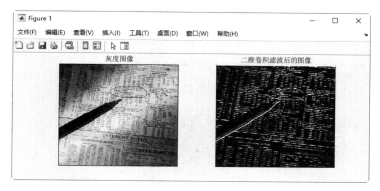

图 12.14　显示图像

动手练一练——对灰度图进行二维卷积滤波

使用拉氏算子对含噪图像进行二维卷积滤波。

思路点拨：

源文件：yuanwenjian\ch12\ex_1205.m

（1）读取灰度图像，获取二维图像数据矩阵。

（2）转换数据类型，在图像中添加噪声。

（3）定义拉氏算子，对含噪图像进行二维卷积滤波。

（4）分割图窗，分别显示灰度图、噪声图和滤波后的图像。

2. N 维卷积滤波

在 MATLAB 中，convn 命令用于对图像进行 N 维卷积滤波，其使用格式见表 12.16。

表 12.16　convn 命令的使用格式

使 用 格 式	说　　明
C = convn(A,B)	计算 A 和 B 的 N 维卷积
C = convn(A,B,shape)	在上一种语法格式的基础上，使用参数 shape 指定返回的卷积子区。其中，'full'返回完整的二维卷积，'same'返回卷积中大小与 A 相同的中心部分，'valid'仅返回计算的没有补 0 边缘的卷积部分

实例——对 RGB 图像进行 N 维卷积滤波

源文件：yuanwenjian\ch12\ex_1215.m

MATLAB 程序如下：

```
>> close all                              %关闭打开的文件
>> clear                                  %清除工作区的变量
>> I = imread('shu.jpg');                 %读取 RGB 三维图像
>> subplot(131),imshow(I);title('原始图像')
>> I=im2double(I);                        %将图像数据类型从 uint8 转换为双精度
>> H = fspecial('log',[5 5],0.35);        %创建大小为 5×5 的旋转对称高斯拉普拉斯滤波器，标准差为 0.35
>> J=imfilter(I,H,'replicate');           %使用滤波器对图像滤波，复制外边界扩展图像
>> subplot(132),imshow(J);title('旋转对称高斯拉普拉斯滤波')
>> h=H(1,:);                              %抽取滤波器系数矩阵第一行
>> K=convn(I,h);                          %N 维卷积滤波
>> subplot(133),imshow(K);title('N 维卷积滤波')
```

运行结果如图 12.15 所示。

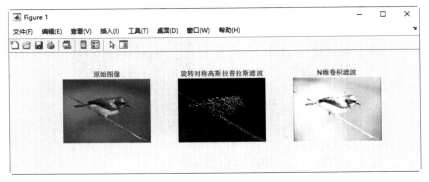

图 12.15　显示图像

12.2　频域滤波增强

在传统图像处理中，有时无法很好地对图像进行相应的处理，此时可以将图像从空间域转换到频域，在频域中依据频率进行对应的处理，然后再将频域转换到空间域，即还原成正常图像。

频域滤波增强是在图像的变换域内对图像的变换系数值进行某种修正，是一种间接增强的算法。这种算法把图像看成一个二维信号，对其进行某种变换以增强图像，如二维傅里叶变换和卷积理论。在傅里叶变换域中，距离原点越远，频率越大，也就是说，窗口边缘处即为高频区域，原点周边即为低频区域。变换系数能反映某些图像的特征，如频谱的直流分量对应于图像的平均亮度，噪声对应于频率较高的区域，图像实体位于频率较低的区域等。傅里叶变换在图像处理中，被广泛应用于图像增强与图像去噪、图像分割之边缘检测、图像特征提取（形状、纹理）、图像压缩等方面。

在图像处理中，图像高频分量对应图像突变部分，在某些情况下指图像边缘信息，某些情况下指噪声，更多是两者的混合；低频分量对应图像变化平缓的部分，也就是图像轮廓信息。图像频域滤波增强技术是在频域对不同频率进行处理（滤波），即低通滤波、高通滤波。因此需要将图像从空间域通过傅里叶变换到频域，通过设计滤波器（函数），让不同频率的正/余弦函数通过截止来达到滤波的效果。

假定原图像 $f(x,y)$，经傅里叶变换为 $F(u,v)$，频域增强就是选择合适的滤波器 $H(u,v)$ 对 $F(u,v)$ 的频谱成分进行调整，然后经逆傅里叶变换得到增强的图像 $g(x,y)$。该过程可以通过下面的流程描述。

（1）对原始图像 $f(x,y)$ 进行傅里叶变换得到 $F(u,v)$。

（2）将 $F(u,v)$ 与传递函数 $H(u,v)$ 进行卷积运算得到 $g(u,v)$。

（3）将 $g(u,v)$ 进行逆傅里叶变换得到增强图像 $g(x,y)$。

频域滤波的核心在于如何确定传递函数，即 $H(u,v)$。

12.2.1　低通滤波器

一幅图像所记录到的主要信息（由于受到光照等必然因素的影响）在图像上灰度值的变化是缓慢的，因此主要信息集中在低频区域。而噪声等偶然因素是突然附加到图像上使得灰度值快速变化，而且密密麻麻，这导致在一定像元内，灰度值的变化不仅频繁，而且变化的范围还很大。也就是说，图像在传递过程中，噪声主要集中在高频部分，表现为高灰度值。

在图像增强中构造低通滤波器，抑制高频成分，通过低频成分，即可滤除噪声，改善图像质量。然后再进行逆傅里叶变换获得滤波图像，就可达到平滑图像的目的。

根据卷积定理，低通滤波器的数学表达式为

$$G(u,v) = F(u,v)H(u,v)$$

其中，$F(u,v)$ 为含有噪声的输入图像的傅里叶变换域；$H(u,v)$ 为传递函数；$G(u,v)$ 为经低通滤波后输出图像的傅里叶变换。

常用频域低通滤波器 $H(u,v)$ 有以下 3 种。

（1）理想低通滤波器（Ideal Lowpass Filter，ILPF）。设傅里叶平面上理想低通滤波器离开原点的截止频率为 D_0，则理想低通滤波器的传递函数为

$$H(u,v) = \begin{cases} 1, & D(u,v) \leqslant D_0 \\ 0, & D(u,v) > D_0 \end{cases}$$

式中，D_0 是一个非负整数，表示截止频率点到原点的距离，也称为截止频率半径值；$D(u,v)$ 是点 (u,v) 到频域中心的距离。对于大小为 $M \times N$ 的图像，$D(u,v) = [(u-M/2)^2 + (v-N/2)^2]^{\frac{1}{2}}$。

理想低通滤波器在半径为 D_0 的半径圆范围内，所有频率都可以没有衰减地通过滤波器，该半径圆之外的所有频率则完全被滤除。因此，理想低通滤波器具有很明显的平滑图像的作用，但由于该变换有一个陡峭的波形，它的逆变换有很严重的"振铃"现象，使得滤波后的图像产生模糊效果。所谓"振铃"，是指输出图像的灰度剧烈变化处产生的震荡，就好像钟被敲击后产生的空气震荡。

实例——对图像进行理想低通滤波

源文件：yuanwenjian\ch12\ex_1216.m

MATLAB 程序如下：

```
>> close all              %关闭打开的文件
>> clear                  %清除工作区的变量
>> I = imread('sanye.jpg'); %读取 RGB 图像
>> I= rgb2gray(I);        %将 RGB 图像转换为灰度图
>> F=fft2(double(I));%必须先将 unit8 数据类型转换为 double，以免 unit8 数据类型只能表示 0～
255 的整数而出现数据截断。然后进行二维快速傅里叶变换
>> F=fftshift(F);         %将变换后的图像频谱中心从矩阵的原点移到矩阵的中心，重新排列傅里叶变换
F，得到输入图像的傅里叶变换
>> [M,N]=size(I);         %返回图像的大小
>> h1=zeros(M,N);         %初始化理想低通滤波器
%双重 for 循环计算频率点(i,j)与频域中心的距离 D(i,j)，定义理想低通滤波器
>> for i=1:M
```

```
        for j=i:N
            if(sqrt(((i-M/2)^2+(j-N/2)^2))<100)    %截止频率为100
                h1(i,j)=1;
            end
        end
    end
%频域滤波
>> G1=F.*h1;                        %频域图像乘以滤波器的传递函数，得到输出图像的傅里叶变换
>> G1=ifftshift(G1);                %对傅里叶变换图像进行逆零频分量平移，重新排列回原始变换输出的样子
>> J=real(ifft2(G1));               %二维快速傅里叶逆变换，得到滤波图像
>> imshowpair(I,J,'montage');            %对比显示原图与理想低通滤波图像
>> title('原图(左)和理想低通滤波图像(右)')        %添加标题
```

运行结果如图 12.16 所示。

图 12.16　显示图像

（2）高斯低通滤波器（Gaussian Lowpass Filter，GLPF）。高斯低通滤波器的传递函数为

$$H(u,v) = e^{\frac{-D^2(u,v)}{2D_0^2}}$$

其中，D_0 是高斯低通滤波器的截止频率；$D(u,v)$ 是点(u,v)距频率矩形中心的距离。高斯低通滤波器的宽度由参数 D_0 表征，决定了平滑程度，D_0 越大，高斯低通滤波器的频带就越宽，平滑程度就越好。由于噪声主要集中在高频段，所以高斯低通滤波器可以滤除噪声信息、平滑图像，但与此同时，会滤除图像的细节信息，使图像变得模糊。高斯函数的傅里叶变换仍然是高斯函数，因此高斯低通滤波器的过渡特性非常平坦，不会产生"振铃"现象。

实例——对图像进行高斯低通滤波

扫一扫，看视频

源文件：yuanwenjian\ch12\ex_1217.m

MATLAB 程序如下：

```
>> close all                %关闭打开的文件
>> clear                    %清除工作区的变量
>> I = imread('yezi.jpg');      %读取 RGB 图像
>> I=im2double(I);      %unit8 数据类型只能表示 0～255 的整数，将图像数据类型由 uint8 转换为
double，以免出现数据截断
>> J=imnoise(I,'salt & pepper',0.02);      %添加噪声密度为 0.02 的椒盐噪声
>> M=2*size(I,1);
```

```
>> N=2*size(I,2);
>> u=-M/2:(M/2-1);                    %定义向量 u、v
>> v=-N/2:(N/2-1);
>> [U,V]=meshgrid(u,v);               %通过向量 u、v 定义频率点坐标 U、V
>> D= sqrt(U.^2+V.^2);                %计算点 (U,V) 到频域中心的距离
>> D0=20;                             %截止频率
>> H=exp(-(D.^2)./(2*(D0^2)));%设计高斯低通滤波器
>> J1=fftshift(fft2(I,size(H,1),size(H,2)));   %将二维快速傅里叶变换得到的图像频谱中心从
矩阵的原点移到矩阵的中心, 得到输入图像的傅里叶变换
>> G=J1.*H;                           %频域图像乘以滤波器的传递函数, 得到输出图像的傅里叶变换
>> L=real(ifft2(ifftshift(G)));        %进行二维傅里叶逆变换得到滤波图像
>> L=L(1:size(I,1),1:size(I,2));       %抽取与图像数据矩阵 I 相同大小的数据块
>> subplot(131),imshow(I),title('原始图像')
>> subplot(132),imshow(J),title('椒盐噪声图像')
>> subplot(133),imshow(L),title('高斯低通滤波图像')
```

运行结果如图 12.17 所示。

图 12.17　显示图像

（3）巴特沃斯低通滤波器（Butterworth Lowpass Filter，BLPF）。巴特沃斯低通滤波器的传递函数为

$$H(u,v) = \frac{1}{1+[D(u,v)/D_0]^{2n}}$$

其中，D_0 为巴特沃斯低通滤波器的截止频率；n 为滤波器的阶数，n 越大则滤波器的形状越陡峭，也就是"振铃"现象越明显。

实例——对图像进行巴特沃斯低通滤波

源文件：yuanwenjian\ch12\ex_1218.m

扫一扫，看视频

MATLAB 程序如下：

```
>> close all                          %关闭打开的文件
>> clear                              %清除工作区的变量
>> I = imread('wanma.jpg');           %读取 RGB 图像, 返回 uint8 三维矩阵
>> I=im2double(I);                    %将图像数据由 uint8 转换为 double
>> J=imnoise(I,'salt & pepper',0.02); %添加噪声密度为 0.02 的椒盐噪声
>> M=2*size(I,1);
>> N=2*size(I,2);
>> u=-M/2:(M/2-1);
>> v=-N/2:(N/2-1);
```

```
>> [U,V]=meshgrid(u,v);                    %定义频率点坐标 U 和 V
>> D=sqrt(U.^2+V.^2);                       %计算点（U,V）到频域中心的距离
>> D0=50;                                    %截止频率
>> n=6;                                      %滤波器的阶数
>> H=1./(1+(D./D0).^(2*n));                  %设计巴特沃斯低通滤波器
>> F=fftshift(fft2(I,size(H,1),size(H,2)));  %傅里叶变换
>> G=F.*H;   %频域图像乘以滤波器的传递函数，得到输出图像的傅里叶变换
>> L=real(ifft2(fftshift(G)));               %逆傅里叶变换得到滤波图像
>> L=L(1:size(I,1),1:size(I,2));             %抽取与图像数据矩阵 I 相同大小的数据块
>> subplot(131),imshow(I),title('原始图像')
>> subplot(132),imshow(J),title('椒盐噪声图像')
>> subplot(133),imshow(L),title('巴特沃斯低通滤波图像')
```

运行结果如图 12.18 所示。

图 12.18　显示图像

低通滤波滤掉了图像频谱中的高频成分，仅让低频部分通过，即变化剧烈的成分减少了，结果是使图像变得模糊了。

12.2.2　高通滤波器

高通滤波器与低通滤波器的作用相反，它使高频分量顺利通过，而削弱低频分量。图像的边缘、细节主要位于高频部分，而图像的模糊是由于高频成分比较弱产生的。采用高通滤波器可增强边缘等高频信号，对图像进行锐化处理，突出边缘，使模糊的图片变得清晰，再经逆傅里叶变换得到边缘锐化的图像。

常用的高通滤波器有以下 3 种。

（1）理想高通滤波器（Ideal Highpass Filter，IHPF）。理想高通滤波器与理想低通滤波器的表达式的区别在于将 0 和 1 交换，而条件不变。理想高通滤波器的传递函数定义如下：

$$H(u,v) = \begin{cases} 0, & D(u,v) \leqslant D_0 \\ 1, & D(u,v) > D_0 \end{cases}$$

其中，D_0 为理想高通滤波器的截止频率。对于大小为 $M \times N$ 的图像，频率点(u,v)与频域中心的距离为 $D(u,v) = [(u - M/2)^2 + (v - N/2)^2]^{\frac{1}{2}}$。

（2）高斯高通滤波器（Gaussian Highpass Filter，GHPF）。高斯高通滤波器与高斯低通滤波器的表达式的区别在于使用 1 减去表达式。高斯高通滤波器的传递函数定义如下：

$$H(u,v) = 1 - e^{-D^2(u,v)^2/2D_0^2}$$

其中，D_0 为高斯高通滤波器的截止频率。

（3）巴特沃斯高通滤波器（Butterworth Highpass Filter，BHPF）。n 阶巴特沃斯高通滤波器与巴特沃斯低通滤波器的表达式的区别在于将分母的 D_0 和 $D(u,v)$ 交换位置。n 阶巴特沃斯高通滤波器的传递函数定义如下：

$$H(u,v) = \cfrac{1}{1+\left[\cfrac{D_0}{D(u,v)}\right]^{2n}}$$

其中，D_0 为巴特沃斯高通滤波器的截止频率。

实例——对图像进行高通滤波

源文件：yuanwenjian\ch12\ex_1219.m

本实例分别使用理想高通滤波器、高斯高通滤波器和巴特沃斯高通滤波器对指定图像进行滤波。

MATLAB 程序如下：

```
>> close all                    %关闭打开的文件
>> clear                        %清除工作区的变量
>> I = imread('coins.png');     %读取图像，返回二维 uint8 矩阵
>> subplot(221),imshow(I),title('原始图像')
>> I=im2double(I);              %将图像数据类型由 uint8 转换为 double
>> F=fftshift(fft2(I));         %将图像转换为频域，并将图像频谱中心从矩阵的原点移到矩阵的中心
>> M=size(I,1);
>> N=size(I,2);                 %图像大小
%初始化高通滤波器
>> h1=zeros(M,N);              %理想高通滤波器
>> h2=zeros(M,N);              %高斯高通滤波器
>> h3=zeros(M,N);              %巴特沃斯高通滤波器
>> n=6;                        %巴特沃斯高通滤波器的阶数
>> d0=5;                       %截止频率
%双重 for 循环计算频率点(i,j)与频域中心的距离 D(i,j)，定义高通滤波器
>> for i=1:M
    for j=i:N
        distance= sqrt(((i-M/2)^2+(j-N/2)^2));
if(distance>d0)
        h1(i,j)=1;
        end                    %理想高通滤波器
        h2(i,j)=1-exp(-distance^2/(2*d0^2));    %高斯高通滤波器
        h3(i,j)=1/(1+(d0/distance)^(2*n));      %巴特沃斯高通滤波器
    end
end
%计算输出图像的傅里叶变换
>> G1=F.*h1;
>> G2=F.*h2;
>> G3=F.*h3;
%执行二维逆傅里叶变换转换为时域图像，得到滤波图像
>> G1=real(ifft2(ifftshift(G1)));
>> G2=real(ifft2(ifftshift(G2)));
```

```
>> G3=real(ifft2(ifftshift(G3)));
>> subplot(222),imshow(G1),title('理想高通滤波图像')
>> subplot(223),imshow(G2),title('高斯高通滤波图像')
>> subplot(224),imshow(G3),title('巴特沃斯高通滤波图像')
```

运行结果如图 12.19 所示。

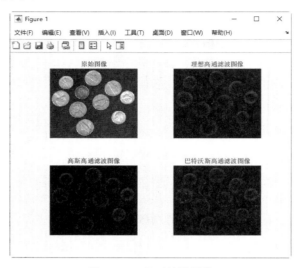

图 12.19　显示滤波图像

12.2.3　同态滤波

　　一般来说，图像的边缘和噪声都对应于傅里叶变换的高频分量。而低频分量主要决定图像在平滑区域中总体灰度级的显示，故被低通滤波的图像比原图像少一些尖锐的细节部分。同样，被高通滤波的图像在图像的平滑区域中将减少一些灰度级的变化并突出细节部分。为了增强图像细节的同时尽量保留图像的低频分量，使用同态滤波方法可以在保留图像原貌的同时，增强图像细节。

　　同态滤波是把频率滤波和空间域灰度变换结合起来的一种图像处理方法，它根据图像的照度/反射率模型作为频域处理的基础，利用压缩亮度范围和增强对比度来改善图像的质量。同态滤波过程分为以下 5 个基本步骤。

　　（1）对原图进行对数变换，得到两个加性分量，即

$$\mathrm{Inf}(x, y) = \mathrm{Inf}_i(x, y) + \mathrm{Inf}_r(x, y)$$

　　（2）对数图像执行傅里叶变换，得到其对应的频域表示：

$$\mathrm{DFT}[\mathrm{Inf}(x, y)] = \mathrm{DFT}[\mathrm{Inf}_i(x, y)] + \mathrm{DFT}[\mathrm{Inf}_r(x, y)]$$

　　（3）设计一个频域滤波器 $H(u,v)$，执行对数图像的频域滤波。

　　（4）执行逆傅里叶变换，返回空间域对数图像。

　　（5）取指数，得到空间域滤波结果。

同态滤波的基本步骤如图 12.20 所示。

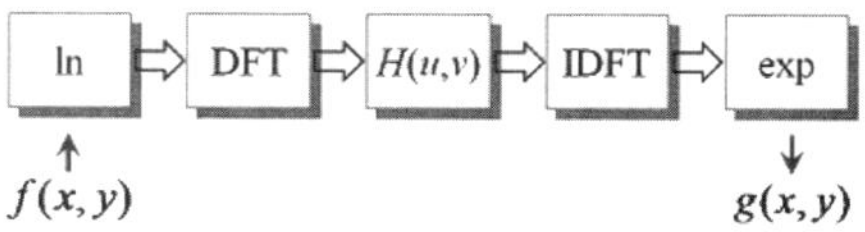

实例——对图像进行同态滤波

图 12.20　同态滤波的基本步骤

源文件：yuanwenjian\ch12\ex_1220.m

扫一扫，看视频

MATLAB 程序如下：

```
>> close all                              %关闭打开的文件
>> clear                                  %清除工作区的变量
>> I = imread('zhanting_suoyin.png');     %读取 RGB 三维图像
>> subplot(121),imshow(I);title('原始图像')
>> I=im2double(I);                        %图像进行对数变换前，需要转换为 double 类型
>> J = log(1+I);                          %对图像进行对数变换，压缩动态范围，增强图像的暗部细节
>> M=2*size(J,1);
>> N=2*size(J,2);
>> u=-M/2:(M/2-1);
>> v=-N/2:(N/2-1);
>> [U,V]=meshgrid(u,v);                   %定义频率点坐标 U 和 V
>> D= sqrt(U.^2+V.^2);                     %计算频率点(U,V)到频域中心的距离 D
>> D0=20;                                 %截止频率
>> H=exp(-(D.^2)./(2*(D0^2)));            %设计高斯低通滤波器
>> J1=fftshift(fft2(J,size(H,1),size(H,2)));  %对数图像执行傅里叶变换，转换为频域，并将
图像频谱中心从矩阵的原点移到矩阵的中心
>> G=J1.*H;                               %频域滤波
>> K = real(ifft2(G));                    %对频域滤波图像进行逆傅里叶变换，返回空间域对数图像
>> K =K(1:size(I,1),1:size(I,2));        %截取有效数据
>> K = exp(K)-1;                          %指数变换，得到空间域滤波图像
>> subplot(122),imshow(K);title('同态滤波图像')
```

运行结果如图 12.21 所示。

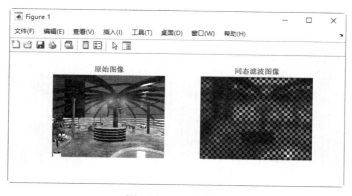

图 12.21　显示图像

📢提示：

　　对图像数据进行对数变换时，log(I+1)是为了满足真数大于 0，以防计算无意义。如果是归一化图像数据，则建议 log(I+0.01)。

12.3　彩色图像增强

　　将灰度图像转换为彩色图像，或改变已有彩色的分布，会改善图像的可视性，是从可视角度实现图像增强的有效方法之一。彩色增强一般是指用多波段的黑白遥感图像（胶片），通过各种方法和手段进行彩色合成或彩色显示，以突出不同地物之间的差别，提高解译效果的技术。常用的彩色增强技术包括真彩色增强、伪彩色增强和假彩色增强。

12.3.1 真彩色增强

真彩色增强包括两种处理方法：一种是将一幅彩色图像看作 3 幅分量图像的组合体，对每幅图像单独处理，再合成彩色图像；另一种是将一幅彩色图像中的像素看作 3 个属性值，对属性值进行处理。

1．彩色滤波增强

在 MATLAB 中，imfilter 命令的 B=imfilter(A,h)格式可将原始数字图像 A 按指定的滤波器 h 进行滤波增强处理，得到真彩色增强后的数字图像 B，B 与 A 的尺寸和类型相同。

实例——图像真彩色增强

源文件：yuanwenjian\ch12\ex_1221.m

MATLAB 程序如下：

```
>> close all                                       %关闭打开的文件
>> clear                                           %清除工作区的变量
>> I = imread('xiaji.png');                        %读取彩色图像
>> subplot(1,2,1),imshow(I), title('原始图像')      %显示原图
>> h = [0 1.5 0];                                   %创建滤波器
>> H = imfilter(I,h);                               %对图像滤波
>> subplot(1,2,2),imshow(H),title('滤波后的图像')    %显示滤波后的图像
```

运行结果如图 12.22 所示。

图 12.22　显示图像

2．彩色图像的分量

在彩色图像中，每个像素的颜色并不是简单的一个数值，而是由 3 个分量数值组成的一个向量。

实例——彩色图像的分量图

源文件：yuanwenjian\ch12\ex_1222.m

MATLAB 程序如下：

```
>> close all                                       %关闭打开的文件
>> clear                                           %清除工作区的变量
>> I= imread('squirrel.png');                      %读取 RGB 图像
>> [m,n,p] = size(I);                              %获取图像矩阵各个维度的大小
>> subplot(221), imshow(I),title('原始图像');       %显示图像
```

```
%提取红色分量
>> R = I;
>> R(:,:,1) = I(:,:,1);
>> R(:,:,2) = zeros(m,n);
>> R(:,:,3) = zeros(m,n);
>> R = uint8(R);                              %转换数据类型为 8 位无符号整型
>> subplot(222),imshow(R),title('红色分量图');   %显示红色分量图
%提取绿色分量
>> G = I;
>> G(:,:,1) = zeros(m,n);
>> G(:,:,2) =I(:,:,2);
>> G(:,:,3) = zeros(m,n);
>> G = uint8(G);                              %转换数据类型为 8 位无符号整数
>> subplot(223),imshow(G),title('绿色分量图');   %显示绿色分量图
%提取蓝色分量
>> B =I;
>> B(:,:,1) = zeros(m,n);
>> B(:,:,2) = zeros(m,n);
>> B(:,:,3) =I(:,:,3);
>> B = uint8(B);                              %转换数据类型为 8 位无符号整数
>> subplot(224),imshow(B),title('蓝色分量图');   %显示蓝色分量图
```

运行结果如图 12.23 所示。

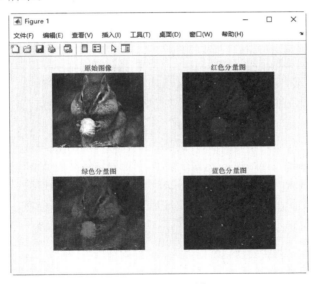

图 12.23　显示图像

动手练一练——彩色图像的 HSV 分量图

　　将 RGB 图像转换为 HSV 图像，提取各个颜色分量，然后对各分量进行直方图均衡化，显示均衡化后的 RGB 图像。

思路点拨：

　　源文件：yuanwenjian\ch12\prac_1206.m

　　（1）读取 RGB 真彩色图像，返回图像数据矩阵。

（2）转换图像的颜色空间为 HSV，提取各个颜色分量。

（3）对各分量进行直方图均衡化，得到各分量均衡化图像。

（4）串联各个分量，得到 HSV 图像，转换图像的颜色空间为 RGB。

（5）分割图窗，分别显示 HSV 图像的各个分量，以及均衡化后的 RGB 图像。

12.3.2　伪彩色增强

伪彩色增强针对灰度图像提出，其目的是将灰度图像的不同灰度级按照线性或非线性映射成不同的彩色，以提高图像内容的可辨识度。图像的每个像素的颜色不是由每个基本色的分量直接决定，而是把像素作为调色板或颜色表的表项入口地址，根据地址查出 R、G、B 的强度值，不是图像本身的颜色定义。

1. 矩阵转换成伪彩图

在 MATLAB 中，使用 pcolor 命令绘制伪彩图，其使用格式见表 12.17。

表 12.17　pcolor 命令的使用格式

使　用　格　式	说　　　明
pcolor(C)	使用矩阵 C 中的值在 xy 平面上创建一个单一着色的伪彩图。该平面由对应于各面的角（即顶点）的 x 坐标和 y 坐标的网格定义
pcolor(X,Y,C)	在上一种语法格式的基础上，指定顶点的 x 坐标和 y 坐标。C 的大小必须与 xy 坐标网格的大小匹配
pcolor(ax,...)	在 ax 指定的坐标区绘制伪彩图
s = pcolor(...)	在以上任一种语法格式的基础上，返回一个 Surface 对象

伪彩图以彩色单元（称为面）阵列形式显示矩阵数据 C。矩阵 C 包含颜色图中的索引，将颜色图数组中的颜色映射到每个面周围的顶点，如图 12.24 所示。

一个面的颜色取决于它的 4 个顶点之一的颜色。在这 4 个顶点中，首先出现在 X 和 Y 中的那个顶点决定该面的颜色。如果没有指定 X 和 Y，则 MATLAB 使用 $X=1:n$ 和 $Y=1:m$，其中 $[m,n] = \text{size}(C)$。由于顶点颜色和面颜色之间的这种关系，C 的最后一行和最后一列中的值都不会在绘图中表示。

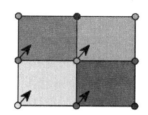

图 12.24　颜色图平面

扫一扫，看视频

实例——创建索引图像的伪彩图

源文件：yuanwenjian\ch12\ex_1223.m

MATLAB 程序如下：

```
>> close all                                    %关闭打开的文件
>> clear                                         %清除工作区的变量
>> I= imread('ma.png');                          %读取索引图像
>> I=im2double(I);                               %图像数据类型转换为 double 型
>> subplot(1,3,1),imshow(I),title('灰度图');      %显示灰度图像
>> subplot(1,3,2),imagesc(I),title('全部颜色显示');  %使用颜色图中的全部颜色显示图像
>> axis off                                      %关闭坐标系
>> axis image                                    %根据图像大小显示图像
```

```
>> subplot(1,3,3);pcolor(I),title('伪彩图');      %显示伪彩图
>> axis off                                        %关闭坐标系
>> axis image                                      %根据图像大小显示图像
```

运行结果如图 12.25 所示。

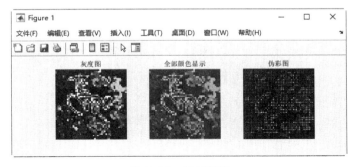

图 12.25　显示图像

2. 伪彩色增强

从图像处理的角度来看，伪彩色增强是指输入灰度图像，输出彩色图像。

实例——图像伪彩色变换

扫一扫，看视频

源文件：yuanwenjian\ch12\ex_1224.m

MATLAB 程序如下：

```
>> close all                                      %关闭打开的文件
>> clear                                           %清除工作区的变量
>> I= imread('liftingbody.png');                   %读取图像，返回二维 uint8 矩阵 I
>> subplot(121),imshow(I),title('原图');           %显示原图
>> I=im2double(I);                                 %图像数据类型由 uint8 转换为 double
>> colormap(summer);                               %设置当前颜色图，包含绿色和黄色的阴影颜色
>> [m,n,p]=size(I);                                %获取图像矩阵 I 的大小
>> J=zeros(m,n,3);                                 %定义三维全 0 矩阵，初始化伪彩色图
>> for i=1:m
for j=1:n                                          %伪彩色图赋值
   if I(i,j)<=0.4
     J(i,j,1)=0; J(i,j,2)=0; J(i,j,3)=1; %如果像素点的值小于等于 0.4，显示为蓝色
   else if  I(i,j)<=0.8
   J(i,j,1)=0; J(i,j,2)=1; J(i,j,3)=0; %如果像素点的值大于 0.4，小于等于 0.8，显示为绿色
   else
     J(i,j,1)=1;J(i,j,2)=0; J(i,j,3)=1; %如果像素点的值大于 0.8，显示为品红色
end
end
end
end
>> subplot(122),imshow(J),title('伪彩色图');       %显示伪彩色图
```

运行结果如图 12.26 所示。

图 12.26 显示图像

12.3.3 假彩色增强

假彩色增强是对一幅彩色图像或多谱图像的波段进行处理得到增强的彩色图像的一种方法，其实质是从一幅彩色图像映射到另一幅彩色图像，由于得到的彩色图像不再能反映原图像的真实色彩，因此称为假彩色增强。假彩色处理的对象是三基色描绘的自然图像或同一景物的多光谱图像，处理过程一般是对三基色分别进行处理。在处理过程中可以对图像中的三原色进行线性或非线性变换，得到一幅变换图像。

扫一扫，看视频

实例——假彩色图像的分量直方图

源文件：yuanwenjian\ch12\ex_1225.m

彩色图像的直方图，其实是对图像中所有像素的 R、G、B 分量分别进行统计得到的 3 个直方图。
MATLAB 程序如下：

```
>> close all                          %关闭打开的文件
>> clear                              %清除工作区的变量
>> I= imread('hudie.jpg');            %读取当前路径下的图像，工作区中显示 uint8 三维矩阵
>> subplot(2,4,1),imshow(I),title('原始彩色图')    %显示原始 RGB 图像
>> R = I(:,:,1);                      %提取红色分量
>> G = I(:,:,2);                      %提取绿色分量
>> B = I(:,:,3);                      %提取蓝色分量
%绘制各个颜色分量的色彩直方图
>> subplot(2,4,2),imhist(R),title('原图红色分量直方图')
>> subplot(2,4,3),imhist(G),title('原图绿色分量直方图')
>> subplot(2,4,4),imhist(B),title('原图蓝色分量直方图')
%将原彩色图的各个颜色分量乘以 2，得到新图像
>> newRGB(:,:,1) = I(:,:,1).*2;
>> newRGB(:,:,2) = I(:,:,2).*2;
>> newRGB(:,:,3) = I(:,:,3).*2;
>> subplot(2,4,5),imshow(newRGB),title('假彩色图')  %显示假彩色图
%提取新图像的各个颜色分量
>> newR = newRGB(:,:,1);
>> newG = newRGB(:,:,2);
>> newB = newRGB(:,:,3);
%绘制新图像各个颜色分量的色彩直方图
>> subplot(2,4,6),imhist(newR),title('新图红色分量直方图')
```

```
>> subplot(2,4,7),imhist(newG),title('新图绿色分量直方图')
>> subplot(2,4,8),imhist(newB),title('新图蓝色分量直方图')
```

运行结果如图 12.27 所示。

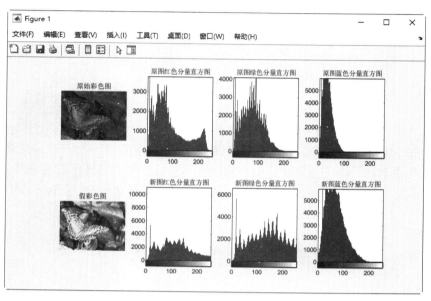

图 12.27　显示图像

第 13 章　图像特征提取

特征提取是计算机视觉和图像处理中的一个概念，指使用计算机对某一模式的组测量值进行变换，提取图像中属于特征性的信息，以突出该模式具有代表性特征的一种方法及过程。特征提取的结果是把图像上的点分为不同的子集，这些子集往往属于孤立的点、连续的曲线或者连续的区域。

本章主要介绍提取图像特征常用的几种变换，包括小波变换、离散沃尔什-哈达玛变换和扇束变换。

知识重点

- ➤ 图像特征
- ➤ 小波变换
- ➤ 离散沃尔什-哈达玛变换
- ➤ 扇束变换

13.1　图　像　特　征

图像特征主要包括颜色特征、形状特征、纹理特征和空间关系特征。

1．颜色特征

颜色特征是一种全局特征，描述了图像或图像区域内所对应景物的表面性质。一般颜色特征是基于像素点的特征，所有的像素点对该图像或图像区域都有贡献。由于颜色对图像的方向、大小等变化不敏感，不能很好地捕获对象的局部特征。

表达颜色特征最常用的方法是颜色直方图，能简单描述图像中颜色的全局分布，即不同颜色在图像中所占的比例，不受图像旋转和平移变化的影响，进一步借助归一化还可不受图像尺度变化的影响，特别适用于描述那些难以自动分割的图像和不需要考虑物体空间位置的图像。其缺点在于，它无法描述图像中颜色的局部分布及每种色彩所处的空间位置，也就是说，无法描述图像中的某一具体的对象或物体。

2．形状特征

形状特征有两类表示方法：一类是轮廓特征，另一类是区域特征。图像的轮廓特征主要针对物体的外边界，也就是一系列相连的点组成的曲线，代表了物体的基本外形；而图像的区域特征则关系到整个形状区域。

使用轮廓特征描述形状特征有以下两种典型方法。

（1）边界特征法。边界特征法通过对边界特征的描述来获取图像的形状参数。常用的经典方法有 Hough 变换检测平行直线方法和边界方向直方图方法。Hough 变换是利用图像全局特性而将边缘像素连接起来组成区域封闭边界的一种方法；边界方向直方图法首先对图像进行微分，求得图像边缘，然后作出关于边缘大小和方向的直方图，通常的方法是构造图像灰度梯度方向矩阵。

（2）傅里叶形状描述符法。傅里叶形状描述符（Fourier Shape Descriptors，FSD）的基本思想是用物体边界的傅里叶变换作为形状描述，利用区域边界的封闭性和周期性将二维问题转化为一维问题。由边界点导出 3 种形状表达，分别是曲率函数、质心距离、复坐标函数。

使用区域特征描述形状特征有以下几种典型方法。

（1）几何参数法。在基于图像内容检索（Query By Image Content，QBIC）系统中，是指利用圆度、偏心率、主轴方向和代数不变矩等几何参数，进行基于形状特征的图像检索。

需要说明的是，形状参数的提取，必须以图像处理及图像分割为前提，参数的准确性必然受到分割效果的影响。如果图像的分割效果很差，可能无法提取形状参数。

（2）形状不变矩法。利用目标所占区域的矩作为形状描述参数。

（3）其他方法。

在形状的表示和匹配方面，还可以使用有限元法（Finite Element Method，FEM）、旋转函数（Turning Function）和小波描述符（Wavelet Descriptor，WD）等方法。

基于小波和相对矩的形状特征提取与匹配，先用小波变换的模极大值得到多尺度边缘图像，然后计算每一尺度的 7 个不变矩，再转化为 10 个相对矩，将所有尺度上的相对矩作为图像特征向量，从而统一了区域和封闭、不封闭结构。

各种基于形状特征的检索方法都可以比较有效地利用图像中感兴趣的目标进行检索，但它们也有一些共同的问题，包括：①目前基于形状的检索方法还缺乏比较完善的数学模型；②如果目标有变形，则检索结果不太可靠；③许多形状特征仅描述了目标局部的性质，要全面描述目标通常对计算时间和存储量有较高的要求；④许多形状特征所反映的目标形状信息与人的直观感觉不完全一致，或者说，特征空间的相似性与人视觉系统感受到的相似性有差别。此外，从 2D 图像中表现的 3D 物体实际上只是物体在空间某一平面的投影，从 2D 图像中反映出来的形状通常不是 3D 物体真实的形状，由于视点的变化，可能会产生各种失真。

3．纹理特征

图像纹理通过像素及其周围空间邻域的灰度分布来表现，即局部纹理信息。局部纹理信息不同程度上的重复性就是全局纹理信息。纹理特征是一种全局特征，反映的是图像中同质现象的视觉特征，体现物体表面的具有缓慢变换或周期性变化的表面组织结构排列属性。与颜色特征不同，纹理特征不是基于像素点的特征，它需要在包含多个像素点的区域中进行统计计算，具有旋转不变性，对于噪声有较强的抵抗能力。

纹理特征有一个很明显的缺点是当图像的分辨率发生变化时，计算出来的纹理可能会有较大偏差。另外，由于有可能受到光照、反射情况的影响，从 2D 图像中反映出来的纹理不一定是 3D 物体表面真实的纹理。

4．空间关系特征

所谓空间关系，是指图像中分割出来的多个目标之间的相互空间位置或相对方向关系。这些关系也可分为连接/邻接关系、交叠/重叠关系和包含/包容关系等。

通常空间位置信息可以分为两类：相对空间位置信息和绝对空间位置信息。相对空间位置信息强调的是目标之间的相对情况，如上下、左右关系等；绝对空间位置信息强调的是目标之间的距离大小以及方位。显而易见，由绝对空间位置可推出相对空间位置，但表达相对空间位置信息通常比较简单。

空间关系特征常对图像或目标的旋转、反转、尺度变化等比较敏感。在实际应用中，仅利用空间信息往往不能有效准确地表达场景信息。为了检索，除使用空间关系特征外，还需要其他特征来配合。

提取空间关系特征可加强对图像内容的描述区分能力，有两种常用方法：一种是首先对图像进行自动分割，划分出图像中所包含的对象或颜色区域，然后根据这些区域提取图像特征，并建立索引；另一种是简单地将图像均匀地划分为若干规则子块，然后对每个图像子块提取特征，并建立索引。

13.2 小 波 变 换

小波是指一种能量在时域非常集中的波，它的能量有限，都集中在某一点附近，而且积分的值为 0，这说明它与傅里叶波一样是正交波。小波变换（Wavelet Transform，WT）是将图像信号分解为由原始小波位移和缩放之后的一组小波。小波在图像处理中常被称为图像显微镜，原因在于它的多分辨率分解能力可以将图像信息一层一层地分解剥离。剥离的手段就是通过低通和高通滤波器。

在离散傅里叶变换分析中，信号完全是在频域展开的，不包含可能对某些应用非常重要的时频信息。小波变换在时域和频域都有表征信号局部信息的能力，时间窗和频率窗都可以根据信号的具体形态动态调整，具有很好的时域和频域特性。

13.2.1 小波变换的定义

小波变换的概念是由法国从事石油信号处理的工程师 J. Morlet 在 1974 年首先提出的，通过物理的直观和信号处理的实际需要经验建立了反演公式，当时未能得到数学家的认可。幸运的是，1986 年著名数学家 Y. Meyer 偶然构造出了一个真正的小波基，并与 S. Mallat 合作建立了构造小波基的同一方法——多尺度分析，之后，小波分析才开始蓬勃发展起来。

小波变换是近十几年新发展起来的一种数学工具，它继承和发展了短时傅里叶变换局部化的思想，同时又克服了窗口大小不随频率变化等缺点，能够提供一个随频率改变的"时间-频率"窗口，是进行信号时频分析和处理的理想工具。小波变换使用一系列不同尺度的小波去分解原函数，通过变换能够充分突出问题某些方面的特征，变换后得到的是原函数在不同尺度的小波下的系数，能对时间（空间）频率进行局部化分析。不同的小波通过平移与尺度变换分解，最终达到高频处时间细分，低频处频率细分，自动适应时频信号分析的要求。其中，平移是为了得到原函数的时间特性，尺度变换是为了得到原函数的频率特性。

小波变换的公式如下：

$$F(w) = \int_{-\infty}^{\infty} f(t)e^{-iwt}dt \quad \Longrightarrow \quad WT(a,\tau) = \frac{1}{\sqrt{a}} \int_{-\infty}^{\infty} f(t)\psi\left(\frac{t-\tau}{a}\right)dt$$

小波可以简单地描述为一种函数，这种函数在有限时间范围内变化，并且平均值为 0。这种定性的描述意味着小波具有两种性质：①具有有限的持续时间和突变的频率和振幅；②在有限时间范围内平均值为 0。

用一种数学的语言来定义小波，即满足"容许"条件的一种函数。"容许"条件非常重要，它限定了小波变换的可逆性，即

$$\phi(x) \leftrightarrow \psi(\omega) \qquad C_\phi = \int_{-\infty}^{\infty} \frac{|\psi(\omega)|^2}{|\omega|} d\omega < \infty$$

小波本身是紧支撑的，即只有小的局部非零定义域，在窗口之外函数为 0；其本身是振荡的，具有波的性质，并且完全不含有直流趋势成分，即满足

$$\psi(0) = \int_{-\infty}^{\infty} \phi(x) dx = 0$$

关于小波有两种典型的概念：连续小波变换、离散小波变换。

连续小波变换定义为

$$\text{CWT}f(a,b) = <x(t), \psi_{a,b}(t)> = \int_R x(t) \psi_{a,b}^*(t) dt$$

$$\text{CWT}f(a,b) = <x(t), \psi_{a,b}(t)> = \int_R x(t) \psi_{a,b}(t) dt = \int_R x(t) |a|^{\frac{1}{2}} \psi(\frac{t-b}{a}) dt$$

可见，连续小波变换的结果可以表示为平移因子 a 和伸缩因子 b 的函数。

如果小波函数满足"容许"条件，那么连续小波变换的逆变换是存在的，即

$$x(t) = \frac{1}{C_\psi} \int_0^{\infty} \int_{-\infty}^{\infty} \text{CWT}f(a,b) \psi_{a,b}(t) \frac{1}{a^2} dt da$$

$$= \frac{1}{C_\psi} \int_0^{\infty} \int_{-\infty}^{\infty} \text{CWT}f(a,b) |a|^{-\frac{1}{2}} \psi(\frac{t-b}{a}) \frac{1}{a^2} dt da$$

离散小波变换（Discrete Wavelet Transform，DWT）对尺度参数按幂级数进行离散化处理，对时间进行均匀离散取值（要求采样率满足尼奎斯特采样定理）。

$$\text{DWT}x(m,n) = <x(t), \psi_{m,n}(t)> = 2^{-\frac{m}{2}} \int_R x(t) \psi(2^{-m}t - n) dt$$

13.2.2　小波变换函数

在 MATLAB 中，dwtmode 命令用于设置离散小波变换扩展模式，其使用格式见表 13.1。

表 13.1　dwtmode 命令的使用格式

使 用 格 式	说　　明
dwtmode(mode)	在对图像进行离散小波变换或小波包变换时，使用指定的模式 mode 对图像边缘进行扩展。参数 mode 的取值及说明见表 13.2
dwtmode 或 dwtmode('status')	显示当前扩展图像边缘的模式
st = dwtmode 或 st = dwtmode('status')	显示并返回当前扩展图像边缘的模式
st = dwtmode('status','nodisp')	在上一种语法格式的基础上，使用参数'nodisp'指定在 MATLAB 命令行窗口中不显示任何状态或警告文本
dwtmode('save',mode)	将指定模式另存为新的默认模式
dwtmode('save')	保存当前模式

表 13.2　mode 的取值及说明

取　值	说　明
zpd	补 0 模式，是参数 mode 的默认取值
Sp0	平滑模式 0，用常数对图像边缘进行扩展
spd 或 sp1	平滑模式 1，用 1 阶导数对图像边缘进行扩展
sym 或 symh	对称扩展模式（一半的点），即复制边缘值进行扩展
symw	对称扩展模式（全部的点）
asym 或 asymh	反对称扩展模式（一半的点），即反对称复制边缘值
asymw	反对称扩展模式（全部的点）
ppd 或 per	周期扩展模式，即对图像边缘进行周期扩展

在 MATLAB 中，wfilters 命令用于创建小波滤波器，其使用格式见表 13.3。

表 13.3　wfilters 命令的使用格式

使　用　格　式	说　明
[Lo_D,Hi_D,Lo_R,Hi_R] = wfilters(wname)	返回与正交或双正交小波 wname 相关联的 4 个滤波器：Lo_D（分解的低通滤波器）、Hi_D（分解的高通滤波器）、Lo_R（重构的低通滤波器）、Hi_R（重构的高通滤波器），小波名称 wname 见表 13.4
[F1,F2] = wfilters(wname,type)	根据滤波器类型 type 返回与正交或双正交小波 wname 关联的一对滤波器。type 可选值包括下面几项。 ➢ type ='d'（分解）：返回分解滤波器 Lo_D 和 HI_D ➢ type = 'r'（重构）：返回重构滤波器 Lo_R 和 HI_R ➢ type = 'l'（低通）：返回低通滤波器 Lo_D 和 Lo_R ➢ type = 'h'（高通）：返回高通滤波器 HI_D 和 HI_R

表 13.4　正交或双正交小波的名称

小波族	小波名称
Daubechies	'db1'或'haar','db2',…,'db10', …,'db45'
Coiflets	'coif1','coif2',…,'coif5'
Symlets	'sym2',…,'sym8', …,'sym45'
Fejer-Korovkin filters	'fk4','fk6','fk8','fk14','fk22'
Discrete Meyer	'dmey'
Biorthogonal	'bior1.1','bior1.3','bior1.5' 'bior2.2','bior2.4','bior2.6','bior2.8' 'bior3.1','bior3.3','bior3.5','bior3.7' 'bior3.9','bior4.4','bior5.5','bior6.8'
Reverse Biorthogonal	'rbio1.1','rbio1.3','rbio1.5' 'rbio2.2','rbio2.4','rbio2.6','rbio2.8' 'rbio3.1','rbio3.3','rbio3.5','rbio3.7' 'rbio3.9','rbio4.4','rbio5.5','rbio6.8'

实例——绘制小波滤波器火柴杆图

源文件：yuanwenjian\ch13\ex_1301.m

MATLAB 程序如下：

```
>> close all              %关闭打开的文件
>> clear                  %清除工作区变量
```

```
>> [Lo_D,Hi_D,Lo_R,Hi_R] = wfilters('db5');  %创建与正交或双正交小波'db5'相关联的 4 个低
通和高通、分解和重构滤波器
>> subplot(221); stem(Lo_D); title('分解的低通滤波器');    %绘制分解的低通滤波器的火柴杆图
>> subplot(222); stem(Hi_D); title('分解的高通滤波器');    %绘制分解的高通滤波器的火柴杆图
>> subplot(223); stem(Lo_R); title('重构的低通滤波器');    %绘制重构的低通滤波器的火柴杆图
>> subplot(224); stem(Hi_R); title('重构的高通滤波器');    %绘制重构的高通滤波器的火柴杆图
>> gtext('db5 相关联的 4 个滤波器')                       %利用鼠标指定文本放置位置
```

运行结果如图 13.1 所示。

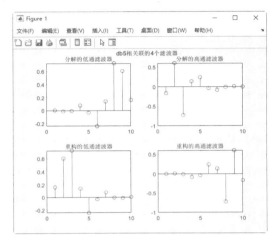

图 13.1　显示图像

在 MATLAB 中，dwt 命令用于对图像计算一维离散小波变换，其使用格式见表 13.5。

表 13.5　dwt 命令的使用格式

使 用 格 式	说　明
[cA,cD]=dwt(X,'wname')	使用指定的小波 wname 对图像 X 进行一维离散小波变换，返回近似系数 cA 和细节系数 cD
[cA,cD]=dwt(X,Lo_D,Hi_D)	使用分解的低通滤波器 Lo_D 和分解的高通滤波器 Hi_D 对图像 X 进行一维离散小波变换
[cA,cD] = dwt(…,'mode',extmode)	使用指定的扩展模式 extmode 对图像进行一维离散小波变换，extmode 可选值与 dwtmode 命令的 mode 参数取值相同

离散小波变换过程如图 13.2 所示。

从长度为 n 的 s 信号出发，计算出两组系数：近似系数 cA_1 和细节系数 cD_1。卷积 s 与缩放滤波器 Lo_D，然后二进抽取，产生近似系数。同样，用小波滤波器 Hi_D 卷积 s，然后进行二进抽取，得到细节系数。

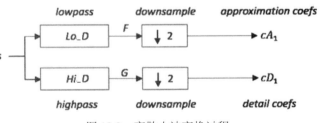

图 13.2　离散小波变换过程

在 MATLAB 中，idwt 命令用于计算特定小波或特定小波重构滤波器（Lo_R 和 Hi_R）的单级一维离散小波逆变换，其使用格式见表 13.6。

表 13.6　idwt 命令的使用格式

使 用 格 式	说　明
X=idwt(cA,cD,'wname')	基于近似系数 cA、细节系数 cD 和小波 wname 返回单级一维小波重构 X
X=idwt(cA,cD,Lo_R,Hi_R)	用近似系数 cA、细节系数 cD 和重构滤波器 Lo_R 和 Hi_R 经一维离散小波逆变换重构近似系数向量 X

续表

使 用 格 式	说　　明
X=idwt(…,L)	在以上任一种语法格式的基础上，返回近似系数向量中长度为 L 的中心部分
X = idwt(…,'mode',mode)	在以上任一种语法格式的基础上，使用指定的扩展模式 mode 计算小波重构
X = idwt(cA,[],…)	基于近似系数 cA 返回单级重构近似系数向量 X
X = idwt([],cD,…)	基于细节系数 cD 返回单级重构的细节系数向量 X

扫一扫，看视频

实例——绘制小波低通滤波器频谱的阶梯图

源文件：yuanwenjian\ch13\ex_1302.m

MATLAB 程序如下：

```
>> close all                                      %关闭打开的文件
>> clear                                          %清除工作区变量
>> load noisdopp;                                 %加载噪声图像数据
>> subplot(1,3,1), stairs(abs(fft(noisdopp)));
>> title('噪声图像频谱');                          %添加标题
>> [Lo_D,Hi_D,Lo_R,Hi_R] = wfilters('db30');      %创建小波 db30 4 个相关的滤波器
>> [cA,cD] = dwt(noisdopp,Lo_D,Hi_D);             %用指定的分解滤波器对图像进行分解，返回近似系数 cA
和细节系数 cD
>> x = idwt(cA,cD,Lo_R,Hi_R);                     %用指定的系数和重构滤波器 Lo_R 和 Hi_R 经一维离散小波逆变换重
构原始图像
>> subplot(1,3,2), stairs(abs(fft(Lo_D)));        %绘制小波分解的低通滤波器频谱的阶梯图
>> title('分解的低通滤波器频谱');                   %添加标题
>> subplot(1,3,3), stairs(abs(fft(x)));           %绘制重构图像的频谱阶梯图
>> title('小波逆变换重构频谱');                     %添加标题
```

运行结果如图 13.3 所示。

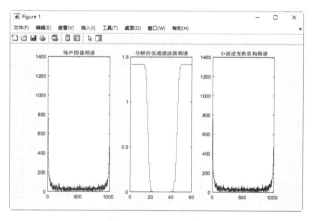

图 13.3　显示图像

除了一维离散小波变换和逆变换，MATLAB 还提供了其他多种小波变换的命令，见表 13.7。

表 13.7　小波变换命令

命　　令	意　　义	使用格式及说明
dwt2	二维离散小波变换	[cA,cH,cV,cD]=dwt2(X,'wname')：使用指定的小波 wname 对二维图像数据 X 进行二维离散小波变换，返回近似系数 cA、水平细节系数 cH、垂直细节系数 cV 和对角细节系数 cD

续表

命　令	意　义	使用格式及说明
dwt2	二维离散小波变换	[cA,cH,cV,cD]=dwt2(X,Lo_D,Hi_D)：使用指定的分解低通和高通滤波器 Lo_D、Hi_D 分解图像数据 X
		[cA,cH,cV,cD]=dwt2(…,'mode',extmode)：在以上任一种语法格式的基础上，使用参数 extmode 指定扩展模式
wavedec	一维信号的多级小波分解	[c,l] = wavedec(x,n,wname)：使用小波 wname 返回一维信号 x 的 n 级小波分解。输出小波分解向量 c 和簿记向量 l
		[c,l] = wavedec(x,n,Lo_D,Hi_D)：分别使用指定的低通和高通滤波器 Lo_D 和 Hi_D 返回 n 级小波分解的分解向量和簿记向量
wavedec2	二维信号的多级小波分解	[C,S]=wavedec2(X,N,'wname')：使用小波 wname 对二维图像数据 X 进行 N 级小波分解，返回分解向量 C 和相应的簿记矩阵 S
		[C,S]=wavedec2(X,N,Lo_D,Hi_D)：使用指定的分解低通和高通滤波器 Lo_D 和 Hi_D 分解二维数据矩阵 X
idwt2	二维离散小波反变换	X=idwt2(cA,cH,cV,cD,'wname')：由小波分解的近似系数 cA 和细节系数 cH、cH、cV、cD 经二维小波逆变换重构图像 X
		X=idwt2(cA,cH,cV,cD,Lo_R,Hi_R)：使用指定的重构低通和高通滤波器 Lo_R、Hi_R 重构图像 X
		X=idwt2(cA,cH,cV,cD,'wname',S) 和 X=idwt2(cA,cH,cV,cD,Lo_R,Hi_R,S)：返回重构图像中心附近的 S 个数据点
waverec2	二维信号的多级小波重构	X=waverec2(C,S,'wname')：由多级二维小波分解的结果 C、S 和小波名称重构图像 X
		X=waverec2(C,S,Lo_R,Hi_R)：使用重构低通和高通滤波器 Lo_R 和 Hi_R 重构图像
wcodemat	对数据矩阵进行伪彩色编码	Y=wcodemat(X,NB,OPT,ABSOL)：返回数据矩阵 X 的编码矩阵 Y；NB 为编码的最大值，即编码范围为 0～NB，默认值 NB=16。 OPT 指定了编码的方式（默认值为'mat'），即 ➤ OPT='row'：按行编码。 ➤ OPT='col'：按列编码。 ➤ OPT='mat'：按整个矩阵编码。 ABSOL 是函数的控制参数（默认值为'1'），即 ➤ ABSOL=0 时，返回编码矩阵。 ➤ ABSOL=1 时，返回数据矩阵的绝对值 ABS(X)
wrcoef2	由多层小波分解重构某一层的分解信号	X = wrcoef2('type',C,S,wname,N)：如果'type'='A'，则重构近似系数；如果'type'='H'（'V'或'D'），则重构水平（垂直或对角）细节系数
		X = wrcoef2('type',C,S,Lo_R,Hi_R,N)：Lo_R 是重构低通滤波器，Hi_R 是重构高通滤波器
		X = wrcoef2('type',C,S,wname)或
		X = wrcoef2('type',C,S,Lo_R,Hi_R)：使用 wname 指定的小波，根据图像的小波分解结构[C,S]，返回类型为 type 的重构系数矩阵 X
upcoef2	由多层小波分解重构近似分量或细节分量	Y = upcoef2(O,X,wname,N,S)：计算矩阵 X 的 N 步重构系数并取 S 的中心部分
		Y = upcoef2(O,X,Lo_R,Hi_R,N,S)：Lo_R 是重构低通滤波器，Hi_R 是重构高通滤波器
		Y = upcoef2(O,X,wname,N)或
		Y = upcoef2(O,X,Lo_R,Hi_R,N)：返回计算结果而不进行任何截断
detcoef2	提取二维信号小波分解的细节分量	D = detcoef2(O,C,S,N)：从小波分解结构[C,S]中提取水平、垂直或对角细节系数。N 表示细节级别，指定为整数，取值范围为[1,size(s,1)-2]
appcoef2	提取二维信号小波分解的近似分量	A = appcoef2(C,S,wname)：利用二维信号的小波分解结构[C,S]和 WNEW 指定的小波，以最粗的尺度返回近似系数
		A = appcoef2(C,S,Lo_R,Hi_R)：使用低通重构滤波器 Lo_R 和高通重构滤波器 Hi_R
		A = appcoef2(…,N)：返回 N 级的近似系数，如果[C,S]是二维信号的 M 级小波分解结构，则为 0±NM
upwlev2	二维小波分解的单层重构	[NC,NS,cA]=upwlev2(C,S,wname)：对小波分解结构 C、S 进行单级重构，给出新的小波变换，提取最后一个近似系数矩阵
		[NC,NS,cA] = upwlev2(C,S,Lo_R,Hi_R)：Lo_R 是重构低通滤波器，Hi_R 是重构高通滤波器

实例——基于通用阈值的二维小波图像去噪

源文件：yuanwenjian\ch13\ex_1303.m

MATLAB 程序如下：

```
>> close all                              %关闭打开的文件
>> clear                                  %清除工作区变量
>> I = imread('f05.jpg');                 %读取 RGB 图像
>> subplot(2,2,1),imshow(I);title('原图'); %显示 RGB 原图
>> I= rgb2gray(I);                        %将 RGB 图像转换为灰度图
>> I= im2double(I);                       %图像数据类型由 uint8 转换为 double
>> J=imnoise(I,'salt & pepper');          %在图像中添加椒盐噪声
>> subplot(2,2,2),imshow(J);title('含噪图像'); %显示添加椒盐噪声的图像
>> dwtmode('per');                        %对图像边缘进行周期扩展
!!!!!!!!!!!!!!!!!!!!!!!!!!!!!!!!!!!!!!!!!!
!  WARNING: Change DWT Extension Mode  !
!!!!!!!!!!!!!!!!!!!!!!!!!!!!!!!!!!!!!!!!!!

*****************************************
**   DWT Extension Mode: Periodization  **
*****************************************
>> [ca1,ch1,ca2,ch2] = dwt2(I,'db4'); %使用指定的小波 db4 对灰度图像 I 进行分解，返回近似
系数和水平、垂直、对角细节系数
>> ax(1)=subplot(2,2,3);imagesc([ca1,ch1;ca2,ch2]);%使用颜色图中的全部颜色将矩阵中的数
据显示为一个图像
>> title('灰度图像 DWT2');               %添加标题
>> [na1,nh1,na2,nh2] = dwt2(J,'db4'); %使用指定的小波 db4 对噪声图像 J 进行分解，返回近似
系数和水平、垂直、对角细节系数
>> ax(2)=subplot(2,2,4);imagesc([na1,nh1;na2,nh2]);
>> axis(ax,'normal')                    %自动调整坐标轴的纵横比
>> axis(ax,'off')                       %关闭坐标系
>> title('噪声图像 DWT2');               %添加标题
```

运行结果如图 13.4 所示。

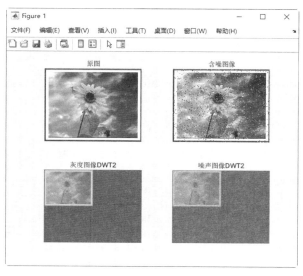

图 13.4　显示图像

13.3　离散沃尔什-哈达玛变换

在图像处理中，有许多变换通常会选用方波信号或者它的变形。沃尔什（Walsh）函数是一组矩形波，其取值为 1 和 -1，有 3 种排列或编号方式，其中以哈达玛（Hadamard）排列最便于快速计算，哈达玛排列公式为

$$\mathrm{Wal}_H(i,t) = \prod_{k=0}^{p-1} \left[R(k+1,t) \right]^{\langle i_k \rangle}$$

其中，$R(k+1,t)$ 为任意拉德梅克函数；$\langle i_k \rangle$ 为倒序的二进制码的第 k 位数，$\langle i_k \rangle \in \{0,1\}$；$p$ 为正整数。

采用哈达玛排列的沃尔什函数进行的变换称为沃尔什-哈达玛变换（Walsh-Hadamard Transform，WHT），哈达玛变换。

沃尔什-哈达玛变换是一种典型的非正弦函数变换，采用正交直角函数作为基函数，变换矩阵仅由 1 和 -1 组成，与数值逻辑的两个状态相对应，故更适用于计算机实现，同时占用空间少，且计算简单，在图像的正交变换中得到了广泛应用。此外，沃尔什-哈达玛变换具有与傅里叶函数类似的性质，图像数据越是均匀分布，经过沃尔什-哈达玛变换后的数据越是集中在矩阵的边角上，因此沃尔什-哈达玛变换具有能量集中的性质，可用于压缩图像信息。

13.3.1　离散沃尔什变换

采用沃尔什排列的沃尔什函数进行的变换称为沃尔什变换（Walsh Transform，WT）。

沃尔什变换核为

$$g(x,u) = \frac{1}{N} \prod_{i=1}^{n-1} (-1)^{b_i(x) b_{(n-1-i)}(u)}$$

其中，$b_i(x)$ 表示 x 的二进制码的第 i 个值。

设 $f(x)$ 为一维离散序列，则一维离散沃尔什变换定义为

$$W(u) = \frac{1}{N} \sum_{x=0}^{N-1} f(x) \prod_{i=0}^{n-1} (-1)^{b_i(x) b_{(n-1-i)}(u)}$$

其中，$u = 0,1,2,\ldots,N-1$；$N = 2^n$。

沃尔什逆变换核为

$$h(x,u) = \prod_{i=0}^{n-1} (-1)^{b_i(x) b_{(n-1-i)}(u)}$$

一维离散沃尔什逆变换定义为

$$f(x) = \sum_{u=0}^{N-1} W(u) \prod_{i=0}^{n-1} (-1)^{b_i(x) b_{(n-1-i)}(u)}$$

由沃尔什变换核组成的矩阵是一个对称矩阵，且其行和列正交，因此逆变换与正变换核只差 1 个常数 $1/N$。离散沃尔什变换写成矩阵式可得到如下的沃尔什变换矩阵式：

$$\begin{bmatrix} W(0) \\ W(1) \\ \vdots \\ W(N-1) \end{bmatrix} = \frac{1}{N} G \begin{bmatrix} f(0) \\ f(1) \\ \vdots \\ f(N-1) \end{bmatrix}$$

式中，$[W(0), W(1), W(2), \ldots, W(N-1)]$ 是沃尔什变换系数序列，$N = 2^n$（n 为正整数），G 是沃尔什变换核矩阵，$[f(0), f(1), f(2), \ldots, f(N-1)]$ 是离散序列。可简写为如下形式：

$$W = \frac{1}{N} Gf$$

$$f = GW$$

其逆变换的矩阵表达式为

$$\begin{bmatrix} f(0) \\ f(1) \\ \vdots \\ f(N-1) \end{bmatrix} = G \begin{bmatrix} W(0) \\ W(1) \\ \vdots \\ W(N-1) \end{bmatrix}$$

将一维离散沃尔什变换推广到二维离散沃尔什变换，得到二维离散沃尔什变换为

$$W(u,v) = \frac{1}{N} \sum_{x=0}^{N-1} \sum_{y=0}^{N-1} f(x,y) \prod_{i=1}^{n-1} (-1)^{\left[b_i(x) b_{(n-1-i)}(u) + b_i(y) b_{(n-1-i)}(v) \right]}$$

其变换核为

$$g(x,y,u,v) = \frac{1}{N} \prod_{i=1}^{n-1} (-1)^{\left[b_i(x) b_{(n-1-i)}(u) + b_i(y) b_{(n-1-i)}(v) \right]}$$

二维离散沃尔什变换的逆变换核为

$$f(x,y,u,v) = \frac{1}{N} \sum_{u=0}^{N-1} \sum_{v=0}^{N-1} \prod_{i=1}^{n-1} (-1)^{\left[b_i(x) b_{(n-1-i)}(u) + b_i(y) b_{(n-1-i)}(v) \right]}$$

其中，$x, u, y, v = 0, 1, 2, \ldots, N-1$。

由此可得到，二维离散沃尔什变换的矩阵式为

$$W = \frac{1}{N^2} GfG$$

逆变换的矩阵式为

$$f = GWG$$

13.3.2 离散哈达玛变换

哈达玛变换（Hadamard Transform，HT）是按哈达玛排序的沃尔什变换，由沃尔什函数的定义可知，哈达玛变换和沃尔什变换两者之间只是变换矩阵的行列排列顺序不同，并无本质区别。

离散哈达玛变换的定义可直接由沃尔什变换得到，用按哈达玛排列的沃尔什函数代替沃尔什排列的沃尔什函数，即可得到其正反变换的矩阵式，即

$$\begin{bmatrix} W(0) \\ W(1) \\ \vdots \\ W(N-1) \end{bmatrix} = \frac{1}{N}[H_N] \begin{bmatrix} f(0) \\ f(1) \\ \vdots \\ f(N-1) \end{bmatrix}$$

$$\begin{bmatrix} f(0) \\ f(1) \\ \vdots \\ f(N-1) \end{bmatrix} = [H_N] \begin{bmatrix} W(0) \\ W(1) \\ \vdots \\ W(N-1) \end{bmatrix}$$

其中，$[W(0), W(1), W(2), \ldots, W(N-1)]$ 是沃尔什变换系数序列，$N = 2^n$（n 为正整数），$[H_N]$ 为 N 阶哈达玛矩阵，$[f(0), f(1), f(2), \ldots, f(N-1)]$ 是时间序列。

N 阶哈达玛矩阵有如下形式：

$$H_1 = [1]$$

$$H_2 = \begin{bmatrix} 1 & 1 \\ 1 & -1 \end{bmatrix}$$

$$H_4 = \begin{bmatrix} 1 & 1 & 1 & 1 \\ 1 & -1 & 1 & -1 \\ 1 & 1 & -1 & -1 \\ 1 & -1 & -1 & 1 \end{bmatrix}$$

$$H_N = H_{2^n} = H_2 \otimes H_{2^{n-1}} = \begin{bmatrix} H_{2^{n-1}} & H_{2^{n-1}} \\ H_{2^{n-1}} & -H_{2^{n-1}} \end{bmatrix} = \begin{bmatrix} H_{\frac{N}{2}} & H_{\frac{N}{2}} \\ H_{\frac{N}{2}} & -H_{\frac{N}{2}} \end{bmatrix}$$

由上式可知，哈达玛矩阵具有简单的递推关系，高阶矩阵可由两个低阶矩阵的克罗内克积（Kronecker Product，KP）得到，计算更方便，因此应用更广泛。沃尔什-哈达玛变换的本质是将离散序列 $f(x)$ 的各项值的符号按一定规律改变后，进行加减运算。

当 $N = 2^n$ 时，一维离散哈达玛变换的正变换核和反变换核相同，即

$$g(x, u) = h(x, u) = \frac{1}{N}(-1)^{\sum_{i=0}^{n-1} b_i(x)b_i(u)}$$

$$= \frac{1}{N}\prod_{i=0}^{n-1}(-1)^{b_i(x)b_i(u)}$$

其中，x 表示函数序数；u 表示样点序数；$b_i(x)$ 为非负整数 x 的二进制码的第 i 位数。

由上面的公式可以看出，哈达玛变换核除了因子 $1/N$ 之外，由一系列的 +1 和 -1 组成。因此，一维哈达玛正变换为

$$H(u) = \frac{1}{N}\sum_{x=0}^{n-1} f(x)(-1)^{\sum_{i=0}^{n-1} b_i(x)b_i(u)}, u = 0, 1, 2, \ldots, N-1$$

一维哈达玛逆变换为

$$f(x) = \sum_{x=0}^{n-1} \boldsymbol{H}(u)(-1)^{\sum\limits_{i=0}^{n-1} b_i(x)b_i(u)}, x = 0,1,2,\ldots,N-1$$

📢 注意：

> 沃尔什变换对任何正整数 N 成立，而哈达玛变换在 N 不是 2 的整数次幂时，只对小于 200 的正整数 N 成立。

对于给定阵列 $\left[f(x,y)\right]_{N \times N}(N=2^n)$，其二维哈达玛变换核为

$$h(x,y,u,v) = \frac{1}{N}(-1)^{\sum\limits_{i=0}^{n-1}(b_i(x)b_i(u)+b_i(y)b_i(v))}$$

由于变换是可分、对称的，上式可以表示为

$$h(x,y,u,l) = \frac{1}{\sqrt{N}}(-1)^{\sum\limits_{i=0}^{n-1} b_i(x)b_i(u)} \cdot \frac{1}{\sqrt{N}}(-1)^{\sum\limits_{i=0}^{n-1} b_i(y)b_i(v)}$$
$$= h(x,u)h(y,v)$$

二维哈达玛正变换为

$$\boldsymbol{H}(u,v) = \frac{1}{N}\sum_{x=0}^{N-1}\sum_{y=0}^{N-1} f(x,y)(-1)^{\sum\limits_{i=0}^{n-1}[b_i(x)b_i(u)+b_i(y)b_i(v)]}$$

$$f(x,y) = \frac{1}{N}\sum_{u=0}^{N-1}\sum_{v=0}^{N-1} \boldsymbol{H}(u,v)(-1)^{\sum\limits_{i=0}^{n-1}[b_i(x)b_i(u)+b_i(y)b_i(v)]}$$

表示成矩阵形式为

$$\boldsymbol{F} = \frac{1}{N}\boldsymbol{H}_N f \boldsymbol{H}_N$$

其逆变换为

$$f = \frac{1}{N}\boldsymbol{H}_N \boldsymbol{F} \boldsymbol{H}_N$$

13.3.3　图像沃尔什-哈达玛变换

二维 WHT 具有能量集中的特性，而且原始数据中数字越是均匀分布，经变换后的数据越集中在矩阵的边角上。因此，二维 WHT 可用于压缩图像信息。

在 MATLAB 中，hadamard 命令用于对图像进行沃尔什-哈达玛变换，其使用格式见表 13.8。

表 13.8　hadamard 命令的使用格式

使 用 格 式	说　　明
H = hadamard(n)	返回阶次为 n 的哈达玛矩阵
H = hadamard(n,classname)	在上一种语法格式的基础上，使用参数 classname 指定返回的哈达玛矩阵的类型，可以是 'single'或'double'

实例——图像沃尔什-哈达玛变换与逆变换

源文件：yuanwenjian\ch13\ex_1304.m

MATLAB 程序如下：

扫一扫，看视频

```
>> close all                              %关闭打开的文件
>> clear                                  %清除工作区变量
>> I0 = imread('face.jpg');               %读取 RGB 图像
>> I= rgb2gray(I0);                       %将 RGB 图像转换为灰度图
>> I= im2double(I);                       %图像数据类型由 uint8 转换为 double
>> subplot(1,3,1),imshow(I);              %显示灰度图
>> title('灰度图');                        %添加标题
>> N=512;                                 %哈达玛矩阵的阶次
>> H=hadamard(N);                         %生成 512 阶的哈达玛矩阵
%对图像进行哈达玛变换
>> J=H*I*H;
>> J2=J/N;
>> K=im2uint8(J2);            %将图像哈达玛变换数据类型由 double 转换为 uint8,用于显示图像
>> subplot(1,3,2),imshow(K);             %显示哈达玛变换后的图像
>> title('二维离散哈达玛变换');  %添加标题
%对图像进行哈达玛逆变换
>> Q=H'*J2*H;
>> Q2=Q/N;
>> K2=im2uint8(Q2);          %将图像哈达玛逆变换数据类型由 double 转换为 uint8,用于显示图像
>> subplot(1,3,3),imshow(K2);            %显示进行哈达玛逆变换后的图像
>> title('二维离散哈达玛逆变换');        %添加标题
```

运行结果如图 13.5 所示。

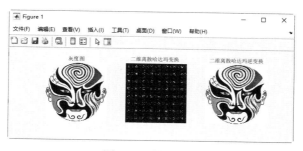

图 13.5　显示图像

13.4　扇 束 变 换

在二维 CT 系统中存在平行扫描和扇束扫描两种扫描模式，平行束图像是 CT 中用探测器测量 X 射线透过人体后的强度值，即为 X 射线与人体相互作用后沿某一方向的线积分（投影）。

为了在尽可能短的时间内收集投影数据，随着 CT 技术的发展，开始采用更快速获取射线投影的方法，如图 13.6 所示的扇束扫描方式。

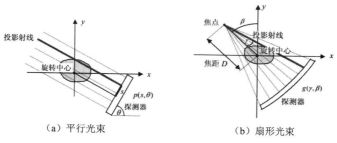

（a）平行光束　　　　　　　　　　　（b）扇形光束

图 13.6　平行光束成像与扇形光束成像的几何结构

13.4.1 扇束投影

扇束投影的目的与平行射线束投影的目的类似，主要是实现使用扇形射线束滤波反投影来重建图像。扇束投影时，每条射线可以看作是平行投影线旋转一定角度后的投影，有效分辨率与传感器的数量有关。

在 MATLAB 中，利用 Shepp-Logan 模型，可以验证扇束投影重建二维图像的数值精确度。phantom命令用于产生一个头部幻影图像，其使用格式见表 13.9。

表 13.9 phantom 命令的使用格式

使 用 格 式	说　明
P = phantom(def,n)	生成头部模型的灰度图像 P，def 指定要生成的头部模型的类型，默认为'Modified Shepp-Logan'（改进的谢普-洛根）；n 指定模型图像中的行数和列数，默认为 256
P = phantom(E,n)	根据自定义头部模型的参数 E 生成幻影图像，其中矩阵 E 的每一行对应头部模型中的一个椭圆，该参数有 6 列，依次定义头部模型椭圆的以下参数。 ➢ 密度 A。 ➢ 水平半轴的长度 a。 ➢ 垂直半轴的长度 b。 ➢ 中心点横坐标 x_0。 ➢ 中心点纵坐标 y_0。 ➢ 水平半轴与 x 轴之间的角度
[P,E] = phantom(...)	在以上任一种语法格式的基础上，还返回用于生成头部模型的椭圆参数 E

实例——创建改进的谢普-洛根头部模型

源文件：yuanwenjian\ch13\ex_1305.m

MATLAB 程序如下：

```
>> close all              %关闭打开的文件
>> clear                  %清除工作区变量
%创建改进的谢普-洛根头部幻影图像，图像大小为 200×200
>> P = phantom('Modified Shepp-Logan',200);
>> imshow(P)              %显示头部模型
>> title('Modified Shepp-Logan')
```

运行结果如图 13.7 所示。

在 MATLAB 中，fanbeam 命令用于将图形进行扇束变换，生成扇形射线束投影。通过计算对于任意旋转角度覆盖全部图像所需要的射线条数，可求出传感器的数量。该命令的使用格式见表 13.10。

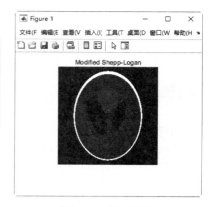

图 13.7 显示图像

表 13.10 fanbeam 命令的使用格式

使 用 格 式	说　明
F = fanbeam(I,D)	从被投影的图像 I 计算扇束投影数据 F。D 是从扇形射线束的顶点到旋转中心的距离（单位为像素）。F 的每一列包含扇形射线束传感器每旋转一个角度得到的投影数据，列数由扇形旋转增量决定，默认情况下 F 有 360 列，F 的行数由传感器的数目决定
F = fanbeam(I,D,Name,Value)	在上一种语法格式的基础上，使用名称-值对参数控制指定旋转增量和传感器间距。 ➢ 'FanCoverage'：扇形射线束的旋转范围，可选值为'cycle'（默认）或'minimal'。

续表

使 用 格 式	说　明
F = fanbeam(I,D,Name,Value)	➢ 'FanRotationIncrement'：扇形射线束旋转角度的增量。 ➢ 'FanSensorGeometry'：扇形射线束传感器定位，'arc'（默认）、'line'。 ➢ 'FanSensorSpacing'：扇形射线束传感器间距。 ➢ 'Filter'：滤波器，可选值为'Ram Lak'（默认）、'Shepp Logan'、'Cosine'、'Hamming'、'Hann'、'None' ➢ 'Interpolation'：插值类型，可选值为'Linear'（默认）、'nearest'、'spline'、'pchip'。 ➢ 'FrequencyScaling'：比例因子，可选值为[0,1]。 ➢ 'OutputSize'：重建图像的大小
[F,fan_sensor_positions,fan_rotation _angles] = fanbeam(…)	在以上任一种语法格式的基础上，还返回传感器的位置 fan_sensor_positions，以及投影的旋转角度 fan_rotation_angles

实例——图像扇束投影

源文件：yuanwenjian\ch13\ex_1306.m

MATLAB 程序如下：

```
>> close all                              %关闭打开的文件
>> clear                                  %清除工作区变量
>> I = imread('hudie.jpg');               %读取 RGB 图像
>> I= rgb2gray(I);                        %将 RGB 图像转换为灰度图
>> I= im2double(I);                       %图像数据类型由 uint8 转换为 double
>> subplot(121),imshow(I),title('灰度图')  %显示灰度图
>> [F,Fpos,Fangles] = fanbeam(I,400);     %扇束顶点到旋转中心的距离为 400 像素，计算扇束
投影数据 F、传感器位置 Fpos 和投影的旋转角度 Fangles
>> subplot(122),imshow(F,[],XData=Fangles,YData=Fpos,...
         InitialMagnification='fit')      %显示扇束投影，缩放整个图像以适合窗口
>> axis normal                            %自动调整坐标轴的纵横比
>> xlabel('旋转角度(度)')                  %对 x 轴、y 轴进行标注
>> ylabel('传感器位置(度)')
>> colorbar                               %添加色阶
```

运行结果如图 13.8 所示。

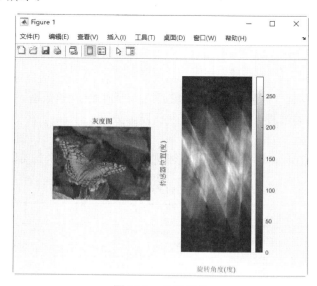

图 13.8　显示图像

实例——比较不同的投影模式

源文件：yuanwenjian\ch13\ex_1307.m

MATLAB 程序如下：

```
>> close all                        %关闭打开的文件
>> clear                            %清除工作区变量
>> I = phantom('Modified Shepp-Logan',300);  %生成大小为 300×300 的改进的射谱-洛根头部幻影图像
>> subplot(131),imshow(I),title('Modified Shepp-Logan')     %显示头部模型幻影
>> D = 1.5*hypot(size(I,1),size(I,2))/2;   %扇形射线束的顶点到旋转中心的距离
>> F1 = fanbeam(I,D,FanSensorGeometry='line',...
FanSensorSpacing=1,FanRotationIncrement=1); %生成线形的扇形射线束投影，传感器间距为 1 个单
位，角度增量为 1 度
>> ax(1)=subplot(132);imshow(F1,[]),title('line')  %显示扇束投影
>> F2 = fanbeam(I,D,FanSensorGeometry='arc',...
FanSensorSpacing=1,FanRotationIncrement=1); %生成圆弧形的扇形射线束投影，传感器间距为 1 个
单位，角度增量为 1 度
>> ax(2)=subplot(133);imshow(F2,[]),title('arc')   %显示扇束投影
>> xlabel(ax,'旋转角度(度)')                        %对 x 轴、y 轴进行标注
>> ylabel(ax,'传感器位置(度)')
```

运行结果如图 13.9 所示。

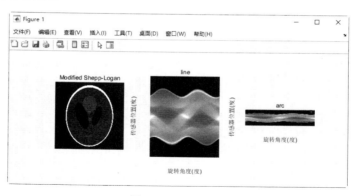

图 13.9　显示图像

13.4.2　扇束反投影

扇束反投影有两种方法：一是将扇形投影数据重排成平行投影数据，然后再按照平行反投影处理；二是对照平行反投影的过程，直接进行扇束反投影处理。下面介绍在 MATLAB 中进行扇束反投影常用的几个命令。

在 MATLAB 中，fan2para 命令用于将扇形投影转换为平行投影，其使用格式见表 13.11。

表 13.11　fan2para 命令的使用格式

使 用 格 式	说　　明
P = fan2para(F,D)	将扇形射线束数据 F 转换为平行射线束数据 P。F 的每一列包含一个旋转角度的扇形射线束数据。D 是从扇形射线束的顶点到旋转中心的距离（单位为像素）
P = fan2para(F,D,Name,Value)	在上一种语法格式的基础上，使用名称-值对参数控制数据转换的各个方面
[P,parallel_sensor_positions,parallel_rotation_angles] = fan2para(...)	在以上任一种语法格式的基础上，还返回平行射线束传感器的位置和旋转角度

实例——将扇形投影转换为平行投影

源文件：yuanwenjian\ch13\ex_1308.m

MATLAB 程序如下：

```
>> close all              %关闭打开的文件
>> clear                  %清除工作区变量
>> I = imread('f05.jpg'); %读取 RGB 图像
>> I= rgb2gray(I);        %将 RGB 图像转换为灰度图
>> I= im2double(I);       %图像数据类型由 uint8 转换为 double
>> F = fanbeam(I,600);    %扇束顶点到旋转中心的距离为 600 像素，计算扇束投影数据 F
>> subplot(211),imshow(F,[]);title('扇形投影')      %显示扇形投影
>> colorbar               %添加色阶
>> P = fan2para(F,600);   %将扇形投影转换为平行投影，扇形射线束的顶点到旋转中心的距离为 600
像素，返回平行投影数据 P
>> subplot(212), imshow(P,[]); title('平行投影')    %显示平行投影
>> colorbar               %添加色阶
```

运行结果如图 13.10 所示。

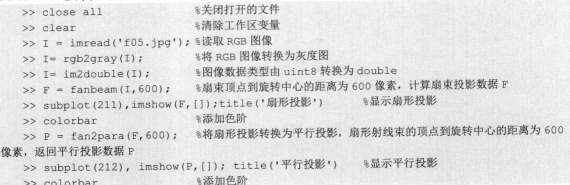
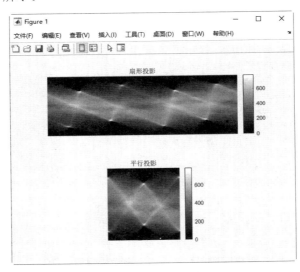

图 13.10　显示图像

在 MATLAB 中，para2fan 命令用于将平行射线束转换为扇形射线束，其使用格式见表 13.12。

表 13.12　para2fan 命令的使用格式

使 用 格 式	说　　明
F = para2fan(P,D)	将平行射线束数据 P 转换为扇形射线束数据 F。P 的每一列包含一个旋转角度的平行射线束传感器采样。D 是从扇形射线束的顶点到旋转中心的距离（单位为像素）
F = para2fan (P,D,Name,Value)	在上一种语法格式的基础上，使用名称-值对参数控制数据转换的各个方面
[F,fan_sensor_positions,fan_rotation_angles] = para2fan (…)	在以上任一种语法格式的基础上，还返回扇形射线束传感器的位置和旋转角度

假设平行射线束传感器间距为 1 个单位（默认间距），旋转角度的间隔（增量）相等，以覆盖 [0°,180°]。计算出的扇形射线束旋转角与平行射线束旋转角具有相同的间距，并且覆盖[0°,360°]。

实例——将平行投影转换为扇形投影

源文件：yuanwenjian\ch13\ex_1309.m

MATLAB 程序如下：

```
>> close all              %关闭打开的文件
>> clear                  %清除工作区变量
>> ph = phantom(128);     %生成大小为 128×128 的改进的谢普–洛根头部幻影图像
>> theta = 0:180;         %设置投影角度
>> [P,xp] = radon(ph,theta);%对幻影图像进行 Radon 变换，生成平行投影 P，以及与图像的每行对
应的径向坐标
>> subplot(121),imshow(P,[],XData=theta,YData=xp,InitialMagnification='fit')%显示
图像平行投影，缩放整个图像以适合窗口
>> axis normal            %自动调整坐标轴的纵横比
>> title('平行投影')      %添加标题
>> xlabel('投影角度(度)')  %添加坐标轴标注
>> ylabel('x''')
>> colorbar               %添加色阶
>> [F,Fpos,Fangles] = para2fan(P,100);  %将平行投影转换为扇形投影，扇形射线束的顶点到旋转
中心的距离为 100 像素，返回扇形射线束数据 F、传感器位置 Fpos 和旋转角度 Fangles
>> subplot(122),
imshow(F,[],XData=Fangles,YData=Fpos,InitialMagnification='fit')
   %显示图像扇形投影，缩放整个图像以适合窗口
>> axis normal            %自动调整坐标轴的纵横比
>> title('扇形投影')      %为图形添加标题
>> xlabel('投影角度 (度)') %对 x 轴、y 轴进行标注
>> ylabel('传感器定位(度)')
>> colormap hot           %设置图窗的颜色图，从黑色平滑过渡到红色、橙色和黄色的背景色，然后到白色
>> colorbar               %添加色阶
```

运行结果如图 13.11 所示。

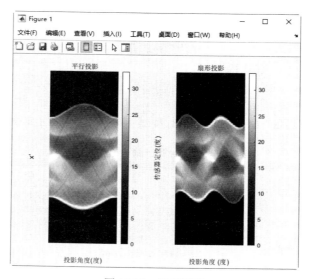

图 13.11　显示图像

在 MATLAB 中，ifanbeam 命令是 fanbeam 命令的逆过程，用于执行扇束反投影重建二维图像，其使用格式见表 13.13。

表 13.13 ifanbeam 命令的使用格式

使 用 格 式	说　明
I = ifanbeam(F,D)	从扇形投影数据 F 重建图像 I。F 的每一列包含一个旋转角度的扇形射线束传感器采样。D 是扇形射线束的顶点到旋转中心的距离（单位为像素）
I = ifanbeam(F,D,Name,Value)	在上一种语法格式的基础上，使用名称-值对参数控制重建图像的各个方面
[I,H] = ifanbeam(...)	在以上任一种语法格式的基础上，还返回滤波器的频率响应 H

实例——扇束反投影重建图像

源文件： yuanwenjian\ch13\ex_1310.m

MATLAB 程序如下：

```
>> close all                    %关闭打开的文件
>> clear                        %清除工作区变量
>> ph = phantom(300);           %生成大小为 200×200 的改进的谢普-洛根头部幻影图像
>> subplot(131),imshow(ph),title('头部幻影')        %显示头部幻影图像
>> D = 280;                     %扇形射线束的顶点到旋转中心的距离
>> F = fanbeam(ph,D,FanSensorGeometry='line');       %生成线形的扇形射线束投影 F
>> subplot(132),imshow(F,[],InitialMagnification='fit')   %显示扇形投影，缩放整个图像以适
合窗口
>> title('扇形投影')            %添加标题
>> colormap(gca,'hot')          %设置当前坐标区的颜色图
>> colorbar                     %添加色阶
>> I = ifanbeam(F,D,FanSensorGeometry='line');       %从扇形投影数据重建二维图像 I
>> subplot(133), imshow(I) ,title('重建的图像')
```

运行结果如图 13.12 所示。

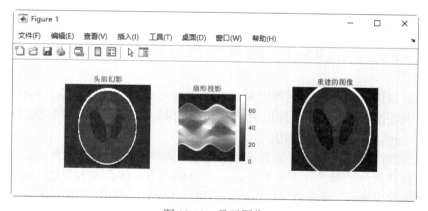

图 13.12　显示图像

第 14 章　形态学图像处理

内容指南

形态学，即数学形态学（Mathematical Morphology），在图像处理中具有广泛的应用，主要用于从图像中提取对表达和描绘区域形状有意义的图像分量，便于在后续的识别工作中抓住目标对象最为本质的形状特征，如边界和连通区域等。

形态学的基本运算有膨胀、腐蚀、开操作和闭操作，顶帽底帽变换，底帽变换等。形态学的应用主要有消除噪声、边界提取、区域填充、连通分量提取、凸壳、细化、粗化等，分割出独立的图像元素或图像中相邻的元素，求取图像中明显的极大值区域和极小值区域，求取图像梯度等。

知识重点

➢ 图像的数学形态学
➢ 图像掩膜
➢ 连通区域分析
➢ 图像块操作

14.1　图像的数学形态学

形态学图像处理的基本思想是利用一种特殊的结构元素测量或提取输入图像中相应的形状或特征，以便进一步进行图像分析和目标识别。形态学图像处理的应用可以简化图像数据，保持它们基本的形状特性，并除去不相干的结构。

这里要提醒读者注意的是，所有形态学运算都是针对图像中的前景物体进行的。大多数图像，一般相对于背景而言物体的颜色（灰度）更深，二值化之后物体会成为黑色，而背景则成为白色，因此通常习惯将物体用黑色（灰度值 0）表示，而背景用白色（灰度值 255）表示。但 MATLAB 在二值图像形态学的处理中，默认情况下，白色的（二维图像中灰度值为 1 的像素，或灰度图像中灰度值为 255 的像素）是前景（物体），黑色的为背景。实际上，以什么灰度值为前景和背景只是一种处理上的习惯，与形态学算法本身无关。在进行形态学处理之前，先将图像反色，就可以在两种认定习惯之间自由切换。

14.1.1　数字图像集合

形态学图像处理的数学基础和所用语言是集合论，所有像素坐标的集合均不属于集合 A，记为 A^c，由下式给出：

$$A^c = \{\omega \mid \omega \notin A\}$$

这个集合称为集合 A 的补集。

集合 B 的反射，定义为

$$\hat{B} = \{w \mid w = -b, b \in B\}$$

即关于原集合原点对称。

将集合 A 平移到点 $z=(z1,z2)$，表示为 $(A)_z$，定义为

$$(A)_z = \{c \mid c = a + z, a \in A\}$$

使用 MATLAB 语言进行数学形态学运算时，所有非零数值均被认为真，而 0 为假。在逻辑判断结果中，判断为真时输出 1，判断为假时输出 0。

MATLAB 语言的逻辑运算符见表 14.1。

表 14.1　MATLAB 语言的逻辑运算符

运　算　符	定　义
&或 and	逻辑与。当两个操作数同时为真时，结果为 1，否则为 0
|或 or	逻辑或。当两个操作数同时为假时，结果为 0，否则为 1
～或 not	逻辑非。当操作数为假时，结果为 1，否则为 0
xor	逻辑异或。当两个操作数相同时，结果为 0，否则为 1

在算术、关系、逻辑三种运算符中，算术运算符的优先级最高，关系运算符次之，而逻辑运算符的优先级最低。在逻辑运算符中，"非"的优先级最高，"与"和"或"有相同的优先级。

实例——二值图像的非运算

源文件：yuanwenjian\ch14\ex_1401.m

MATLAB 程序如下：

```
>> close all                                  %关闭当前已打开的文件
>> clear                                       %清除工作区的变量
>> I = imread('testpat1.png');                 %读取图像，返回图像数据矩阵 I
>> subplot(121);imshow(I);title('原图')        %显示原始图像，添加标题
>> J=not(I);                                    %对图像数据进行非运算
>> subplot(122);imshow(J);title('原图的非运算'); %显示进行非运算后的图像
```

运行结果如图 14.1 所示。

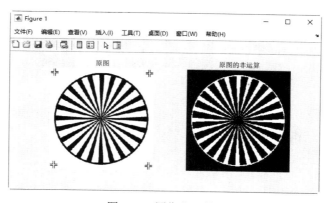

图 14.1　图像非运算

实例——二值图像的逻辑运算

源文件：yuanwenjian\ch14\ex_1402.m

MATLAB 程序如下：

```
>> close all                    %关闭当前已打开的文件
>> clear                        %清除工作区的变量
%读取 4 幅图像，返回对应的图像数据矩阵
>> I = imread('circle1.jpg');
>> J = imread('circle2.jpg');
>> K = imread('rectangle1.png');
>> M = imread('rectangle2.jpg');
%分割图窗视图，显示读取的图像
>> subplot(241),imshow(I);title('大圆');
>> subplot(242),imshow(J);title('小圆')
>> subplot(243),imshow(K);title('大矩形')
>> subplot(244),imshow(M);title('小矩形')
%分别将 4 幅图像二值化
>> bw_I=im2bw(I);
>> bw_J=im2bw(J);
>> bw_K=im2bw(K);
>> bw_M=im2bw(M);
>> A1=and(bw_J,bw_M);           %对二值化后的图像 2 和图像 4 进行与运算
>> A2= xor(bw_I,bw_J);          %对二值化后的图像 1 和图像 2 进行异或运算
>> A3= and(~bw_K,bw_M);         %对二值化后的图像 3 进行非运算后，和图像 4 进行与运算
>> A4= xor(~bw_I,~bw_M);        %对二值化后的图像 1 和图像 4 分别进行非运算后，再进行异或运算
%显示逻辑运算后的结果图像
>> subplot(245),imshow(A1);title('小圆小矩形与运算');
>> subplot(246),imshow(A2);title('大圆小圆异或运算')
>> subplot(247),imshow(A3);title('大矩形小矩形非与运算');
>> subplot(248),imshow(A4);title('大圆小矩形非异或运算')
```

运行结果如图 14.2 所示。

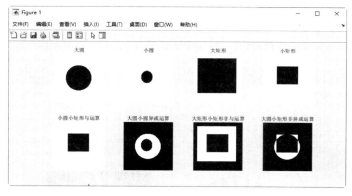

图 14.2　显示图像

14.1.2　创建形态学结构元素

膨胀和腐蚀操作的核心内容是结构元素。结构元素是类似于"滤波核"的元素，或者说类似于一个"小窗"，在原图上进行"滑动"，可以指定其形状和大小。一般来说，结构元素是由元素为 1 或者 0 的矩阵组成的。结构元素为 1 的区域定义了图像的邻域，在进行膨胀和腐蚀等形态学操作

时要考虑邻域内的像素。

一般来说，二维或者平面结构的结构元素要比处理的图像小得多。结构元素的中心像素，即结构元素的原点，相当于"小窗"的中心，与输入图像中感兴趣的像素值（即要处理的像素值）相对应。结构元素的形状可以根据操作的需求进行创建，可以是圆形、矩形、椭圆形，甚至是指定的多边形等。三维的结构元素使用 0 和 1 来定义 xy 平面中结构元素的范围，使用高度值定义第三维。

1. 形态结构元素

在 MATLAB 中，strel 命令用于创建形态学结构元素，其使用格式见表 14.2。

表 14.2　strel 命令的使用格式

使 用 格 式	说 明
SE = strel(nhood)或 SE = strel('arbitrary',nhood)	创建具有指定邻域 nhood 的平面结构元素
SE = strel('diamond',r)	创建菱形结构元素，其中 r 指定从结构元素原点到菱形点的距离
SE = strel('disk',r,n)	创建一个盘形结构元素，其中 r 指定半径，n 指定用于近似圆盘形状的线结构元素的数量
SE = strel('octagon',r)	创建八边形结构元素，其中 r 指定从结构元素原点到八边形边的距离（沿水平和垂直轴测量）。r 必须是 3 的非负倍数
SE = strel('line',len,deg)	创建一个关于邻域中心对称的线性结构元素，长度约为 len，角度约为 deg
SE = strel('rectangle',[m n])	创建大小为[m, n]的矩形结构元素
SE = strel('square',w)	创建宽度为 w 像素的正方形结构元素
SE = strel('cube',w)	创建宽度为 w 像素的三维立方体结构元素
SE = strel('cuboid',[m n p])	创建大小为[m, n, p]的三维立方体结构元素
SE = strel('sphere',r)	创建半径为 r 像素的三维球面结构元素

2. 偏移结构元素

在 MATLAB 中，offsetstrel 命令用于创建偏移结构元素，偏移结构对象代表一个非平面的形态结构元素，它是形态膨胀和腐蚀操作的重要组成部分。该命令的使用格式见表 14.3。

表 14.3　offsetstrel 命令的使用格式

使 用 格 式	说 明
SE = offsetstrel(offset)	使用矩阵偏移量中指定的相加偏移量 offset 创建非平面结构元素 SE
SE = offsetstrel('ball',r,h)	创建了一个非平坦的球形结构元素，其在 xy 平面中的半径为 r，其最大偏移高度为 h
SE = offsetstrel('ball',r,h,n)	创建非平坦的球形结构元素，其中 n 指定 offsetstrel 用于近似形状的非平坦的线状结构元素的数目。当指定 n 为大于 0 的值时，使用球近似的形态学运算运行得快得多

只能使用偏移结构对象对灰度图像、二值图像进行形态学操作。

14.1.3　基本形态学运算

形态学图像处理的基本运算有 4 个：膨胀运算、腐蚀运算、开运算和闭运算，这些运算在二值图像（位图）、灰度图像中用得特别多，在彩色图像上效果不是很明显，在实际应用中，可以将彩色图像转换为二值图像。

1. 膨胀运算

膨胀运算只要求结构元素的原点在目标图像的内部平移，换句话说，当结构元素在目标图像上平移时，允许结构元素中的非原点像素超出目标图像的范围。

膨胀运算具有扩大图像和填充图像中比结果元素小的成分的作用，因此在实际应用中可以利用膨胀运算连接相邻物体和填充图像中的小孔和狭窄的缝隙。经过膨胀操作，图像区域的边缘可能会变得平滑，区域的像素将会增加，不相连的部分可能会连接起来。即使如此，原本不相连的区域仍然属于各自的区域，不会因为像素重叠就发生合并。

在 MATLAB 中，imdilate 命令用于对所有图像执行灰度膨胀，放大图像，其使用格式见表 14.4。

表 14.4　imdilate 命令的使用格式

使 用 格 式	说　　明
J = imdilate(I,SE)	使用结构元素 SE 膨胀灰度图像、二值图像或压缩二值图像 I，返回膨胀图像 J
J = imdilate(I,nhood)	在上一种语法格式的基础上，使用参数 nhood 指定由 0 和 1 组成的结构元素邻域
J = imdilate(...,packopt)	在以上任一种语法格式的基础上，使用参数 packopt 指定图像 I 是否为压缩的二值图像
J = imdilate(...,shape)	在以上任一种语法格式的基础上，使用参数 shape 指定输出图像的大小

扫一扫，看视频

实例——膨胀图像

源文件：yuanwenjian\ch14\ex_1403.m

MATLAB 程序如下：

```
>> close all                            %关闭当前已打开的文件
>> clear                                %清除工作区的变量
>> I = imread('立体字.png');            %读取 RGB 图像，返回图像数据 I
>> subplot(1,2,1),imshow(I), title('原图')          %显示原始图像
>> I1=rgb2gray(I);                      %将 RGB 图像转换为灰度图像
>> BW = imbinarize(I1);                 %通过灰度阈值将图像转换为二值图像
>> b = strel('line',11,90);            %创建垂直线型结构元素 b，长度约为 11，角度约为 90 度
>> J = imdilate(BW,b);                 %使用创建的结构元素 b 膨胀二值图像 BW
>> subplot(1,2,2),imshow(J), title('膨胀后的图像')   %显示膨胀后的图像
```

运行结果如图 14.3 所示。

图 14.3　显示图像

膨胀得到的图像比原图像更明亮，并且会减弱或消除小的、暗的细节部分。

2. 腐蚀运算

腐蚀运算是对所选区域进行"收缩"的一种操作，可以用于消除边缘和杂点。腐蚀区域的大小与结构元素的大小和形状相关。其原理是使用一个自定义的结构元素，在二值图像上进行类似于"滤

波"的滑动操作，然后将二值图像对应的像素点与结构元素的像素点进行对比，得到的交集即为腐蚀后的图像像素。

经过腐蚀操作，图像区域的边缘可能会变得平滑，区域的像素将会减少，相连的部分可能会断开，但各部分仍然属于同一个区域。

在 MATLAB 中，imerode 命令用于对图像执行腐蚀操作，收缩图像，其使用格式见表 14.5。

表 14.5　imerode 命令的使用格式

使 用 格 式	说　　明
J = imerode(I,SE)	使用结构元素 SE 腐蚀灰度图像、二值图像或压缩二值图像 I，返回腐蚀图像 J
J = imerode(I,nhood)	在上一种语法格式的基础上，使用参数 nhood 指定由 0 和 1 组成的结构元素邻域，此语法格式等效于 imerode(I,strel(nhood))
J = imerode(…,packopt,m)	在上一种语法格式的基础上，使用参数 packopt 指定图像 I 是否为压缩二值图像；使用参数 m 指定原始未压缩图像的行维度
J = imerode(…,shape)	在以上任一种语法格式的基础上，使用参数 shape 指定输出图像的大小

实例——腐蚀图像

源文件：yuanwenjian\ch14\ex_1404.m

MATLAB 程序如下：

```
>> close all                           %关闭当前已打开的文件
>> clear                               %清除工作区的变量
>> I = imread('youpiao1.png');         %读取 RGB 图像，返回图像数据 I
>> subplot(1,2,1),imshow(I), title('原图')        %显示原始图像
>> I1=rgb2gray(I);                      %将 RGB 图像转换为灰度图像
>> BW = imbinarize(I1);                 %将图像通过灰度阈值转换为二值图像
>> b = strel('cube',3);                 %创建一个宽度为 3 像素的三维立方体结构元素 b
>> J = imerode(BW,b);                   %使用结构元素腐蚀二值图像
>> subplot(1,2,2),imshow(J), title('腐蚀后的图像')    %显示腐蚀后的图像
```

运行结果如图 14.4 所示。

图 14.4　显示图像

腐蚀得到的图像更暗，并且尺寸小、明亮的部分被削弱。

动手练一练——弱化二值图像的边界

使用 imerode 命令弱化二值图像的边界。

扫一扫，看视频

📋 **思路点拨：**

源文件：yuanwenjian\ch14\prac_1401.m

（1）读取二值图像。

（2）分割视图，在第一个子图中显示读取的图像。

（3）使用 8 连通对象创建标签矩阵。

（4）在第二个子图中显示标签图像。

3. 开运算

开运算的计算步骤是先腐蚀，后膨胀。通过腐蚀运算去除小的非关键区域，或把离得很近的元素分隔开，再通过膨胀填补过度腐蚀留下的空隙。因此，通过开运算能去除孤立的、细小的点，平滑毛糙的边缘线，同时原区域面积也不会有明显的改变，类似于一种"去毛刺"的效果。

在 MATLAB 中，imopen 命令用于对所有图像执行开运算，其使用格式见表 14.6。

表 14.6　imopen 命令的使用格式

使 用 格 式	说　　　明
J = imopen(I,SE)	使用结构元素 SE 对灰度或二值图像 I 执行形态学开运算，返回经过开运算的图像 J
J = imopen(I,nhood)	在上一种语法格式的基础上，使用参数 nhood 指定由 0 和 1 组成的结构元素邻域，此语法格式等效于 imopen(I,strel(nhood))

扫一扫，看视频

实例——对图像执行形态学开运算

源文件：yuanwenjian\ch14\ex_1405.m

MATLAB 程序如下：

```
>> close all                            %关闭当前已打开的文件
>> clear                                %清除工作区的变量
>> I = imread('girl1.png');             %读取 RGB 图像，返回图像数据 I
>> I1=rgb2gray(I);                       %将 RGB 图像转换为灰度图像
>> subplot(2,2,1),imshow(I1), title('灰度图')      %显示灰度图像
>> SE = strel('sphere',15);             %创建半径为 15 像素的三维球面结构元素
>> J = imopen(I1,SE);                    %使用转换后的结构元素对灰度图像进行开运算
>> subplot(2,2,2),imshow(J), title('灰度图开运算')    %显示灰度图像开运算后的图像
>> BW = imbinarize(I1);                  %将灰度图像通过灰度阈值转换为二值图像
>> subplot(2,2,3),imshow(BW), title('二值图')       %显示二值图
>> K = imopen(BW,SE);                    %使用转换后的结构元素对二值图像进行开运算
>> subplot(2,2,4),imshow(K), title('二值图开运算')    %显示二值图像执行开运算后的图像
```

运行结果如图 14.5 所示。

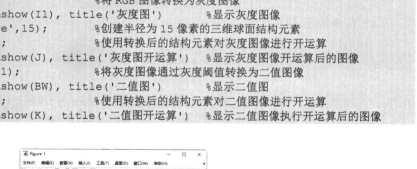

图 14.5　显示图像

4．闭运算

闭运算的计算步骤与开运算正好相反，是先膨胀，后腐蚀，能将看起来很接近的元素，如区域内部的空洞或外部孤立的点连接成一体，而区域的外观和面积不会有明显的改变。因此，通过闭运算可以在"填补空隙"的同时，不会加粗图像边缘轮廓。

在 MATLAB 中，imclose 命令用于对图像执行闭运算，其使用格式见表 14.7。

表 14.7　imclose 命令的使用格式

使 用 格 式	说　　　　明
J = imclose(I,SE)	使用结构元素 SE 对灰度或二值图像 I 执行形态学闭运算，返回经闭运算后的图像 J
J = imclose(I,nhood)	在上一种语法格式的基础上，使用参数 nhood 指定由 0 和 1 组成的结构元素邻域，此语法格式等效于 imclose(I,strel(nhood))

实例——使用闭运算填补图像

源文件：yuanwenjian\ch14\ex_1406.m

MATLAB 程序如下：

```
>> close all                            %关闭当前已打开的文件
>> clear                                %清除工作区的变量
>> I = imread('guangying.jpg');         %读取 RGB 图像
>> I1=rgb2gray(I);                       %将 RGB 图像转换为灰度图
>> BW = imbinarize(I1);                  %将灰度图转换为二值图
>> subplot(1,2,1),imshow(BW), title('二值图')      %显示二值图像
>> SE = strel('disk',10);                %创建了一个半径为 10 的盘形结构元素
>> J = imclose(BW,SE);                   %使用结构元素对二值图像进行闭运算
>> subplot(1,2,2),imshow(J), title('闭运算结果图')   %显示图像闭运算后的图像
```

运行结果如图 14.6 所示。

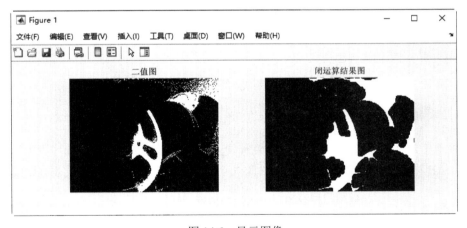

图 14.6　显示图像

14.1.4　底帽滤波

底帽滤波用于对灰度图像进行操作，效果等同于原图像减去闭运算图像，可以检测出原图像前景色中的黑点。

在 MATLAB 中，imbothat 命令用于对图像执行底帽滤波，其使用格式见表 14.8。

表 14.8　imbothat 命令的使用格式

使 用 格 式	说 明
J = imbothat(I,SE)	使用结构元素 SE 对灰度图像或二值图像 I 执行底帽滤波操作，返回滤波后的图像 J
J = imbothat(I,nhood)	在上一种语法格式的基础上，使用参数 nhood 指定由 0 和 1 组成的结构元素邻域

扫一扫，看视频

实例——灰度图像底帽滤波

源文件：yuanwenjian\ch14\ex_1407.m

MATLAB 程序如下：

```
>> close all                        %关闭当前已打开的文件
>> clear                            %清除工作区的变量
>> I = imread('chicken.jpg');       %读取 RGB 图像
>> I1=rgb2gray(I);                  %将 RGB 图像转换为灰度图像
>> subplot(1,2,1),imshow(I1),title('灰度图')      %显示原始图像
>> SE = strel('sphere',5);         %创建半径为 5 像素的三维球面结构元素
>> J = imbothat(I1,SE);            %使用结构元素对灰度图像进行底帽滤波
>> subplot(1,2,2),imshow(J),title('底帽滤波图像')     %显示灰度图像底帽滤波后的图像
```

运行结果如图 14.7 所示。

图 14.7　显示图像

14.1.5　顶帽滤波

顶帽滤波用于对灰度图像进行操作，效果等同于原图像减去开运算图像。

在 MATLAB 中，imtophat 命令用于对图像执行顶帽滤波，其使用格式见表 14.9。

表 14.9　imtophat 命令的使用格式

使 用 格 式	说 明
J = imtophat(I,SE)	使用结构元素 SE 对灰度图像或二值图像 I 执行顶帽滤波操作，返回滤波后的图像 J
J = imtophat(I,nhood)	在上一种语法格式的基础上，使用参数 nhood 指定由 0 和 1 组成的结构元素邻域

扫一扫，看视频

实例——灰度图像底帽和顶帽滤波

源文件：yuanwenjian\ch14\ex_1408.m

MATLAB 程序如下：

```
>> close all                    %关闭当前已打开的文件
>> clear                        %清除工作区的变量
>> I = imread('car.tif');       %读取 RGB 图像
>> subplot(2,3,1),imshow(I), title('Original Image')   %显示原始 RGB 图像
>> I1=rgb2gray(I);              %将 RGB 图像转换为灰度图像
>> SE = strel('octagon',9);     %创建八边形结构元素，从结构元素原点到八边形边的距离为 9
>> D1 = imbothat(I1,SE);        %使用结构元素 SE 对灰度图像进行底帽滤波
>> T1=imtophat(I1,SE);          %使用结构元素 SE 对灰度图像进行顶帽滤波
%对比显示灰度图像底帽滤波后的图像和顶帽滤波后的图像
>> subplot(2,3,[2 3]),imshowpair(D1,T1,'montage'),title('底帽滤波（左）和顶帽滤波（右）')
>> closeI=imclose(I1,SE);       %灰度图像闭运算
>> D2=imsubtract(I1,closeI);    %灰度图像-闭运算图像
>> openI=imopen(I1,SE);         %灰度图像开运算
>> T2=imsubtract(I1,openI);     %灰度图像-开运算图像，即顶帽滤波
>> subplot(2,3,4),imshow(I1), title('灰度图')    %显示灰度图像
>> subplot(2,3,[5 6]),imshowpair(D2,T2,'montage'),title('灰度图-闭运算（左）和 灰度图
-开运算（右）')                  %显示灰度图像与闭运算、开运算的差值图像
```

运行结果如图 14.8 所示。

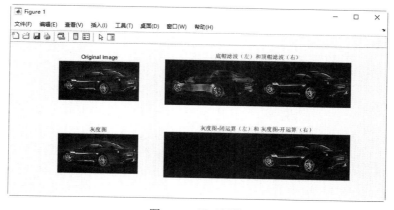

图 14.8　显示图像

14.2　图像掩膜

掩膜（Mask）是一种图像滤镜的模板，是由 0 和 1 组成的一个二值图像。当在某一功能中应用掩模时，1 值区域被处理，被屏蔽的 0 值区域不被包括在计算中。通过指定的数据值、数据范围、有限或无限值、感兴趣区域和注释文件来定义图像掩膜，也可以应用上述选项的任意组合作为输入来建立掩膜。

在数字图像中，图像掩膜是用选定的图像、图形或物体，对处理的图像（全部或局部）进行遮挡，来控制图像处理的区域或处理过程。

在数字图像中，掩膜的作用主要包括以下 3 种。

（1）提取感兴趣区域：用预先制作的感兴趣区域掩膜与待处理图像相乘，得到感兴趣区域图像。感兴趣区域内图像值保持不变，而区外图像值都为 0。

（2）屏蔽作用：用掩膜对图像上某些区域进行屏蔽，使其不参与处理或不参与计算处理参数，或仅对屏蔽区进行处理或统计。

（3）提取结构特征：用相似性变量或图像匹配方法检测和提取图像中与掩膜相似的结构特征。

掩膜常用于处理遥感图像，可以对道路、河流或房屋图像进行像素过滤，突出显示需要的地物或者标志。

14.2.1 提取感兴趣区域

在 MATLAB 中，roipoly 命令用于选择图像中的多边形感兴趣区域（Region of Interest，ROI），其使用格式见表 14.10。

表 14.10　roipoly 命令的使用格式

使 用 格 式	说　明
BW = roipoly	创建与当前图窗中显示的图像关联的交互式多边形选择工具，返回掩膜 BW
BW = roipoly(I)	在图窗中显示灰度或 RGB 图像 I，并创建与图像关联的交互式多边形选择工具
BW = roipoly(I,xi,yi)	通过指定多边形顶点的坐标(xi,yi)创建多边形区域
BW = roipoly(x,y,I,xi,yi)	通过在由 x、y 定义的世界坐标系中定义多边形的顶点坐标(xi,yi)创建多边形区域
[BW,xi2,yi2] = roipoly(...)	在以上任一种语法格式的基础上，返回闭合多边形的顶点坐标(xi2,yi2)
[x2,y2,BW,xi2,yi2] = roipoly(...)	在上一种语法格式的基础上，还返回图像范围 x2 和 y2
roipoly(...)	这种语法格式不带输出参数，在一个新图窗中显示生成的掩膜图像

实例——在图像中选择感兴趣区域

源文件：yuanwenjian\ch14\ex_1409.m

MATLAB 程序如下：

```
>> close all                          %关闭当前已打开的文件
>> clear                              %清除工作区的变量
>> I = imread('jinshu.png');          %读取 RGB 图像
>> I1=rgb2gray(I);                    %将 RGB 图像转换为灰度图像
>> subplot(1,3,1),imshow(I1),title('灰度图')    %显示灰度图像
>> I2 = imbinarize(I1);               %灰度图像转换为二值图像
>> subplot(1,3,2),imshow(I2),title('二值图')    %显示灰度二值图像
%定义多边形顶点的坐标
>> c = [100 300 300 100];
>> r = [100 100 300 300];
>> J = roipoly(I2,c,r);               %在图像中创建顶点坐标指定的多边形掩膜图像 J
>> subplot(1,3,3),imshow(J),title('创建的 ROI')    %显示掩膜图像
```

运行结果如图 14.9 所示。

图 14.9　显示图像

除了指定顶点创建多边形 ROI，还可以根据 RGB 图像或灰度图像的灰度或亮度值选择 ROI。在 MATLAB 中，roicolor 命令根据颜色在图像中选择感兴趣区域，其使用格式见表 14.11。

表 14.11　roicolor 命令的使用格式

使 用 格 式	说　　明
BW = roicolor(I,low,high)	按指定的灰度范围[low, high]分割图像，返回二值掩膜 BW
BW = roicolor(I,v)	按向量 v 中指定的灰度值选择 ROI

实例——根据颜色选择感兴趣区域

源文件：yuanwenjian\ch14\ex_1410.m

MATLAB 程序如下：

```
>> close all                              %关闭当前已打开的文件
>> clear                                  %清除工作区的变量
>> I = imread('meigui.jpg');              %读取 RGB 图像
>> subplot(1,3,1),imshow(I), title('RGB 图像')        %显示 RGB 图像
>> I1=rgb2gray(I);                        %将 RGB 图像转换为灰度图像
>> subplot(1,3,2),imshow(I1), title('灰度图像')       %显示灰度图像
>> J = roicolor(I1,10,100);               %将灰度值范围[10,100]内的像素值设置为 1（白色），该范围
外的像素值设置为 0（黑色），创建二值掩膜
>> subplot(1,3,3),imshow(J),title('二值掩膜')         %显示二值掩膜图像
```

运行结果如图 14.10 所示。

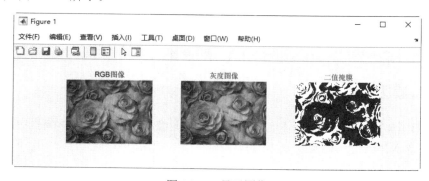

图 14.10　显示图像

在 MATLAB 中，使用 poly2mask 命令可将多边形转换为掩膜，其使用格式见表 14.12。

表 14.12　poly2mask 命令的使用格式

使 用 格 式	说　　明
BW = poly2mask(xi,yi,m,n)	根据顶点(xi,yi)处的 ROI 多边形，计算大小为 m×n 的感兴趣区域二值掩膜 BW。如果该多边形没有闭合，则自动将其闭合

实例——将感兴趣区域转换为掩膜

源文件：yuanwenjian\ch14\ex_1411.m

MATLAB 程序如下：

```
>> close all                              %关闭当前已打开的文件
>> clear                                  %清除工作区的变量
```

```
%定义多边形顶点的坐标
>> x = [100 210 243 154 66];
>> y = [80 80 184 248 184];
>> bw = poly2mask(x,y,256,256);        %将由顶点坐标(x,y)定义的 ROI 多边形转换为二值掩膜 bw
>> imshow(bw)                          %显示掩膜图像
>> hold on                             %保留当前图窗的绘图
>> plot(x,y,'g',LineWidth=4,Marker='p')  %设置线宽、颜色与标记样式，绘制掩膜轮廓
>> hold off                            %关闭保持命令
```

运行结果如图 14.11 所示。

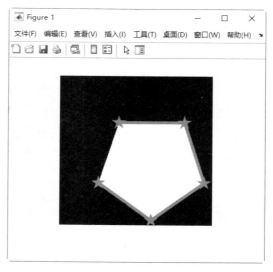

图 14.11　显示图像

14.2.2　填充掩膜区域

在 MATLAB 中，regionfill 命令使用向内插值填充图像中的指定区域，掩膜中的非零像素指定要填充的图像的像素，其使用格式见表 14.13。

表 14.13　regionfill 命令的使用格式

使 用 格 式	说　　明
J = regionfill(I,mask)	填充图像 I 中由掩膜 mask 指定的区域，返回填充的灰度图像 J
J = regionfill(I,x,y)	填充图像 I 中由 x 和 y 定义顶点坐标的多边形区域，返回填充的灰度图像 J

扫一扫，看视频

实例——填充图像区域

源文件：yuanwenjian\ch14\ex_1412.m

MATLAB 程序如下：

```
>> close all              %关闭当前已打开的文件
>> clear                  %清除工作区的变量
>> I = imread('moon.tif');   %读取灰度图像
>> mask = I<100;          %定义掩膜 mask，图像 I 中像素值小于 100 的区域为 1，其他区域像素值为 0
>> mask = imerode(mask,strel('disk',10));   %利用半径为 10 的盘形结构元素膨胀掩膜
>> mask = imdilate(mask,strel('disk',20));  %利用半径为 20 的盘形结构元素腐蚀掩膜
```

```
>> subplot(1,3,1),imshow(mask), title('掩膜')     %显示原图与填充后的图像
>> J = regionfill(I,mask);                         填充图像 I 中的掩膜区域，得到填充的灰度图像
%显示原图与填充后的图像
>> subplot(1,3,[2 3]),imshowpair(I,J,'montage'), title('原图(左)和填充图(右)')
```

运行结果如图 14.12 所示。

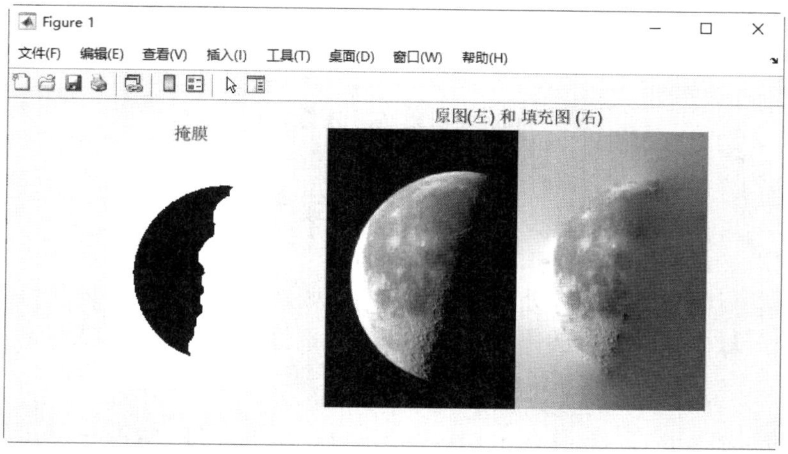

图 14.12　显示图像

14.2.3　局部滤波

在 MATLAB 中，roifilt2 命令用于对图像的感兴趣区域进行滤波，其使用格式见表 14.14。

表 14.14　roifilt2 命令的使用格式

使 用 格 式	说　　明
J = roifilt2(h,I,BW)	使用二维线性滤波器 h 对图像 I 中用二值掩膜 BW 选中的感兴趣区域进行滤波，返回滤波图像 J
J = roifilt2(I,BW,fun)	使用函数 fun 对图像 I 中用二值掩膜 BW 选中的感兴趣区域进行滤波

实例——图像局部滤波

源文件：yuanwenjian\ch14\ex_1413.m

扫一扫，看视频

MATLAB 程序如下：

```
>> close all                       %关闭当前已打开的文件
>> clear                           %清除工作区的变量
>> I = imread('sanye.jpg');        %读取 RGB 图像
>> I=rgb2gray(I);                  %将 RGB 图像转换为灰度图像
>> c = [112 450 450 420 340 200];
>> r = [0 0 67 190 250 200];       %定义图像掩膜多边形顶点坐标
>> BW = roipoly(I,c,r);            %根据多边形顶点坐标 c 和 r，创建二值掩膜 BW
>> subplot(1,3,1),imshow(BW), title('二值掩膜') %显示掩膜图像
>> h = fspecial('unsharp');        %创建反锐化掩膜滤波器，滤波后的图像增强边缘和细节
>> J = roifilt2(h,I,BW);           %使用滤波器 h 对指定的图像 I 的掩膜区域 BW 进行滤波
>> subplot(1,3,[2 3]),imshowpair(I,J,'montage'), title('原图(左) 和 局部滤波图像(右)')
                                   %显示原图与掩膜滤波后的图像
>> brighten(0.5)                   %增强颜色图亮度显示
```

运行结果如图 14.13 所示。

图 14.13　显示图像

14.3　连通区域分析

连通区域分析是一种常见的图像处理操作。连通区域是指图像中具有相同的像素值且相邻的区域。连通区域分析一般是针对二值图像，将具有相同像素值且相邻的像素找出来并标记。

1．邻域

像素 $P(x,y)$ 的 4 邻域是 $(x+1,y),(x,y+1),(x-1,y),(x,y-1)$，用 $N_4(P)$ 表示，如图 14.14 所示。

像素 $P(x,y)$ 的 D 邻域是 $(x+1,y+1),(x+1,y-1),(x-1,y+1),(x-1,y-1)$，如图 14.15 所示。

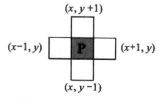

图 14.14　4 邻域示意图

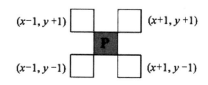

图 14.15　D 邻域示意图

像素 $P(x,y)$ 的 8 邻域是：4 邻域的点+D 邻域的点。

2．连通性

连通性（邻接性）是描述区域和边界的重要概念。两个像素连通要满足的两个条件如下。

（1）两个像素的位置相邻。

（2）两个像素的灰度值满足特定的相似性准则（同时满足某种条件，如在某个集合内或者相等）。

令 S 为图像中的一个像素子集，S 中的全部像素之间存在通路，则可以说 S 中的两个像素 p 和 q 在 S 中是连通的。对于 S 中任何像素 p，S 中连通到该像素的像素集称为 S 的连通分量。如果 S 仅有一个连通分量，则集合 S 称为连通集。

令 V 是用于定义连通性的灰度值集合，对于灰度值在 V 集合中的像素 P 和 Q，如果 Q 在 P 的 4 邻域 [即 $N_4(P)$ 中，则称这两个像素是 4 连通的，如图 14.16 所示。

如果 Q 在 P 的 4 邻域 [即 $N_8(P)$] 中，则称这两个像素是 8 连通的，如图 14.17 所示。

图 14.16　4 连通示意图

图 14.17　8 连通示意图

14.3.1　连通区域标记

将图像中的连通区域找出来并标记，称为连通区域标记，也称为连通区域分析。一般会先将图像二值化，将图像分为前景区域和背景区域，然后将每个连通区域设置一个标记。

在 MATLAB 中，bwlabel 命令用于标注二值图像中已连接的部分，其使用格式见表 14.15。

表 14.15　bwlabel 命令的使用格式

命 令 格 式	说　　明
L = bwlabel(BW)	对二值图像 BW 中的连通分量进行标记，返回标签矩阵 L，其中包含在 BW 中找到的 8 连通对象的标签
L = bwlabel(BW,conn)	在上一种语法格式的基础上，使用参数 conn 指定连通性。参数 conn 一般可取值为 4、8，含义见表 14.16
[L,n] = bwlabel(…)	在以上任一种语法格式的基础上，还返回在 BW 中找到的连通对象的数量 n

表 14.16　像素连通性的含义

值	含　　义	图　示
4	如果像素的边缘接触，则像素是相连的。两个相邻的像素是同一对象的一部分，如果它们都在水平或垂直方向上并且连接在一起	
8	如果像素的边或角接触，则像素是相连的。两个相邻的像素是同一对象的一部分，如果它们都在水平、垂直或对角线方向上并且连接在一起	

实例——标记二值图像中的 4 连通分量

源文件：yuanwenjian\ch14\ex_1414.m

扫一扫，看视频

MATLAB 程序如下：

```
>> clear                              %清除工作区的变量
>> close all                          %关闭所有打开的文件
>> A = imread('pencil.jpg');          %读取图像
>> ax(1)=subplot(131);imshow(A),title('RGB 图像')    %显示图像
>> B = imbinarize(A);                 %将 RGB 图像转换为二值图像
>> ax(2)=subplot(132);image(B),title('BW 图像')      %显示格式转换后的二值图像
>> C= imbinarize(rgb2gray(A));        %bwlabel 命令只能进行二维数据操作，因此先将图像二值化
>> L = bwlabel(C,4);                  %使用 4 连通对象创建标签矩阵
>> ax(3)=subplot(133);image(L),title('Label 图像')   %显示标签图像
>> axis(ax,'off')                     %关闭坐标系
>> axis(ax,'square')                  %调整数据单位之间的增量，使图像显示为正方形
```

运行结果如图 14.18 所示。

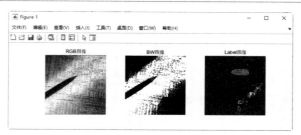

图 14.18　显示图像

动手练一练——使用 8 连通对象标注连通区域

使用 8 连通对象标记二值图像的连通区域。

📋 **思路点拨：**

> 源文件：yuanwenjian\ch14\prac_1402.m
> （1）读取二值图像。
> （2）分割视图，在第一个子图中显示读取的图像。
> （3）使用 8 连通对象创建标签矩阵。
> （4）在第二个子图中显示标签图像。

在 MATLAB 中，除了 bwlabel 命令，还可以用 bwlabeln 命令标记二值图像中的连通分量。与 bwlabel 命令相比，bwlabeln 命令不仅可以处理二维数组，还可以处理多维数组，使用格式与 bwlabel 命令类似，这里不再赘述。

实例——标记图像的连通分量

源文件：yuanwenjian\ch14\ex_1415.m

MATLAB 程序如下：

```
>> clear                              %清除工作区的变量
>> close all                          %关闭所有打开的文件
>> A = imread('Christ.jpg');          %读取图像
>> ax(1)=subplot(121);imshow(A),title('RGB 图像')     %显示图像
>> B = imbinarize(rgb2gray(A));       %将 RGB 图像转换为二值图像
>> L = bwlabeln(B,8);                 %使用 8 连通对象创建标签矩阵
>> ax(2)=subplot(122);image(L),title('Label 图像')    %显示标签图像
>> axis(ax,'off')                     %关闭坐标系
>> axis(ax,'square')                  %调整数据单位之间的增量，使图像显示为正方形
```

运行结果如图 14.19 所示。

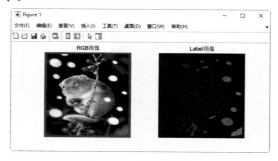

图 14.19　显示图像

14.3.2 查找连通区域

在 MATLAB 中，bwconncomp 命令用于在二值图像中查找连通分量，其使用格式见表 14.17。

表 14.17　bwconncomp 命令的使用格式

使 用 格 式	说　明
CC = bwconncomp(BW)	返回在二值图像 BW 中找到的连通分量 CC。默认对二维使用 8 连通，对三维使用 26 连通，对更高维使用 conndef(ndims(BW),'maximal')连通
CC = bwconncomp(BW,conn)	在上一种语法格式的基础上，使用参数 conn 指定连通分量所需的连通性

实例——查找二值图像中的连通分量

源文件：yuanwenjian\ch14\ex_1416.m

扫一扫，看视频

MATLAB 程序如下：

```
>> clear                              %清除工作区的变量
>> close all                          %关闭所有打开的文件
>> A = imread('circlesBrightDark.png'); %读取二值图像
>> B = bwconncomp(A)                  %在二值图像中查找 8 连通分量
B =
   包含以下字段的 struct:
   Connectivity: 8                    %连通分量的连通性
      ImageSize: [512 512]            %二值图像的大小
     NumObjects: 1                    %连通分量的数目
   PixelIdxList: {[241763×1 double]}  %连通分量中像素的线性索引
```

除了可以使用命令查找连通分量的个数和对应的像素索引外，在 MATLAB 中，使用 label2rgb 命令可以将标签矩阵转换为 RGB 图像，将各个连通分量填上不同的颜色，可视化标记区域。该命令的使用格式见表 14.18。

表 14.18　label2rgb 命令的使用格式

使 用 格 式	说　明
RGB = label2rgb(L)	将标签矩阵 L 转换为彩色图像 RGB，以便可视化标记区域。在颜色图的整个范围中选取颜色，根据标签矩阵中对象的数量确定分配给每个对象的颜色
RGB = label2rgb(L,cmap)	在上一种语法格式的基础上，使用参数 cmap 指定要在 RGB 图像中使用的颜色图
RGB = label2rgb(L,cmap,zerocolor)	在上一种语法格式的基础上，使用参数 zerocolor 指定背景元素（标记为 0 的像素）的 RGB 颜色
RGB = label2rgb(L,cmap,zerocolor,order)	在上一种语法格式的基础上，使用参数 order 控制为标签矩阵中的区域分配颜色的方法,可指定为'noshuffle'（按数字顺序排列颜色图）或'shuffle'（顺序随机分配）

实例——将 16 位颜色表转换为 RGB 图像

源文件：yuanwenjian\ch14\ex_1417.m

扫一扫，看视频

MATLAB 程序如下：

```
>> clear                %清除工作区的变量
>> close all            %关闭所有打开的文件
>> A=0:15;              %创建 0～15 的向量 A
>> C=reshape(A,4,4);    %向量 A 转换为 4 阶矩阵 C
>> L=label2rgb(C);      %将矩阵 C 填上不同的颜色
```

```
>> image(L);                    %显示填充颜色的颜色表
>> axis off                     %关闭坐标轴
>> axis square                  %设置当前图形为正方形
>> colormap copper              %设置颜色图为从黑色平滑过渡到亮铜色
>> colorbar                     %在图像右侧添加色阶
```

运行结果如图 14.20 所示。

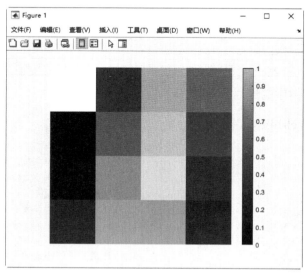

图 14.20　显示颜色表

如果要基于找到的连通分量创建标签矩阵，可以使用 labelmatrix 命令，该命令的使用格式见表 14.19。

表 14.19　labelmatrix 命令的使用格式

使 用 格 式	说　　明
L = labelmatrix (CC)	从 bwconncomp 返回的连通分量结构体 CC 创建标签矩阵 L

实例——从连通分量创建标签矩阵

源文件：yuanwenjian\ch14\ex_1418.m

MATLAB 程序如下：

```
>> close all                    %关闭当前已打开的文件
>> clear                        %清除工作区的变量
>> A = imread('circles.png');   %读取图像
>> subplot(121),imshow(A),title('二值图像')        %显示图像
>> B = bwconncomp(A);           %在二值图像中查找 8 连通分量，返回连通分量结构体 B
>> L = labelmatrix(B);          %基于连通分量结构体创建标签矩阵 L
>> C=label2rgb(L,'jet','w','shuffle');    %将标签矩阵转换为 RGB 图像,指定图像的颜色图为
jet,背景颜色为白色,无序排列标签的颜色顺序
>> subplot(122),imshow(C),title('RGB 图像');       %显示转换后的 RGB 图像
```

运行结果如图 14.21 所示。

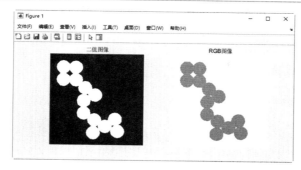

图 14.21 显示图像

14.3.3 区域极值

一幅图像可以有多个连通区域，每个区域都有局部极大值与极小值，比较众多极值，一幅图像可以得出一个最大值与最小值。

在 MATLAB 中，imregionalmax 命令用于标记区域最大值，其使用格式见表 14.20。

表 14.20 imregionalmax 命令的使用格式

使 用 格 式	说 明
J = imregionalmax(I)	返回识别灰度图像 I 中的区域最大值的二值图像 J。区域最大值是具有恒定强度值 t 的像素的连通分量，其外部边界像素都具有小于 t 的值。在 BW 中，设置为 1 的像素标记区域最大值；所有其他像素都设置为 0。默认情况下，对二维数据使用 8 连通，对三维数据使用 26 连通
J = imregionalmax(I, conn)	在上一种语法格式的基础上，使用参数 conn 指定连通分量所需的连通性

实例——标记区域最大值

源文件： yuanwenjian\ch14\ex_1419.m

扫一扫，看视频

MATLAB 程序如下：

```
>> close all              %关闭当前已打开的文件
>> clear                  %清除工作区的变量
>> I = imread('chong.jpg');   %读取 RGB 图像
>> I=rgb2gray(I);         %转换为灰度图像
>> J = imregionalmax(I);  %返回标记图像 I 中区域最大值的二值图像 J
>> imshowpair(I,J,'montage'), title('灰度图(左)和区域最大值 (右)') %显示灰度图像与区域最大值图像
```

运行结果如图 14.22 所示。

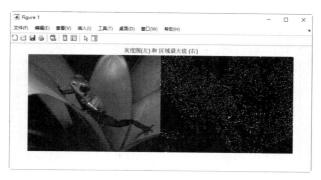

图 14.22 显示图像

与 imregionalmax 命令相对应，imregionalmin 命令用于标记区域最小值，使用格式与 imregionalmax 命令类似，这里不再赘述。

扫一扫，看视频

实例——标记图像区域最大值和最小值

源文件：yuanwenjian\ch14\ex_1420.m

MATLAB 程序如下：

```
>> close all                          %关闭当前已打开的文件
>> clear                              %清除工作区的变量
>> I = imread('dujia.png');           %读取 RGB 图像
>> I=rgb2gray(I);                     %转换为灰度图像
>> subplot(1,3,1),imshow(I), title('灰度图')    %显示灰度图像
>> J = imregionalmax(I);              %返回图像 I 中的区域最大值的二值图像 J
>> K = imregionalmin(I);              %返回图像 I 中的区域最小值的二值图像 K
>> subplot(1,3,[2 3]),imshowpair(J,K,'montage'), title('区域最大值(左)和区域最小值
(右)')
                                      %显示最大值图像与最小值图像
```

运行结果如图 14.23 所示。

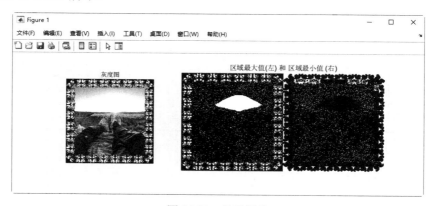

图 14.23　显示图像

14.3.4　测量图像区域的属性

在 MATLAB 中，regionprops 命令用于测量二值图像或灰度图像区域的属性（斑点分析），其使用格式见表 14.21。

表 14.21　regionprops 命令的使用格式

使 用 格 式	说　明
stats = regionprops(BW,properties)	返回二值图像 BW 中每个 8 连通分量的属性集的测量值 stats。参数 properties 指定测量的类型。测量值 stats 每个结构体字段或每行中的变量表示为每个区域计算的属性
stats = regionprops(CC,properties)	测量 CC 中每个连通分量的一组属性，CC 是 bwconncomp 返回的结构体
stats = regionprops(L,properties)	测量标注图像 L 中每个标注区域的一组属性。这种语法格式中，stats 包含属性为'LabelName'的附加字段或变量。L 可以是一个标签矩阵或者多维矩阵。当 L 是一个标签矩阵时，L 中的正整数元素对应不同的区域。如果 L 中的元素值为 1，则对应区域为 1；如果 L 中的元素值为 2，则对应区域为 2，以此类推
stats = regionprops(…,I,properties)	在以上任一种语法格式的基础上，为图像 I 中的每个标注区域返回由 properties 指定的一组属性的测量值
stats = regionprops(output,…)	在以上任一种语法格式的基础上，使用参数 output 指定返回值的类型

实例——计算质心并在图像上叠加位置

源文件：yuanwenjian\ch14\ex_1421.m

MATLAB 程序如下：

```
>> clear                              %清除工作区的变量
>> close all                          %关闭所有打开的文件
>> I = imread('draw.png');            %将当前路径下的图像读取到工作区中
>> J = I<100;                         %将输入图像 I 转换为二进制图像
>> stats = regionprops('table',J,'Centroid',...
     'MajorAxisLength','MinorAxisLength')    %计算图像中区域的属性，并在表格中返回数据
stats =
  10×3 table

          Centroid              MajorAxisLength      MinorAxisLength
    _____         _____       _____

     35.81    191.59    2        {0×0 double}          {0×0 double}
     51.09    276.94    2        {0×0 double}          {0×0 double}
      50.5     45.5     2        {0×0 double}          {0×0 double}
        62      125     2        {0×0 double}          {0×0 double}
    97.043    222.55    2        {0×0 double}          {0×0 double}
     139.5     49.5     2        {0×0 double}          {0×0 double}
    163.03    148.11    2        {0×0 double}          {0×0 double}
    201.06     256.1    2        {0×0 double}          {0×0 double}
     231.5       53     2        {0×0 double}          {0×0 double}
    236.52    174.58    2        {0×0 double}          {0×0 double}
>> imshowpair(I,J,'montage'),title('Original(Left) and BW (Right)')    %显示原始图
```
像和二值图像

运行结果如图 14.24 所示。

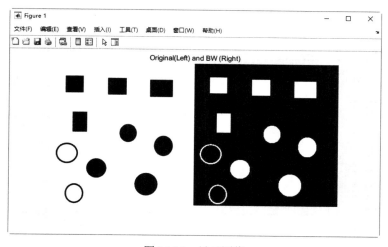

图 14.24　显示图像

14.4　图像块操作

在图像处理过程中，有时需要对图像进行分块操作而不是处理整幅图像，如对图像滤波和图像形态学操作。相比全图像操作，图像分块操作至少有以下 3 个优点：

（1）节省运算时占用的存储空间。

（2）降低计算的复杂性，提高处理速度。

（3）充分考虑图像的局部特性。

图像块操作都是基于一个图像块的整体操作，按照指定的图像处理函数得到仅涉及该图像块的计算结果。在对原图像进行块操作时，可以根据需要指定矩形块的大小。图像块操作的类型有两种：非重叠块操作和滑块邻域操作，分别针对非重叠块（Distinct Block）和滑动邻域（Sliding Neighborhood）。

（1）非重叠块。非重叠块是指将图像数据矩阵划分为大小相同的矩形区域，不同的图像块从图像左上角开始在图像上相互之间没有重叠地排列。如果图像不能恰好被划分，则在图像的右、下部对其补 0。

（2）滑动邻域。在 MATLAB 中，滑动邻域是一个包含的元素由中心像素的位置决定的像素集。滑动邻域操作一次只处理一个图像像素。当操作从图像矩阵的一个位置移动到另一个位置时，滑动邻域也以相同的方向运动。

14.4.1　图像分块与复原

在 MATLAB 中，im2col 命令用于将图像分割成块，然后将图像块排列为矩阵列，其使用格式见表 14.22。

表 14.22　im2col 命令的使用格式

使 用 格 式	说　　明
B = im2col(A,[m n],'distinct')	将矩阵 A 分为大小为 m×n 的子矩阵，再将每个子矩阵沿列排列为 B 的一列。如果不足 m×n，以 0 补足。参数'distinct'指定各子块矩阵互不重叠
B = im2col(A,[m n],'sliding')	将 A 分解为平移一行（列）的 m×n 的子矩阵，并将分解以后的子矩阵沿列方向重排为 B 的一列。子矩阵滑动的方式是每次移动一行或者一列
B = im2col(A,[m n])	与上一种语法格式相同
B = im2col(A,'indexed',…)	在以上任一种语法格式的基础上，使用可选参数'indexed'将 I 作为索引图像进行处理

在 MATLAB 中，col2im 命令是 im2col 的逆过程，用于将矩阵列重新排列成图像块，复原图像，其使用格式见表 14.23。

表 14.23　col2im 命令的使用格式

使 用 格 式	说　　明
A = col2im(B,[m n],[M N]) A = col2im(B,[m n],[M N],'sliding')	将行向量 B 重新排列成大小为 m×n 的邻域，以创建大小为(M−m+1)×(N−n+1)的矩阵 A。[m, n]指定邻域大小，[M, N]指定输出图像的大小
A = col2im(B,[m n],[M N],'distinct')	将矩阵 B 的每一列重新排列成不重叠的 m×m 块，以创建大小为 M×N 的矩阵 A

扫一扫，看视频

实例——按列重排图像块

源文件：yuanwenjian\ch14\ex_1422.m

MATLAB 程序如下：

```
>> close all          %关闭打开的文件
>> clear              %清除工作区的变量
>> I=imread('QQF.tif');  %读取图像，返回 uint8 三维矩阵 I
>> I=rgb2gray(I);     %将 RGB 图像转换为灰度图像
>> subplot(121);imshow(I);title('灰度图');
```

```
>> J = im2col(I,[30 20]);      %将图像分割成大小为 30×20 的块,将每一个图像块沿列排列为一个
列向量,得到图像 J
>> subplot(122);imshow(J);title('按列重排后的图像');
```

运行结果如图 14.25 所示。

图 14.25　显示图像

14.4.2　图像分割

图像分割就是把图像分成若干特定的、具有独特性质的区域并提取出感兴趣目标的技术和过程,它是从图像处理到图像分析的关键步骤。分割图像后,结果中可能存在过分割现象,利用区域归并方法可以将相邻的区域按照合并准则合并。

四叉树分解法是常见的分割合并算法。在二维空间,平面像素可以重复地被分为四部分,树的深度由图片、计算机内存和图形的复杂程度决定。四叉树分解法通过不停地把要查找的记录分成四部分进行匹配查找,直到仅剩下一条记录为止。

在 MATLAB 中,qtdecomp 命令用于实现四叉树分解,其使用格式见表 14.24。

表 14.24　qtdecomp 命令的使用格式

使　用　格　式	说　　明
S = qtdecomp(I)	对灰度图像执行四叉树分解,返回稀疏矩阵中的四叉树结构。如果 S(k,m)不为 0,则(k,m)是分解中某个块的左上角坐标,并且块的大小由 S(k,m)给出。默认情况下,除非块中的所有元素都相等,否则会拆分块
S = qtdecomp(I,threshold)	在上一种语法格式的基础上,使用参数 threshold 指定块同质性阈值,取值为[0, 1]之间的标量。如果块元素的最大值减去块元素的最小值大于阈值,则拆分块
S = qtdecomp(I,threshold,mindim)	在上一种语法格式的基础上,使用参数 mindim 指定最小块的大小。即使结果块不满足阈值条件,也不会生成小于 mindim 的块
S = qtdecomp(I,threshold,[mindim maxdim])	使用参数[mindim maxdim]指定块的大小范围。大于 maxdim 的块将被拆分
S = qtdecomp(I,fun)	使用 fun 函数决定是否拆分图像块

在 MATLAB 中,qtgetblk 命令用于获取四叉树分解中的块值,其使用格式见表 14.25。

表 14.25　qtgetblk 命令的使用格式

使　用　格　式	说　　明
[vals,r,c] = qtgetblk(I,S,dim)	返回图像 I 的四叉树分解 S 中大小为 dim×dim 的图像块的块值 vals,以及符合条件子块左上角在图像 I 的纵坐标 r 和横坐标 c
[vals,idx] = qtgetblk(I,S,dim)	返回块值 vals,以及块左上角的线性索引 idx

在 MATLAB 中，qtsetblk 命令用于设置四叉树分解中的块值，其使用格式见表 14.26。

表 14.26　qtsetblk 命令的使用格式

使 用 格 式	说　　明
J = qtsetblk(I,S,dim,vals)	用 vals 中包含的子块替换灰度图像 I 的四叉树分解 S 中的每个大小为 dim×dim 的块，返回经过子块替换后的新图像 J

扫一扫，看视频

实例——四叉树分解图像块

源文件：yuanwenjian\ch14\ex_1423.m

MATLAB 程序如下：

```
>> close all                    %关闭打开的文件
>> clear                        %清除工作区的变量
>> I = imread('zhou.png');      %读取 RGB 图像，返回 uint8 三维矩阵
>> I=rgb2gray(I);               %将 RGB 图像转换为灰度图像
>> subplot(121);imshow(I);title('原图');    %显示灰度图
>> S = qtdecomp(I,.27);         %对图像 I 进行四叉树分解，如果块元素的最大值减去最小值大于 0.27，
则分解块
>> J = repmat(uint8(0),size(S));    %重复数组，创建元素为 uint8 格式的全 0 矩阵，矩阵大小与 S 相同
>> for dim = [512 256 128 64 32 16 8 4 2 1]; %定义块维度 dim
  numJ = length(find(S==dim));      %定义重复因子行向量的一个维度 numJ
    if (numJ > 0)
    values = repmat(uint8(1),[dim dim numJ]); %创建为元素为 uint8 格式的全 1 矩阵 values,
矩阵大小为[dim dim numJ]
    values(2:dim,2:dim,:) = 0;      %将矩阵第 2 行及第 2 列往后的元素赋值为 0
    J = qtsetblk(J,S,dim,values);   %用 values 中的块替换图像 J 的四叉树分解中的每个大小为
dim×dim 的块
    end
  end
>> J(end,1:end) = 1;            %最后一行设置为 1
>> J(1:end,end) = 1;           %最后一列设置为 1
>> subplot(122);imshow(J,[]);title('四叉分解后的图像');    %显示图像
```

运行结果如图 14.26 所示。

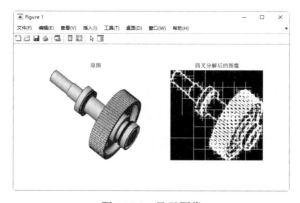

图 14.26　显示图像

14.4.3　非重叠块操作

在 MATLAB 中，blockproc 是一个通用的非重叠图像块操作命令，其使用格式见表 14.27。

表 14.27 blockproc 命令的使用格式

使 用 格 式	说　　明
B = blockproc(A,[m n],fun)	通过对大小为[m, n]的每个非重叠图像块应用 fun 函数处理输入图像 A，将 fun 处理的结果串联，得到输出图像 B
B = blockproc(src_filename,[m n],fun)	处理文件名为 src_filename 的图像，一次读取和处理一个图像块，常用于处理大型图像
B = blockproc(adapter,[m n],fun)	处理由 ImageAdapter 对象 adapter 指定的源图像
blockproc(…,Name,Value)	在以上任一种语法格式的基础上，使用名称-值对参数控制图像块属性

实例——将图像块中的像素设置为标准差

源文件：yuanwenjian\ch14\ex_1424.m

本实例将 10×10 图像块中所有像素的灰度值设为该图像块的标准方差。

MATLAB 程序如下：

```
>> close all                                    %关闭打开的文件
>> clear                                         %清除工作区的变量
>> I=imread('girl2.jpg');                        %读取 RGB 图像，返回 uint8 三维矩阵 I
>> I=rgb2gray(I);                                %将 RGB 图像转换为灰度图像
>> subplot(121); imshow(I);title('灰度图');       %显示灰度图像
>> fun=@(I)std2(I.data)*ones(size(I.data));      %计算图像矩阵元素的标准偏差
>> I2=blockproc(I,[10 10],fun);    %在图像矩阵 I 中创建通过标准偏差分类的块，大小为 10×10
>> subplot(122); imshow(I2,[]);title('块操作后图像');      %显示块操作后的图像
```

运行结果如图 14.27 所示。

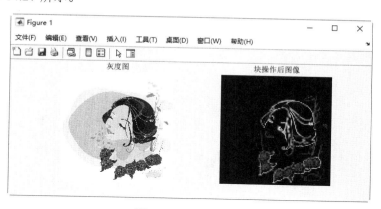

图 14.27 显示图像

14.4.4 滑动邻域操作

滑动邻域是一个像素集，所包含的像素由中心像素的位置决定，操作的结果也作为该中心像素新的灰度值。在滑动邻域操作中，一个邻域只处理一个像素，即中心像素。为方便确定中心像素，通常采用奇数行、奇数列的矩阵窗口。

在 MATLAB 中，nlfilter 命令用于选择一个单独的像素作为中心像素，确定该像素的滑动邻域；对邻域中的像素值应用一个函数计算标量结果；将计算结果作为输出图像中对应的像素点的值；对输入图像的每个像素都重复上述步骤。该命令的使用格式见表 14.28。

表 14.28　nlfilter 命令的使用格式

使 用 格 式	说　明
B = nlfilter(A,[m n],fun)	对输入图像 A 的每一个大小为 m×n 的滑动邻域使用滤波函数 fun，返回滤波后的图像 B。滤波函数 fun 可以为函数句柄，也可以是匿名函数或 MATLAB 内置的函数
B = nlfilter(A,'indexed',…)	在上一种语法格式的基础上，使用可选参数'indexed'将 A 作为索引图像进行处理。如果 A 的数据类型是 uint8、uint16 或逻辑型，则用 0 填充，否则用 1 填充

实例——图像中值邻域滤波

源文件：yuanwenjian\ch14\ex_1425.m

MATLAB 程序如下：

```
>> close all                               %关闭打开的文件
>> clear                                    %清除工作区的变量
>> I=imread('kids.tif');                    %读取图像，返回 uint8 二维矩阵 I
>> I= imbinarize(I);                        %将图像转换为二值图像
>> subplot(121);imshow(I);title('二值图')
>> my_median=@(I)median(I(:));              %定义滤波函数句柄，求图像矩阵的中值
>> y=nlfilter(I,[10,10],my_median);         %对二值图像 I 进行 10×10 滑动邻域操作
>> subplot(122);imshow(y);title('中值滤波邻域操作结果')
```

运行结果如图 14.28 所示。

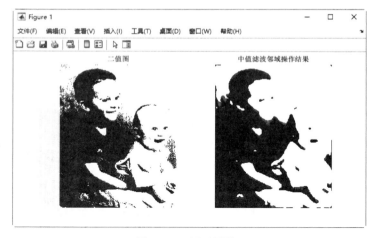

图 14.28　显示图像

动手练一练——图像最大值邻域滤波

定义最大值滤波函数，对读取的图像进行最大值邻域滤波。

思路点拨：

源文件：yuanwenjian\ch14\prac_1403.m

（1）读取图像，返回图像数据矩阵。

（2）分割视图，在第一个子图中显示读取的图像。

（3）定义计算最大值的滤波函数。

（4）使用最大值滤波函数对图像执行滑动邻域操作。

（5）在第二个子图中显示邻域操作后的图像。

14.4.5 快速邻域块操作

前面两小节讲到的非重叠块操作和滑动邻域操作都是对原图像进行划分，进而对每个图像块矩阵逐一调用处理函数进行操作。如果处理的图像很大，或者滤波处理函数较复杂，其处理时间会更长。

为了加快图像块处理的速度，MATLAB 图像处理工具箱提供了一个图像块快速处理命令 colfilt。该命令可以处理非重叠块操作和滑动邻域操作，首先把要处理的图像块（非重叠块或滑动邻域）重新沿列组合成一个临时矩阵，继而对该临时矩阵的每一列（对应着每一个要处理的图像块）调用处理函数。由于实现了矩阵式操作，因此可以减少图像操作过程中定义邻域的耗时，极大地提高了处理速度。该命令的使用格式见表 14.29。

表 14.29 colfilt 命令的使用格式

使 用 格 式	说 明
J=colfilt(I,[m n],block_type,fun)	将输入图像 I 划分为 m×n 的块，排列成一个临时的列矩阵，使用滤波函数 fun 对该矩阵进行滤波。输入参数 block_type 指定邻域块的移动方式。'distinct'表示非重叠块操作，首先通过 im2col 函数将每个 m×n 的 I 重新排列在一个列矩阵中，将滤波函数 fun 应用于该临时矩阵。fun 返回与临时矩阵大小相同的矩阵，然后使用 col2im 函数将返回的矩阵重新排列为 m×n 个不同的块。'sliding'表示滑动邻域操作，首先通过 im2col 函数将 I 的每个 m×n 邻域重新排列成临时矩阵中的列，将滤波函数 fun 应用于该临时矩阵。fun 必须返回一个包含临时矩阵中每列的单个值的行向量。通过 col2im 函数，将 func 返回的向量重塑为与 I 大小相同的矩阵
J=colfilt(I,[m n], [mblock unblock],block_type,fun)	在上一种语法格式的基础上，将图像矩阵 I 划分为大小为[mblock, nblock]的块进行操作，以节省内存，操作结果与上一种语法格式相同
J=colfilt(I,'indexed',...)	在以上任一种语法格式的基础上，使用可选参数'indexed'将 I 作为索引图像进行处理

在快速邻域块中，每个像素的邻域已排成列向量，[m, n]大小的邻域矩阵已排成列向量，fun 编写时输入为列向量 max(I)；而滑动邻域块 nlfilt 中的[m, n]仍为二维矩阵形式，fun 编写时其输入为二维矩阵 max(I(:))。

实例——显示图像中值快速邻域操作

源文件：yuanwenjian\ch14\ex_1426.m

扫一扫，看视频

MATLAB 程序如下：

```
>> close all                      %关闭打开的文件
>> clear                          %清除工作区的变量
>> I=imread('fanhua.jpg');        %读取图像，返回 uint8 三维矩阵 I
>> I=rgb2gray(I);                 %将 RGB 图像转换为灰度图像
>> subplot(121);imshow(I);title('灰度图')
>> J=uint8(colfilt(I,[10,10],'sliding',@median));  %对每个 10×10 像素邻域调用函数
median 实现中值运算，执行滑动邻域操作按列筛选，然后转换结果矩阵的数据类型，以便显示图像
>> subplot(122);imshow(J);title('快速邻域操作结果')
```

运行结果如图 14.29 所示。

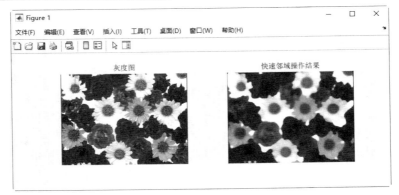

图 14.29　显示图像

动手练一练——均值快速滑动邻域滤波

使用不同大小的邻域，对读取的图像执行均值快速滑动邻域滤波。

思路点拨：

源文件：yuanwenjian\ch14\prac_1404.m

（1）读取图像，返回图像数据矩阵。

（2）分割视图，在第一个子图中显示读取的图像。

（3）使用 5×5 的邻域和均值函数对图像进行快速滑动邻域滤波。

（4）使用 20×20 的邻域和均值函数对图像进行快速滑动邻域滤波。

（5）在第二个和第三个子图中显示邻域操作后的图像。

第 15 章 图 像 测 量

内容指南

图像测量是指对图像中目标或区域的特征进行量测和估计。广义的图像测量包括对图像的灰度特征、纹理特征和几何特征的量测和描述；狭义的图像测量仅指对图像目标几何特征的量测，包括对目标或区域几何尺寸的量测和几何形状特征的分析。

图像中的对象经过测量，得到景物对象的边缘和区域，也就获得了景物对象的形状。任何一个景物对象的属性可由其几何属性（如长度、面积、距离和凹凸等）、拓扑属性（如连通、欧拉数）来进行描述。

知识重点

➢ 几何尺寸量测
➢ 几何形状特征分析

15.1 几何尺寸量测

几何尺寸量测是指对对象的几何属性进行测量。MATLAB 提供了对二值图像进行测量的命令，可近似求得对象的周长、面积和欧拉数。其中，对象是指值为 1，且连接起来的像素的集合。

15.1.1 计算对象的面积

面积是指二值图对象中像素值为 1 的像素的个数。在 MATLAB 中，bwarea 命令用于计算二值图像对象的面积，其使用格式见表 15.1。

表 15.1 bwarea 命令的使用格式

使 用 格 式	说 明
total = bwarea(BW)	估计二值图像 BW 中对象的面积，返回大致对应于对象中像素值为 1 的总数，是一个标量

实例——显示二值图像中对象的面积

源文件：yuanwenjian\ch15\ex_1501.m

MATLAB 程序如下：

```
>> clear                          %清除工作区的变量
>> close all                      %关闭所有打开的文件
>> I = imread('testpat1.png');    %读取二值图像
```

扫一扫，看视频

```
>> J=bwarea(I)                          %计算二值图像中对象的面积
J =
    5.0312e+04
>> area=num2str(J);                      %将数值 J 转换为字符串
>> Atext=strcat('area =',area);          %水平串联字符串，设置图形标题文本
>> imshow(I)                             %显示图像
>> title(['图像面积',Atext])             %显示标题
```

运行结果如图 15.1 所示。

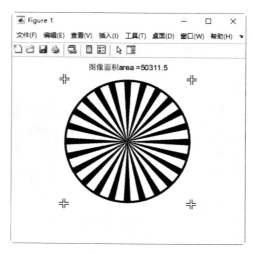

图 15.1　显示图像

15.1.2　计算图像的欧拉数

在二值图像中，像素值为 1 的连通对象的个数减去孔数，所得的差值就是这幅图像的欧拉数。欧拉数测量的是图像的拓扑结构。

在 MATLAB 中，bweuler 命令用于计算二值图像的欧拉数，其使用格式见表 15.2。

表 15.2　bweuler 命令的使用格式

使 用 格 式	说　　明
eul = bweuler(BW,n)	计算二值图像 BW 的欧拉数。参数 n 指定连通性

实例——计算二值图像的欧拉数

源文件：yuanwenjian\ch15\ex_1502.m

MATLAB 程序如下：

```
>> clear                                 %清除工作区的变量
>> close all                             %关闭所有打开的文件
>> I = imread('text.png');               %读取二值图像
>> J = bwperim(I,4);                     %使用 4 连通提取图像的边缘
>> subplot(121),imshow(J);title('边缘图') %显示边缘图
>> axis square                           %坐标区显示为正方形
>> J=bweuler(I)                          %计算二值图像的欧拉数
J =
    57
```

```
>> euler=num2str(J);                          %将数值 J 转换为字符串
>> Atext=strcat('euler=',euler);              %水平串联字符串，设置标题文本
>> subplot(122),imshow(I),title(['原图欧拉数',Atext])   %显示二值图像，添加标题
```

运行结果如图 15.2 所示。

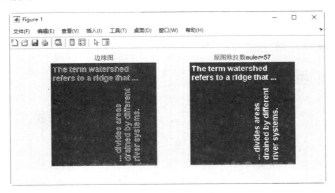

图 15.2　显示图像

15.1.3　打包压缩图像

在 MATLAB 中，bwpack 命令用于打包二值图像，其使用格式见表 15.3。

表 15.3　bwpack 命令的使用格式

使 用 格 式	说　　明
BWP = bwpack(BW)	将二值图像 BW 打包压缩进 uint32 阵列 BWP 中，称为打包二值图像

实例——打包二值图像

源文件：yuanwenjian\ch15\ex_1503.m

MATLAB 程序如下：

扫一扫，看视频

```
>> clear                                       %清除工作区的变量
>> close all                                   %关闭所有打开的文件
>> A = imread('logo.tif');                     %读取二值图像
>> subplot(121),imshow(A),title('二值图像')    %显示读取的图像
>> B = bwpack(A);                              %打包二进制图像
>> subplot(122),imshow(B),title('打包后的图像') %显示打包后的二值图像
```

运行结果如图 15.3 所示。

图 15.3　显示图像

在 MATLAB 中，bwunpack 命令用于解压缩二值图像，其使用格式见表 15.4。

表 15.4　bwunpack 命令的使用格式

使 用 格 式	说　　明
BW = bwunpack(BWP,m)	将打包的二值图像 BWP 解压缩成 m 行的二值图像 BW

实例——二值图像压缩与解压缩

源文件：yuanwenjian\ch15\ex_1504.m

MATLAB 程序如下：

```
>> clear                                    %清除工作区的变量
>> close all                                %关闭所有打开的文件
>> A = imread('circbw.tif');                %读取二值图像
>> subplot(131),imshow(A),title('原二值图')  %显示读取的图像
>> B = bwpack(A);                           %打包二值图像
>> subplot(132),imshow(B),title('打包图像')  %显示打包后的二值图像
>> C= imdilate(B,ones(3,3),'ispacked');      %使用 3×3 的结构元素邻域膨胀压缩二值图像 B
>> D= bwunpack(C,size(A,1));                 %将膨胀后的图像 C 解压缩成与原图高度相同的二值图像 D
>> subplot(133),imshow(D),title('解压缩图像')  %显示解压缩后的图像
```

运行结果如图 15.4 所示。

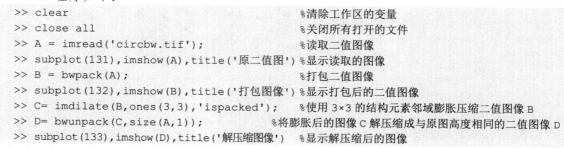

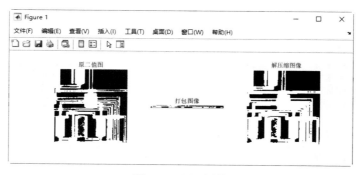

图 15.4　显示图像

15.1.4　测量费雷特属性

费雷特属性包括最小和最大费雷特直径、费雷特角和费雷特直径的端点坐标。这里要说明的是，费雷特直径是一种常用的粒径表示方法。所谓粒径，即表示颗粒大小的一种尺寸。同一颗粒，由于应用场合不同，测量的方法也往往不同，所得到的粒径值自然也会有所不同。费雷特直径不是一个实际意义上的直径，而是一组直径，这些直径由一组与粒子相切的两个平行的切线距离确定。

在 MATLAB 中，bwferet 命令用于测量图像的费雷特属性，其使用格式见表 15.5。

表 15.5　bwferet 命令的使用格式

使 用 格 式	说　　明
out = bwferet(BW,properties)	测量二值图像 BW 中对象的费雷特属性，并以表形式返回测量值。测量的费雷特属性包括最小和最大费雷特直径、费雷特角和费雷特直径的端点坐标
out = bwferet(CC,properties)	测量结构体 CC 中每个连通分量的费雷特属性，并以表形式返回测量值
out = bwferet(L,properties)	测量标签矩阵 L 中每个对象的费雷特属性

续表

使 用 格 式	说 明
out = bwferet(input)	测量通用输入数据 input 的最大费雷特直径、其相对角度以及坐标值。输入参数 input 可以是二值图像 BW、连通分量 CC 或标签矩阵 L
[out,LM] = bwferet(…)	在上述任一种语法格式的基础上，还返回一个标签矩阵 LM，该矩阵包含表示表 out 的行索引的标签值

实例——测量对象的最小费雷特属性

源文件：yuanwenjian\ch15\ex_1505.m

扫一扫，看视频

MATLAB 程序如下：

```
>> clear                              %清除工作区的变量
>> close all                          %关闭所有打开的文件
>> A = imread('circlesBrightDark.png');%读取图像
>> subplot(131),imshow(A),title('原图')
>> A = imbinarize(A,'adaptive');      %使用自适应阈值化方法将图像转换为二值图像
>> subplot(132),imshow(A),title('二值图像')    %显示图像
>> B = bwareafilt(A,2);               %在二值图像中仅保留 2 个最大的对象
>> subplot(133),imshow(B),title('提取的对象')   %显示仅包含提取对象的图像
>> [out,LM] = bwferet(B,'MinFeretProperties');%以表形式返回图像 B 中对象的最小费雷特属性
值，以及包含表 out 的行索引的标签矩阵
>> maxLabel = max(LM(:))              %标签矩阵的最大值
maxLabel =
  uint8
   2
>> out.MinDiameter(1)                 %标签值为 1 的对象的最小费雷特直径
ans =
   510
>> out.MinAngle(1)                    %图像水平轴最小费雷特直径的定向角
ans =
    -90
>> out.MinCoordinates{1}             %标签值为 1 的对象的最小费雷特直径的端点坐标
ans =
  511.5000    1.5000
  511.5000  511.5000
>> out.MinDiameter(2)                %标签值为 2 的对象的最小费雷特直径
ans =
   158.0553
>> out.MinAngle(2)                   %标签值为 2 的对象的最小费雷特直径的定向角
ans =
    -97.8533
>> out.MinCoordinates{2}            %标签值为 2 的对象的最小费雷特直径的端点坐标
ans =
  313.5000  292.5000
  335.0963  449.0729
```

运行结果如图 15.5 所示。

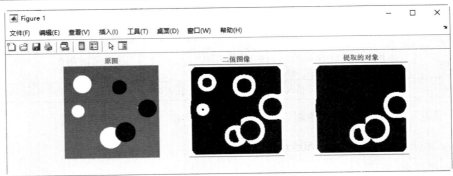

图 15.5　显示图像

扫一扫，看视频

动手练一练——测量对象的最小和最大费雷特属性

在图像中提取一个最大的对象，测量该对象的最小和最大费雷特属性。

思路点拨：

> 源文件：yuanwenjian\ch15\prac_1501.m
> （1）读取搜索路径下的图像，转换为二值图像。
> （2）在二值图像中提取最大的对象。
> （3）测量对象的全部费雷特属性，返回测量值及标签矩阵。
> （4）使用圆点表示法引用属性，得到对象的最小和最大费雷特直径、对应的定向角以及端点坐标。

15.2　几何形状特征分析

在 MATLAB 中，二值图像中对象的几何形状特征分析包括对象的选择与提取、轮廓的提取与弱化、背景的填充等。

15.2.1　选择对象

在 MATLAB 中，bwselect 命令用于在二值图像中选择指定坐标点处的对象，其使用格式见表 15.6。

表 15.6　bwselect 命令的使用格式

使 用 格 式	说　　明
BW2 = bwselect(BW,c,r)	在二值图像 BW 中选择包含像素(r,c)的对象。返回包含在指定像素重叠的 8 连通对象的二值图 BW2
BW2 = bwselect(BW,c,r,n)	在上一种语法格式的基础上，使用参数 n 指定连通性，可取值为 4 或 8（默认）
[BW2,idx] = bwselect(…)	在以上任一种语法格式的基础上，还返回属于选定对象的像素的线性索引 idx
[x,y,BW2,idx,xi,yi] = bwselect(…)	在上一种语法格式的基础上，还返回图像的范围(x,y)，以及选定像素的坐标(xi,yi)
[…]= bwselect(x,y,BW,xi,yi,n)	使用向量 x 和 y 建立 BW 的非默认世界坐标系。(xi,yi)指定世界坐标系中选择的像素坐标
[…] = bwselect(BW,n)	在图窗中显示图像 BW，用户使用鼠标交互式地选择像素
[…] = bwselect	这种语法格式没有输入参数，在当前坐标区中的图像中使用鼠标交互式地选择像素

实例——交互式选择二值图像中的对象

源文件：yuanwenjian\ch15\ex_1506.m

MATLAB 程序如下：

```
>> clear                    %清除工作区的变量
>> close all                %关闭所有打开的文件
>> A = imread('circbw.tif');  %读取二值图像
>> subplot(121),imshow(A)   %显示图像
>> B = bwselect(A,4);       %在二值图像中使用鼠标选择像素点，如图 15.6 所示。返回在指定像素点
重叠的 4 连通对象。右击或双击添加最后一个选择点完成选择
>> subplot(122),imshow(B),title('选择的 BW 图像')  %显示包含选择对象的二值图像，如图 15.7 所示
```

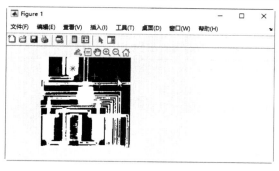

图 15.6　选择坐标点

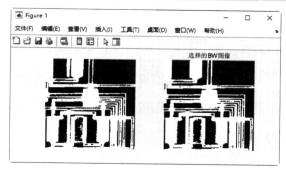

图 15.7　显示图像

实例——在二值图像中选择对象

源文件：yuanwenjian\ch15\ex_1507.m

MATLAB 程序如下：

```
>> clear                            %清除工作区的变量
>> close all                        %关闭所有打开的文件
>> BW1 = imread('circlesBrightDark.png');  %读取图像
>> c = [76 90 144];                 %使用行、列索引指定图像中对象的位置
>> r = [85 197 247];
>> BW2 = bwselect(BW1,c,r,4);       %创建一个仅包含选择的 4 连通对象的二值图像 BW2
>> imshowpair (BW1,BW2,'montage')   %拼贴显示选择对象前后的图像
>> title('原图(左)和选择的对象(右)')
```

运行结果如图 15.8 所示。

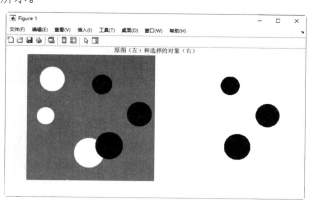

图 15.8　显示图像

15.2.2 提取对象

在 MATLAB 中，bwareafilt 命令用于按大小从二值图像中提取对象，其使用格式见表 15.7。

表 15.7 bwareafilt 命令的使用格式

使 用 格 式	说　明
BW2 = bwareafilt(BW,range)	从二值图像 BW 中提取对象面积在指定范围 range 内的所有连通分量，返回仅包含提取对象的二值图像 BW2
BW2 = bwareafilt(BW,n)	保留 BW 中的 n 个最大对象。如果第 n 个位置出现对等情况，则 BW2 中仅包含前 n 个对象
BW2 = bwareafilt(BW,n,keep)	在上一种语法格式的基础上，使用参数 keep 指定是保留 n 个最大对象（'largest'）还是 n 个最小对象（'smallest'）
BW2 = bwareafilt(...,conn)	在以上任一种语法格式的基础上，使用参数 conn 指定对象的像素连通性

扫一扫，看视频

动手练一练——提取面积最大的两个对象

读取图像，提取图像中面积最大的两个对象。

思路点拨：

源文件：yuanwenjian\ch15\prac_1502.m

（1）读取搜索路径下的图像，转换为二值图像。

（2）使用 bwareafilt 命令提取二值图像中面积最大的两个对象。

（3）使用蒙太奇拼贴方式对比显示原二值图像和提取的图像。

扫一扫，看视频

实例——提取特定对象

源文件：yuanwenjian\ch15\ex_1508.m

MATLAB 程序如下：

```
>> clear                              %清除工作区的变量
>> close all                          %关闭所有打开的文件
>> A = imread('coins.png');           %读取图像
>> A = imbinarize(A);                 %将图像转换为二值图像
>> subplot(221),imshow(A),title('原图')
>> B = bwareafilt(A,1);               %提取面积最大的 1 个对象
>> subplot(222),imshow(B),title('面积最大的对象')
>> C = bwareafilt(A,3,4);             %提取面积最大的 3 个 4 连通对象
>> subplot(223),imshow(C),title('面积最大的 3 个对象')
>> D = bwareafilt(A,[800 1000]);      %提取面积在 800～1000 之间的对象
>> subplot(224),imshow(D),title('面积在 800～1000 的对象')
```

运行结果如图 15.9 所示。

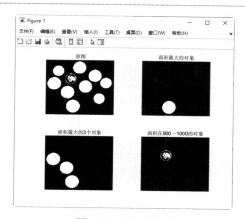

图 15.9 显示图像

15.2.3 移除对象

在 MATLAB 中，bwareaopen 命令用于从二值图像中移除小对象，这种操作称为面积开运算，其使用格式见表 15.8。

表 15.8 bwareaopen 命令的使用格式

使 用 格 式	说 明
BW2 = bwareaopen(BW,P)	从二值图像 BW 中移除少于 P 个像素的所有连接分量(对象)，返回移除小对象后的二值图像 BW2
BW2 = bwareaopen(BW,P,conn)	在上一种语法格式的基础上，使用参数 conn 指定对象的连通性

实例——移除像素数低于 1500 的对象

源文件：yuanwenjian\ch15\ex_1509.m

MATLAB 程序如下：

```
>> clear                           %清除工作区的变量
>> close all                       %关闭所有打开的文件
>> A = imread('draw_circle1.png'); %读取图像
>> A=rgb2gray(A);                   %将 RGB 图像转换为灰度图
>> A = imbinarize(A);              %将图像转换为二值图像
>> B = bwareaopen(A,1500);          %移除图像中像素数低于 1500 的对象
>> imshowpair(A,B,'montage')       %对比显示原始图像和移除小对象后的图像
>> title('原图(左) 和 删除小对象后的图(右)')
```

运行结果如图 15.10 所示。

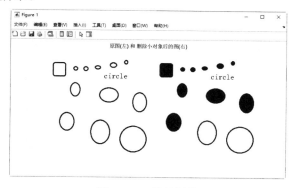

图 15.10 显示图像

扫一扫，看视频

动手练一练——移除指定的文字

读取一幅文字 logo 图像，使用面积开运算移除其中的两个文字。

扫一扫，看视频

📓**思路点拨：**

> 源文件：yuanwenjian\ch15\prac_1503.m
> （1）读取搜索路径下的图像，转换为二值图像。
> （2）指定对象的最大像素数，使用 bwareaopen 命令对二值图像执行面积开运算。
> （3）使用蒙太奇拼贴方式对比显示原二值图像和删除小对象后的图像。

15.2.4 提取边缘

在 MATLAB 中，bwperim 命令用于获得二值图像的边缘，其使用格式见表 15.9。

表 15.9　bwperim 命令的使用格式

使 用 格 式	说　明
BW2 = bwperim(BW)	生成仅包含输入图像 BW 中对象周边像素的二值图像
BW2 = bwperim(BW,conn)	在上一种语法格式的基础上，使用参数 conn 指定像素连通性
bwperim(…)	在一个新图窗中显示边缘的二值图像

实例——显示二值图像的边缘

源文件：yuanwenjian\ch15\ex_1510.m

MATLAB 程序如下：

```
>> clear                            %清除工作区的变量
>> close all                        %关闭所有打开的文件
>> A = imread('hands1-mask.png');   %读取二值图像
>> B = bwperim(A,8);                %采用 8 连通查找图像的边缘
>> imshowpair(A,B,'montage')        %蒙太奇拼贴方式显示原始图像和边缘图
>> axis square                      %坐标区显示为正方形
>> title('原图(左) 和 边缘(右)')
```

运行结果如图 15.11 所示。

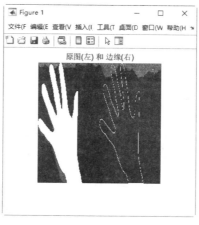

图 15.11　显示图像

在 MATLAB 中，bwmorph 命令用于执行针对二值图像的形态学运算，可提取二值图像的轮廓，其使用格式见表 15.10。

表 15.10　bwmorph 命令的使用格式

使用格式	说明
BW2 = bwmorph(BW,operation)	对二值图像 BW 应用特定的形态学运算 operation。参数 operation 的选项值见表 15.11
BW2 = bwmorph(BW,operation,n)	在上一种语法格式的基础上，使用参数 n 指定执行运算的次数。n 可以是 Inf，在这种情况下会一直重复运算，直到图像不再变化

表 15.11　operation 选项值

选　项	说　明
'bothat'	进行"底帽"形态学运算，即返回原图像减去闭运算图像得到的图像
'branchpoints'	找到骨架的分支点。要找到分支点，图像必须先使用 bwmorph(BW,'skel')骨架化
'bridge'	进行像素连接操作，如果 0 值像素有两个未连通的非零邻点，则将这些 0 值像素设置为 1
'clean'	去除图像中孤立的黑点。例如，一个像素值为 1 的像素点，其周围像素的像素值全为 0，则这个孤立像素将会被去除
'close'	进行形态学闭运算（即先膨胀后腐蚀）
'diag'	使用对角填充以消除背景的 8 连通
'endpoints'	找到骨架中的结束点
'fill'	填充孤立的亮点，即由 1 包围的单个 0
'hbreak'	断开图像中的 H 型连接
'majority'	如果像素的 3×3 邻域中有 5 个或更多像素为 1，则将像素设置为 1；否则，将像素设置为 0
'open'	进行形态学开运算（即先腐蚀后膨胀）
'remove'	删除内部像素。如果一个像素点的 4 邻域都为 1，则该像素点将被置 0；该选项将导致边界像素上的 1 被保留下来
'shrink'	使用 n = Inf，通过从对象边界删除像素，将对象收缩为点。使没有孔洞的对象收缩为点，有孔洞的对象收缩为每个孔洞和外边界之间的连通环。此选项保留欧拉数（也称为欧拉示性数）
'skel'	使用 n = Inf，删除对象边界上的像素，而不允许对象分裂。其余的像素构成图像骨架。此选项会保留欧拉数
'spur'	去除杂散像素
'thicken'	在 n = Inf 时，通过向对象外部添加像素来加厚对象，直到先前未连通的对象实现 8 连通为止。此选项会保留欧拉数
'thin'	在 n = Inf 时，通过从对象边界删除像素，将对象收缩为线。使没有孔洞的对象收缩为具有最小连通性的线，有孔洞的对象收缩为每个孔洞和外边界之间的连通环。此选项会保留欧拉数
'tophat'	执行形态学"顶帽"运算，返回原图像与执行形态学开运算（先腐蚀后膨胀）之后的图像之间的差

实例——二值图像的轮廓样式

源文件：yuanwenjian\ch15\ex_1511.m

MATLAB 程序如下：

```
>> clear                                    %清除工作区的变量
>> close all                                %关闭所有打开的文件
>> I=imread('logo.tif');                    %读取图像
>> subplot(231),imshow(I),title('原图')     %显示图像
>> J1=bwmorph(I,'spur');                     %提取轮廓时去除毛刺
>> subplot(232),imshow(J1),title('spur 删除杂散像素')
>> J2=bwmorph(I,'thicken');                  %提取轮廓时加粗物体轮廓
>> subplot(233),imshow(J2),title('thicken 加粗物体轮廓')
>> J3=bwmorph(I,'remove');                   %提取轮廓时保留边界像素上的 1
```

扫一扫，看视频

```
>> subplot(234),imshow(J3),title('remove 删除内部像素')
>> J4=bwmorph(I,'hbreak');                %提取轮廓时断开图像中的 H 型连接
>> subplot(235),imshow(J4),title('hbreak 删除具有 H 连通的像素')
>> J5=bwmorph(I,'fill');                  %提取轮廓时填充孤立的黑点
>> subplot(236),imshow(J5),title('fill 填充孤立的内部像素')
```

运行结果如图 15.12 所示。

图 15.12　显示图像

实例——提取二值图像的边缘、轮廓和骨架

源文件：yuanwenjian\ch15\ex_1512.m

MATLAB 程序如下：

```
>> clear                    %清除工作区的变量
>> close all                %关闭所有打开的文件
>> I = imread('testpat1.png');%读取二值图像
>> B = bwperim(I,8);        %采用 8 连通提取图像中对象的边缘
%对比显示原始图像和边缘图像
>> subplot(121), imshowpair(I,B,'montage'),title('原图(左) 和 边缘(右)')
>> J = bwmorph(I,'spur');   %提取轮廓时去除毛刺
>> K = bwmorph(I,'skel',Inf); %删除对象边界上的像素，而不允许对象分裂。其余的像素构成图像骨架
%对比显示去除杂散像素的图像和删除对象边界上的像素后的图像骨架
>> subplot(122),imshowpair(J,K,'montage'),title('去除毛刺的轮廓(左) 和 图像骨架 (右)')
```

运行结果如图 15.13 所示。

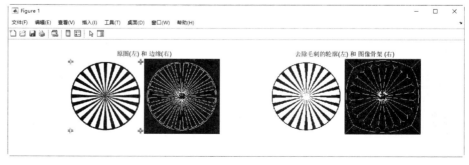

图 15.13　显示图像

15.2.5　填充图像背景

在 MATLAB 中，imfill 命令用于填充二值图像和灰度图像的区域和孔洞，常用于从图像中删除不相关的伪影，其使用格式见表 15.12。

表 15.12　imfill 命令的使用格式

使 用 格 式	说　　明
BW2 = imfill(BW,locations)	从 locations 中指定的点开始，对二值图像 BW 的背景像素执行泛洪填充运算，返回填充的二值图像 BW2。locations 是多维数组时，数组每一行指定一个区域。泛洪填充指定起始像素点，通过该像素点所连接的周围像素点在所指定的颜色值范围内进行颜色填充
BW2 = imfill(BW,locations,conn)	在上一种语法格式的基础上，使用参数 conn 指定连通性
BW2 = imfill(BW,'holes')	填充二值图像 BW 中的孔。在这种语法中，孔是一组无法通过从图像边缘填充背景来到达的背景像素
BW2 = imfill(BW,conn,'holes')	在上一种语法格式的基础上，使用参数 conn 指定连通性
I2 = imfill(I)	填充灰度图像 I 中所有的孔洞区域，返回填充的灰度图像 I2。在这种语法中，孔定义为由较亮像素包围的一个暗像素区域
I2 = imfill(I,conn)	在上一种语法格式的基础上，使用参数 conn 指定连通性
BW2 = imfill(BW)	在图窗中显示二值图像 BW，通过鼠标以交互方式选择点，选择的点围成的区域即为要填充的区域。按 Backspace 键或者 Delete 键可以取消之前选择的点；通过 Shift+单击、右击或者双击可以选择最后一个点，确定选择区域并开始填充运算
BW2 = imfill(BW,0,conn)	在上一种语法格式的基础上，使用参数 conn 设置在以交互方式指定位置时覆盖默认的连通性
[BW2, locations_out] = imfill(BW)	在 locations_out 中返回以交互方式选择的点的位置

实例——从指定的起点填充二值图像

源文件：yuanwenjian\ch15\ex_1513.m

MATLAB 程序如下：

```
>> clear                              %清除工作区的变量
>> close all                         %关闭所有打开的文件
>> BW1 = imread('circles.png');      %读取二值图像
>> BW2 = imfill(BW1,[3,3],8);        %采用 8 连通从指定的点[3,3]开始，对输入二值图像 BW1 的背景像
素执行泛洪填充运算
>> subplot(121),imshow(BW1);title('原图')      %显示原图
>> subplot(122),imshow(BW2);title('填充图')    %显示填充后的图像
```

运行结果如图 15.14 所示。

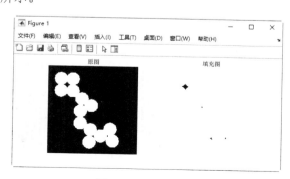

图 15.14　显示图像

实例——填充灰度图像的孔和二值图像的区域

源文件：yuanwenjian\ch15\ex_1514.m

MATLAB 程序如下：

```
>> clear                          %清除工作区的变量
>> close all                      %关闭所有打开的文件
>> I = imread('QQF.tif');         %读取 RGB 图像
>> I = rgb2gray(I);               %将 RGB 图像转换为灰度图像
>> BW =imbinarize(I);             %将图像转换为二值图像
>> subplot(121),imshowpair(I,BW,'montage'), title('灰度图(左)和二值图(右)')   %对比显
示灰度图像与二值图像
>> J = imfill(I);                 %填充灰度图像中所有的孔
%显示二值图像，鼠标单击确定填充区域，如图15.15右图所示，右击选择最后一个点完成选择，并开始填充
所选择的区域
>> subplot(122),BW1 = imfill(BW);
>> imshowpair(J,BW1,'montage'), title('填充灰度图中的孔(左) 和 填充二值图中选定的区域
(右)')     %对比显示填充灰度图像所有孔与填充二值图像选定区域的效果
```

运行结果如图 15.16 所示。

图 15.15　以交互方式选择填充区域

图 15.16　显示图像

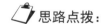

动手练一练——填充二值图像中的孔

将读取的图像二值化，然后填充二值图像中的孔。

思路点拨：

源文件：yuanwenjian\ch15\prac_1504.m

（1）读取搜索路径下的图像，转换为二值图像。

（2）填充二值图像中的孔。

（3）分割图窗视图，分别显示二值化的图像，以及填充后的图像。

第 16 章　动　画　演　示

内容指南

MATLAB 实现动画形式主要有两种方法：一种是先预存所有动画画面，然后再像电影一样播放；另一种是将所有点、线、面均看作一个对象，不断抹去旧曲线，生成新曲线。本章详细讲述这两种动画形式的实现方法，以及将动画保存为视频的方法。

知识重点

➢ 图像帧制作影片
➢ 动画帧制作动画
➢ 保存动画

16.1　图像帧制作影片

动画可以是物体的移动、旋转、缩放，也可以是变色、变形等效果。动画实际上就是改变连续帧的内容的过程。帧代表时刻，不同的帧就是不同的时刻，画面随着时间的变化而变化，就形成了动画。

16.1.1　帧的基础知识

1. 帧

帧是在动画最小时间内出现的画面，动画由先后排列的一系列帧组成。帧的数量和帧频决定了动画播放的时间。

2. 帧频

帧频就是帧速率，指每秒播放的帧数。如果帧频过低，动画播放时会有明显的停顿现象；如果帧频过高，则播放太快，动画细节会一晃而过。因此，只有设置合适的帧频，才能使动画播放取得最佳效果。

在 MATLAB 中，使用 im2frame 命令可以将图窗中的图像转换为影片帧，其使用格式见表 16.1。

表 16.1　im2frame 命令的使用格式

使 用 格 式	说　　明
f = im2frame(X,map)	将索引图像 X 和相关联的颜色图 map 转换成影片帧 f
f = im2frame(X)	使用当前颜色图将索引图像 X 转换成影片帧 f
f = im2frame(RGB)	将真彩色图像 RGB 转换为影片帧 f

实例——将图像转换为影片帧

源文件：yuanwenjian\ch16\ex_1601.m

MATLAB 程序如下：

```
>> close all                    %关闭当前已打开的文件
>> clear                        %清除工作区的变量
>> I=imread('0017.jpg');        %读取RGB图像，返回图像数据矩阵I
>> [x,map]= imread('0017.jpg'); %读取RGB图像，返回索引图像x和关联的颜色图map
%将图像作为动画帧
>> f(1)=im2frame(I);
>> f(2)=im2frame(x,map);
>> f(3)=im2frame(x);
%定义标题
>> s(1)="RGB图转换";
>> s(2)="索引图+关联的颜色图转换";
>> s(3)="索引图+当前颜色图转换";
%显示帧图像
>> for i=1:3
ax(i)=subplot(1,3,i);
imshow(f(i).cdata)              %显示帧
title(ax(i),s(i))              %添加标题
end
```

运行结果如图 16.1 所示。

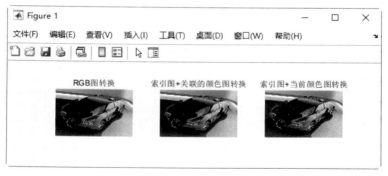

图 16.1　显示帧

使用 frame2im 命令可以将影片帧转换为图像数据，与 im2frame 命令互为逆运算，其具体的使用格式见表 16.2。

表 16.2　frame2im 命令的使用格式

使 用 格 式	说　　明
RGB = frame2im(F)	从单个影片帧 F 返回真彩色（RGB）图像
[X,map] = frame2im(F)	从单个影片帧 F 返回索引图像数据 X 和关联的颜色图 map

实例——将影片帧转换为图像

源文件：yuanwenjian\ch16\ex_1602.m

MATLAB 程序如下：

```
>> close all              %关闭当前已打开的文件
>> clear                  %清除工作区的变量
>> subplot(131);sphere(20),title('创建的球面');   %绘制由 20×20 个面组成的单位球面
>> axis equal             %沿每个坐标轴使用相同的数据单位长度
>> F = getframe;          %将当前图窗中的球面捕获为影片帧
>> subplot(132);imshow(F.cdata),title('捕获的帧图像')
>> RGB = frame2im(F);     %将捕获的帧转换为图像数据
>> subplot(133);imshow(RGB),title('转换的图像')
```

运行结果如图 16.2 所示。

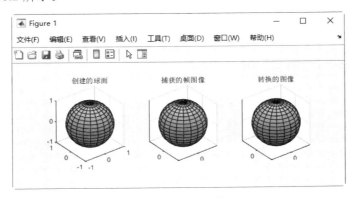

图 16.2　显示图像

16.1.2　基于多帧图像制作影片

在 MATLAB 中，使用 immovie 命令可以基于多帧图像制作影片，其使用格式见表 16.3。

表 16.3　immovie 命令的使用格式

使 用 格 式	说　　明
mov = immovie(X,cmap)	从使用颜色图 cmap 的多帧索引图像 X 创建影片结构体数组 mov
mov = immovie(RGB)	从多帧真彩色图像 RGB 创建影片结构体数组 mov

制作影片后，使用 implay 命令打开影片播放器，播放指定的影片、视频或图像序列。该命令的使用格式见表 16.4。

表 16.4　implay 命令的使用格式

使 用 格 式	说　　明
implay(medImage)	打开影片播放器，加载图像序列 medImage，显示图像序列的第一帧
implay(filename)	打开影片播放器，加载 filename 指定的音频视频交错（AVI）文件的内容
implay(I)	打开影片播放器，显示多帧图像 I 的第一帧
implay(...,fps)	在以上任一种语法格式的基础上，使用参数 fps 指定帧速率

实例——使用多帧索引图像制作影片

源文件：yuanwenjian\ch16\ex_1603.m

MATLAB 程序如下：

```
>> close all              %关闭当前已打开的文件
```

扫一扫，看视频

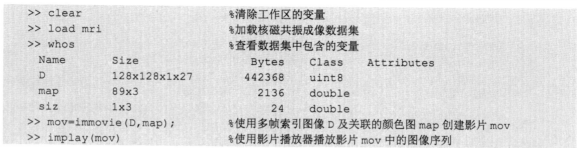

```
>> clear                          %清除工作区的变量
>> load mri                       %加载核磁共振成像数据集
>> whos                           %查看数据集中包含的变量
  Name          Size              Bytes    Class      Attributes
  D             128x128x1x27      442368   uint8
  map           89x3              2136     double
  siz           1x3               24       double
>> mov=immovie(D,map);            %使用多帧索引图像 D 及关联的颜色图 map 创建影片 mov
>> implay(mov)                    %使用影片播放器播放影片 mov 中的图像序列
```

运行结果如图 16.3 所示。单击影片播放器工具栏上的"播放"按钮▶，即可预览影片效果。

实例——播放 AVI 文件

源文件：yuanwenjian\ch16\ex_1604.m

MATLAB 程序如下：

```
>> close all                      %关闭当前已打开的文件
>> clear                          %清除工作区的变量
>> implay('rhinos.avi')           %播放 AVI 文件
```

运行结果如图 16.4 所示。单击影片播放器工具栏上的"播放"按钮▶，即可预览 AVI 视频文件的内容。

扫一扫，看视频

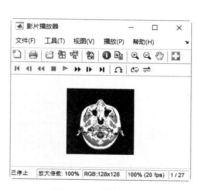

图 16.3　播放影片

图 16.4　播放 AVI 文件

16.2　动画帧制作动画

在 MATLAB 中进行一些简单的动画演示，主要是用 getframe 命令和 movie 命令实现。动画演示的步骤如下。

（1）利用 getframe 命令生成每个帧。

（2）利用 movie 命令按照指定的速度和次数运行该动画，movie(*M*, *n*)可以播放由矩阵 *M* 所定义的画面 *n* 次，默认只播放一次。

16.2.1　动画帧

以影像的方式预存多个画面，再将这些画面快速地呈现在屏幕上，即可得到动画的效果。这些预存的画面，就称为动画的帧。

使用 getframe 命令可以抓取图形生成动画帧，其使用格式见表 16.5。

表 16.5 getframe 命令的使用格式

使用格式	说明
F = getframe	捕获当前坐标区作为影片帧 F。F 是一个包含图像数据的结构体。getframe 按照屏幕上显示的大小捕获坐标区，并不捕获坐标区轮廓外部的刻度标签或其他内容
F = getframe(ax)	捕获 ax 指定的坐标区而非当前坐标区
F = getframe(fig)	捕获 fig 指定的图窗，不包括图窗菜单和工具栏
F = getframe(…,rect)	在以上任一种语法格式的基础上，使用参数 rect 指定捕获的矩形区域。输入参数 rect 是一个[left, bottom, width, height] 形式的四元素向量

实例——捕获指定坐标区创建动画帧

源文件：yuanwenjian\ch16\ex_1605.m

MATLAB 程序如下：

```
>> close all                                    %关闭当前已打开的文件
>> clear                                        %清除工作区的变量
>> subplot(1,2,1),surf(peaks),title('山峰曲面');     %在第一个子图中绘制山峰曲面图
>> a1=subplot(1,2,1);                           %获取视图 1 的坐标区
>> subplot(1,2,2),sphere,title('球面');           %在第二个子图中绘制球面
>> F=getframe(a1);                              %捕获 a1 标识的坐标区作为动画帧
>> figure                                       %创建图窗
>> imshow(F.cdata)                              %显示动画帧
```

运行结果如图 16.5 和图 16.6 所示。

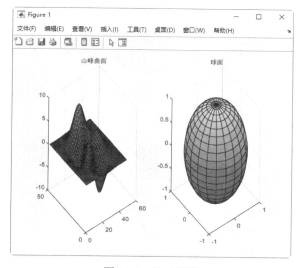

图 16.5 显示图形

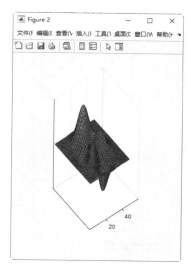

图 16.6 生成的动画帧

16.2.2 动画线条

1. 创建动画线条

在 MATLAB 中，animatedline 命令用于创建动画线条，其使用格式见表 16.6。

表 16.6　animatedline 命令的使用格式

命令格式	说　明
an = animatedline	创建一根没有任何数据的动画线条，并将其添加到当前坐标区中
an = animatedline(x,y)	创建一根包含由 x 和 y 定义的初始数据点的动画线条
an = animatedline(x,y,z)	创建一根包含由 x、y 和 z 定义的初始数据点的动画线条
an = animatedline(…,Name,Value)	在以上任一种语法格式的基础上，使用一个或多个名称-值对参数指定动画线条属性
an = animatedline(ax,…)	在 ax 指定的坐标区中，而不是在当前坐标区（gca）中创建动画线条

扫一扫，看视频

实例——创建正弦花式线条

源文件：yuanwenjian\ch16\ex_1606.m

MATLAB 程序如下：

```
>> close all          %关闭当前已打开的文件
>> clear              %清除工作区的变量
>> x = 1:20;          %创建 1 到 20 的线性间隔值向量 x
>> y = sin(x);        %计算 x 的正弦值
%在当前坐标区中创建一根包含由 x 和 y 定义初始数据点的动画线条，颜色为蓝色，线型为点线，标记样式为
六角星，大小为 15
>> h = animatedline(x,y,Color='b',LineStyle=':',Marker='h',MarkerSize=15);
```

运行结果如图 16.7 所示。

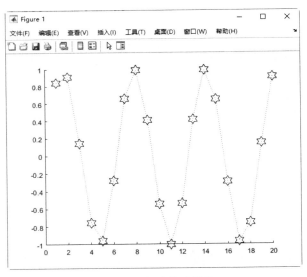

图 16.7　创建花式线条

2. 添加动画点

创建动画线条后，使用 addpoints 命令可以循环向线条中添加点来创建动画，其使用格式见表 16.7。

表 16.7　addpoints 命令的使用格式

使 用 格 式	说　明
addpoints(an,x,y)	在 an 指定的动画线条中添加点(x,y)
addpoints(an,x,y,z)	在 an 指定的三维动画线条中添加点(x,y,z)

实例——创建螺旋线

源文件：yuanwenjian\ch16\ex_1607.m

MATLAB 程序如下：

```
>> close all                           %关闭当前已打开的文件
>> clear                               %清除工作区的变量
>> t = linspace(0,4*pi,1000);          %在[0,4π]创建 1000 个等距点，生成向量 t
>> x = sin(t).*sin(5*t);               %定义以 t 为参数的参数化函数的 x、y、z 坐标
>> y= cos(t).*cos(5*t);
>> z = t;
>> h = animatedline (Color='b',LineStyle='--',...
Marker='p',MarkerSize=8,...
MarkerEdgeColor='none' ,MarkerFaceColor='r');    %创建动画线条，设置线条和标记样式
>> view(3)                             %转换为三维视图
>> for k = 1:5:length(t)
       addpoints(h,x(k),y(k),z(k));    %在动画线条中依次添加点
   end
```

运行结果如图 16.8 所示。

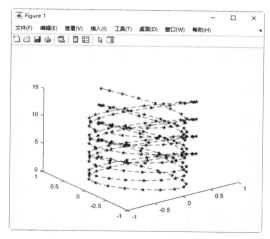

图 16.8　创建螺旋线

如果要清除动画线条上的点，可以执行 clearpoints(an)命令，清除动画线条 an 上的所有点。

3. 更新动画线条

在动画线条上添加点时，如果要在屏幕上显示更新，可以使用 drawnow 或 drawnow limitrate 命令。

其中，drawnow 命令用于更新图窗并处理任何挂起的回调。如果希望在屏幕上立即看到对图形对象的修改，可以使用该命令。drawnow limitrate 命令将更新数量限制为每秒 20 帧。如果自上次更新后不到 50 毫秒，或图形渲染器忙于处理之前的更改，则丢弃新的更新。也就是说，如果不需要在屏幕上立即看到对图形对象的更新，可以使用该命令。

实例——实时创建动画线条

源文件：yuanwenjian\ch16\ex_1608.m

MATLAB 程序如下：

```
>> close all               %关闭当前已打开的文件
>> clear                   %清除工作区的变量
>> h = animatedline(Marker='p',MarkerSize=10,...
   MarkerEdgeColor='r',MarkerFaceColor='y');%设置动画线条标记及标记大小、标记轮廓颜色及填
充颜色
>> axis([0,4*pi,-1,1])     %设置坐标轴范围
>> numpoints = 100;        %设置动画采样点数
%定义动画点的坐标
>> x = linspace(0,4*pi,100);
>> y= sin(x).^2;
>> z =x;
>> view(3)                 %转换为三维视图
>> for k = 1:numpoints     %在动画线条中依次添加点
addpoints(h,x(k),y(k),z(k));
   drawnow                 %添加动画点后实时更新图窗
end
```

运行结果如图 16.9 所示。

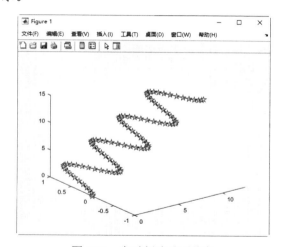

图 16.9　实时创建动画线条

将动画线条中的点数限制为 100 个，循环一次向动画线条中添加一个点，当线条包含 100 个点时，向动画线条添加新点时会删除最旧的点。

4．控制动画速度

如果使用 drawnow 命令更新太快或使用 drawnow limitrate 命令更新太慢，可以使用秒表计时器来控制动画速度。

使用 tic 命令可以记录当前时间，并启动秒表计时器，其使用格式见表 16.8；使用 toc 命令从秒表读取已用时间，结束秒表计时器，其使用格式见表 16.9。tic 和 toc 命令配合使用可跟踪屏幕更新所经过的时间。

表 16.8　tic 命令的使用格式

使 用 格 式	说　　明
tic	启动秒表计时器，记录当前时间
timerVal = tic	将当前时间存储在 timerVal 中，以便将其显式传递给 toc 命令。输出参数 timerVal 是仅对 toc 函数有意义的整数

表 16.9 toc 命令的使用格式

使 用 格 式	说 明
toc	读取由调用 tic 命令启动秒表计时器以来经过的时间，以秒为单位
toc(timerVal)	显示自调用对应于 timerVal 的 tic 命令以来经过的时间
elapsedTime = toc	返回自最近一次调用 tic 命令以来经过的时间
elapsedTime = toc(timerVal)	返回自调用对应于 timerVal 的 tic 命令以来经过的时间

实例——控制动画更新速度

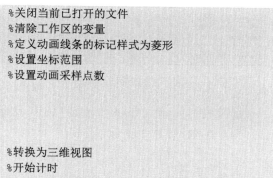

源文件：yuanwenjian\ch16\ex_1609.m

MATLAB 程序如下：

```
>> close all                              %关闭当前已打开的文件
>> clear                                  %清除工作区的变量
>> h = animatedline(Color='b',Marker='d'); %定义动画线条的标记样式为菱形
>> axis([0,4*pi,-1,1])                    %设置坐标范围
>> numpoints = 100;                       %设置动画采样点数
%定义动画点坐标
>> x = linspace(0,4*pi,numpoints);
>> y = sin(x);
>> z = cos(x);
>> view(3)                                %转换为三维视图
>> a = tic;                               %开始计时
>> for k = 1:numpoints
       addpoints(h,x(k),y(k),z(k))        %在动画线条中添加点
       b = toc(a);                        %检查计时器
       if b > (1/60)
          drawnow                         %每 1/60 秒更新一次屏幕
          a = tic;                        %更新后重新计算
       end
end
>> drawnow                                %更新图窗
```

运行结果如图 16.10 所示。

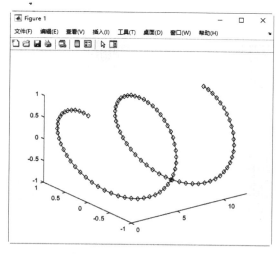

图 16.10 创建的动画线条

16.2.3 生成动画

创建动画后，使用 movie 命令可以播放动画，默认播放一次，用户可根据需要指定播放次数及播放帧频。该命令的使用格式见表 16.10。

表 16.10 movie 命令的使用格式

使 用 格 式	说 明
movie(M)	播放数组 M 中的动画帧，默认播放一次。M 必须是动画帧的矩阵（通常来自 getframe 命令）
movie(M,n)	在上一种语法格式的基础上，使用参数 n 指定播放次数。如果 n 是数值向量，则第一个元素指定播放次数，其余元素指定连续播放的帧列表。如果 n 是负数，则每个循环会先快进然后再倒播
movie(M,n,fps)	在上一种语法格式的基础上，使用参数 fps 指定帧频，默认为每秒 12 帧
movie(h,...)	在 h 指定的图窗或坐标区中心位置播放动画帧
movie(h,M,n,fps,loc)	在 h 指定的图窗或坐标区，由四元素向量 loc 指定的位置播放

实例——演示球体缩放动画

源文件：yuanwenjian\ch16\ex_1610.m

MATLAB 程序步骤如下：

```
>> close all               %关闭当前已打开的文件
>> clear                   %清除工作区的变量
>> [X,Y,Z] = sphere;       %返回由 20×20 个面组成的球面坐标
>> surf(X,Y,Z)             %创建具有实色边和实色面的三维球面
>> axis off                %关闭坐标系
>> axis equal              %坐标轴线使用相同的数据单位长度
>> shading interp          %通过对颜色图索引或真彩色值进行插值渲染球面
>> for i=1:20
zoom(2*abs(sin(i)))        %改变缩放因子
M(:,i)=getframe;           %捕获坐标区中的图形，保存到 M 矩阵
drawnow                    %更新图窗
end
>> movie(M,2,5)            %播放画面 2 次,每秒 5 帧
```

图 16.11 所示为动画的两帧。

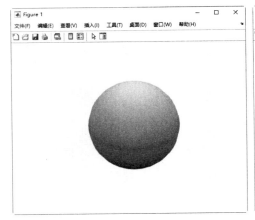
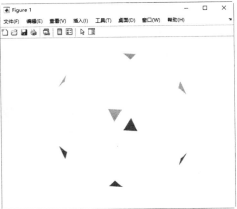

图 16.11 动画演示

实例——演示曲面旋转动画

源文件：yuanwenjian\ch16\ex_1611.m

MATLAB 程序如下：

```
>> close all                    %关闭当前已打开的文件
>> clear                        %清除工作区的变量
>> x = @(u,v) u.*sin(v);        %定义参数函数的 x、y、z 坐标
>> y = @(u,v) -u.*cos(v);
>> z = @(u,v) v;
>> fsurf(x,y,z,[-5 5 -5 -2],'--',EdgeColor='m')  %在指定区间绘制函数三维曲面，线型为洋红虚线
>> hold on                      %保留当前坐标区中的绘图
>> fsurf(x,y,z,[-5 5 -2 2],EdgeColor='none')%在指定区间绘制三维曲面，无线条颜色
>> hold off                     %关闭保持命令
>> axis off                     %关闭坐标系
>> list={'开始','结束'};         %定义选项
>> [indx,tf]=listdlg(ListString=list,ListSize=[200 50], ...
Name='录制动画',SelectionMode='single');%设置列表项、对话框尺寸、标题、选择模式，创建一个模态对话框
>> if indx==1                   %如果选择的是"开始"选项
for i = 1:20
view(90,60*(i+1))               %改变视点
M(i) = getframe(gcf);           %捕获当前图窗中的绘图
end
end
>> movie(M,2,1)                 %播放画面 2 次,每秒 1 帧
```

运行程序，弹出图 16.12 所示的"录制动画"对话框与图 16.13 所示的图像，选择"开始"选项，单击"确定"按钮即可演示动画，其中 3 帧如图 16.14 所示。

图 16.12 "录制动画"对话框

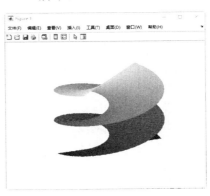

图 16.13 显示图像

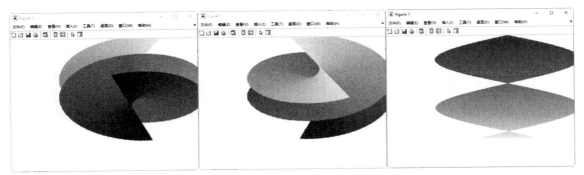

图 16.14 动画演示

16.3　保　存　动　画

视频是多媒体系统中的重要组成。在 MATLAB 中创建影片或动画后，还可以将影片或动画保存为视频文件，方便以后调用、查看。

16.3.1　写入视频文件

MATLAB 利用 VideoWriter 命令创建一个 VideoWriter 对象，将数组或 MATLAB 影片写入一个视频文件。VideoWriter 对象包含有关视频的信息以及控制输出视频的属性。

VideoWriter 命令的使用格式见表 16.11。

表 16.11　VideoWriter 命令的使用格式

使 用 格 式	说　　明
v = VideoWriter(filename)	创建一个 VideoWriter 对象以将视频数据写入采用 Motion JPEG 压缩技术的 AVI 文件
v = VideoWriter(filename,profile)	在上一种语法格式的基础上，使用参数 profile 指定一组适合特定文件格式的属性，属性值见表 16.12

表 16.12　profile 属性值

属 性 值	说　　明
'Archival'	采用无损压缩的 Motion JPEG 2000 文件
'Motion JPEG AVI'	使用 Motion JPEG 编码的 AVI 文件
'Motion JPEG 2000'	Motion JPEG 2000 文件
'MPEG-4'	使用 H.264 编码的 MPEG-4 文件
'Uncompressed AVI'	包含 RGB24 视频的未压缩 AVI 文件
'Indexed AVI'	包含索引视频的未压缩 AVI 文件
'Grayscale AVI'	包含灰度视频的未压缩 AVI 文件

VideoWriter 对象包含控制输出视频的属性，见表 16.13。

表 16.13　VideoWriter 对象包含的属性

属　　性	说　　明
ColorChannels	每个输出视频帧中的颜色通道数
Colormap	视频文件的颜色信息，指定为具有 3 列和最大为 256 行的数值矩阵。矩阵中的每一行均使用 RGB 三元组定义一种颜色。RGB 三元组中的元素分别指定颜色中红、绿、蓝分量的强度。强度必须处于范围[0,1]中
CompressionRatio	目标压缩比。该属性只可用于写入 Motion JPEG 2000 文件的对象
Duration	只读属性，输出文件的持续时间，以秒为单位
FileFormat	只读属性，要写入的文件的类型，指定为'avi'、'mp4'或'mj2'
Filename	只读属性，文件名
FrameCount	只读属性，写入视频文件的帧数
FrameRate	视频每秒播放的帧数
Height	只读属性，每个视频帧的高度，以像素为单位
LosslessCompression	无损压缩，指定为 true 或 false。该属性只可用于写入 Motion JPEG 2000 文件的对象

续表

属 性	说 明
MJ2BitDepth	Motion JPEG 2000 文件的位深，指定为[1,16]的整数
Path	只读属性，视频文件的完整路径
Quality	视频质量，默认为75，范围是[0,100]内的整数。数值越大，质量越高，文件也越大。该属性仅可用于与 MPEG-4 或 Motion JPEG AVI 描述文件相关联的对象
VideoBitsPerPixel	只读属性，每个输出视频帧中每像素的位数
VideoCompressionMethod	只读属性，视频压缩的类型，指定为'None'、'H.264'、'Motion JPEG'或'Motion JPEG 2000'
VideoFormat	只读属性，视频格式的 MATLAB 表示
Width	只读属性，每个视频帧的宽度，以像素为单位

操作 VideoWriter 对象的常用函数见表 16.14。

表 16.14　对象函数

函 数	说 明
open	打开文件以写入视频数据，在调用 open 后，无法更改帧速率或画质设置
close	写入视频数据之后关闭文件
writeVideo	将视频数据写入文件
VideoWriter.getProfiles	返回 VideoWriter 支持的描述文件和文件格式

实例——将曲面动画保存为视频

源文件：yuanwenjian\ch16\ex_1612.m

本实例创建曲面变换动画，并将动画写入一个 AVI 视频文件。

扫一扫，看视频

MATLAB 程序如下：

```
>> close all                        %关闭已打开的所有文件
>> clear                            %清空工作区的变量
>> [x,y]=meshgrid(1:0.5:10);        %基于向量定义二维网格坐标
>> surf(x,y,sin(x)+cos(x));         %绘制第 1 帧的曲面图形
>> grid on                          %显示分格线
>> v = VideoWriter('quxian.avi');   %创建 VideoWriter 对象以写入指定的 AVI 文件
>> open(v);                         %打开视频文件以进行写入
>> for i = 1:100
     surf(pi*i/100*x,pi*i/50*y,sin(pi*i/100*x)+cos(pi*i/100*y));%根据循环变量创建函数曲面
     frame = getframe(gcf);         %获取当前图窗中的绘图作为动画帧
     writeVideo(v,frame);           %将每一帧写入视频文件
   end
>> close(v);                        %关闭视频文件
```

运行结果第 1 帧和最后 1 帧如图 16.15 所示。

此时，在当前文件夹面板中可以看到创建的视频文件 quxian.avi。

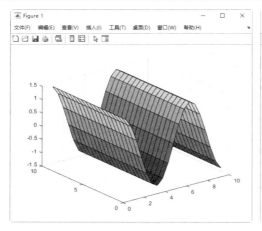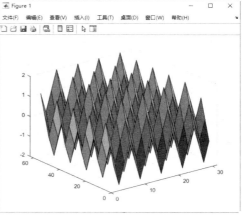

图 16.15　运行结果

16.3.2　读取视频文件

与 VideoWriter 命令对应，MATLAB 利用 VideoReader 命令创建 VideoReader 对象以读取视频文件。VideoReader 对象包含有关视频文件的信息，支持的文件格式因版本而异，见表 16.15。

表 16.15　VideoReader 命令支持的视频文件格式

版　　本	文　件　格　式
所有版本	AVI，包括未压缩、索引、灰度和 Motion JPEG 编码的视频（.avi）、Motion JPEG 2000（.mj2）
所有 Windows	MPEG-1（.mpg）、Windows Media 视频（.wmv、.asf、.asx）、Microsoft® DirectShow® 支持的任何格式
Windows 7 或更高版本	MPEG-4，包括 H.264 编码视频(.mp4、.m4v)，Apple QuickTime Movie（.mov），Microsoft Media Foundation 支持的任何格式
Macintosh	QuickTime Player 支持大多数格式，例如： MPEG-1（.mpg）、MPEG-4，包括 H.264 编码视频（.mp4、.m4v）、Apple QuickTime Movie（.mov）、3GPP、3GPP2、AVCHD、DV **注意：**对于 OS X Yosemite（10.10 版）和更高版本来说，使用 VideoWriter 编写的 MPEG-4/H.264 文件能正常播放，但显示的帧速率不精确
Linux	GStreamer 1.0 或更高版本的已安装插件支持的任何格式，包括 Ogg Theora（.ogg）

VideoReader 对象的属性见表 16.16。

表 16.16　VideoReader 对象的属性

属　　性	说　　明
BitsPerPixel	视频数据的每像素的位数
CurrentTime	要读取的视频帧的时间戳
Duration	文件的长度
FrameRate	每秒的视频帧数
Height	视频帧的高度
Name	文件名
NumberOfFrames	视频流中的帧数
Path	视频文件的完整路径

属 性	说 明
Tag	常规文本
UserData	用户定义的数据
VideoFormat	视频格式的 MATLAB 表示
Width	视频帧的宽度

VideoReader 命令的使用格式见表 16.17。

表 16.17 VideoReader 命令的使用格式

使 用 格 式	说 明
v = VideoReader(filename)	创建 VideoReader 对象 v，用于从 filename 指定的文件中读取视频数据
v = VideoReader(filename,Name,Value)	在上一种语法格式的基础上，使用名称-值对参数设置属性 CurrentTime、Tag 和 UserData

操作 VideoReader 对象的常用函数见表 16.18。

表 16.18 VideoReader 对象的常用函数

函 数	说 明
read	读取一个或多个视频帧
VideoReader.getFileFormats	VideoReader 支持的文件格式
readFrame	读取下一个视频帧
hasFrame	确定是否有视频帧可供读取

实例——读取视频数据

源文件：yuanwenjian\ch16\ex_1613.m

MATLAB 程序如下：

```
>> close all                %关闭已打开的所有文件
>> clear                    %清空工作区的变量
>> v = VideoReader('quxian.avi'); %从文件中读取视频数据，创建 VideoReader 对象 v
>> while hasFrame(v)        %读取所有视频帧
     video = readFrame(v);
end
>> whos video                      %显示变量
  Name       Size          Bytes    Class     Attributes
  video      420x560x3     705600   uint8
```

扫一扫，看视频

实例——在特定时间开始读取视频

MATLAB 程序如下：

```
>> close all                %关闭已打开的所有文件
>> clear                    %清空工作区的变量
>> VideoReader('traffic.avi',CurrentTime=1.2)   %在距视频开头 1.2 秒的位置开始读取指定的
视频文件。属性'CurrentTime'表示距视频文件开头的秒数，介于 0 和视频持续时间之间
   ans =
     VideoReader - 属性:
     常规属性:
           Name:  'traffic.avi'
```

扫一扫，看视频

```
              Path:  ' C:\Program Files\MATLAB\R2023a\toolbox\images\imdata'
          Duration:  8
       CurrentTime:  1.2000
         NumFrames:  120

   视频属性：
             Width:  160
            Height:  120
         FrameRate:  15.0000
      BitsPerPixel:  24
       VideoFormat:  'RGB24'
```

16.3.3   视频信息查询

在利用 MATLAB 对视频进行处理时，可以利用 mmfileinfo 命令查询视频文件的相关信息，包括文件名、文件的绝对路径、文件的长度、音/视频数据信息等。该命令的使用格式见表 16.19。

表 16.19   mmfileinfo 命令的使用格式

使 用 格 式	说　　明
info=mmfileinfo(filename)	查询视频文件 filename 的信息，返回结构体 info，其字段包含指定多媒体文件内容的信息

扫一扫，看视频

实例——查询视频文件的相关信息

源文件：yuanwenjian\ch16\ex_1614.m

MATLAB 程序如下：

```
>> close all                        %关闭已打开的所有文件
>> clear                            %清空工作区的变量
>> v = VideoWriter('highfile.avi','Uncompressed AVI');  %创建一个 VideoWriter 对象，
以将视频数据写入包含 RGB24 视频的未压缩 AVI 文件
>> A = imread('technology.jpg');    %读取图像文件
>> open(v);                         %打开动画对象
>> writeVideo(v,A)                  %将 A 中的图像写入视频文件
>> close(v)                         %关闭视频文件
>> info= mmfileinfo ('highfile.avi') %查询视频文件的相关信息
info =
  包含以下字段的 struct:
      Filename: 'highfile.avi'
          Path: ' C:\Users\QHTF\Documents\MATLAB\yuanwenjian'
      Duration: 0.0333
         Audio: [1×1 struct]
         Video: [1×1 struct]
>> audio = info.Audio               %返回文件中音频数据信息的结构体
audio =
  包含以下字段的 struct:
            Format: ''
   NumberOfChannels: []
>> video = info.Video               %返回文件中视频数据信息的结构体
video =
  包含以下字段的 struct:
    Format: 'RGB 24'
    Height: 300
     Width: 500
```

第 17 章 流场可视化后处理

内容指南

流场相对于一般的科学研究领域，更加神秘莫测。这是因为流体的运动是一个非常复杂的过程，流场中不同位置上的速度和方向不断改变、难以捉摸，涉及众多学科。研究如此复杂的流场，首先要解决的问题就是如何让其看得见、摸得着，也就是流场可视化。

流场可视化作为面向计算流体动力学（Computational Fluid Dynamics，CFD）的科学计算可视化技术，是科学计算可视化研究和 CFD 研究的一个重要部分，它主要涉及流场数据的表示、变换、绘制和操作，不仅应用于流体力学和空气动力学的基础研究，在航空航天、交通运输、桥梁建筑、大气海洋、医学生物等领域也获得了广泛应用。

本章简要介绍流场可视化常用的两种研究模型，以及在 MATLAB 中绘制流场图和流粒子动画等流场可视化后处理的方法。

知识重点

➢ 流场可视化的研究模型
➢ 绘制流场图
➢ 流粒子

17.1 流场可视化的研究模型

早在 1883 年，英国科学家雷诺通过用滴管在流体内注入有色颜料的方式，观察水流的运动现象。由此提出了"层流""湍流"两个科学概念。后来，奥地利科学家马赫利用纹影可视化技术，在研究飞行抛射体时，发现了只有物体在运动速度超过声速时，物体前方才会存在流动现象。这成为超声速空气动力学研究的一个重要成果。此后，流场可视化技术不断发展，特别是随着计算机技术的迅速发展和高分辨图形显示设备的出现，流场可视化技术相继出现了几十种方法，实现了在同一时刻描述全场流态的技术跨越，让看不见、摸不着的神秘流场，变成了"可见"和"可感觉到"。

为了了解流体的运动规律，通常在一定的假设条件下建立某种数学模型，使用数学表达式描述其可能的运动规律。然而，面对求解数学表达式得到的大量数据，需要采用一种直观的方式去展示以供分析，而科学计算可视化正是将数据信息转换成图像、图形信息的重要手段。

1. 数据流模型

关于流场可视化的研究模型，目前广泛采用的是面向数据的数据流模型（Data FlowModel），如图 17.1 所示。

图 17.1　数据流模型

➢ 滤波：从原始数据中提取感兴趣的数据。
➢ 映射：构造数据的几何表示。
➢ 绘制：将数据的几何表示转换成可被显示的图像信息。
此模型很容易理解和利用，但它没有考虑可视化技术同应用领域之间的关系。

2．模型中心法

由于数据流模型没有考虑可视化技术与应用领域之间的关系，为此，科学家又提出了可视化过程的模型中心法（Model-Centered Approach），如图 17.2 所示。

图 17.2　模型中心法

➢ 建模：从采样数据构造经验模型，此模型要与应用领域相一致，以便于数据的正确插值等处理。
➢ 观察：根据应用领域的不同，选择合适的技术显示数据，如用直接体绘制显示 CT 数据，用流线显示流场速度场等。

与数据流模型相比，模型中心法的建模相当于数据流模型中滤波的一部分，观察滤波后的部分。模型中心法考虑到了不同应用领域的不同需求，更符合现实的需要。

17.2　绘制流场图

流场可视化可以通过静态矢量场快速实现。在 MATLAB 中，通常使用流锥图、流线图、流管图、流带图等流场图描绘三维向量场的流动。

17.2.1　流锥图

在三维向量场中，流锥图以指向速度向量方向的圆锥体形式绘制速度向量，圆锥体长度与速度向量的量级成比例。在 MATLAB 中，coneplot 命令用于绘制流锥图，其使用格式见表 17.1。

表 17.1　coneplot 命令的使用格式

使 用 格 式	说　　　明
coneplot(X,Y,Z,U,V,W,Cx,Cy,Cz)	X、Y、Z 定义向量场的坐标；U、V、W 定义向量场；Cx、Cy、Cz 定义向量场中圆锥体的位置
coneplot(U,V,W,Cx,Cy,Cz)	使用网格数据 X、Y、Z 定义向量场的坐标，也就是说，[X,Y,Z] = meshgrid(1:n,1:m,1:p)，其中[m,n,p]= size(U)
coneplot(…,s)	在以上任一种语法格式的基础上，使用缩放因子 s 对圆锥体进行自动缩放以适应图形。如果未为 s 指定值，则默认为 1。如果 s = 0，则不自动缩放
coneplot(…,color)	在以上任一种语法格式的基础上，通过对颜色数组 color 插值，对圆锥体进行着色
coneplot(…,'quiver')	在以上任一种语法格式的基础上，使用箭头替代圆锥体

续表

使 用 格 式	说 明
coneplot(…,'method')	在以上任一种语法格式的基础上，指定要使用的插值方法 method。method 可以是 linear（默认）、cubic 或 nearest
coneplot(X,Y,Z,U,V,W,'nointerp')	使用参数'nointerp'指定不将圆锥体的位置插入三维体中。在 X、Y、Z 定义的位置绘制 U、V、W 指定方向的圆锥体。数组 X、Y、Z、U、V、W 的大小必须相同
coneplot(axes_handle,…)	在以上任一种语法格式的基础上，在 axes_handle 指定的坐标区绘制图形
h = coneplot(…)	在以上任一种语法格式的基础上，返回用于绘制圆锥体的补片对象的句柄

实例——绘制流锥图

源文件：yuanwenjian\ch17\ex_1701.m

在 MATLAB 命令行窗口中输入如下命令：

```
>> close all          %关闭所有打开的文件
>> clear              %清除工作区的变量
>> load wind          %加载数据集 wind，该数据集包含指定向量分量的数组 u、v 和 w，以及指定坐标的数
组 x、y 和 z
   %确定向量场中圆锥体的位置范围
>> xmin = min(x(:));
>> xmax = max(x(:));
>> ymin = min(y(:));
>> ymax = max(y(:));
>> zmin = min(z(:));
   %定义各个轴上的取值点
>> xrange = linspace(xmin,xmax,8);
>> yrange = linspace(ymin,ymax,8);
>> zrange = 3:4:15;
>> [cx,cy,cz] = meshgrid(xrange,yrange,zrange);      %定义圆锥体的位置
>> hcone = coneplot(x,y,z,u,v,w,cx,cy,cz,5);  %绘制圆锥体，并将缩放因子设置为 5，以使圆锥
体大于默认大小
>> title('流锥图')     %添加标题
```

运行结果如图 17.3 所示。

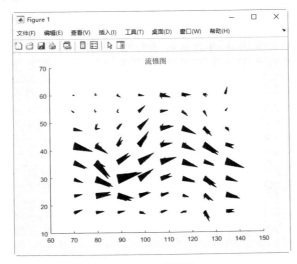

图 17.3　流锥图

17.2.2 流线图

流线图是表示某一瞬间气流运行状况的图。流线图上绘有流线，用箭头表示某一瞬时流场内不同流体质点的运动方向，流线上各点的速度方向和曲线在该点的切向方向重合。

1. stream2 命令

在 MATLAB 中，stream2 命令用于计算二维流线图数据，其使用格式见表 17.2。

表 17.2 stream2 命令的使用格式

使 用 格 式	说 明
XY=stream2 (X,Y,U,V,startx,starty)	根据向量数据 U 和 V 计算流线图，返回包含流线图顶点数组的元胞数组 XY。数组 X 和 Y 定义 U 和 V 的坐标，它们必须是单调的，无须间距均匀。startx 和 starty 定义流线图的起始位置
XY=stream2 (U,V, startx,starty)	使用网格坐标定义向量数据 U 和 V 的坐标。也就是说，数组 x 和 y 定义为[x,y] = meshgrid(1:n,1:m)，其中[m,n] = size(U)
XY = stream2(…,options)	在以上任一种语法格式的基础上，指定在创建流线图时使用的附加选项

2. stream3 命令

在 MATLAB 中，stream3 命令用于计算三维流线图数据，其使用格式见表 17.3。

表 17.3 stream3 命令的使用格式

使 用 格 式	说 明
XYZ=stream3 (X,Y,Z,U,V,W,startx,starty,startz)	根据向量数据 U、V 和 W 计算流线图，返回包含流线图顶点数组的元胞数组 XYZ。X、Y、Z 定义向量数据的坐标，startx、starty、startz 定义流线图的起始位置
XYZ=stream3 (U,V,W,startx,starty,startz)	使用网格坐标定义向量数据 U、V、W 的坐标。也就是说，数组 X、Y、Z 定义为[X,Y,Z] = meshgrid(1:n,1:m,1:p)，其中[m,n,p] = size(U)
XYZ = stream3(…,options)	在以上任一种语法格式的基础上，指定在创建流线图时使用的附加选项 options

3. streamline 命令

streamline 命令用于在二维、三维向量场中以线体形式绘制速度向量，以指向速度向量方向的线体形式绘制速度向量，流线的长度与速度向量的量级成比例，其使用格式见表 17.4。

表 17.4 streamline 命令的使用格式

使 用 格 式	说 明
streamline(X,Y,Z,U,V,W,startx, starty,startz)	根据三维向量数据 U、V 和 W 绘制流线图。X、Y、Z 定义向量的坐标，startx、starty 和 startz 定义流线图的起始位置
streamline(U,V,W,startx,starty, startz)	使用默认的网格坐标数据 X、Y 和 Z 定义向量的坐标，也就是说，[X,Y,Z] = meshgrid(1:n,1:m,1:p)，其中[m,n,p]= size(U)
streamline(XYZ)	根据包含顶点数组的元胞数组 XYZ（由 stream3 生成）绘制流线图
streamline(X,Y,U,V,startx,starty)	根据二维向量数据 U、V 绘制流线图。X、Y 定义向量的坐标，startx、starty 定义流线图的起始位置
streamline(U,V,startx,starty)	使用默认的网格坐标数据 X、Y 定义向量的坐标，也就是说，[X,Y] = meshgrid(1:N,1:M)，其中[M,N] = size(U)
streamline(XY)	根据包含顶点数组的元胞数组 XY（由 stream2 生成）绘制流线图
streamline(…,options)	在以上任一种语法格式的基础上，使用参数 options 指定绘图的附加选项。参数 options 定义为用于对向量数据进行插值的步长的一元素向量[step]，或定义步长和流线图中顶点的最大数量的二元素向量[step, maxvert]

使 用 格 式	说 明
streamline(axes_handle,…)	在 axes_handle 指定的坐标区中绘制流线图
h = streamline(…)	在以上任一种语法格式的基础上，返回创建的流线图对象 h

实例——从顶点绘制三维流线图

源文件：yuanwenjian\ch17\ex_1702.m

在 MATLAB 命令行窗口中输入如下命令：

```
>> close all          %关闭所有打开的文件
>> clear              %清除工作区的变量
>> load wind          %加载数据集 wind，该数据集包含向量分量 u、v 和 w，以及坐标数组 x、y 和 z
>> [sx,sy,sz] = meshgrid(80,20:10:50,0:5:15);  %使用网格数据定义流线图的起始位置
>> XYZ =stream3(x,y,z,u,v,w,sx,sy,sz);         %计算三维流线图数据
>> streamline(XYZ)    %根据计算得到的流线图数据绘制三维流线图
>> view(3);           %以三维视图显示图形
>> title('流线图')    %添加标题
```

运行结果如图 17.4 所示。

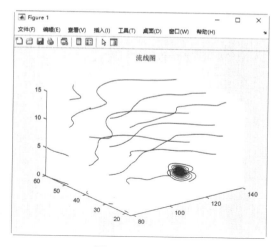

图 17.4 流线图

17.2.3 流管图

streamtube 命令用于创建三维流管图，其使用格式见表 17.5。

表 17.5 streamtube 命令的使用格式

使 用 格 式	说 明
streamtube(X,Y,Z,U,V,W,startx,starty, startz)	从向量三维体数据 U、V 和 W 绘制流管图。X、Y、Z 定义向量数据的坐标，startx、starty 和 startz 定义位于管道中心的流线图的起始位置。管道的宽度与向量场的归一化散度成比例
streamtube(U,V,W,startx,starty,startz)	使用默认的网格数据定义向量数据的坐标，也就是说，[X,Y,Z] = meshgrid(1:n,1:m,1:p)，其中 [m,n,p]= size(U)
streamtube(vertices,X,Y,Z,divergence)	使用预先计算的流线图顶点数组 vertices 和散度 divergence 创建三维流管图
streamtube(vertices,divergence)	使用默认的网格数据定义向量数据的坐标，也就是说，[X,Y,Z] = meshgrid(1:n,1:m,1:p)，其中 [m,n,p] = size(divergence)

续表

使 用 格 式	说　明
streamtube(vertices,width)	指定流线图顶点数组 vertices 和管道宽度 width 创建三维流管图。vertices 和 width 的每个对应元素的大小必须相同。width 也可以是标量，用于为所有流管的宽度指定单个值
streamtube(vertices)	在上一种语法格式的基础上，自动选择宽度
streamtube(…,[scale n])	在以上任一种语法格式的基础上，按照缩放因子 scale 缩放管道的宽度。默认值为 scale = 1。创建流管时，使用开始点或散度，指定 scale = 0 将禁止自动缩放。n 是指沿管道的周长分布的点数，默认值为 20
streamtube(ax,…)	在 ax 指定的坐标区中绘制流管图
h = streamtube(…)	在以上任一种语法格式的基础上，返回用于绘制流管图的 surface 对象（每个起点一个）的向量

扫一扫，看视频

实例——基于流线图顶点绘制流管图

源文件：yuanwenjian\ch17\ex_1703.m

在 MATLAB 命令行窗口中输入如下命令：

```
>> close all          %关闭所有打开的文件
>> clear              %清除工作区的变量
>> load wind          %加载数据集 wind，该数据集包含向量分量 u、v 和 w，以及坐标数组 x、y 和 z
>> [sx,sy,sz] = meshgrid(80,20:10:50,0:5:15);  %定义流线图的起始位置
>> streamtube(stream3(x,y,z,u,v,w,sx,sy,sz))   %根据三维流线图数据绘制三维流管图
>> view(3);           %转换为三维视图
>> axis tight         %轴框紧密围绕数据
>> shading interp;    %使用插值颜色渲染图形
>> lighting gouraud   %添加 gouraud 光源，在各个面中线性插值
>> title('流管图')    %添加标题
```

运行结果如图 17.5 所示。

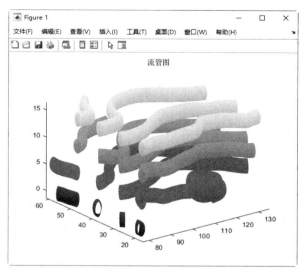

图 17.5　流管图

17.2.4　流带图

streamribbon 命令用于创建三维流带图，其使用格式见表 17.6。

表 17.6　streamribbon 命令的使用格式

使 用 格 式	说　明
streamribbon(X,Y,Z,U,V,W,startx,starty,startz)	从向量三维体数据 U、V 和 W 绘制流带。数组 X、Y 和 Z 定义 U、V 和 W 的坐标。X、Y 和 Z 必须具有相同数量的元素。startx、starty 和 startz 定义流带的起始位置（中心处）。流带图中，流带的扭曲度与向量场的旋度成比例。流带的宽度将会自动计算
streamribbon(U,V,W,startx,starty,startz)	使用默认的网格数据定义向量数据的坐标，也就是说，[X,Y,Z] = meshgrid(1:n,1:m,1:p)，其中[m,n,p]= size(U)
streamribbon(vertices,X,Y,Z,cav,speed)	使用预先计算的流线图顶点 vertices、旋转角速度 cav 和流速 speed 创建三维流带图
streamribbon(vertices,cav,speed)	使用网格数据定义向量数据的坐标，即[X,Y,Z] = meshgrid(1:n,1:m,1:p)，其中[m,n,p] = size(cav)
streamribbon(vertices,twistangle)	使用预先计算的流线图顶点 vertices 和流带的扭曲度 twistangle（以弧度为单位）创建三维流带图。vertices 和 twistangle 的每个对应元素的大小必须相等
streamribbon(…,width)	在以上任一种语法格式的基础上，指定条带的宽度 width
streamribbon(axes_handle,…)	在 axes_handle 指定的坐标区中绘制流带图
h = streamribbon(…)	在以上任一种语法格式的基础上，返回图像句柄（每个起始点一个句柄）

实例——使用预先计算的数据绘制流带图

源文件： yuanwenjian\ch17\ex_1704.m

在 **MATLAB** 命令行窗口中输入如下命令：

```
>> close all          %关闭所有打开的文件
>> clear              %清除工作区的变量
>> load wind          %从数据集 wind 中加载向量分量 u、v 和 w，以及对应的坐标数组 x、y 和 z
>> [sx,sy,sz] = meshgrid(80,20:10:50,0:5:15);  %使用网格数据定义流带的起始位置
>> verts = stream3(x,y,z,u,v,w,sx,sy,sz);      %计算三维流线图数据，返回流线图顶点数组
>> cav = curl(x,y,z,u,v,w);                    %旋转角速度
>> spd = sqrt(u.^2 + v.^2 + w.^2).*.1;         %流速
>> streamribbon(verts,x,y,z,cav,spd);          %使用预先计算的流线图顶点 verts、旋转角速
度 cav 和流速 spd 生成三维流带图
>> view(3);           %转换为三维视图
>> axis tight         %轴框紧密围绕图形
>> shading interp;    %使用插值颜色渲染图形
>> lighting gouraud   %添加 gouraud 光源，在各个面中线性插值
>> title('流带图')    %添加标题
```

运行结果如图 17.6 所示。

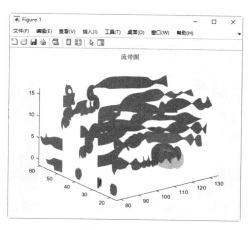

图 17.6　流带图

扫一扫，看视频

实例——绘制指定扭曲角度的流带

源文件：yuanwenjian\ch17\ex_1705.m

在 MATLAB 命令行窗口中输入如下命令：

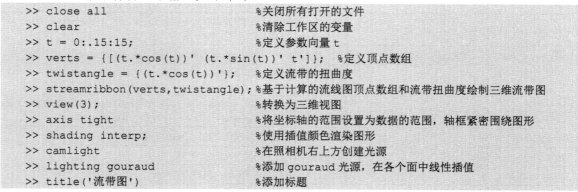

```
>> close all                              %关闭所有打开的文件
>> clear                                  %清除工作区的变量
>> t = 0:.15:15;                          %定义参数向量 t
>> verts = {[(t.*cos(t))' (t.*sin(t))' t']};    %定义顶点数组
>> twistangle = {(t.*cos(t))'};            %定义流带的扭曲度
>> streamribbon(verts,twistangle);        %基于计算的流线图顶点数组和流带扭曲度绘制三维流带图
>> view(3);                               %转换为三维视图
>> axis tight                             %将坐标轴的范围设置为数据的范围，轴框紧密围绕图形
>> shading interp;                        %使用插值颜色渲染图形
>> camlight                               %在照相机右上方创建光源
>> lighting gouraud                       %添加 gouraud 光源，在各个面中线性插值
>> title('流带图')                         %添加标题
```

运行结果如图 17.7 所示。

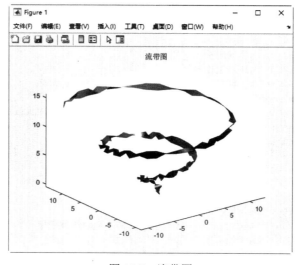

图 17.7　流带图

17.3　流　粒　子

流粒子通常由线标记表示，可以显示流线图的位置和速度，用于跟踪沿特定流线的流动。流粒子动画可用于可视化向量场的流向和速度，动画中每个粒子的速度与流线上任何给定点处的向量场的模成正比。

17.3.1　在切片平面中绘制流线图

streamslice 命令用于在切片平面中绘制流线图，其使用格式见表 17.7。

表 17.7 streamslice 命令的使用格式

使 用 格 式	说 明
streamslice(X,Y,Z,U,V,W, xslice,yslice,zslice)	根据由 X、Y 和 Z 定义坐标的三维向量数据 U、V 和 W，在与 x、y、z 轴正交的切片位置 xslice、yslice、zslice，绘制自动间距的流线图（具有方向箭头）。流切片可用于确定开始绘制流线图、流管和流带的位置
streamslice(U,V,W,xslice,yslice,zslice)	使用 U、V 和 W 的默认坐标数据定义向量数据的坐标，也就是说，[X,Y,Z] = meshgrid(1:n,1:m,1:p)，其中[m,n,p] = size(U)
streamslice(X,Y,U,V)	根据由 X 和 Y 定义坐标的二维向量数据 U 和 V 绘制自动间距的流线图
streamslice(U,V)	使用 U 和 V 的默认坐标数据定义向量数据的坐标。U 和 V 中每个元素的(x,y)位置分别基于列索引和行索引
streamslice(…,density)	在以上任一种语法格式的基础上，使用正标量参数 density 指定流线图的自动间距。density 默认值为 1，值越大，在每个平面上生成的流线图越多
streamslice(…,arrowsmode)	在以上任一种语法格式的基础上，使用参数 arrowsmode 确定是否绘制方向箭头。默认值 'arrows'表示绘制方向箭头；'noarrows'表示不绘制方向箭头
streamslice(…,method)	在以上任一种语法格式的基础上，使用参数 method 指定要使用的插值方法，可选值包括'linear'（线性插值，默认值）、'cubic'（三次插值）和'nearest'（最近邻点插值）
streamslice(axes_handle,…)	在 axes_handle 指定的坐标区中绘制图形
h = streamslice(…)	在以上任一种语法格式的基础上，返回创建的线条对象
[vertices arrowvertices] = streamslice(…)	这种语法不绘制流线图，而是在以上任一种输入参数的基础上，以元胞数组分别返回用于绘制流线图的顶点数组 vertices 和箭头顶点数组 arrowvertices

实例——绘制带方向箭头的流线图

源文件：yuanwenjian\ch17\ex_1706.m

扫一扫，看视频

MATLAB 程序如下：

```
>> close all                %关闭所有打开的文件
>> clear                    %清除工作区的变量
>> z = peaks;               %返回一个 49×49 的方阵
>> [u,v] = gradient(z);     %计算 z 的二维数值梯度
>> streamslice(u,v);        %在二维向量 u、v 的默认坐标位置绘制 u、v 自动间距的流线图
>> title('有方向箭头的流线图')  %添加标题
```

运行结果如图 17.8 所示。

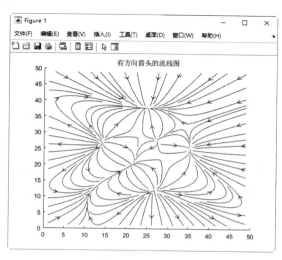

图 17.8 流线图

17.3.2 插入流线图顶点

interpstreamspeed 命令基于流速对流线图顶点插值，确定流线上要绘制粒子的顶点，其使用格式见表 17.8。

表 17.8 interpstreamspeed 命令的使用格式

使 用 格 式	说　　明
interpstreamspeed(X,Y,Z,U,V,W,vertices)	基于向量数据 U、V、W 的幅值对流线图顶点插值，插入流线图顶点。数组 X、Y、Z 用于定义 U、V、W 的坐标
interpstreamspeed(U,V,W,vertices)	使用默认的网格坐标数据 X、Y、Z 定义向量数据的坐标。[X, Y, Z] = meshgrid(1:n,1:m,1:p)，其中 [m, n, p] = size(U)
interpstreamspeed(speed,vertices)	使用三维数组 speed 定义向量场的速度。[X, Y, Z] = meshgrid(1:n,1:m,1:p)，其中 [m, n, p]=size(speed)
interpstreamspeed(X,Y,Z,speed,vertices)	使用默认的网格坐标数据 X、Y、Z 和向量场速度对流线图顶点插值
interpstreamspeed(X,Y,U,V,vertices)	基于向量数据 U、V 的幅值对流线图顶点插值。数组 X、Y 用于定义 U、V 的坐标
interpstreamspeed(U,V,vertices)	基于向量数据 U、V 的幅值对流线图顶点插值。U、V 的坐标由默认的网格数据定义，即[X, Y] = meshgrid(1:n,1:m)，其中[M, N]=size(U)
interpstreamspeed(X,Y,speed,vertices) 或 interpstreamspeed(speed,vertices)	使用二维数组 speed 定义向量场的速度。[X, Y] = meshgrid(1:n,1:m)，其中[M,N]= size(speed)
interpstreamspeed(…,sf)	在以上任一种语法格式的基础上，使用参数 sf 缩放向量数据的幅值，以控制插入顶点的数量
vertsout = interpstreamspeed(…)	在以上任一种语法格式的基础上，以元胞数组返回顶点

实例——显示顶点间距随流线图梯度的变化

源文件：yuanwenjian\ch17\ex_1707.m

MATLAB 程序如下：

```
>> close all                              %关闭所有打开的文件
>> clear                                  %清除工作区的变量
>> x = linspace(-2*pi,2*pi);              %在[-2π,2π]定义 100 个等距点
>> y = linspace(0,4*pi);                  %在[0,4π]定义 100 个等距点
>> [X,Y] = meshgrid(x,y);                 %定义二维网格数据
>> z = sin(X).*sin(Y);                    %计算 z 的值
>> [u,v] = gradient(z);                   %计算 z 向梯度值
>> pcolor(z);                             %绘制伪色图
>> hold on                                %打开图形保持功能
>> [verts,averts] = streamslice(u,v);     %在切片平面中绘制向量数据的流线图，返回用于绘制流
线图的顶点 verts 和箭头顶点 averts
>> iverts = interpstreamspeed(u,v,verts,15); %基于流速对流线图顶点插值，返回流线上要绘
制粒子的顶点
>> sl = streamline(iverts);               %基于顶点绘制流线图
>> set(sl,Marker='.');                    %设置流线的标记样式
>> shading interp                         %利用插值颜色渲染图形
>> axis tight                             %将坐标区范围设置为数据范围
>> hold off                               %关闭图形保持功能
```

运行结果如图 17.9 所示。

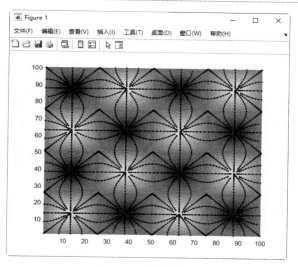

图 17.9 显示图像

17.3.3 绘制流粒子

streamparticles 命令用于绘制流粒子，其使用格式见表 17.9。

表 17.9 streamparticles 命令的使用格式

使 用 格 式	说 明
streamparticles(vertices)	基于二维或三维顶点数组 vertices 绘制一个向量场的流粒子
streamparticles(vertices,n)	在上一种语法格式的基础上，使用参数 n 指定流粒子数量
streamparticles(…,'PropertyName',PropertyValue,…)	在以上任一种语法格式的基础上，使用一个或多个名称-值对参数设置流粒子的属性。属性和可取的值见表 17.10
streamparticles(ax,…)	在 ax 指定的坐标区中创建流粒子
streamparticles(line_handle,…)	使用 line_handle 确定的线条对象绘制流粒子。线条属性见表 17.11
h = streamparticles(…)	在以上任一种语法格式的基础上，返回创建的基本线条对象

表 17.10 流粒子属性、取值及说明

属 性 名	参 数 值	说 明
Animate	流粒子运动 [非负整数]	设置流粒子动画运动的次数。默认值为 0，表示不做动画运动。Inf 表示一直做动画运动，直至按快捷键 Ctrl+C 为止
FrameRate	动画的每秒帧数	非负整数，指定动画的每秒帧数。默认值 Inf 表示以尽可能快的速度绘制动画
ParticleAlignment	使粒子与流线图对齐	on 和 off。on 表示可在每个流线图的开始位置绘制粒子

表 17.11 线条属性

线 条 属 性	streamparticles 设置值
LineStyle	'none'
Marker	'o'
MarkerEdgeColor	'none'
MarkerFaceColor	'red'

实例——显示粒子流动动画

扫一扫，看视频

源文件：yuanwenjian\ch17\ex_1708.m

MATLAB 程序如下：

```
>> close all                    %关闭所有打开的文件
>> clear                        %清除工作区的变量
>> load wind                    %加载数据集中的向量数据和坐标数据
>> [verts,averts] = streamslice(x,y,z,u,v,w,[],[],[5]); %绘制向量数据沿 z = 5 的切片
平面的流线图，返回用于绘制流线图的顶点和箭头顶点
>> sl = streamline([verts averts]);   %基于计算的顶点绘制流线图
>> axis tight manual off;       %将坐标轴的范围设置为数据的范围，关闭坐标系
>> ax = gca;                    %获取当前坐标区对象
>> ax.Position = [0,0,1,1];     %设置坐标系位置
>> set(sl,Visible='off')        %隐藏绘制的流线图
>> iverts = interpstreamspeed(x,y,z,u,v,w,verts,.05); %基于流速对流线图顶点插值，确定
绘制流粒子的顶点
>> zlim([4.9,5.1]);             %设置 z 轴坐标范围
>> streamparticles(iverts, 200, ...
   Animate=15,FrameRate=40, ...
   MarkerSize=10,MarkerFaceColor=[0 .5 0])  %在计算的顶点处绘制流粒子，数量为 200，流粒
子动画播放次数为 15，帧频为 40，流粒子大小为 10，利用 RGB 三元素向量设置流粒子颜色
```

运行以上程序，打开一个图窗显示流粒子动画，最后一帧的效果如图 17.10 所示。

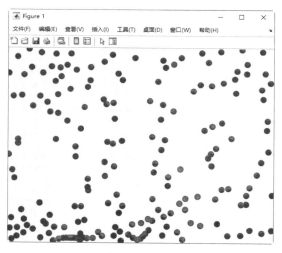

图 17.10　流粒子动画的最后一帧

第 18 章　医学图像处理基础

内容指南

　　医学图像是反映解剖区域内部结构或内部功能的图像，由一组图像元素 ——平面像素（2D）或立体像素（3D）组成。医学图像是由采样或重建产生的离散性图像表征，它能将数值映射到不同的空间位置上。像素的数量是用来描述某一成像设备下的医学成像的，同时也是描述解剖及其功能细节的一种表达方式。像素所表达的具体数值由成像设备、成像协议、影像重建以及后期加工决定。

　　医学图像大多数是放射成像、功能性成像、磁共振成像、超声成像这几种方式生成的，多是三维的单通道灰度图像。本章简要介绍在 MATLAB 中读/写 DICOM 格式的医学图像、设置/获取图像数据，以及可视化医学图像的方法。

知识重点

- ➤ 读/写医学图像
- ➤ 医学图像属性
- ➤ 医学图像可视化

18.1　读/写医学图像

　　医学图像的格式主要有 6 种：DICOM、NIFTI、PAR/REC、ANALYZE、NRRD 和 MNIC 格式。其中，DICOM 是最常用的格式之一，本节将介绍读/写 DICOM 医学图像的操作方法。

18.1.1　医学图像格式 DICOM

　　为满足医学影像信息交换的临床需要，ACR-NEMA 联合委员会于 1985 年发布了医学数字成像和通信的第一版，即 DICOM（Digital Imaging and Communications in Medicine，医学数字成像和通信）标准 1.0 版本。该标准是医学图像和相关信息的国际标准（ISO 12052），定义了质量能满足临床需要的可用于数据交换的医学图像格式，制定了相应规范以推动不同制造商的设备间数字图像信息通信标准的建立；可用于处理、存储、打印和传输医学影像信息，促进和扩展图片归档及通信系统，以与其他医院信息系统进行交互；允许广泛分布于不同地理位置的诊断设备创建统一的诊断信息数据库。

　　DICOM 是以 TCP/IP 为基础的应用协定，并以 TCP/IP 联系各个系统。两个能接收 DICOM 格式的医疗仪器之间，可借由 DICOM 格式的档案接收与交换影像及病人资料。

　　DICOM 文件（后缀名为.dcm）一般由一个 DICOM 文件头和一个 DICOM 数据集合组成，结构图如图 18.1 所示。

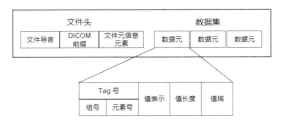

图 18.1 DICOM 文件的结构图

DICOM 文件整体结构先是 128 字节的文件导言部分，即应用简介和固定长度数据的详细说明；紧接着是长度为 4 字节的 DICOM 前缀 DICM，它是判断文件是否为 DICOM 文件的唯一标准；接下来是不定字节长度的文件元信息元素，包含文件元信息版本、媒体存储 SOP 类、传输语法、实现设备等；最后是由若干个数据元依次排列形成的数据集。

文件头的大小取决于数据信息的多少，其中的内容包括病人 ID、病人姓名、图像的模态等。同时，它还决定了图像帧数以及分辨率，用于在图像浏览器中显示图像。数据集最基本的单元是数据元，用于存储病人和图像的相关信息。

DICOM 文件一般采用显式传输，数据元按照标签 Tag 从小到大的顺序排列，主要由以下 4 个部分组成。

（1）标签（Tag）：是 DICOM 标准中定义的数据字典，存储该项信息的标识。Tag 是 4 字节无符号整型，前两字节是组号，后两字节是元素号，是数据元的唯一标识码。常用的 Tag 组号有 0002 组（描述设备通信）、0008 组（描述特征参数）、0010 组（描述患者信息）、0028 组（描述图像信息参数）。例如，Tag(0010,0010)表示的是 PatientName（患者姓名）。

（2）值表示（VR）：也称为值类型，是一个 2 字节字符串，用于存储数据元素的数据类型，如 CS-Code String（代码字符串）、ST-Short Text（短文本）、AE-Application Entity（应用实体）等 27 种。

（3）值长度（L）：是 2 字节或 4 字节无符号整数，具体长度取决于传输语法，用于存储数值的长度。

（4）值域（VF）：用于存储数据元素的值。

18.1.2 读取 DICOM 图像

在 MATLAB 中，dicomread 命令用于读取 DICOM 图像，其使用格式见表 18.1。

表 18.1 dicomread 命令的使用格式

使 用 格 式	说 明
X = dicomread(filename)	从符合 DICOM 标准的文件 filename 中读取图像数据，返回读取的 DICOM 图像 X
X = dicomread(info)	从 DICOM 元数据结构体 info 引用的消息读取 DICOM 图像数据 X
X = dicomread(…,'frames',f)	在以上任一种语法格式的基础上，指定要读取的帧 f
X = dicomread(…,Name,Value)	在以上任一种语法格式的基础上，使用名称-值对参数配置解析器来读取 DICOM 图像数据
[X,cmap] = dicomread(…)	在以上任一种语法格式的基础上，还返回 DICOM 图像数据 X 关联的颜色图 cmap
[X,cmap,alpha] = dicomread(…)	在上一种语法格式的基础上，还返回 DICOM 图像数据 X 的 alpha 通道矩阵
[X,cmap,alpha,overlays] = dicomread(…)	在上一种语法格式的基础上，还以 $m×n$ 矩阵或二值四维数组形式返回 DICOM 文件中的重叠区域

实例——读取并显示 DICOM 图像

源文件：yuanwenjian\ch18\ex_1801.m

MATLAB 程序如下：

```
>> close all                           %关闭所有打开的文件
>> clear                               %清除工作区的变量
>> [X,map] = dicomread('knee1.dcm');   %从 DICOM 文件中读取索引图像 X 及关联的颜色图 map
>> imshow(X,map);                      %使用指定的颜色图显示索引图像
```

运行结果如图 18.2 所示。

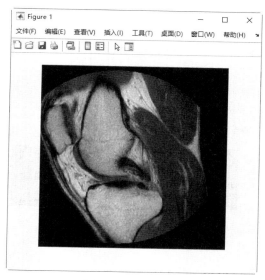

图 18.2　显示图像

18.1.3　写入 DICOM 图像

在 MATLAB 中，dicomwrite 命令用于将图像作为 DICOM 文件写入，其使用格式见表 18.2。

表 18.2　dicomwrite 命令的使用格式

使 用 格 式	说　　明
dicomwrite(X,filename)	将二值图像、灰度图像或真彩色图像 X 写入文件名 filename 指定的 DICOM 文件
dicomwrite(X,cmap,filename)	使用与索引图像 X 相关联的颜色图 cmap 写入索引图像 X
dicomwrite(…,meta_struct)	在以上任一种语法格式的基础上，使用结构体 meta_struct 指定可选的数据元或文件选项。输入参数 meta_struct 中字段的名称必须是 DICOM 文件属性或选项的名称，字段的值需要分配给属性或选项的值
dicomwrite(…,info)	在以上任一种语法格式的基础上，使用结构体 info 指定元数据
dicomwrite(…,'ObjectType',IOD)	在以上任一种语法格式的基础上，使用参数 IOD 指定 DICOM 信息对象的特殊格式，如'Secondary Capture Image Storage'(二次捕捉图像存储,默认格式)、'CT Image Storage' （CT 图像存储）、'MR Image Storage'（MR 图像存储）, 以包含必须的中间数据
dicomwrite(…,'SOPClassUID',UID)	在以上任一种语法格式的基础上，使用参数 UID 指定写入文件时，包含使用 DICOM 唯一标识符（UID）指定的特定类型 IOD 所需的数据元
dicomwrite(…,Name,Value)	在以上任一种语法格式的基础上，使用名称-值对参数指定写入 DICOM 文件的可选中间数据或者参数，这些数据和参数影响文件的写入方式
status = dicomwrite(…)	在以上任一种语法格式的基础上，返回用于生成 DICOM 文件的元数据和一些描述信息的数据

扫一扫，看视频

实例——创建旋转图像

源文件：yuanwenjian\ch18\ex_1802.m

MATLAB 程序如下：

```
>> close all                              %关闭所有打开的文件
>> clear                                  %清除工作区的变量
>> [I,map] = dicomread('dog01.dcm');      %从 DICOM 文件中读取索引图像 I 及关联的颜色图 map
>> subplot(131),imshow(I,map),title('原图'); %显示图像
>> J=imrotate(I,30,'bilinear','loose');   %双线性插值法逆时针旋转图像 30 度，不裁剪图像
>> subplot(132),imshow(J,map),title('旋转图像 30^{o}，不裁剪图像');
>> dicomwrite(J,map,'dog01_roate.dcm');   %旋转图像写入 dog01_roate.dcm
>> [K,map] = dicomread('dog01_roate.dcm'); %读取旋转图像
>> subplot(133),imshow(K,map),title('新图');
```

运行结果如图 18.3 所示。

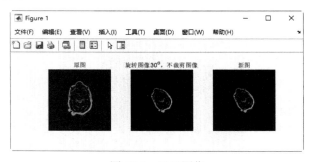

图 18.3　显示图像

扫一扫，看视频

动手练一练——写入裁剪、放大的图像

读取 DICOM 文件中的索引图像和颜色图，对索引图像进行裁剪、放大，然后写入一个 DICOM 文件中。

思路点拨：

源文件：yuanwenjian\ch18\prac_1801.m
（1）读取 DICOM 文件中的索引图像和关联的颜色图。
（2）指定裁剪矩形裁切图像。
（3）将裁切后的图像约束比例放大 10 倍。
（4）分割图窗视图，分别显示原索引图像、裁剪后图像以及放大的图像。
（5）将裁剪、放大后的图像写入一个 DCM 文件。

扫一扫，看视频

实例——图像镜像拼贴

源文件：yuanwenjian\ch18\ex_1803.m

MATLAB 程序如下：

```
>> close all                              %关闭所有打开的文件
>> clear                                  %清除工作区的变量
>> [I,map] = dicomread('dog03.dcm');      %从 DICOM 文件中读取索引图像和颜色图
>> J=flip (I,1);                          %反转矩阵 I 的列元素，即垂直镜像
>> J1=flip (I,2);                         %反转矩阵 I 的行元素，即水平镜像
```

```
>> J2= permute(I,[2 1]);              %行、列交换，转换图像维度
>> K = [I J1;J J2];                   %生成拼贴图像K
>> dicomwrite(K,map,'dog03_Montange.dcm'); %将扭曲的图像写入dog03_Montange.dcm
>> [X,cmap]=dicomread('dog03_Montange.dcm');
>> imshow(X,cmap), title('拼贴图像')   %显示拼贴图像
```

运行结果如图18.4所示。

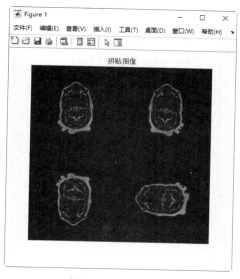

图18.4　显示图像

18.2　医学图像属性

DICOM标准委员会每年大约处理10个左右的标准功能内容方面的增补，100个左右的修改提议，并且每年数次发布更新的标准的正式英语版本。目前最新的版本为2022年D版。

每一张DICOM图像中都携带有大量的信息，这些信息具体可以分为4类：Patient（病人信息）、Study（检查信息）、Series（系列）和Image（图像）。

18.2.1　隐匿DICOM图像

在MATLAB中，dicomanon命令用于隐匿DICOM图像，其使用格式见表18.3。

表18.3　dicomanon命令的使用格式

使 用 格 式	说　　明
dicomanon(file_in,file_out)	从DICOM文件file_in中删除私密的医疗信息，并使用修改后的值创建新的文件file_out。图像数据和其他属性不修改
dicomanon(…,'keep',fields)	在上一种语法格式的基础上，使用参数fields列出不修改的私密数据。这种语法常用于保留那些对患者来说不是独一无二的信息但对于诊断目的的有用的元数据（如PatientAge、PatientSex等）
dicomanon(…,'update',attributes)	修改机密数据并更新属性中列出的特定机密数据
dicomanon(…,Name,Value)	使用名称-值对参数为解析器提供附加选项

实例——删除所有私密数据

源文件：yuanwenjian\ch18\ex_1804.m

MATLAB 程序如下：

```
>> close all            %关闭所有打开的文件
>> clear                %清除工作区的变量
>> dicomanon('dog06.dcm','dog06-anonymized.dcm');    %删除 dog06.dcm 中的所有个人信息，
创建一个新的 DICOM 文件 dog06-anonymized.dcm
```

实例——删除部分私密数据

源文件：yuanwenjian\ch18\ex_1805.m

MATLAB 程序如下：

```
>> close all            %关闭所有打开的文件
>> clear                %清除工作区的变量
>> dicomanon('dog07.dcm','dog07-anonymized.dcm','keep',...
        {'PatientAge','PatientSex','StudyDescription'})    %删除 dog07.dcm 中除
'PatientAge','PatientSex','StudyDescription'字段以外的个人信息，生成一个新的 DICOM 文件
dog07-anonymized.dcm
```

18.2.2　获取 DICOM 数据字典

在 MATLAB 中，dicomdict 命令用于获取或设置 DICOM 数据字典，其使用格式见表 18.4。

表 18.4　dicomdict 命令的使用格式

使 用 格 式	说　　　明
dictionaryOut = dicomdict("get")	返回包含存储 DICOM 数据字典的文件名字符向量
dicomdict("set",dictionaryIn)	将 DICOM 数据字典 dictionaryIn 设置为字典中存储的值。DICOM 相关函数默认使用此字典，除非在命令行中提供不同的字典。如果在指定路径中找不到 dictionaryIn 指定的文件，则返回错误
dicomdict("factory")	将 DICOM 数据字典重置为其默认启动值

默认的数据字典是一个 MAT 文件 dicom-dict.mat。工具箱还包括此数据字典的文本版本 dicom-dict.txt。如果自定义 DICOM 数据字典，可以在文本编辑器中打开 dicom-dict.txt 文件进行修改，然后将其另存为新的数据字典。

实例——查找数据字典的文本版本

源文件：yuanwenjian\ch18\ex_1806.m

MATLAB 程序如下：

```
>> close all                            %关闭所有打开的文件
>> clear                                %清除工作区的变量
>> dictionaryOut = dicomdict('get')     %查找默认的活动 DICOM 数据字典的文本版本
dictionaryOut =
    ' C:\Program Files\MATLAB\R2023a\toolbox\images\iptformats\dicom-dict.txt'
```

18.2.3　显示 DICOM 文件元数据

在 MATLAB 中，dicomdisp 命令用于显示 DICOM 文件的文件头，其使用格式见表 18.5。

表 18.5 dicomdisp 命令的使用格式

使 用 格 式	说 明
dicomdisp(filename)	从字符串标量或字符矢量文件名 filename 指定的 DICOM 文件读取元数据,并在命令行窗口中显示
dicomdisp(...,Name,Value)	在上一种语法格式的基础上,使用名称-值对参数控制读取元数据的各个方面

实例——显示 DICOM 文件元数据

源文件:yuanwenjian\ch18\ex_1807.m

MATLAB 程序如下:

扫一扫,看视频

```
>> close all                    %关闭所有打开的文件
>> clear                        %清除工作区的变量
>> dicomdisp('dog08.dcm')       %从 DICOM 文件读取、显示图像数据
文件: C:\Users\QHTF\Documents\MATLAB\yuanwenjian\images\dog08.dcm (537080 字节)
在 IEEE little-endian 计算机上读取。
文件在第 132 字节处以 0002 组元数据开头。
传输语法: 1.2.840.10008.1.2.1 (Explicit VR Little Endian)。
DICOM 信息对象: 1.2.840.10008.5.1.4.1.1.4 (MR Image Storage)。


位置        级别    标签        VR      大小       名称                                      数据
---------------------------------------------------------------------------------------------
0000132     0  (0002,0000) UL      4 字节 - FileMetaInformationGroupLength *二进制*
0000144     0  (0002,0001) OB      2 字节 - FileMetaInformationVersion        *二进制*
......
0012754     0  (0043,109A) UN      2 字节 - Private_0043_109a                 [1 ]
0012768     0  (7FE0,0000) UL      4 字节 - PixelDataGroupLength              *二进制*
0012780     0  (7FE0,0010) OW    524288 字节 - PixelData                       [ ]
```

18.2.4 查看 DICOM 头信息

在 MATLAB 中,dicominfo 命令用于读取 DICOM 文件的头信息(元数据),其使用格式见表 18.6。

表 18.6 dicominfo 命令的使用格式

使 用 格 式	说 明
info = dicominfo(filename)	通过指定文件名 filename,读取 DICOM 文件的头信息(元数据)
info = dicominfo(filename,'dictionary',D)	在上一种语法格式的基础上,指定使用数据字典文件 D 读取 DICOM 消息
info = dicominfo(...,Name,Value)	在以上任一种语法格式的基础上,使用名称-值对参数为解析器提供附加选项

实例——查看 DICOM 图像的头信息

源文件:yuanwenjian\ch18\ex_1808.m

MATLAB 程序如下:

扫一扫,看视频

```
>> close all                       %关闭所有打开的文件
>> clear                           %清除工作区的变量
>> info = dicominfo('dog04.dcm')   %显示 DICOM 文件的元数据
info =
   包含以下字段的 struct:
                   Filename:
'C:\Users\QHTF\Documents\MATLAB\yuanwenjian\images\dog04.dcm'
```

```
                       FileModDate: '04-1月-2014 06:29:12'
                          FileSize: 537078
                            Format: 'DICOM'
                     FormatVersion: 3
                             Width: 512
                            Height: 512
                          BitDepth: 16
                         ColorType: 'grayscale'
       FileMetaInformationGroupLength: 180
          FileMetaInformationVersion: [2×1 uint8]
             MediaStorageSOPClassUID: '1.2.840.10008.5.1.4.1.1.4'
 ......
               PixelDataGroupLength: 524300
>> Y = dicomread(info);              %从 DICOM 元数据结构体 info 读取 DICOM 图像
>> imshow(Y,[]);                     %显示图像
```

运行结果如图 18.5 所示。

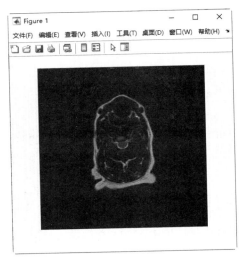

图 18.5　显示图像

18.2.5　查找 DICOM 图像属性

在 MATLAB 中，dicomlookup 命令用于在 DICOM 数据字典中查找属性，其使用格式见表 18.7。

表 18.7　dicomlookup 命令的使用格式

使 用 格 式	说　　明
nameOut = dicomlookup(group,element)	在当前 DICOM 数据字典中查找具有指定组和元素标记的属性，返回包含属性名称的字符向量。group 和 element 可以是十进制值或十六进制值
[groupOut,elementOut] = dicomlookup(name)	在当前 DICOM 数据字典中查找由 name 指定的属性，并以十进制值返回与该属性关联的组和元素标记

扫一扫，看视频

实例——查找 DICOM 属性

源文件：yuanwenjian\ch18\ex_1809.m

MATLAB 程序如下：

```
>> close all                        %关闭所有打开的文件
>> clear                            %清除工作区的变量
>> name1 = dicomlookup('7FE0','0010')   %在当前的 DICOM 数据字典中查找组名和元素名标记分别
为'7FE0'、'0010'的属性，返回属性名称
name1 =
    'PixelData'
>> name2 = dicomlookup(40,4)         %使用十进制值指定组名和元素名标记，查找对应的属性名称
name2 =
    'PhotometricInterpretation'
>> [group, element] = dicomlookup('TransferSyntaxUID')   %使用 DICOM 属性的名称查找对应
的属性组名标记和元素名标记
group =
    2
element =
    16
>> metadata = dicominfo('dog10.dcm');        %返回指定 DICOM 文件的元数据 metadata
>> metadata.(dicomlookup('0028', '0004'))    %使用十进制值指定组名和元素名标记，返回对应的
属性名称。然后使用圆点表示法引用指定属性，获取属性值
ans =
    'MONOCHROME2'
```

18.2.6　生成 DICOM 图像标识符

在 MATLAB 中，dicomuid 命令用于生成 DICOM 全局唯一标识符，其使用格式见表 18.8。

表 18.8　dicomuid 命令的使用格式

使 用 格 式	说　　明
uid = dicomuid	返回新的 DICOM 全局唯一标识符 uid。该命令每次调用时都会生成一个新值

实例——生成 DICOM 全局唯一标识符

源文件：yuanwenjian\ch18\ex_1810.m

MATLAB 程序如下：

扫一扫，看视频

```
>> close all                        %关闭所有打开的文件
>> clear                            %清除工作区的变量
>> uid = dicomuid                   %生成 DICOM 全局唯一标识符
uid =
    '1.3.6.1.4.1.9590.100.1.2.131961591912252747337488359982019398760'
```

18.3　医学图像可视化

医学图像可视化是指将由 CT、MRI 等数字化成像技术获得的人体数据在计算机上直观地表现为三维效果，在屏幕上显示出来，从而提供用传统手段无法获得的结构信息。

医学图像三维可视化方法包括表面绘制、体绘制和混合绘制 3 种。本节主要介绍在 MATLAB 中常用的体绘制方法。

18.3.1 三维体

在 MATLAB 中，volshow 命令用于可视化体积，其使用格式见表 18.9。

表 18.9　volshow 命令的使用格式

使 用 格 式	说　　明
vol = volshow(medVol)	在患者坐标系（解剖学坐标系）中创建一个体积对象显示医学体对象 medVol 中的三维图像体
vol = volshow(medVol, Name=Value)	在上一种语法格式的基础上，使用一个或多个名称-值对参数修改图像体的外观
vol = volshow(V)	在图形中显示三维灰度体积。可以使用鼠标在显示器上交互式地旋转和放大或缩小
vol = volshow(V,config)	在上一种语法格式的基础上，使用参数 config 控制体积的可视化。输入参数 config 是从体积查看器应用程序导出的结构体
vol = volshow(V,Name=Value)	在上一种语法格式的基础上，使用一个或多个名称-值对参数控制可视化的属性
bVol = volshow(bim)	创建一个屏蔽体对象显示三维屏蔽图像 bim，可以使用鼠标以交互式方式旋转和缩放图像
bVol = volshow(bim,Name=Value)	在上一种语法格式的基础上，使用一个或多个名称-值对参数修改图像体的外观

在 DICOM 标准中，通过 Image Position(Patient)-(0020,0032) 和 Image Orientation(Patient)-(0020,0037) 两个字段来确定患者 Patient 的空间定位。Image Position 表示图像的左上角在空间坐标系中的 x、y、z 坐标，单位是毫米。Image Orientation 表示图像坐标与解剖学坐标体系对应坐标的夹角余弦值。

实例——显示三维体

源文件：yuanwenjian\ch18\ex_1811.m

MATLAB 程序如下：

```
>> close all                  %关闭所有打开的文件
>> clear                      %清除工作区的变量
>> load vol_001               %加载数据集，将 240×240×155 的 uint16 数组 vol_001 加载到工作区
>> h1 = volshow(vol);         %查看三维体体积
```

运行结果如图 18.6 所示。

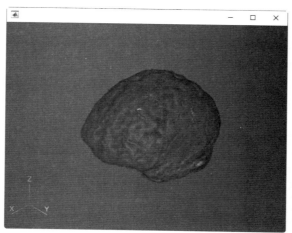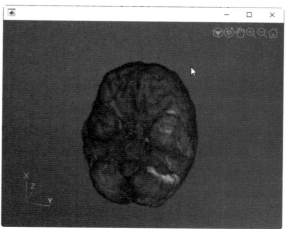

图 18.6　显示图像

将鼠标指针移到图形上，单击可以旋转三维体；滑动鼠标滚轮，可以缩放三维体。

动手练一练——查看三维体

加载数据集 spiralVol.mat，将其中的三维 uint8 数组显示为三维体，并交互式地缩放、旋转。

思路点拨：

> 源文件：yuanwenjian\ch18\prac_1802.m
>
> （1）加载数据集，获取三维 uint8 数组。
>
> （2）显示三维 uint8 数组表示的三维灰度体积。
>
> （3）使用鼠标交互式地缩放、旋转三维体。

实例——更新三维体

源文件：yuanwenjian\ch18\ex_1812.m

MATLAB 程序如下：

```
>> close all              %关闭所有打开的文件
>> clear                  %清除工作区的变量
>> load label_002         %加载三维体数据 label_002
>> h = volshow(label);    %显示三维体数据，如图 18.7 左图所示
>> h.Colormap = hot;      %设置颜色图
>> vol = rand(100,100,3); %使用均匀分布的随机数矩阵定义三维体强度数据
>> h.Data=vol;            %用指定的数据 vol 更新三维体 h，效果如图 18.7 右图所示
```

运行结果如图 18.7 所示。

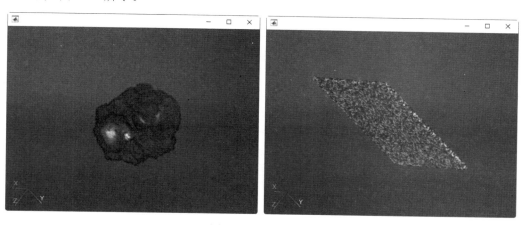

图 18.7　显示图像

18.3.2　四维体

3D 是空间的概念，也就是由 x、y、z 3 个轴组成的空间。而 4D 就是加上了时间的概念，从而时间与空间相结合就成了所谓的 4D 空间。

在物理学和数学中，一个 n 个数的序列可以被理解为一个 n 维空间中的位置。当 $n=4$ 时，所有这样的位置的集合就叫作四维空间。

目前，如 CT、核磁共振、超声等利用精确准直的 X 线束、γ 射线、超声波等，与灵敏度极高的探测器一同围绕人体的某一部位作一个接一个的断面扫描，扫描后得到的图像是多层的图像。把一层层的图像在 z 轴上堆叠起来就可以形成三维图像，这时，每一层的图像都可以保存在 DICOM 文

件中，如图 18.8 所示。

四维图像的维度分别是行（row）、列（column）、样本（samples）、切片（slice），其中样本是每个体素的颜色通道数，如图 18.9 所示。例如，灰度体有 1 个样本，而 RGB 体有 3 个样本。

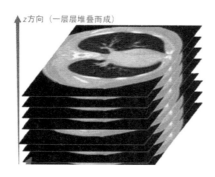

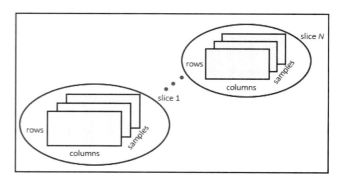

图 18.8　三维 DICOM 图像　　　　　　　　　　图 18.9　四维 DICOM 图像

在 MATLAB 中，dicomreadVolume 命令用于从 DICOM 图像集构造四维体，其使用格式见表 18.10。

表 18.10　dicomreadVolume 命令的使用格式

使 用 格 式	说　　　明
V = dicomreadVolume(source)	从 source 指定的一组 DICOM 文件中构造一个 4D 体。命令 dicomreadVolume 识别图像的正确顺序并构造一个四维数组 V
V = dicomreadVolume(sourcetable)	从表 sourcetable 中列出的输入文件构造一个四维数组 V，表 sourcetable 只能包含一行，用于指定 DICOM 体的元数据
V = dicomreadVolume (sourcetable,rowname)	在上一种语法格式的基础上，使用参数 rowname 指定表 sourcetable 包含多行
V = dicomreadVolume (…,'MakeIsotropic',TF)	在以上任一种语法格式的基础上，从输入的 DICOM 图像数据构造一个各向同性的四维数组 V
[V,spatial] = dicomreadVolume(…)	在以上任一种语法格式的基础上，还返回一个描述输入 DICOM 数据的位置、分辨率和方向的结构体 spatial
[V,spatial,dim] = dicomreadVolume(…)	在上一种语法格式的基础上，还返回输入 DICOM 数据中两个相邻切片之间具有最大偏移量的维度

扫一扫，看视频

实例——查看磁共振查询点四维体

源文件：yuanwenjian\ch18\ex_1813.m

MATLAB 程序如下：

```
>> close all                        %关闭所有打开的文件
>> clear                            %清除工作区的变量
%指定完整路径，加载 DICOM 数据
>> [V,spatial,dim] = dicomreadVolume(fullfile('yuanwenjian','images','dog'));
>> V = squeeze(V);                  %删除长度为 1 的维度
>> intensity = [0 20 40 120 220 1024];   %定义四维体强度数据
>> alpha = [0 0 0.15 0.3 0.38 0.5];      %定义四维体透明度
%定义图像颜色
>> color = ([0 0 0; 43 0 0; 103 37 20; 199 155 97; 216 213 201; 255 255 255])/ 255;
>> queryPoints = linspace(min(intensity),max(intensity),256);%定义磁共振查询点
%通过一维数据插值，为磁共振查询点生成透明图
>> alphamap = interp1(intensity,alpha,queryPoints)';
```

```
>> colormap = interp1(intensity,color,queryPoints); %为磁共振查询点生成颜色图
>> ViewPnl = uipanel(uifigure,Title='4-D Dicom Volume',Position=[10 10 540
400]); %在 UI 图窗中自定义一个显示面板，指定面板标题、位置和大小
   %使用磁共振查询点生成的颜色图和透明图查看四维体
>> volshow(V,Colormap=colormap,Alphamap=alphamap,Parent=ViewPnl);
```

运行结果如图 18.10 所示。

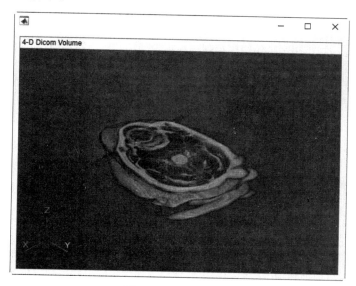

图 18.10　显示图像

18.3.3　三维体等值面

等值面是三维数据分布中具有相等值的各点的三维曲面表示。

1. isosurface 命令

isosurface 命令用于从三维体数据中提取等值面数据，其使用格式见表 18.11。

表 18.11　isosurface 命令的使用格式

使 用 格 式	说　　明
isosurface(X,Y,Z,V,isovalue)	基于 isovalue 中指定的等值面值值处的三维体数据 V，在当前坐标区中绘制等值面
f = isosurface(X,Y,Z,V,isovalue)	在上一种语法格式的基础上，以结构体 f 返回等值面的面和顶点数据
f = isosurface(X,Y,Z,V)	使用数据的直方图选择等值面值，计算等值面数据并返回结构体
f = isosurface(V,isovalue)	使用基于 V 的大小的 X、Y 和 Z 坐标计算等值面数据并返回结构体。每个维度中的坐标从 1 开始，形成一个 $m \times n \times p$ 网格，其中 [m,n,p] = size(V)
f = isosurface(V)	使用数据 V 的直方图选择等值面值
f = isosurface(…,colors)	在以上任一种语法格式的基础上，使用参数 colors 指定颜色数据控制等值面的颜色图。对数组 colors 插值并转化为标量字段，并将数据存储在结构体 f 的 facevertexcdata 字段中。colors 数组的大小必须与 V 相同
f = isosurface(…,'noshare')	在以上任一种语法格式的基础上，不创建共享顶点。这种格式会生成更多的顶点
f = isosurface(…,'verbose')	在以上任一种语法格式的基础上，在命令行窗口中输出计算过程中的进度消息
[f,v] = isosurface(…)或[f,v,c] = isosurface(…)	在以上任一种语法格式的基础上，还在单独的数组（而不是结构体）中返回顶点 v 和颜色数据 c

扫一扫，看视频

实例——创建速度剖面图等值面

源文件：yuanwenjian\ch18\ex_1814.m

MATLAB 程序如下：

```
>> close all              %关闭所有打开的文件
>> clear                  %清除工作区的变量
>> [x,y,z,v] = flow;      %加载流数据集，此数据集表示一股浸没射流在一个无限大的水箱内的速度剖面
图，返回三维体坐标和数据 v
>> [faces,verts,colors]=isosurface(x,y,z,v,-3,x);   %指定颜色数据，连接值为-3 的点，在三
维体 v 内创建一个等值面，返回等值面、顶点和颜色数据
>> patch(Vertices=verts,Faces=faces,FaceVertexCData=colors,...
   FaceColor='interp',EdgeColor='interp');   %通过指点顶点、面和颜色创建补片，使用插值颜
色渲染曲面的填充颜色和轮廓线颜色
>> view(3);               %显示三维视图
>> axis tight             %把坐标轴的范围定为数据的范围
>> camlight              %在照相机的右上方添加光照以照亮对象
```

运行结果如图 18.11 所示。

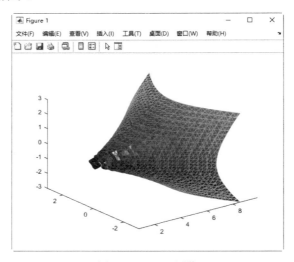

图 18.11　显示图像

扫一扫，看视频

动手练一练——创建三维体等值面

定义一个三维数组，通过创建补片，绘制三维体的等值面，并设置等值面的填充色和轮廓线颜色。

📋 **思路点拨：**

源文件：yuanwenjian\ch18\prac_1803.m

（1）创建三维体数据。

（2）指定等值面值，计算三维体等值面的面和顶点数据。

（3）基于曲面和顶点数据创建补片，使用名称-值对参数指定填充颜色和轮廓线颜色。

（4）调整视图和坐标轴范围，并添加光照。

2. isonormals 命令

isonormals 命令用于计算等值面顶点的法向量，其使用格式见表 18.12。

表 18.12　isonormals 命令的使用格式

使用格式	说明
n = isonormals(X,Y,Z,V,vertices)	使用数据 V 的梯度计算顶点列表 vertices 中等值面顶点的法向量 n。三维体 V 的坐标由数组 X、Y 和 Z 定义
n = isonormals(V,vertices)	计算使用隐含的三维网格数据 X、Y 和 Z 定义坐标的三维体 V 的等值面顶点的法向量。也就是说，[X,Y,Z] = meshgrid(1:n,1:m,1:p)，其中[m,n,p] = size(V)
n = isonormals(V,p)和 n = isonormals(X,Y,Z,V,p)	基于句柄 p 确定的补片的顶点计算三维体 V 的等值点顶点的法向量
n = isonormals(…,'negate')	在以上任一种语法格式的基础上，反转法向量方向
isonormals(V,p)或 isonormals(X,Y,Z,V,p)	将句柄 p 确定的补片的 VertexNormals 属性设置为已计算的法向量，而不是返回值

实例——创建三维体等值面的法向量

源文件：yuanwenjian\ch18\ex_1815.m

MATLAB 程序如下：

```
>> close all            %关闭所有打开的文件
>> clear                %清除工作区的变量
>> load mri             %加载一组人类颅骨 MRI 切面的数据集
>> v = squeeze(D);      %从多维数据中删除单一维度
>> p = patch(isosurface(v), FaceColor='green',EdgeColor='none'); %使用三维体 v 的直
方图选择等值面值，利用提取的等值面数据创建补片，设置补片的填充颜色，不显示轮廓线颜色
>> isonormals(v,p)      %基于补片 p 计算三维体 v 等值面顶点的法向量
>> view(3);             %显示三维视图
>> axis tight           %将坐标轴的范围设置为数据的范围
>> camlight             %在照相机的右上方添加光照以照亮对象
```

运行结果如图 18.12 所示。

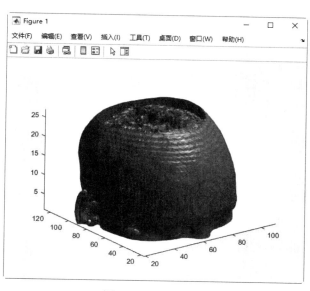

图 18.12　显示图像

动手练一练——绘制三维体的法向量

加载流数据集，绘制水流速度剖面图等值面顶点的法向量。

扫一扫，看视频

📋 **思路点拨：**

> 源文件：yuanwenjian\ch18\prac_1804.m
>
> （1）加载流数据集，返回三维体坐标和数据 v。
>
> （2）指定等值面值，根据三维体等值面的面和顶点数据创建补片。
>
> （3）基于补片 p 计算等值面顶点的法向量。
>
> （4）使用圆点表示法，通过引用属性设置补片的填充色和轮廓颜色。
>
> （5）调整三维视图的方位角和仰角，以及坐标轴范围，并添加光照。

3. isocaps 命令

isocaps 命令用于计算等值面端帽几何图，其使用格式见表 18.13。

表 18.13　isocaps 命令的使用格式

使 用 格 式	说　　明
fvc = isocaps(X,Y,Z,V,isovalue)	计算体数据 V 在等值面值 isovalue 处的等值面端帽几何图。数组 X、Y 和 Z 定义三维体 V 的坐标。返回包含端帽的面、顶点和颜色数据的结构体 fvc
fvc = isocaps(V,isovalue)	计算使用隐含的三维网格数据 X、Y 和 Z 定义坐标的三维体 V 的等值面端帽几何图。也就是说，[X,Y,Z] = meshgrid(1:n,1:m,1:p)，其中[m,n,p] = size(V)
fvc = isocaps(...,'enclose')	在以上任一种语法格式的基础上，使用参数'enclose'指定端帽是包含等值面值 isovalue 以上（'above'，默认值）还是以下（'below'）的数据值
fvc = isocaps(...,'whichplane')	在以上任一种语法格式的基础上，指定要在其上绘制端帽的平面
[f,v,c] = isocaps(...)	在以上任一种语法格式的基础上，使用 3 个数组而不是结构体返回端帽的面、顶点和颜色数据
isocaps(...)	这种格式不带输出参数，通过计算的面、顶点和颜色绘制补片

扫一扫，看视频

实例——绘制颅骨的等值面端帽几何图

源文件：yuanwenjian\ch18\ex_1816.m

MATLAB 程序如下：

```
>> close all                %关闭所有打开的文件
>> clear                    %清除工作区的变量
>> load mri                 %加载一组人类颅骨 MRI 切面的数据集
>> D = squeeze(D);          %从多维数据中删除单一维度
>> D(:,1:60,:) = [];        %删除顶端数据，得到端帽数据
>> p1 = patch(isosurface(D, 5),FaceColor='red',...
 EdgeColor='none');         %在端帽数据中计算值为 5 的等值面数据，使用得到的面和顶点数据创建等值面补
片，并使用红色进行填充，红色等值面显示颅骨的轮廓
>> p2 = patch(isocaps(D, 5),FaceColor='interp',...
 EdgeColor='none');         %计算端帽数据在等值面值 5 处的等值面端帽几何图，基于得到的端帽面、顶点和
颜色数据创建端帽补片，并使用插值颜色渲染面
>> view(3)                  %显示三维视图
>> axis tight               %将坐标轴的范围设置为数据的范围
>> colormap(gray(100))      %将减采样灰度颜色图设置为当前图窗的颜色图
>> camlight left            %在照相机的左上方添加光照
>> camlight                 %在照相机的右上方添加光照
>> lighting gouraud         %使用高洛德着色法在各个面中线性插值，生成连续的明暗变化
>> isonormals(D,p1)         %计算等值面补片顶点的法向量，绘制顶端
```

运行结果如图 18.13 所示。

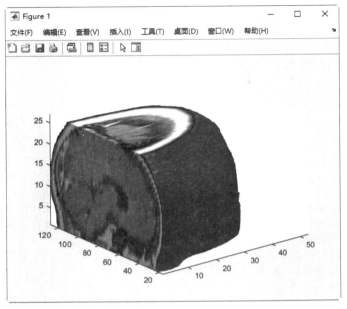

图 18.13　显示图像

18.3.4　三维体切片

在医学界，成像应用中常用的坐标系有 3 种：全局坐标系、解剖学坐标系和医学图像坐标系。其中，解剖学坐标系（也称为患者坐标系）是医学成像技术中最重要的模型坐标空间，该空间由轴向面（Axial Plane）、冠状面（Coronal Plane）和矢状面（Sagittal Plane）3 个平面组成（图 18.14），用于描述人体的标准解剖位置。

（1）轴向面：是一个顶视图，与地面平行，分离头部（Superior）与脚部（Inferior）。

（2）冠状面：与地面垂直，通过患者的前面或查看患者背部（后平面）进行遍历，分离人体的前（Anterior）和后（Posterior）。

（3）矢状面：是一个侧视图，与地面垂直，分离人体的左（Left）和右（Right）。

解剖学坐标系是一个连续的三维空间，3D 位置是沿前后、左右和上下的解剖轴定义的。从这个意义上说，所有轴的符号都指向正方向。

slice 命令用于绘制三维体切片平面，其使用格式见表 18.14。

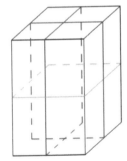

图 18.14　解剖空间模型

表 18.14　slice 命令的使用格式

使 用 格 式	说　　明
slice(X,Y,Z,V,xslice,yslice,zslice)	为由 X、Y 和 Z 定义坐标的三维体数据 V 绘制切片。各个轴向的切片值 xslice、yslice、zslice 指定切片位置
slice(V,xslice,yslice,zslice)	为使用默认坐标的三维体数据 V 绘制切片。V 中每个元素的(x,y,z)位置分别基于列、行和页面索引
slice(…,method)	在以上任一种语法格式的基础上，使用参数 method 指定插值方法，其中 method 可以取值为'linear'（默认值）、'cubic'或'nearest'
slice(ax,…)	在 ax 指定的坐标区而不是当前坐标区（gca）中绘图
s = slice(…)	在以上任一种语法格式的基础上，为每个切片返回一个 Surface 对象

将切片值 xslice、yslice、zslice 指定为标量或向量，可以绘制一个或多个与特定轴正交的切片平面。如果要沿曲面绘制单个切片，应将所有切片参数指定为定义曲面的矩阵。

实例——创建沿轴正交的切片平面

源文件：yuanwenjian\ch18\ex_1817.m

本实例为函数 $V = -X^4 + Y^4 - X^2 - Y^2 - 2XY + Z^2, 1 \leqslant X,Y,Z \leqslant 20$ 定义的三维体创建沿各个轴正交的切片平面。

MATLAB 程序如下：

```
>> close all                              %关闭所有打开的文件
>> clear                                  %清除工作区的变量
>> [X,Y,Z] = meshgrid(1:20,1:20,1:20);    %使用网格数据定义三维数据 V 的坐标 X、Y、Z
>> V= -X.^4+Y.^4-X.^2-Y.^2-2.*X.*Y+Z.^2;  %定义三维体数据 V
%定义与各个轴正交的切片位置
>> xslice = [5 10 15];
>> yslice = [5 10 15];
>> zslice = [5 10 15];
>> slice(X,Y,Z,V,xslice,yslice,zslice)    %为三维体数据 V 绘制切片
>> view(3);                               %显示三维视图
>> axis tight                             %将坐标轴的范围设置为数据的范围
>> camlight                               %在照相机的右上方添加光源
>> camlight left                          %在照相机的左上方添加光源
```

运行结果如图 18.15 所示。

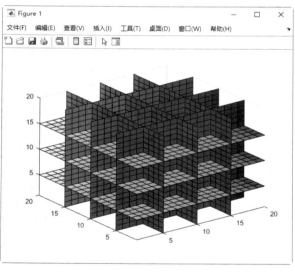

图 18.15　显示图像

实例——沿曲面创建切片

源文件：yuanwenjian\ch18\ex_1818.m

本实例使用函数 $V = X^2 + Y^2 + Z^2, -2 \leqslant X,Y,Z \leqslant 2\pi$ 定义三维体，沿曲面 $z=\sin x \sin y$ 创建三维体的一个切片。

MATLAB 程序如下：

```
>> close all                                        %关闭所有打开的文件
>> clear                                            %清除工作区的变量
>> [X,Y,Z] = meshgrid(-2*pi:2*pi);                  %使用网格数据定义三维体 V 的坐标 X、Y、Z
>> V= Z.^2+Y.^2+X.^2;                               %定义三维体数据 V
>> [xslice,yslice] = meshgrid(-2:0.05:2);           %使用网格数据定义切片位置 x、y 轴的切片值
>> zslice = sin(xslice).*sin(yslice);               %定义 z 轴切片值
>> slice(X,Y,Z,V,xslice,yslice,zslice)              %为三维体数据 V 绘制切片
>> view(-45,45);                                     %显示三维视图
>> axis tight                                        %将坐标轴的范围设置为数据的范围
>> colormap summer                                  %设置颜色图
>> camlight                                          %在照相机的右上方添加光源
>> camlight left                                     %在照相机的左上方添加光源
```

运行结果如图 18.16 所示。

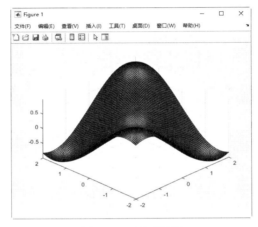

图 18.16　显示图像

18.3.5　三维体处理

本小节简要介绍对三维体常用的一些处理操作，如平滑处理、缩减元素数、缩放、旋转、裁剪大小，以及提取边缘。

1. smooth3 命令

smooth3 命令用于对三维数据进行平滑处理，其使用格式见表 18.15。

表 18.15　smooth3 命令的使用格式

使 用 格 式	说　　明
W = smooth3(V)	对输入数据 V 进行平滑处理，并返回经过平滑处理的数据 W
W = smooth3(V,'filter')	在上一种语法格式的基础上，使用参数'filter'确定卷积核，该参数可以为'gaussian'或'box'（默认值）
W = smooth3(V,'filter',size)	在上一种语法格式的基础上，使用参数 size 指定卷积核的大小（默认值为[3,3,3]）。如果 size 为标量，则表示大小为[size, size, size]
W = smooth3(V,'filter',size,sd)	在上一种语法格式的基础上，使用参数 sd 设置卷积核的属性。当 filter 为'gaussian'时，sd 是标准差（默认值为 0.65）

2. reducevolume 命令

reducevolume 命令用于缩减三维体数据集内的元素数，其使用格式见表 18.16。

表 18.16 reducevolume 命令的使用格式

使用格式	说明
[nx,ny,nz,nv] = reducevolume (X,Y,Z,V,[Rx,Ry,Rz])	通过保留 x 方向的每 Rx 个元素、y 方向的每 Ry 个元素、z 方向的每 Rz 个元素，来缩减三维体 V 中的元素数量。数组 X、Y 和 Z 定义三维体 V 的坐标。返回缩减的三维体 nv，及其坐标 nx、ny 和 nz
[nx,ny,nz,nv] = reducevolume(V,[Rx,Ry,Rz])	使用网格数据定义三维体 V 的坐标，也就是说，数组 X、Y 和 Z 定义为[X,Y,Z] = meshgrid(1:n,1:m,1:p)，其中 [m,n,p] = size(V)
nv = reducevolume(…)	缩减三维体数据集内的元素数，仅返回缩减三维体 nv

扫一扫，看视频

实例——三维体缩减平滑处理

源文件：yuanwenjian\ch18\ex_1819.m

MATLAB 程序如下：

```
>> close all                          %关闭所有打开的文件
>> clear                              %清除工作区的变量
>> load spiralVol                     %加载数据集
>> D = squeeze(spiralVol);            %删除多维数组 spiralVol 长度为 1 的维度，没有则返回多维数组
>> [x,y,z,D] = reducevolume(D,[10,10,1]);  %缩减三维体数据，仅保留 x 和 y 方向的第 10 个元
素以及 z 方向的每个元素。返回缩减三维体及其坐标
>> D = smooth3(D);                    %对缩减的三维体数据进行平滑处理
>> p1 = patch(isosurface(x,y,z,D,5),...
   FaceColor='red',EdgeColor='none');    %计算值 5 处的三维等值面，然后创建等值面补片
>> isonormals(x,y,z,D,p1)             %计算等值面的法向量
>> fv=isocaps(x,y,z,D,10);            %计算等值面端帽几何图
>> p2=patch(fv,FaceColor='interp',EdgeColor='none');   %创建端帽补片
>> view(3);                           %显示三维视图
>> axis tight                         %坐标轴范围设置为数据的范围
>> camlight                           %在照相机的右上方添加光源
>> camlight left                      %在照相机的左上方添加光源
>> colormap(gray(100));               %设置灰度图颜色图
>> lighting gouraud                   %使用高洛德着色法在各个面中线性插值，生成连续的明暗变化
```

运行结果如图 18.17 所示。

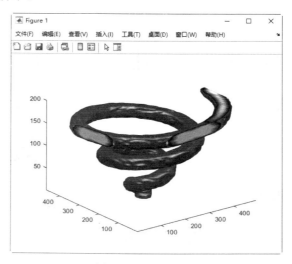

图 18.17 显示图像

3. imresize3 命令

在 MATLAB 中，imresize3 命令使用三线性插值的方法，将体积边界之外的像素值设置为 0，调整三维体灰度图大小，其使用格式见表 18.17。

表 18.17　imresize3 命令的使用格式

使 用 格 式	说　　明
B=imresize3(V,scale)	返回调整大小后的三维体 B，scale 是三维体 V 的缩放倍数
B=imresize3(V,[numrows numcols numplanes])	在上一种语法格式的基础上，使用三元素向量[numrows numcols numplanes]指定 B 的行、列和平面数
B = imresize3(…,method)	在以上任一种语法格式的基础上，使用参数 method 指定使用的插值方法
B = imrotate3(…,Name,Value)	在以上任一种语法格式的基础上，使用一个或多个名称-值对参数控制缩放的附加参数

实例——调整三维体大小

源文件： yuanwenjian\ch18\ex_1820.m

扫一扫，看视频

MATLAB 程序如下：

```
>> close all              %关闭所有打开的文件
>> clear                  %清除工作区的变量
>> load vol_001           %从数据集中加载三维体数据 vol_001
>> h = volshow(vol);      %查看三维体
>> sizeO = size(vol);     %获取三维体数据大小
>> figure                 %新建图窗
>> slice(double(vol),sizeO(2)/2,sizeO(1)/2,sizeO(3)/2);  %绘制三维体与各轴的正交切片
>> shading interp         %插值颜色渲染图形
>> colormap gray;         %设置灰度颜色图
>> title('原图');         %添加标题
>> figure                 %新建图窗
>> vol1 = imresize3(vol,0.2);  %缩小三维体到原来的 0.2 倍
>> sizeR = size(vol1);    %获取缩小后的三维体数据大小
>> slice(double(vol1),sizeR(2)/2,sizeR(1)/2,sizeR(3)/2);  %创建三维体切片
>> shading interp         %插值颜色渲染图形
>> colormap gray;         %设置灰度颜色图
>> title('调整大小');     %添加标题
```

运行结果如图 18.18 所示。

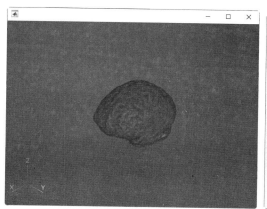
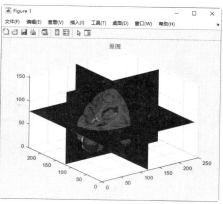

图 18.18　显示图像

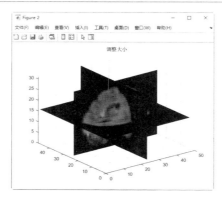

图 18.18（续）

在 MATLAB 中，imrotate3 命令用于旋转三维体灰度图，其使用格式见表 18.18。

表 18.18　imrotate3 命令的使用格式

使 用 格 式	说　　明
B = imrotate3(V,angle,W)	将三维体灰度图 V 围绕穿过原点[0, 0, 0]的轴逆时针旋转 angle 度。W 是一个 1×3 的数值向量，指定三维空间中旋转轴的方向
B = imrotate3(V,angle,W,method)	在上一种语法格式的基础上，使用参数 method 指定插值方法
B = imrotate3(V,angle,W,method,bbox)	在上一种语法格式的基础上，使用参数 bbox 指定是否裁剪输出的三维体大小
B = imrotate3(…, "FillValues",fillValues)	在以上任一种语法格式的基础上，设置填充输入图像外边界的值

扫一扫，看视频

实例——旋转磁共振三维体

源文件：yuanwenjian\ch18\ex_1821.m

MATLAB 程序如下：

```
>> close all            %关闭所有打开的文件
>> clear                %清除工作区的变量
>> S=load('mri');       %加载数据集，包含 uint8 4D 数组 D，89×3 double 数组 map 和行向量 size
>> D = squeeze(S.D);    %将四维数组 D 压缩成三维
>> volshow(D);          %显示旋转前的三维体
>> B = imrotate3(D,90,[1 0 0],'nearest','loose',FillValues=0); %利用'nearest'插值
方法围绕 X 轴将三维体逆时针旋转 90°，不裁剪图像，外边缘使用 0 填充
>> volshow(B);          %显示旋转后的三维体
```

运行结果如图 18.19 所示。

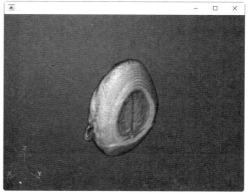

图 18.19　显示图像

在 MATLAB 中，imcrop3 命令用于裁剪三维图像，其使用格式见表 18.19。

表 18.19　imcrop3 命令的使用格式

使 用 格 式	说　　明
Vout = imcrop3(V,cuboid)	使用 cuboid 指定的裁剪窗口裁剪图像体 V，cuboid 指定裁剪窗口在空间坐标中的大小和位置

实例——裁剪磁共振三维体

源文件：yuanwenjian\ch18\ex_1822.m

MATLAB 程序如下：

```
>> close all            %关闭所有打开的文件
>> clear                %清除工作区的变量
>> D = load('mristack'); %加载数据集，其中的变量存储于结构体变量 D
>> V = D.mristack;      %将数据集中 256×256×21 的 uint8 数组 mristack 赋值给变量 V
%自定义面板
>> fullViewPnl = uipanel(uifigure,Title='原三维体',Position=[10 10 540 400]);
>> volshow(V,Parent=fullViewPnl);        %在面板中显示三维体，如图 18.20 所示
>> c = images.spatialref.Cuboid([30,90],[30,90],[1,20]);%使用长方体对象定义裁剪窗口
>> croppedVolume = imcrop3(V,c);         %使用裁剪窗口裁剪图像
%自定义面板
>> fullViewPnl = uipanel(uifigure,Title='裁剪后的三维体',Position=[10 10 540 400]);
>> volshow(croppedVolume,Parent=fullViewPnl);%在自定义面板中显示裁剪后的三维体，如图18.21 所示
```

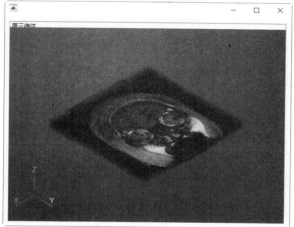

图 18.20　显示三维体

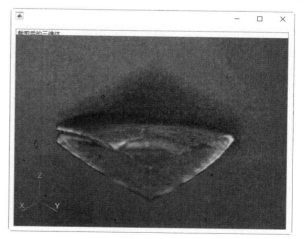

图 18.21　裁剪后的三维体

4. edge3 命令

在 MATLAB 中，edge3 命令用于查找三维体的边缘，其使用格式见表 18.20。

表 18.20　edge3 命令的使用格式

使 用 格 式	说　　明
BW = edge3(V,'approxcanny',thresh)	使用近似的 Canny 方法在灰度或二值体 V 中查找边，返回检测到的边缘二值体 BW。近似的 Canny 方法通过寻找边缘的梯度的局部最大值来找到边缘。使用高斯平滑体积的导数来计算梯度。阈值 thresh 是一个二元向量[lowthresh, highthresh]，其中第一个元素是低阈值，第二个元素是高阈值。如果阈值 thresh 指定为标量，则表示[0.4*thresh, thresh]

续表

使 用 格 式	说 明
BW = edge3(V,'approxcanny',thresh,sigma)	在上一种语法格式的基础上，使用参数 sigma 指定高斯平滑滤波器的标准偏差。参数 sigma 也可以是三元素向量 [SigmaX, SigmaY, SigmaZ]，用于指定每个方向的标准偏差。默认情况下，sigma 取值为 sqrt(2)，并且是各向同性的
BW = edge3(V,'Sobel',thresh)	使用索贝尔近似方法来寻找体积 V 的边，并返回二值体 BW，其大小与 V 相同
BW = edge3(V,'Sobel',thresh,'nothinning')	在上一种语法格式的基础上，通过跳过额外的边缘细化阶段来加速算法的操作。默认情况下，或者当指定'nothinning'时，算法应用边缘细化

近似的 Canny 方法使用两个阈值来检测强边缘和弱边缘，并且只有当弱边缘连接到强边缘时才在输出中包括弱边缘。这种方法比索贝尔近似方法更有可能检测出真正的弱边缘。

实例——用近似的 Canny 方法检测磁共振成像体边缘

源文件：yuanwenjian\ch18\ex_1823.m

MATLAB 程序如下：

```
>> close all      %关闭所有打开的文件
>> clear          %清除工作区的变量
>> load vol_001;  %加载三维体数据集vol_001.mat，将240×240×155的uint16数组vol加载到工作区
>> volshow(vol);  %显示三维体vol
>> BW = edge3(vol,approxcanny=0.6);  %用近似的Canny方法检测磁共振成像体的边缘，灵敏度阈值为0.6
>> volshow(BW);   %显示检测到的边缘
```

运行结果如图 18.22 所示。

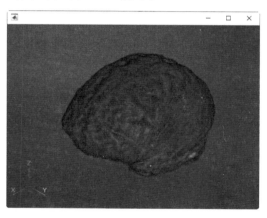 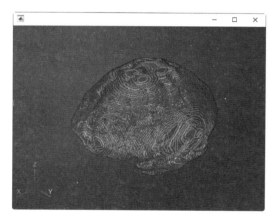

图 18.22　显示图像

18.3.6　提取三维体子集

subvolume 命令用于提取三维体数据集的子集，其使用格式见表 18.21。

表 18.21　subvolume 命令的使用格式

使 用 格 式	说 明
[Nx,Ny,Nz,Nv] = subvolume(X,Y,Z,V,limits)	使用指定的轴对齐的 limits 提取三维数据集 V 的子集 Nv，以及子三维体的坐标 Nx、Ny 和 Nz。limits = [xmin,xmax,ymin,ymax,zmin,zmax]（范围内的任何 NaN 都指示不应沿该坐标轴裁切三维体），三维体 V 的坐标为数组 X、Y 和 Z。返回子体积 Nv 和子三维体的坐标（Nx,Ny,Nz）

续表

使 用 格 式	说 明
[Nx,Ny,Nz,Nv] = subvolume(V,limits)	使用隐含的网格数据定义三维体 V 的坐标，也就是说，三维体的坐标数组 X、Y 和 Z 定义为[X,Y,Z] = meshgrid(1:N,1:M,1:P)，其中[M,N,P] = size(V)
Nv = subvolume(...)	在以上任何一种语法格式的基础上，仅返回子三维体 Nv

实例——提取三维体数据集的子集

源文件：yuanwenjian\ch18\ex_1824.m

扫一扫，看视频

MATLAB 程序如下：

```
>> close all                    %关闭所有打开的文件
>> clear                        %清除工作区的变量
>> load mri                     %加载人类头骨的 MRI 切片的数据集
>> D = squeeze(D);              %将四维数组压缩成三维
>> [x,y,z,D] = subvolume(D,[60,80,nan,80,nan,nan]);  %在指定范围内提取三维体 D 的子集，x
轴范围为[60,80]，y 轴最大值为 80，z 轴不裁切
>> p1 = patch(isosurface(x,y,z,D, 5),...
     FaceColor='red',EdgeColor='none');     %计算子三维体在 5 处的等值面，并创建等值面补片
>> isonormals(x,y,z,D,p1);                   %将补片的顶点法向量设置为等值面顶点的法向量
>> p2 = patch(isocaps(x,y,z,D, 5),...
     FaceColor='interp',EdgeColor='none');   %计算等值面端帽几何图，并基于端帽数据创建补
片，面使用插值颜色渲染
>> view(3);                     %设置三维视图
>> axis tight;                  %将坐标轴范围设置为数据的范围
>> colormap(gray(100))          %将颜色图更改为灰度颜色图
>> camlight right;              %在照相机的右上方创建光源以照亮对象
>> camlight left;               %在照相机的左上方创建光源以照亮对象
>> lighting gouraud             %使用高洛德着色法在各个面中线性插值，生成连续的明暗变化
```

运行结果如图 18.23 所示。

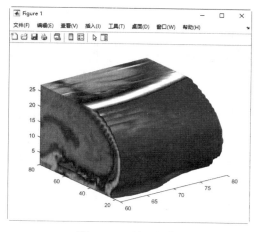

图 18.23 显示图像

18.3.7 三维体骨架化

在 MATLAB 中，bwskel 命令用于将所有对象简化为二维二值图像或二值三维体中的线条，这个过程称为骨架化，提取中心线，同时保持对象的拓扑和欧拉数。该命令的使用格式见表 18.22。

表 18.22　bwskel 命令的使用格式

使 用 格 式	说　　明
B = bwskel(A)	将二维二值图像 A 中的所有对象减少到 1 像素宽的曲线，而不改变图像的基本结构，返回骨架化图像 B
B = bwskel(V)	减少二值三维体 V 中的对象，返回二值三维体的骨架 B
B = bwskel(…,'MinBranchLength',N)	在以上任一种语法格式的基础上，使用参数指定骨架的最小分支长度 N。删除（修剪）所有短于指定长度的分支。使用二维 8-连通性和三维 26-连通性计算分支中的像素数长度

扫一扫，看视频

实例——三维体骨架化

源文件：yuanwenjian\ch18\ex_1825.m

MATLAB 程序如下：

```
>> close all                                              %关闭所有打开的文件
>> clear                                                  %清除工作区的变量
>> load mri;                                              %从数据集加载四维体 D
>> D = squeeze(D);                                        %将四维体 D 压缩成三维
>> volshow(D);                                            %显示三维体
>> spiralVolLogical = imbinarize(D);                      %将三维体数据二值化
>> spiralVolSkel = bwskel(spiralVolLogical);             %将二值三维体骨架化
>> volshow(spiralVolSkel);                                %显示骨架化三维体
```

运行结果如图 18.24 所示。

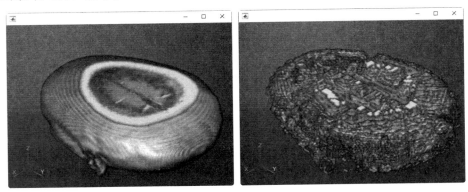

图 18.24　显示图像

在 MATLAB 中，使用 bwmorph3 命令可以对三维体执行形态学操作，提取二值三维图像的轮廓，其使用格式见表 18.23。

表 18.23　bwmorph3 命令的使用格式

使 用 格 式	说　　明
J = bwmorph3(V,operation)	对二值三维体 V 执行参数 operation 指定的形态学操作，返回提取的二值三维体轮廓。operation 选项包括下面 6 种。 ➢ 'branchpoints'：找到骨骼的分支点。 ➢ 'clean'：移除孤立体素，将其设置为 0。 ➢ 'endpoints'：找到骨架的终点。 ➢ 'fill'：填充孤立的内部体素，将其设置为 1。 ➢ 'majority'：如果 3×3×3，26 连接邻域中的 14 个或更多体素（大多数）设置为 1，则保持体素设置为 1；否则，将体素设置为 0。 ➢ 'remove'：移除内部体素，将其设置为 0

实例——显示二值三维体的轮廓

源文件：yuanwenjian\ch18\ex_1826.m

MATLAB 程序如下：

```
>> close all                      %关闭所有打开的文件
>> clear                          %清除工作区的变量
>> load mristack;                 %从三维磁共振体数据集加载三维体 mristack
>> volshow(mristack);             %显示三维体，如图 18.25 所示
>> BW1 = mristack > 127;          %使用关系表达式为二值体赋值，为一个逻辑数组
>> volshow(BW1);                  %显示二值体，如图 18.26 所示
>> BW2 = bwmorph3(BW1,'clean');   %利用'clean'操作提取体积轮廓，移除被值为 0 的体素包围的值为 1
的体素
>> volshow(BW2);                  %查看提取的轮廓，如图 18.27 所示
>> BW3 = bwmorph3(BW1,'majority'); %对体数据执行'majority'（多数）操作，提取体轮廓
>> volshow(BW3);                  %查看提取的轮廓，如图 18.28 所示
```

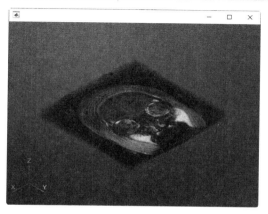

图 18.25　显示三维体

图 18.26　显示二值体

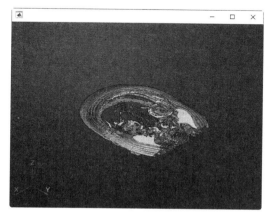

图 18.27　移除孤立体素

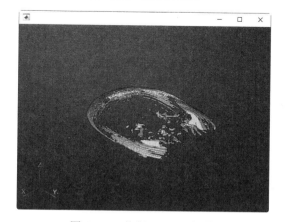

图 18.28　执行'majority'操作